旱作农业综合技术研究及应用

韩绍林　武继承　主编

黄河水利出版社

·郑州·

内 容 提 要

本书针对制约旱作农业发展的主要限制因子，重点阐述了旱作区水资源利用技术、种植业调整特点及方向、小麦品种筛选及补充灌溉增产效应、保水剂增产增效模式、不同农作物高效用水技术与模式、旱地作物增产潜力及适用技术体系、区域旱作农业发展现状及目标、旱作小杂粮栽培及产业指导。

本书可供从事旱作节水农业技术研究与推广的专业技术人员及管理人员参考使用。

图书在版编目(CIP)数据

旱作农业综合技术研究及应用/韩绍林，武继承主编.
郑州:黄河水利出版社,2010.8
ISBN 978-7-80734-720-0

Ⅰ.①旱… Ⅱ.①韩…②武… Ⅲ.①抗旱-研究-郑州市 Ⅳ.①S423

中国版本图书馆 CIP 数据核字(2009)第 165780 号

组稿编辑:简群　电话:0371-66026749　E-mail:w_jq001@163.com

出 版 社:黄河水利出版社
地址:河南省郑州市顺河路黄委会综合楼 14 层　邮政编码:450003
发行单位:黄河水利出版社
发行部电话:0371-66026940、66020550、66028024、66022620(传真)
E-mail:hhslcbs@126.com
承印单位:河南省瑞光印务股份有限公司
开本:787 mm×1 092 mm 1/16
印张:18.75
字数:433 千字　印数:1—1 000
版次:2010 年 8 月第 1 版　印次:2010 年 8 月第 1 次印刷

定价:46.00 元

《旱作农业综合技术研究及应用》编辑委员会名单

主　　编　韩绍林　武继承

副 主 编　李新有　王小红　焦建伟　郑惠玲　杨永辉

刘雪平　李爱枝　尚　莉　郑军伟　程　俊

张巧玲　高　福　管秀娟　张　洁

编委成员　（按姓氏笔画排序）

毛富强　王　震　王洪斌　王　琳　王素英

乔　勇　刘金荣　陈钦勇　杜红朝　何　晓

何　方　李书立　李宗军　李学军　闵宝峰

宋银荣　杨瑞萍　张　君　张　毅　孟国良

郑丽丽　周　静　赵　品　赵晓亮　郝法政

郭　嘉　钱　蕾　康永亮　梁玉印　褚小军

统　　稿　武继承　焦建伟

前　言

河南省包括郑州市的大部分农业生产区域属于半湿润易旱区，降雨季节与主要农作物需水关键期错位，时空分布不均，春旱和初夏旱发生频率高。

据统计，河南省旱作区耕地面积约 440 万 hm^2，占全省耕地总面积的 63.9%，其中京广线以西典型旱地面积 254 万 hm^2，占全省耕地总面积的 36.9%。郑州市的旱作农业区域主要分布在荥阳、巩义、登封、新密、新郑等地的低山丘陵地区，旱地面积约占全市耕地总面积的 57%，其中巩义、新密和登封三地旱地比重达到 70% 以上。

旱作区限制农业发展的主要因子是水资源匮乏、土壤贫瘠、水土流失严重。这些因素不仅制约着旱作区农、林、牧业的健康发展，而且产生了一系列的生态、环境问题。因此，积极开展旱作农业综合技术研究与应用，是促进旱作区农业和农村经济发展，推动新农村建设的重要环节。

旱作农业的核心是综合运用生物、农艺、农机、田间工程及信息管理等技术措施，充分集蓄降水，最大限度地提高降水保蓄率、利用率和利用效率，从而实现农业高产高效、农村经济可持续发展和生态环境的同步改善。

该书重点阐述了旱作区水资源利用技术、种植业结构的特点及调整方向、不同作物高效用水技术、不同小麦品种抗旱增产效应、保水剂增产增效机理及应用、旱地作物增产潜力及适用技术体系、旱作区特色小杂粮栽培技术与产业指南、旱作区多元化经营与新农村建设途径等。本书旨在为旱作区农业生产提供雨水保蓄和高效利用技术的途径与模式，为旱作区农业增产增效、农民增收以及改善生态环境提供科学依据。本书可供从事旱作节水农业技术研究与推广的专业技术人员及管理人员参考使用。

在本书编辑过程中，得到了国家 863 计划项目（2006AA100215）、河南省杰出青年基金项目（1004100510024）、郑州市科技项目及河南省农科院科研发展基金项目的大力资助，同时相关单位领导、专家提供了不懈的指导和支持，在此一并表示衷心的感谢！

作　者

2010 年 6 月

目　录

第 1 章　郑州市自然概况及水资源利用

郑州市是河南省省会，东临开封，西接洛阳，南邻许昌，北望黄河，全市包括金水区、二七区、中原区、管城区、上街区、惠济区、郑东新区、高新技术开发区等八区和新郑市、中牟县、新密市、登封市、巩义市、荥阳市等 5 市 1 县，总土地面积 7 446.3 km^2，其中市区面积 1 010 km^2，城市建成区面积 294 km^2。

1.1　地形地貌

郑州市的地势与全省的大体一致，即西高东低。海拔起伏大，从东部平原区的 75 m，经丘陵到山地，升高到西部嵩山山脉的 1 512 m。整体地势表现为西南部为嵩山山脉，西北部沿黄河为岳山、广武丘陵地带，东部为黄淮海平原，全市山区面积 2 375.4 km^2，占总面积的 31.9%；丘陵区面积 2 256.2 km^2，占 30.3%；平原面积 2 814.7 km^2，占 37.8%。根据地貌特征和成因，全市主要地貌单元包括以下几个类型区。

1.1.1　东北平原洼区

由于历史上黄河多次泛滥，河道变迁，形成黄河冲积扇形平原洼区，它包括西起郑州北郊邙山头，向东沿京广铁路至市区，再东南与中牟卢医庙、黄店连线以东以北的地区，即东北平原洼区。该区地面海拔 75 ~ 100 m，地面坡降 1/2 000 ~ 1/4 000。

1.1.2　东南沙丘垄岗区

该区沿京广铁路以东至郑州、黄店连线为沙丘垄岗区，由黄河泛滥时挟带的沙土，经风力搬运遇障碍物堆积而成。区内的沙丘、沙垄多呈西南—东北向，或东西向延伸的新月牙形沙丘。区内地面起伏大，岗洼相间，地势小平大不平，地面海拔 100 ~ 140 m。

1.1.3　冲积倾斜平原区

该区沿京广铁路以西，西南山地丘陵以东地区，范围包括荥阳的高山、丁店水库以北，二七区侯寨、刘胡垌和新郑小乔、郭店，新密曲梁、大隗以东，以及巩义的伊洛河冲积平原。该区是山地向平原的过渡地带，是由季节性河流冲刷堆积而成的。地面海拔在 100 ~ 200 m，地面坡降 1/300 ~ 1/1 000，地势由西南向东北倾斜。

1.1.4　低山丘陵区

该区包括登封、巩义、新密大部，荥阳南部，市区北部黄河南岸，以及市区西南和新郑小乔、千户寨以西地区。区内冲沟发育，沟壑纵横，沟深 30 ~ 60 m，呈“V”字形状。地面起伏大，地面高程在 200 ~ 700 m。

1.1.5 西南部群山区

该区主要包括登封、巩义、荥阳、新密、新郑五市交界之间,由嵩山、箕山、五指岭等诸山组成。该区著名山峰有:嵩山少室山主峰,以及太室山、老婆寨、杨家寨、蟠龙山、大周山、万山、梅山、泰山、风后岭等,以上群山属外方山脉的东延部分,海拔在 300 ~ 1 500 m。

郑州市总体上是由西南向东北倾斜,形成高、中、低三个阶梯,由中山、低山、丘陵过渡到平原,山区丘陵与平原分界明显。中山区海拔 1 000 m 以上,其中嵩山少室山主峰 1 494 m,太室山 1 440. 2 m,香楼寨 1 303 m,马鞍山 1 258. 1 m,五指岭 1 215. 9 m,杨家寨 1 042. 7 m,人头山 1 035 m;低山海拔 4 00 ~ 1000 m;丘陵区海拔 200 ~ 400 m;平原区均在海拔 200 m 以下,其中大部分在 150 m 以下,最低处位于中牟县邵岗一带,海拔只有75 m。

1.2 主要河流与湖泊

郑州市横跨黄河、淮河两大流域。黄河流域包括巩义市、上街区全部,荥阳市、惠济区一部分及中牟县、新密市、登封市一少部分,面积 1 803 km^2,占全市面积的 24. 6%。淮河流域包括新郑市、中原区、二七区、管城区、金水区全部,新密市、登封市、荥阳市、中牟县和惠济区大部,面积 5616 km^2,占全市面积的 75. 4%。全市大小河流 124 条,流域面积较大的河流有 29 条,其中黄河流域 6 条,淮河流域 23 条。黄河、伊洛河过境,黄河花园口站多年平均过境水量 444. 1 m^3,伊洛河黑石关站过境水量 31. 4 m^3。

1.2.1 黄河水系

黄河由巩义市康店镇曹柏坡入郑州境内,经巩义市南河渡、河洛镇,荥阳市汜水镇、北邙乡、广武镇,惠济区古荥镇、花园口镇和中牟县万滩、东漳、狼城岗乡入开封市境。黄河干流在郑州市境内长 150 km,流域面积 2 011. 8 km^2,黄河进入郑州市境邙山岭桃花峪后,地势平坦,河床变宽,流速减缓,造成泥沙淤积,河床逐年升高,形成“悬河”,高于堤外地面 3 ~ 4 m 不等,堤防长度 71. 422 km。黄河在郑州境内的支流有伊洛河、汜水河和枯河。

伊洛河:黄河的主要支流之一,由洛河和伊河组成,总长 447 km,流域面积 1. 91 万 km^2,在巩义境内河长 37. 8 km,流域面积 803 km^2。伊洛河上游在伊河和洛河分别建有陆浑水库和故县水库。伊洛河在郑州境内的主要支流有登封市逛水河和巩义市干沟河、坞罗、后寺河、东泗河、西泗河。新中国成立以后,先后在支流上建成宋窑、赵成、坞罗、后寺河、凉水泉等中小型水库 10 余座,在农田灌溉和乡镇供水方面发挥了显著效益。

汜水河:黄河支流,总长 42 km,流域面积 560 km^2。据 1956 年屈村水文站实测,该河年正常流量 0. 58 ~ 2. 23 m^3/s。1975 年修建胜利渠,设计引水流量 2 m^3/s,灌溉荥阳农田 2 万亩(1 亩 =1/15 hm^2,下同);1994 年在胜利渠上建筑黄淮泵站实施跨流域引水,将汜水河水输入淮河水系索河上游的楚楼水库,年引水量 250 万 m^3。

枯河:黄河支流,全长 40. 6 km,流域面积 250. 4 km^2,河水正常流量 0. 2 ~ 0. 3 m^3/s,遇旱易断流。

1.2.2 淮河水系

淮河流域在郑州境内有贾鲁河、双洎河、颍河、运粮河等支流。

贾鲁河:淮河二级支流,由古鸿沟、汴水演变而来,全长246 km,流域面积5 896 km^2,其中郑州市境内河长137 km,流域面积2 750 km^2,多年平均径流量2.99亿m^3,是郑州市和中牟县的主要排涝河流。

魏河:贾鲁河支流之一,起源于郑州市北郊铁路编组站,穿过惠济区、金水区,在中牟县境内入贾鲁河,全长27.6 km,流域范围北至贾鲁河,西南至东风渠,东至中牟县境内,流域面积105.0 km^2,包括金水区的柳林、蔡城、姚桥3个乡(镇)的大片土地及中牟县的部分土地,沿河有18条排水沟流入,控制净面积8万亩。

索须河:贾鲁河的主要支流,淮河三级支流,全长23 km,流域面积557.9 km^2,是荥阳市和郑州市区北部的泄洪排涝河道之一。

七里河:贾鲁河支流,淮河三级支流,全长63.8 km,流域面积741 km^2,是新郑市北部和郑州市郊的一条排涝河道。

潮河:潮河发源于新郑市郭店乡徐庄,由南向北流经新郑市郭店乡、管城区圃田乡,流经小魏庄水库、曹古寺水库等汇入七里河,河道全长36.2 km。流域面积167.5 km^2,其中小魏庄水库以下至入河口段长15.7 km。

东风渠:1958年为发展引黄灌溉而开挖的人工河,干渠全长26.2 km。原计划引水300 m^3/s,灌溉郑州郊区、中牟、尉氏、扶沟等地806万亩耕地。1962年停灌后,成为郑州的一条排涝河道。目前,索须河、贾鲁河以北渠道已经废除,首端从皋村闸开始,末端至七里河,全长19.7 km,有金水河、熊耳河等支流注入,控制流域面积191.9 km^2。1995~2000年间郑州市政府对东风渠进行清障、疏挖、护砌,取得明显效果。但受水源、渠内径流减少等多种因素的影响,东风渠的水质不容乐观。

双洎河:贾鲁河支流,淮河三级支流,由洧、溱两水汇流而得名,流域面积1 758 km^2,河宽30~50 m。郑州境内河长84 km,流域面积1 338 km^2,河道径流0.5~2 m^3/s。

颍河:淮河一级支流,总长557 km,流域面积39 890 km^2,其中登封市境内河长57 km,流域面积1 037.5 km^2,河床宽20~300 m。

运粮河:涡河水系的主要支流,淮河二级支流,全长68.9 km,其中在中牟县境内河段长12.8 km,流域面积112.9 km^2。

金水河:东风渠支流、淮河三级支流,发源于郑州市二七区侯寨乡老胡沟,东北流向,金海水库以下入郑州市区,横穿市区,经燕庄至金水区八里庙入东风渠。河道全长26.31 km,流域面积74.14 km^2。金水河不仅是郑州市区的主要排水河道,而且是市民休闲游玩的好去处。1999年郑州市投资1亿多元,对金水河两岸进行了绿化、美化,建成了滨河公园,成为郑州市区一道靓丽的风景线。

熊耳河:熊耳河长21.4 km,流域面积75.7 km^2。熊耳河流经郑州市东南部,主要汇入市区东南部工业及生活污废水。

1.3 地下水资源

依据地下水埋藏条件、补排关系、水质、水温、水动力特征及各层地下水功能等，将1 200 m之内的含水层划分为四层：浅层含水层埋藏深度0～60 cm、中深层含水层埋藏深度60～350 m、深层含水层埋藏深度350～800 m、超深层含水层埋藏深度800～1 200 m。

1.3.1 浅层地下水

浅层地下水埋藏浅，底板埋深一般在45～55 m，局部大于60 m，为潜水或微承压水类型，其下为一组粉质黏土或粉土弱透水层，与下伏中深层含水层组相隔，厚度25～45 m。浅层地下水易于开采，水温低于20 ℃。

1.3.2 中深层地下水

中深层含水层组顶板埋深60～80 m，底板埋深310～350 m，局部大于350 m，属承压水类型。中深层水是目前城市供水的主要开采层，井深一般在100～300 m。其含水层岩性为中砂、细砂、粗砂等，厚度30～80 m，平均54 m。一般水温20～30 ℃。

1.3.3 深层地下水

深层含水层组顶板埋深一般在350～400 m。底板埋深750～800 m，局部大于800 m。其下黏土层厚20～40 m，顶、底部均有稳定的隔水层与上、下含水层组相隔，为承压水类型。其含水层岩性以中细砂为主，微胶结。一般水温30～40 ℃。郑州市城区深层地下水可采资源量349.214 5万m^3/a。

1.3.4 超深层地下水（地热水）开发利用

超深层含水层组顶板埋深800～840 m，局部小于800 m，底板埋深1 000～1 200 m，为承压自流水。含水层岩性为中细砂，靠近断层带附近有卵砾石，多为半胶结、半成岩状态。水温40～46 ℃。对全市超深层地下水资源目前尚未作全面评价分析，据省地质环境监测总站对郑州市五区2000年调查分析，其允许开采量为130.75万m^3。目前郑州市已经打成地热井34眼，年开采量148.56万m^3。由于已开采的地热井集中分布在市区的东北部，即陇海铁路以北、京广铁路以东地段，造成该地区超深层地下水呈下降趋势，并形成面积约50 km^2的降落漏斗。

1.4 水文气象

郑州市属北温带季风气候，春旱多风，夏炎多雨，秋凉晴爽，冬寒干燥，四季分明，无霜期220 d，全年日照时间约2 400 h。年平均气温14.4 ℃；7月最热，平均27.3 ℃；1月最冷，平均0.2 ℃。郑州市多年平均降水量633.3 mm。降水量时空分布不均，年际间降水量变化大。

郑州降水量时空分布不均,夏季多雨,汛期7~9月3个月的降水量占全年降水量的60%左右,冬季少雨雪,降水量仅占全年降水量的4%~5%;年际间变化较大,1964年全年降水量为1054.2 mm,比多年平均降水量多67.5%,为1951~2000年50年系列降水量的最大量,1997年全年降水量为392.6 mm,比多年平均降水量少37.6%,为1951~2000年系列的最小降水量,最大年降水量是最小年降水量的2.7倍,全市平均年降水量的变差系数为0.23(见图1-1)。

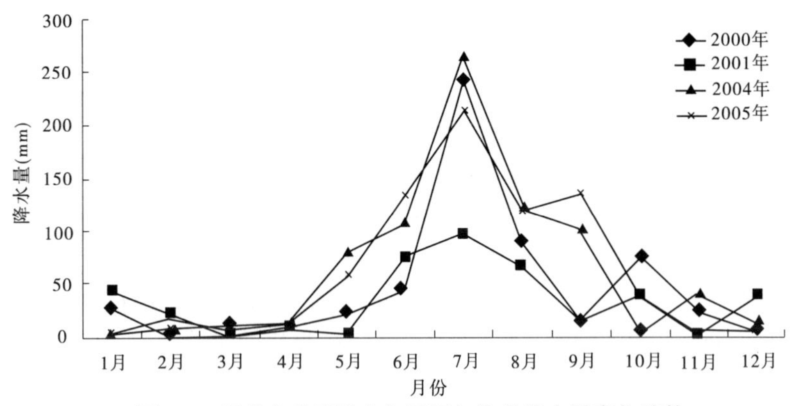

图1-1 郑州市典型降水年不同年份月降水量变化趋势

由于地形复杂,降雨面分布很不均匀,总体上是呈由南向北逐渐减少的趋势,淮河流域大,黄河流域小。因山脉的抬升作用,在巩义、登封、新密及荥阳交界处(黄河淮河流域、索须河及双洎河分水岭)和登封、新密、新郑南部山区形成高值区,雨量在675 mm左右,低值区在巩义、荥阳、郑州及中牟县北部黄河沿岸,年降水量在630 mm以下(见表1-1)。

表1-1 郑州市各区域多年平均降水量和2002~2007年降水量

区域	多年平均降水量(mm)	C_v	各年降水量(mm)					
			2002	2003	2004	2005	2006	2007
登封	661.2	0.23	599.30	935.90	767.40	728.80	692.60	596.40
新密	688.0	0.23	527.40	928.40	671.70	699.70	634.60	563.20
新郑	662.0	0.24	572.80	938.20	602.90	618.30	658.00	457.90
巩义	605.2	0.24	633.10	946.10	683.60	879.20	711.20	474.90
荥阳	611.7	0.27	756.90	1058.80	780.20	704.60	722.10	558.30
市区	625.9	0.26	703.10	1001.50	828.30	746.80	850.10	627.20
中牟	606.1	0.29	499.90	968.40	608.90	573.90	633.70	497.50
平均	635.6	0.24						

郑州市多年平均产水系数为0.28,多年平均水资源总量为13.393亿m^3,其中地表水

资源量 8.669 亿 m^3,地下水资源量 8.651 亿 m^3,重复计算 3.926 亿 m^3。按流域分区计算,黄河流域水资源总量 3.074 亿 m^3,占全市水资源总量的 23%,淮河流域水资源总量为 10.319 亿 m^3,占全市水资源总量的 77%。按 2003 年总人口计算,人均水资源量仅 190 m^3,亩均水资源量 254 m^3,约占全省人均水资源量的 1/2,占全国人均水资源量的1/11。郑州市属于水资源严重缺乏地区。

1.5 水资源开发利用现状

1.5.1 水资源量受降水量的影响呈波动起伏趋势

自 20 世纪 90 年代以来,降水量偏少,水资源量也随之减少,1999～2002 年平均降水量由 47.34 亿 m^3 减少到 44.13 亿 m^3,减少 6.8%;水资源总量也由 13.393 亿 m^3 减少到 11.147 亿 m^3,减少 16.7%;人均水资源由 243 m^3 减少到 190 m^3,减少 27.2%;亩均水资源量由 284 m^3 减少到 254 m^3,减少 10.6%。

2003～2006 年受降水量增多的影响,水资源量较常规年有所增加,年平均降水量增加 57.0～300.3 mm(见表 1-1)。2007 年降水量再次显出减少趋势。

1.5.2 供水结构的变化

郑州市是以境内地表水、地下水和黄河水联合调度供水的城市。1994～2002 年全市平均年供水量 15.291 亿 m^3,其中境内地表水平均年供水量 1.211 9 亿 m^3,占总供水量的 7.9%,地表水供水呈下降趋势;境内地下水平均年供水量 9.918 8 亿 m^3,占总供水量的 64.9%;地下水是郑州市的主要供水水源,供水呈上升趋势;黄河平均年供水量 4.165 4 亿 m^3,占总供水量的 27.2%。黄河供水量与以往年份相比基本保持平衡。

地表水资源开发利用率由 1994 年的 20.7% 上升到 2002 年的 42.2%,超出了世界公认的 40% 警戒线。地下水资源开发利用率由 1994 年的 102.1% 上升到 2002 年的 113.2%,全市地下水严重超采,水位普遍下降,据全市 64 个地下水位观测井观测资料统计,1980 年初到 2002 年底,全市平均地下水位下降 6.3 m,平均年下降 0.27 m。荥阳市平均下降 11.7 m,年均下降 0.51 m;新密市平均下降 11.51 m,年均下降 0.5 m;新郑市平均下降 8.19 m,年均下降 0.36 m;巩义、中牟下降 4.8 m,年均下降 0.21 m;登封市下降 2.23 m,年均下降 0.1 m;郑州市区(不含上街区)下降 4.67 m,年均下降 0.2 m。

1.5.3 用水结构的变化

用水结构分农村生活、城镇生活、农业灌溉、工业生产四类。1980 年各项用水量占总用水量的百分比分别为 6.5%、6.7%、75.6%、11.2%;到 2002 年,农村生活、城镇生活、农业灌溉、工业生产用水量占总用水量的比例分别为 4.8%、14.6%、55.7%、24.9%。农村生活用水量下降了 1.7 个百分点,城镇生活用水量增加了 7.9 个百分点,农业灌溉用水量减少了 19.9 个百分点,工业生产用水量则增加了 13.7 个百分点,说明城镇化或城市化的发展对用水结构产生极其重要的影响。

1.6 水环境状况

随着人口的增加、经济的发展,郑州市污水排放量增加迅速。大量未经处理的废污水直接进入水体,导致水体污染严重。同时,处理后排放的中水,由于工程不完善和处理深度不够,排放后仍然对河湖、水库等地表水体造成污染,直接或间接地污染了地下水。

河道、水库、地下水均受到不同程度的污染。境内除颍河水质综合评价为Ⅲ类水质外,达到水功能分区水质标准外,双洎河、金水河、熊耳河、东风渠、贾鲁支河、贾鲁河(陈五坝以下)水质综合评价均劣于Ⅴ类水质,失去了使用价值。2005 年度郑州市主要河流水质污染状况,虽然较往年减轻,但水质污染现象依然严重,在所监测的 5 条河流中,劣Ⅴ类水质断面 7 个,占总断面数的 53.8%;Ⅲ类水质断面 3 个,占 23.1%;Ⅱ、Ⅳ、Ⅴ类断面各 1 个,分别占 7.7%(见表 1-2)。失去供水功能劣于Ⅴ类(含Ⅴ类)的河段占总监测河段的 61.5%,污染现象仍较严重。

表 1-2 郑州市 2005 年主要河流水质概况

河流名称	监测断面	水质功能类别	综合评价	主要超标物质
贾鲁河	尖岗水库	Ⅱ	Ⅱ	
贾鲁河	西流湖	Ⅲ	Ⅲ	
贾鲁河	中牟铁路桥	Ⅳ	劣Ⅴ	高锰酸盐指数、COD、氨氮、阴离子表面活性剂
贾鲁支河	贾鲁支河 107	劣Ⅴ	劣Ⅴ	氨氮、COD、挥发酚、高锰酸盐指数
金水河	张花庄桥	劣Ⅴ	劣Ⅴ	氨氮、COD、挥发酚、高锰酸盐指数
金水河	燕庄桥	Ⅴ	劣Ⅴ	氨氮、COD、挥发酚、高锰酸盐指数
东风渠	东风渠 107	劣Ⅴ	劣Ⅴ	氨氮、高锰酸盐指数、COD、挥发酚
熊耳河	崔庄闸 107	Ⅴ	劣Ⅴ	氨氮、高锰酸盐指数、COD

1.7 郑州市水资源开发利用途径及措施

1.7.1 加强管理,提高水资源的利用率和利用效率

根据郑州市不同区域、不同主导产业的实际,以区域水资源的承载能力为基础,通过管理方式、管理制度、管理职能等方面的完善,逐步建立完善的水资源开发利用与管理体制,实现水资源的高效和综合利用。

1.7.1.1 完善管理制度,建立水资源的法制管理

(1)实行总量控制与定额管理相结合的管理制度,实现计划用水管理。所谓总量控

制，就是水资源用量指标管理的宏观控制，根据用水定额、经济技术条件及水量分配方案确定不同区域的用水量，并制订年度用水计划，对不同区域、不同行业实行用水总量控制，并对市、县、乡（镇）、企业、部门等各用水户的用水总量指标层层控制。定额管理是水资源管理的微观控制指标，是确定水资源宏观控制的基础。根据用水总量控制和《河南省用水定额》所规定的用水定额指标，确定各行业、各部门、各用水户和服务项目的具体用水量，使其完成的每一项工作都有具体的用水指标，再加上计量收费、超额累计加价收费制度，就可以在全市建立一种节水奖励制度，层层落实节水责任，实现水资源的可持续利用。

（2）完善取水许可制度，实现区域水资源可持续利用。完善取水许可制度，一是将取水许可与水资源可利用量相结合，按照水资源评价所确定的水资源可利用量发放取水许可证，实行总量控制下的取水许可制度；二是将地表水、地下水等一次性淡水资源全部纳入取水许可范畴，实施全方位的取水许可制度；三是加强特殊地区、特殊行业取水许可的监管，如地下水超采区、公共供水管网覆盖范围的自备水源地管理；四是完善与取水许可相配套的水资源论证制度。

（3）完善法制法规体系，提高执法能力。严格贯彻《中华人民共和国水法》、《取水许可制度实施办法》、《河南省节约用水管理条例》、《郑州市节约用水管理条例》等国家和地方法律与规章制度。同时还要结合区域水资源管理实践，针对地区节水社会建设，制定和修订节水与水资源管理的地方性规章，如地下水管理办法、中水工程建设及管理办法、灌区与企事业单位节水奖惩办法等，从而不断完善节水的法规体系，理顺执法体制，加强执法队伍建设，完善规范化制度，提高水行政执法能力，加大执法监督力度，将节水型社会建设纳入法制轨道。

1.7.1.2 完善管理职能，实现水务管理一体化

目前水资源管理存在多部门管理、行业不清、职责不明的缺陷，如工业节水、农业节水、城市节水、污水处理、中水回用、矿坑排水利用等分属于工业、农业、城建、科技、环保等不同的部门，致使上下体制分割、管理混乱、责任不清、多龙治水、工作交叉重叠、效率不高，难以对水进行统一管理。因此，今后对水的管理，包括天上水、地表水、地下水、污水、中水、城乡供应水等进行统一管理，对水能、水量、水域、水质等进行统筹兼顾、合理配置，实现水务管理的一体化，不仅有利于合理开发利用水资源，实现水资源的高效持续利用，而且对区域经济社会的健康持续发展提供可靠的保证。

1.7.2 增强经济手段的运用，促进节约用水

1.7.2.1 深化水价改革，建立科学合理的水价形成机制和水价制度，借助水价调控用水行为

（1）合理调整水资源费征收标准。充分发挥水资源费的市场调节作用，加大不同水源、不同行业、不同地区标准的差异性，提高地下水水资源收费标准，特别要体现地下水超采区和非超采区标准的差异，规范水资源费征收和使用管理，把水资源费真正用于水资源的开发、利用和保护等水资源管理的项目上。

（2）积极调整污水处理费用。扩大污水处理费征收范围，污水处理费收费标准要调

整到保证污水处理厂正常运行的范围内。

(3)制定再生水的合理价格。确定再生水价与现有水价的合理比价关系,激励再生水的推广利用。

(4)推进农业用水价格改革。重点要健全农业用水供水的补偿机制,加强水价的成本核定和管理,推行计量收费制度,实行奖励管理或累进加价制度,适当引入时空差异价格,如季节性差价、地区差价等。

(5)推进工业用水价格改革。重点要推行全成本水价,实行计量收费和超定额计划累进加价制度的实施。

(6)调整生活用水价格。水价能够有效地激励节水行为,并实行对贫困用水户的优惠补贴制度,以保证城乡居民的基本用水保障。

1.7.2.2 明晰水权,建立以经济手段为主的节水机制

首先要建立公平的水权分配制度,按照所有权与使用权分离的原则,本着公平、公正、公开的思想,充分考虑各地区的实际需要配置水量。其次要建立科学的水权交易制度,在水资源配置确定初始水权之后,通过水权市场实现水权的转让与交易,建立科学的水权交易制度,可以使用户将多余的或节余的水转让出去,不仅使水资源得到高效配置和利用,还激发了用户节水的积极性。再次要建立有效的水权监督制度,建立相应的水权监管机构,健全有关法律法规,对交易主体、交易数量、价格以及买方水权用途等进行监督,并建立冲突的解决机制、奖励机制和惩罚机制等,为保证水权交易的正常运行,提供一个良好的市场环境。

1.7.2.3 调整产业布局和产业结构,促进产业与水资源的适应生存

对污染严重、高耗低效、废水排放量大的企业要进行整顿,放宽对节水社会建设具有强力推动作用的企业市场准入,如污水处理厂、节水产品器具厂等,要充分体现以水定发展的原则,根据水资源承载能力和水环境承载能力调整发展方向与产业结构,改善用水结构,提高用水效益。

1.7.3 加大科技投入,促进科技成果转化,提升节水空间

1.7.3.1 加大科技投入,开展节水科学研究,为节水社会建设提供技术支持

针对节水社会建设的实际需要,加大科技投入,重点开展农业节水、工业节水、生活节水等相关节水新产品、新技术、新方法的专题研究,为科学用水、科学节水、科学配水、科学管水等提供技术支撑。如水务一体化管理体制研究,行业用水与水价调整策略研究,旱地农业节水新技术、新产品、新方法和新模式研究,雨水集蓄、节灌综合技术研究,农田节水机械化灌溉技术与产品设备研究,污水收集、净化技术与设备研究,等等。

1.7.3.2 节水产品节水器具研发

针对生活生产的实际需要,家庭卫生洁具、淋浴装置、洗衣用水构成家庭主要用水,应逐步淘汰不适应节水的用水产品,重点研发用水节水产品,如节水型卫生洁具、节水型淋浴头、节水马桶、节水拖把等,加快研发成果的集成、转化和应用,提升在使用过程中的节约用水技术水平。

1.7.3.3 中水回收利用技术的研发与利用

城市污水未经处理排入河道,既浪费了资源,又污染了环境,研究和提倡污水回收利用,将污水开辟为新的水源,用于城市绿化、浇洒道路、市政景观、冲厕所、消防以及工业用冷却或工艺冲洗等。将污水综合利用与污染治理有机结合起来,减轻水污染,促进水的良性循环,对于解决区域水资源短缺和水环境改善具有重要的理论与实践意义。因此,将中水回收利用技术作为水资源开发利用中的重中之重研发和利用,是经济发展的重要技术措施。必须持之以恒地进行研究和利用,促进水资源的良性循环和高效利用。

1.7.3.4 水利现代化建设的进一步加强,有利于提高水利用率和利用效率

建立比较完备的水利信息设施体系,完善水利业务信息化应用系统,规范技术标准,尽快实现水资源管理的自动化,促进水量调度、水质监控、防洪抗旱减灾、农业用水、城市排水、工业用水等程序化、信息化建设,以利于提高有限水资源的利用率和利用效率。

1.7.4 加强宣传,提升居民节水意识,促进节水成为每个人的自觉行为

节水的根本目的在于科学合理地用水,最大限度地提高水的利用率和利用效率。节水的对象是每一位公民、各行各业、各个部门和领域。因此,要实现节水的目标,必须是能动的人逐步形成一种自觉节水的行为,才能实现各行各业、各部门和领域等全社会的共同节约用水。要实现这一目标,必须加强水法规的宣传教育,营造良好的节水环境,引导公众的积极参与,培养公众的节水意识,使节水成为全社会的自觉行为。

(1)加大水法规宣传力度,不断增强水法律法规意识,营造良好的节水发展环境。

(2)积极引导公众参与,培养公众节水意识。我国《水法》指出,水资源属于国家所有,即全民所有。因此,人人都应当具有公水意识,人人爱护水、节约水,反对浪费水、污染水,努力构建社会主义和谐社会。

(3)广泛开展节约用水的宣传教育工作,提高居民节水意识。充分利用广播、电视、报刊等新闻媒体,通过多途径、多方式进行广泛、深入、持久的宣传教育。广泛印发宣传资料,提供节水指南及节水经验,建设节水展览馆及有关节水网站,对水资源的合理开发利用及节水的重要性、节水途径、实用技术、节水的近期和长远效益等进行经常性宣传教育。同时,通过各种渠道,向居民宣传节约用水的重要性和迫切性,树立新型水价值观。

1.7.5 加强行业节水工程建设,提高水利用率

1.7.5.1 加强农业节水工程建设,提高水资源利用率

1)细化集雨节灌工程建设,提高雨水利用效益

郑州市浅山丘陵区面积5 621.6 km^2,占总面积的62.2%,拥有巨大的天然降水径流场,开发集雨节灌的潜力很大。围绕雨水资源的开发利用,多年的旱地农业开发已经总结出一条"筑坝集水、管网输水、水窖蓄水、灌溉节水"的山丘区雨水资源科学开发的经验,目前成熟的技术已经在新密市、新郑市、登封市、巩义市和荥阳市等地推广应用。集雨节灌工程对改变山丘区水资源短缺,提高雨水利用方面起到了积极作用,它有效地解决了季节性的雨水分配问题,提高了天然降水的合理利用,将已有水库、坑塘、水池窖储蓄的水通过管网或动力输送,解决了当地农民饮水和农田灌溉等问题,高效利用了降水资源,同时

减少了水土流失，起到了防洪和水土保持的作用。根据多年发展集雨节灌的实践经验，继续推广集雨节灌工程，并对已经建成的工程加强管理和维护，对促进旱作区农民增产增收，加快农田灌溉工程建设步伐，提高水资源利用效率，推动粮食安全、水土资源安全和生态安全建设具有重要的意义。根据《郑州市国民经济和社会发展第十一个五年规划纲要》，新建山区集雨灌溉水窖5万个，新增有效灌溉面积1.83万 hm^2，完成水土流失治理面积400 km^2，改造中低产田2万 hm^2。

2）搞好农田节灌工程建设，提高农用水利用效率

节水灌溉工程技术主要包括渠道防渗技术、管道输水技术、喷灌技术、微灌技术、渗灌技术。直接目的是减少输配水过程的跑漏损失和田间灌水过程的深层渗漏损失，提高灌溉效率。渠道防渗技术即采用混凝土护面、浆砌石衬砌、塑料薄膜等多种方法进行防渗处理，与土渠相比，可减少渗漏损失60%～90%，并加快了输水速度。其关键是确定适宜的防渗材料和合理的断面结构形式。管道输水技术可大大减少渗漏和蒸发损失，提高输水速度，减少渠道占地。喷灌是一种机械化高效节水灌溉技术，具有节水、省力、节地、增产、适应性强等特点，被世界各国广泛采用。与地面灌溉相比，一般可节水30%～50%，增产10%～30%，但耗能大、投资高，不适宜在多风条件下使用。微灌包括微喷和滴灌，是一种现代化、精细高效的节水灌溉技术，具有省水、节能、适应性强等特点，灌水同时可兼施肥，灌溉效率可达90%以上。微灌的主要缺点是易于堵塞、投资较高。我国在引进、消化吸收国外先进技术的基础上，已基本形成了自己的产品生产能力。渗灌是一种地面下低压微灌技术，渗灌可减轻土壤板结，改善土壤的通气性能，灌溉均匀度高，利于水分、养分的吸收，比喷灌节水50%，节约化肥65%。温室栽培可减少农药、除草剂用量，能大大减轻环境、气候、人为等多种因素对灌溉系统的影响，渗水均匀度高，工作压力低（只需1～3 m水头），安装维修方便，对气候要求较严。

首先，发展节水灌溉有利于解决水资源供需矛盾，实现水资源优化配置。郑州市水资源总量不足，时空分布不均，干旱缺水严重制约着经济社会的可持续发展。由于气候变化和人类安全的饮用水源，供水的保证率还比较低，部分农业和生态用水被挤占。因此，充分利用过境水和天然降水，发展节水灌溉和集雨补灌工程，对于控制地下水超采，缓解水资源供需矛盾，实现水资源优化配置是非常必要的。其次，发展节水灌溉有利于调整种植结构，适应农村经济发展的需要。随着经济社会的发展，人口不断增加，耕地不断减少，要想在人增地减的情况下保证农业经济可持续发展，就必须大力发展灌溉事业，提高农业抗灾能力，建立面向市场和资源双重约束的节水型种植业结构，提高农业生产质量和农民生活水平，是实现质量效益型农业，搞活农业经济的必由之路。再次，发展节水灌溉有利于实现农业经济发展与生态环境保护的有机结合，实现水资源可持续利用的需要。根据水资源承载能力和水环境承载能力协调好生活、生产、生态用水关系，形成与经济发展相适应的水资源配置格局，以水定供，以供定需。加强水资源管理和水环境保护，控制地下水超采，改善农田灌溉条件，使灌区内山、水、林、田、路形成一个有机的整体，促进水资源可持续利用。

3）合理布局，井渠结合，地表水和地下水联合运用

许多专家进行大量研究工作后，一致认为地表水和地下水联合运用是缓解水资源短

缺的有效手段之一。郑州由于地下水大量开采,已经出现了地下水位降落漏斗。因此,应积极实施地表水、地下水联合优化运用。要搞好地表水、地下水的联合优化运用,首先应实现水资源的统一管理,其次应搞好以流域为单元的水资源规划。在规划中应用系统工程理论和方法,综合考虑经济、环境、社会目标,提高水资源综合利用率,使规划更加科学合理。根据规划结果,调整地表水、地下水在不同供水目标中的构成,并逐步调整和改造现有供水系统。

井渠结合,地下水与地表水联合运用,雨季回补地下水,既增加了水源的调控能力和抗旱水源,又减轻了洪涝威胁;旱季利用地下水灌溉,可弥补地表水的不足。在不影响防洪排涝的情况下,经合理规划及调节,在河道或排水沟适当位置修堤建闸,梯级拦蓄雨水,既能直接作为灌溉水源,又可增加地下水入渗补给,改变因超采所形成的地下水位急剧下降的状况,提高水资源利用效率,改善水环境。

4)农艺和生物节水相结合

根据区域种植习惯、资源特点和农业经济状况,调整作物种植结构,减少耗水作物的种植面积和比例,增加经济作物和抗旱节水丰产品种的种植;积极发展和应用水肥耦合技术,提高水分和肥料的利用效率;推广和应用深耕、深松、地面覆盖等蓄水保墒技术;大力宣传化控节水、保水、减蒸技术与产品,综合提高水资源利用率。

5)提高管理节水技术水准

管理节水包括管理体制、政策法规、水价和水费政策,配水控制和调水节水措施的推广应用,墒情监测和墒情预报等,应充分发挥管理机构的作用,对发展节水农业具有重要作用。

1.7.5.2 抓好城市雨水收集和利用

随着城市化的迅速发展,沥青和混凝土的覆盖使得不透水面积在不断扩大,城市的降水入渗量大大减少、雨洪峰值增加、汇流时间缩短,导致城市变得燥热而干旱,面临着“城市水紧缺和城市洪水”的严峻问题。无疑,城市雨水利用是缓解上述矛盾的有效措施之一。收集的雨水可用于日常生活,如洗衣洗车、冲洗厕所、浇灌绿化、冲洗马路、消防灭火等多个方面。雨水的收集和利用还可减少城市街道雨水径流量,减轻城市排水负担,同时有效降低雨污合流,缓解污水处理的压力。城市雨水综合利用作为公益事业,不仅具有直接经济效益,更重要的是具有生态效益和社会效益。它不但可以增加城市水源,对郑州市而言,更重要的是可以有效地减小城市雨期径流量,延滞汇流时间,减轻城市洪涝压力,减少排涝投资和洪灾损失。具体而言,雨水利用对郑州有四大益处:一是可以增辟水源,提高水资源利用效率。以郑州城区为例,城区面积 294 km^2,多年平均降水量 625.9 mm,每年城区按蓄存雨量的 1/5 计算,全年积蓄雨水量可达 3 680 万 m^3,相当于一个中型水库。二是可以有效改善市区生态环境。雨水就地收集、利用或回补地下水,可削减雨季洪峰流量,维持河川水量和地下水量,增加水分蒸发,改善河道及市区生态环境,减少或避免马路及庭院积水,改善小区水环境,提高居民生活质量。三是涵养地下水。地下水一般利用雨水、自来水或中水补充,后两种方法造价偏高,且中水补充还有污染地下水的可能。利用雨水补充市区已严重超采的地下水资源是最经济的方法和最有效的手段。四是减轻城市防涝和排水系统压力。随着城区下垫面硬化面积的不断扩大,降雨很难直接入渗地下,雨期往往积水严重,对城市防涝形成很大的压力。大量的雨水通过排污管网进入污水处理厂,严重增加污水处理费用。雨水未利用直接进入雨水泵站,需要加大抽排设计流量,提高市政建设投资。集群化雨水单元的雨水利用可以蓄到大雨的前中期水量,减少城区地表径流,起到洪水错峰的作用,还可以从总量上减少排入市政管网和内河的雨洪流量,降低城市排水排涝的压力和排水管网的负荷,大大减轻发生洪涝灾害的程度。此外,城市雨水综合利用还有增加水景观用水、减少建设费用等诸多益处。

1.7.5.3 搞好工业节水,提高水利用效益

1)提高水的重复利用率

发展冷却水的回收再利用技术,提高化工等产业工艺生产中冷凝水的回收利用,实现节能减排;在工业内部,淘汰直流用水系统,发展水闭路循环工艺,按照不同工艺对水质要求的不同,采用不同的水处理技术,形成不同分级系统重复用水系统;在工业外部,对外排水源进行深度处理,使水质达到冷却水标准,用做敞开式循环冷却水系统的补充水,提高污水回收利用率,提高水资源的重复利用率。

2)合理调整工业布局和工业结构

限制高耗水项目,淘汰高耗水工业和高耗水设备。根据《郑州市国民经济和社会发展第十一个五年规划纲要》,大力扶持高新技术产业和高新技术产品,加快发展新型建材、复合功能材料等新型材料产业,扶优扶专特色制造业,淘汰落后生产设备,加快新技术推广步伐,压缩高耗水产业,发展节水型工业和服务业。抓好不同企业的节水技术改造,实现一水多用,循环利用。

1.7.5.4 加大城镇供水排水集水系统改造,推广节水器具,提高水利用率

1)推广使用节水器具和设备

推广应用节水器具和设备是城市生活用水的主要节水途径之一。首先由市节水办会同质量监督部门向全社会公布节水型新产品和必须淘汰的用水器具名录,加大相关节水产品和器具国家标准及行业标准的宣传力度。其次是相关管理部门督促有关企业按照节水标准的要求,禁止生产和销售不符合节水标准的用水产品,从源头上推广应用节水产品与器具;再次对目前不符合节水的产品和器具进行改换,积极推广新型节水产品和器具,发展节水住宅,建节水小区。

2)加大城镇供水管网改造,减少输水损失

城市供水管网跑、冒、滴、漏造成的水损失一直是城市供水中普遍存在的问题。因此,进行城市管网改造迫在眉睫。

3)改进城市排水系统,加大雨水收集和污水净化利用

根据郑州市各区域雨水资源的量和季节性特点,建立完善的雨水收集、输送、净化系统,修建集雨水池、水窖,尽量收集季节性多余的降水,实现雨水资源化,供农业生产、城市绿化、景观用水、居民冲厕、道路清洁、汽车冲洗及施工用水等使用,提高雨水资源的利用率。同时,要加强城市生活污水的收集和处理、工业用水的循环利用,全面提高工业用水效率。

1.7.6 搞好水土保持规划,提高雨水利用,减轻水库防洪和环境压力

水土保持是蓄水保土、抗旱除涝、保护生态环境的战略措施,狠抓水土保持工程建设、

水土保持工程修复等，有利于实施生态修复，巩固现有水土保持成果，依靠先进科学技术，统一规划，突出特色，“管、造、退、补、封”并举，大力造林，增加植被，减少水土流失；修整基本农田，提高农地生产力，实现土地利用结构调整顺利实施；水土流失治理，生物措施要乔、灌、草相结合，同时进行筑坝淤地工程建设，增加低山丘陵区的水源涵养能力，搞好邙岭水保生态园、伊洛河流域郑州区水土保持工程、黄河郑州段水保生态工程及小流域治理等，创造良好的生活和生态旅游环境，实现生态防护、绿化美化、环境保护与经济发展的高度协调统一。同时，应建立水土保持监测信息网络和智能管理系统，提高水土保持的效率。

第2章　郑州市旱作农业种植结构的特点及调整方向

农业结构调整是农村、农民、农业经济发展的必然趋势,农业结构调整是社会需求的客观需要。农业结构调整包括种植业结构调整、农产品加工业结构调整、养殖业结构调整、农业第三产业结构调整等,其中种植业是农业结构调整的核心,其他结构的调整都要在种植业结构调整中具体地体现出来。因此,在农业结构调整中,要重视种植业结构的调整和优化,为农产品加工业、养殖业和第三产业结构的调整提供基础物质条件,促进农业经济的高效、可持续发展。

旱地农业结构的调整依然,但要更加注重水分资源的高效利用。也就是说,旱地农业结构的调整以水资源为基础,以水定地,以水定业,为旱地农业经济的高效、可持续发展,必须以旱地农业区的水资源量来确定种植业结构、养殖业结构、加工业结构及第三产业结构等。尤其是种植业结构,要突出水分低耗性作物品种,减少水分高耗性作物面积,从而提高水分的利用率和利用效率。

2.1　旱作种植业结构的现状及特点

2.1.1　全市蔬菜、瓜类种植相对稳定,粮食作物逐年上升

就全市而言,粮食作物种植面积的比例从2002~2004年逐渐减少,2004~2007年则呈现不断上升的趋势,但上下波动幅度较小,只有0.15%~2.12%;油料作物播种面积的比例则从2002~2004年上升了0.6%,2004~2007年一直处于相对减少之中,减少0.4%,增减幅度也相对较小,只有0.4%~0.6%;棉花的播种面积比例则表现为上升(2004年)、下降和再上升(2007年)的变化过程,但其增加幅度很小,只有0.24%~0.48%,最小的2005年只比2004年降低了0.02%;烟叶的种植面积相对变化较大,虽然表现为下降、上升、再下降的过程,但总体趋势以减少为主,并从2002年的4.2%降低到2007年的0.72%;蔬菜面积相对平稳,其增减幅度在1%以内;瓜类种植面积更为稳定,增减变幅小于0.24%;其他作物种植面积的比例变化较大,虽然其增减幅度只有0.42%,但最高年份和最低年份相差50%。总之,油料作物和棉花种植面积因粮食作物种植面积的扩大而减少,蔬菜、瓜类种植面积相对稳定,烟叶种植面积不断减少,其他作物因市场因素变化较大(见表2-1、图2-1)。

2.1.2　不同县域特征明显,旱作区具有双重特点

农田水利条件具有优势的中牟县表现为粮食面积不断下降,5年降低7.32%;蔬菜、瓜类面积不断上升,分别增加5%左右和0.7%;烟叶种植则从有到无,降低0.74%;油料

表 2-1　2002～2007 年郑州市种植业面积变化特征

（单位：面积，万亩；比例，%）

年份	地点	农作物总面积	粮作面积	粮作比例	油料面积	油料比例	棉花面积	棉花比例	烟叶面积	烟叶比例	蔬菜面积	蔬菜比例	瓜类面积	瓜类比例	其他作物面积	其他作物比例
2002	全市	533. 09	376. 74	70. 67	56. 94	10. 68	4. 98	0. 93	4. 2	0. 79	76. 39	14. 33	11. 62	2. 18	2. 22	0. 42
	中牟	131. 22	66. 42	50. 62	21. 31	16. 24	2. 67	2. 03	0. 97	0. 74	31. 86	24. 28	7. 71	5. 88	0. 28	0. 21
	巩义	60. 25	53. 48	88. 76	4. 01	6. 66	0. 74	1. 23	0	0. 00	1. 47	2. 44	0. 51	0. 85	0. 04	0. 07
	荥阳	75. 92	58. 54	77. 11	5. 69	7. 49	0. 54	0. 71	0	0. 00	10. 43	13. 74	0. 45	0. 59	0. 27	0. 36
	新密	70. 35	59. 6	84. 72	4. 05	5. 76	0. 13	0. 18	0. 36	0. 51	4. 87	6. 92	0. 24	0. 34	1. 1	1. 56
	新郑	75. 31	52. 31	69. 46	12. 85	17. 06	0. 14	0. 19	0. 35	0. 46	8. 16	10. 84	1. 38	1. 83	0. 12	0. 16
	登封	58. 68	50. 03	85. 26	3. 25	5. 54	0. 72	1. 23	2. 52	4. 29	1. 73	2. 95	0. 41	0. 70	0. 02	0. 03
2003	全市	522. 76	363. 56	69. 55	58. 21	11. 14	6. 12	1. 17	2. 54	0. 49	75. 96	14. 53	12. 16	2. 33	4. 21	0. 81
	中牟	132. 18	64. 31	48. 65	21. 88	16. 55	3. 47	2. 63	0. 53	0. 40	33. 53	25. 37	7. 81	5. 91	0. 65	0. 49
	巩义	55. 82	48. 1	86. 17	4. 54	8. 13	1. 11	1. 99	0	0. 00	1. 49	2. 67	0. 54	0. 97	0. 04	0. 07
	荥阳	76. 53	58. 03	75. 83	5. 94	7. 76	0. 65	0. 85	0	0. 00	11. 09	14. 49	0. 44	0. 57	0. 38	0. 50
	新密	69. 45	59. 08	85. 07	3. 84	5. 53	0. 09	0. 13	0. 19	0. 27	4. 55	6. 55	0. 19	0. 27	1. 51	2. 17
	新郑	75. 73	53. 59	70. 76	12. 85	16. 97	0. 13	0. 17	0. 26	0. 34	6. 81	8. 99	1. 26	1. 66	0. 83	1. 10
	登封	56. 25	47. 69	84. 78	3. 47	6. 17	0. 62	1. 10	1. 56	2. 77	1. 88	3. 34	0. 82	1. 46	0. 21	0. 37

续表 2-1

年份	地点	农作物总面积	粮作面积	粮作比例	油料面积	油料比例	棉花面积	棉花比例	烟叶面积	烟叶比例	蔬菜面积	蔬菜比例	瓜类面积	瓜类比例	其他作物面积	其他作物比例
2004	全市	513.59	352.08	68.55	58.46	11.38	7.16	1.39	2.84	0.55	77.6	15.11	11.32	2.20	3.59	0.70
	中牟	134.33	63.45	47.23	21.49	16.00	4.28	3.19	0.49	0.36	36.26	26.99	7.67	5.71	0.69	0.51
	巩义	51.59	44.49	86.24	3.82	7.40	1.12	2.17	0	0.00	1.5	2.91	0.56	1.09	0.1	0.19
	荥阳	76.39	57.4	75.14	6.26	8.19	0.84	1.10	0	0.00	11.2	14.66	0.32	0.42	0.26	0.34
	新密	67.12	57.42	85.55	3.79	5.65	0.08	0.12	0.14	0.21	4.19	6.24	0.18	0.27	1.02	1.52
	新郑	75.96	53.55	70.50	13.02	17.14	0.11	0.14	0.13	0.17	7.37	9.70	0.98	1.29	0.69	0.91
	登封	56.39	45.93	81.45	4.81	8.53	0.63	1.12	2.08	3.69	2.11	3.74	0.66	1.17	0.17	0.30
2005	全市	516.75	357.3	69.14	58.03	11.23	6.93	1.34	2.51	0.49	77.1	14.92	11.26	2.18	3.4	0.66
	中牟	135	63.97	47.39	21.3	15.78	4.05	3.00	0.44	0.33	36.67	27.16	7.93	5.87	0.64	0.47
	巩义	53.56	46.39	86.61	3.54	6.61	1.05	1.96	0	0.00	1.35	2.52	0.55	1.03	0.68	1.27
	荥阳	73.22	54.87	74.94	6.37	8.70	0.84	1.15	0	0.00	10.62	14.50	0.16	0.22	0.25	0.34
	新密	66.41	57.28	86.25	3.84	5.78	0.06	0.09	0	0.00	4.35	6.55	0.2	0.30	0.65	0.98
	新郑	77.39	54.97	71.03	13.01	16.81	0.1	0.13	0.03	0.04	8.07	10.43	0.86	1.11	0.28	0.36
	登封	56.94	46.39	81.47	4.78	8.39	0.68	1.19	2.04	3.58	2.05	3.60	0.7	1.23	0.29	0.51

续表 2-1

年份	地点	农作物总面积	粮作面积	粮作比例	油料面积	油料比例	棉花面积	棉花比例	烟叶面积	烟叶比例	蔬菜面积	蔬菜比例	瓜类面积	瓜类比例	其他作物面积	其他作物比例
2006	全市	513. 5	357. 21	69. 56	57. 02	11. 10	6. 63	1. 29	1. 54	0. 30	77. 29	15. 05	11. 32	2. 20	2. 21	0. 43
	中牟	131. 55	59. 74	45. 41	21. 47	16. 32	3. 89	2. 96	0	0. 00	37. 71	28. 67	8. 26	6. 28	0. 48	0. 36
	巩义	53. 57	47. 26	88. 22	3. 53	6. 59	1. 11	2. 07	0	0. 00	1. 1	2. 05	0. 54	1. 01	0	0. 00
	荥阳	75. 26	57. 63	76. 57	5. 77	7. 67	0. 79	1. 05	0	0. 00	10. 51	13. 96	0. 13	0. 17	0. 32	0. 43
	新密	66. 39	56. 93	85. 75	3. 98	5. 99	0. 05	0. 08	0	0. 00	4. 57	6. 88	0. 17	0. 26	0. 58	0. 87
	新郑	77. 48	55. 36	71. 45	12. 8	16. 52	0. 1	0. 13	0. 02	0. 03	8. 23	10. 62	0. 82	1. 06	0. 13	0. 17
	登封	57. 15	47. 16	82. 52	5. 07	8. 87	0. 52	0. 91	1. 52	2. 66	2. 16	3. 78	0. 66	1. 15	0. 05	0. 09
2007	全市	508. 86	358. 86	70. 52	55. 89	10. 98	7. 15	1. 41	0. 74	0. 15	71. 79	14. 11	10. 15	1. 99	4. 28	0. 84
	中牟	130. 14	59. 12	45. 43	21. 49	16. 51	3. 95	3. 04	0	0. 00	36. 72	28. 22	8. 4	6. 45	0. 46	0. 35
	巩义	50. 51	45. 21	89. 51	4. 34	8. 59	0. 96	1. 90	0	0. 00	0. 84	1. 66	0. 04	0. 08	0. 13	0. 26
	荥阳	74. 76	58. 88	78. 76	5. 25	7. 02	0. 75	1. 00	0	0. 00	9. 23	12. 35	0. 12	0. 16	0. 54	0. 72
	新密	65. 03	55. 78	85. 78	3. 96	6. 09	0. 07	0. 11	0	0. 00	4. 37	6. 72	0. 2	0. 31	0. 65	1. 00
	新郑	78. 56	57. 13	72. 72	12. 74	16. 22	0. 09	0. 11	0	0. 00	7. 64	9. 73	0. 73	0. 93	0. 22	0. 28
	登封	61. 37	50. 56	82. 39	4. 94	8. 05	0. 89	1. 45	0. 74	1. 21	1. 95	3. 18	0. 23	0. 37	2. 06	3. 36

面积则相对稳定,增减幅度 0. 67%;其他作物种植面积则经历了上升和下降的过程,2003 年比 2002 年增加 133. 33%,然后逐年下降,到 2007 年减少 0. 14%,降低 30. 61%;棉花种植面积年际间均有变化,但增减幅度在 1% 左右。

旱作面积较高的巩义市则表现为粮食作物种植面积从 2003 年以后逐年增加,5 年增加 3. 34%;瓜类、蔬菜和棉花种植面积稳中有降;其他作物种植面积年际变化较大。

旱作面积较高的登封市则表现为先下降、后缓慢上升的特征,从 2002 ~ 2004 年减播种植 3. 81%,2004 ~ 2007 年则缓慢增加 0. 94%;油料作物基本处于增加的趋势,2007 年较 2002 年增加 2. 51%,其中最大增长年份(2006 年)提高 3. 33%;烟叶种植面积基本处于减少的趋势,2007 年较 2002 年减少 3. 07%,降幅 71. 56%;蔬菜种植面积稳中有升,2007 年较 2002 年增加 0. 23%,最高的 2006 年增加 0. 83%;其他作物增加的更为明显,2007 年播种面积达到 3. 36%,比 2002 年增加 3. 33%

旱作面积较高的新密市粮食和油料作物稳中有升,棉花和烟叶逐年减少,蔬菜和瓜类相对稳定,其他作物年际变化相对较大。

旱作面积相对较大的荥阳市粮食作物和其他作物种植面积稳中有升,油料、棉花稳中有降,烟叶从有到无,蔬菜和瓜类作物相对稳定。

旱作面积相对较大的新郑市表现为粮食作物种植面积不断增加,5 年递增 3. 26%;油料作物、棉花和瓜类种植面积不断减少,分别减少 0. 83%、0. 08% 和 0. 9%;烟叶则从 0. 46% 逐年降低到没有;蔬菜和其他作物种植面积则年际波动幅度较大。

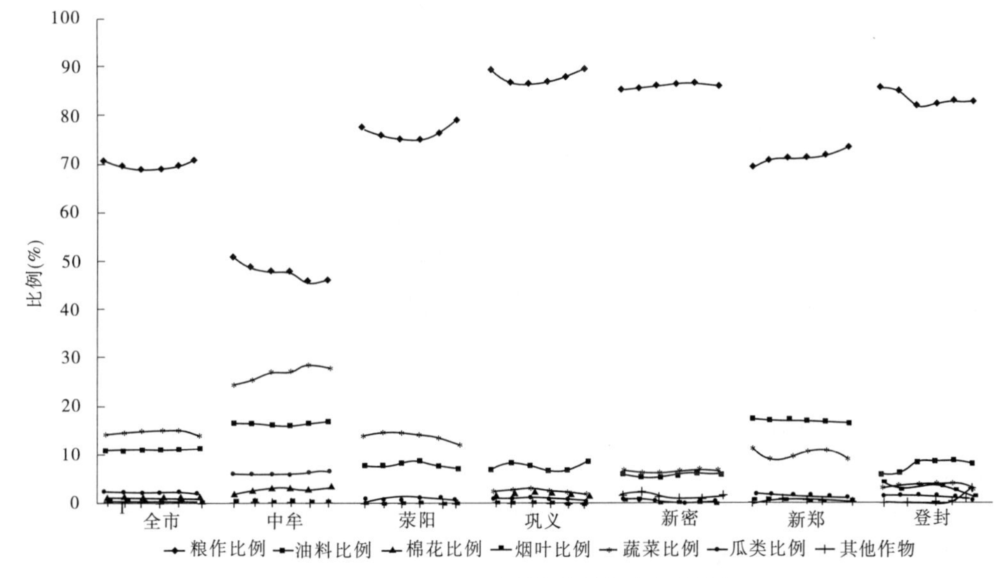

图 2-1　2002 ~ 2007 年郑州市种植结构变化特征

2. 1. 3　旱作区种植业发展的总体特点

粮食播种面积不断增加,第一是国家粮食政策的扶持力度越来越大,第二是农民进城打工的比例越来越高,第三是粮食作物的收成在科技、投入的支撑下相对稳产。

油料、蔬菜和瓜类相对稳定或增减,一方面受市场经济的影响,另一方面受水资源总量的限制，同时也是城乡经济和生活水平发展的客观需要。

棉花由于耗水量大，种植面积逐渐减少。烟叶由于费工费时逐渐淡出郑州市旱作农业区域。其他作物，如蔗糖、能源作物等，虽然有逐年增加的趋势，但年际变化幅度大，一是市场和政策的影响较大，二是生产水平和技术相对滞后。

2.2 种植业结构调整的原则

根据种植业结构存在的问题与调整目标，为避免种植业结构调整的盲目性，真正实现质量与效益的整体提高，从而促进农业一、二、三产业结构的优化与完善，种植业结构的调整应遵循以下原则。

2.2.1 多元化与灵活性原则

种植业结构的调整以市场为导向，采取灵活、多变的种植业结构，使生产出来的产品不断适应市场需求的变化，推动区域农业生产与市场经济相结合、产品数量与质量相结合、市场需求与经济效益相结合，实现农民的增产与增收。

2.2.2 产业化与规模化原则

不断增加农产品的增值链条，提高农产品的附加值，实现农民收入的不断提高。同时，以市场为导向，不断增加新的品种，满足社会不断增长的日益需求。

2.2.3 质量与精品原则

现在我们只要一谈到提高农产品的质量，就毫无疑问地涉及优质问题，但什么是优质，总是一个含糊的概念，实际上优质是一个综合的概念，即综合地考虑其商品品质、加工品质、食用品质等，而不是单一的概念。笔者认为，要谈农产品优质的问题，应在专用的基础上谈优质，即看农产品是否优质，首先要看它的用途，同时综合考虑其品质。所谓精品，即能够取得精品效益的产品，也就是说，精品在具有高质量的同时，更具有高效益。

2.2.4 流通化与信息化原则

种植业结构的调整以大市场为背景，充分考虑产品的空间差（区位差），同时建立信息网络，利用反季节进行特色品种的生产，打好时间差这副牌。也就是说，种植业结构的调整要充分考虑农作物品种的时间与空间变异性，利用现代科技信息技术，将所生产的品种进入大市场，进行大流通。

2.2.5 资源利用与环境优化原则

无论生产什么产品，都应以当地的农业资源为基础，而不以发展经济用牺牲环境为代价。同时，通过种植业结构的调整逐步实现区域生态环境的不断改善，从而实现系统的社会、经济效益与生态效益的整体提高。

2.3 旱地农业种植业结构调整的方向

旱地农业种植业结构的调整方向问题，是一个关系到提高旱作区种植业生产效益，实现农业持续发展及农业现代化的重要课题。调整方向的正确与否，对于农业增产增收、保护环境、推动农村经济的持续发展具有十分重要的作用。

根据旱作农业地区种植业生产实际，从粮食安全、水土资源安全和生态安全三大目标出发，适应农业、农村、农民经济发展的需求，发挥本区域优势，依靠科技进步，由注重改造性开发为主，转向以改造性和适应性并重为主，以充分发挥自然资源和生物多样性的优势，因地制宜，调整区域布局，突出质量和效益，满足市场多样化、优质化的要求，发展名、优、特、新、稀和无公害农产品，发展具有区域特色的优质农产品，促进农民增收和区域可持续发展。

旱作农业区种植业结构调整的方向应当是：立足干旱特点，变对抗种植为适应种植，扩大耐旱作物品种面积，压缩高水肥作物品种；稳定小麦产量，适当扩大红薯、大豆、谷子、烟叶、油料、辣椒等高效作物面积；将粮、经二元结构向粮、经、饲三元结构转变；以市场为导向，促进种植业结构优化高效；从改变生态环境着眼，正确处理山、水、田、草、林综合治理和旱作农业发展的关系；做到以林护农，以牧促农，粮、林、牧有机结合，实现农业的可持续发展。

2.3.1 稳步发展粮食作物，优化品种结构，提高产量、品质和效益

在种植业结构调整中，千方百计稳定粮食总产量至关重要，也是国家粮食安全的客观需要。特别是在旱作农业区，决不能放松粮食生产，因为旱地是我国粮食生产的潜力所在。因此，必须始终保持和促进粮食生产的持续稳定发展。

关于粮食内部的结构调整，要结合本区常年在粮食生产中形成的以小麦为主的夏粮和以玉米、红薯、大豆为主的秋粮两大类粮食生产模式这一具体情况，应从粮食生产结构整体及其内部结构互为促进、协调发展的辩证观点出发，实施“夏秋并重、互为依托、同步发展、促进该区粮食持续增产”的发展战略。一是夏粮结构调整。该区夏粮是粮食生产的关键，小麦产量的多少，很大程度上决定该区全年粮食总量的丰与歉。因此，在稳定小麦面积的前提下，以全面提高小麦的品质为重点。在大力发展面包型强筋优质专用小麦为主的同时，强力推广“四水一旱”、地膜覆盖、机械沟播等综合旱作高产栽培技术，重点提高单产，增加总产，提高品质，增加效益。二是秋粮内部结构调整。在旱作农业区的秋粮生产中要立足干旱特点，改对抗性种植为适应性种植。红薯是抗旱性较强的作物，目前已成为商品性较好的经济作物，随着“三粉”加工业的日益发展，应将其作为旱作农业区种植业结构调整的重点。丘陵旱作区在无水利设施的条件下种植玉米，特别是夏玉米，十年九旱，产量低而不稳，甚至绝收。因此，在秋粮结构上，首先应压缩夏玉米面积；提高红薯、谷子和小杂粮等耐旱作物种植面积。三是强化特色，注重优质优势。旱作区是河南省名、优、特、新产品的集中产区，应发挥资源优势，大力发展优质农产品，积极调整优化品种品质结构，注重优质高效品种的示范推广，根据市场需求，有计划地建立一批优质小麦生

产基地，优质高产红薯基地，优质高蛋白、高油、高淀粉和饲用玉米基地，优质谷子、大豆等小杂粮基地，只有形成基地，才能发挥规模优势。

2.3.2 大力发展经济作物，提高优质高效作物面积，增加经济效益

按照区域特色和市场要求，以提高单位土地经济收入为目的，扩大优质高效作物面积。

（1）能源作物。旱作区日照时间长，昼夜温差大，干物质积累较多，有利于发展能源作物。同时，能源危机和生物质能源的兴起将进一步推动能源作物的种植和规模化发展，关键是要有配套的技术和生产企业。

（2）蔬菜。我们要充分利用旱作区的自然、光热、科技、经济、劳动力等方面的有利条件，以微集水工程设施为基础，采用先进的需水、保水和用水技术，大力推广以优质大葱、脱毒马铃薯、麦茬朝天椒等耗水量相对较少的蔬菜品种，并适时做好优良品种的引进和不断更新、扩大精、稀、尖品种种植面积，提高旱作种植效益。

（3）油料作物。旱作区油料生产，要以市场为导向，因地制宜，稳妥发展油菜、花生、芝麻、油葵等耐旱、高效作物。在生产上，必须走推广优质品种、合理布局和精深加工之路，提高科技效益。

总之，始终坚持以抗旱保墒、充分利用自然降水为主的耕作方式，在粮食作物和经济作物的结构调整中，应瞄准国内外市场的需求，发展名、优、特产品，不断提高种植业的产出效益。

2.3.3 大力发展畜牧业，促进产业结构优化，实现农牧结合

目前，畜牧业发展已成为农村经济的一个支柱产业。在旱作区陡坡地退耕种植，缓坡地实行粮草轮作，积极发展人工种草和天然草场的改良，大力促进畜牧养殖业的发展，促进农牧结合，既可增加农田有机质含量，培肥地力，又减少了水土流失，还可为畜牧业提供优质牧草。有力地促进节粮型草食养殖业。同时畜牧业的发展为种植业提供了优质农家肥，进一步优化了种植业生产的大循环。因此，旱作农业区要逐步将种植业由粮、经二元结构向粮、经、饲三元结构转变，最大限度地提高旱作农业区种植业的整体效益。

2.3.4 实行粮、林、牧有机结合，努力改善生态环境。

河南省黄土丘陵旱作区是全省水土流失最严重的区域。全区水土流失面积为1.68万 km^2，占总土地面积的62%。其中极强度侵蚀面积1 284.5 km^2，强度侵蚀面积4 765.31 km^2。强度以下侵蚀面积17 428.14 km^2。侵蚀类型以沟蚀、面蚀为主。侵蚀模数 >5 000 $t/(km^2 \cdot a)$的多沙区面积6 049.81 km^2，主要分布在黄河沿岸地区及伊洛河下游沿岸地区，是入黄泥沙的主要来源地；尽快恢复和扩大林草植被对该区生态环境的治理具有重要意义。本着宜林则林、宜牧则牧、宜粮则粮，促进粮、林、牧良性循环，建立稳定的粮、草轮作制度，实行近田养畜，草料过腹还田，走有机、无机相结合的农业发展道路，恢复生态平衡，实现旱作农业区农业的可持续发展。

2.3.5 增加产业链条，提高农产品加工，实现增值增效

农产品的加工转化增值是调整种植业产业结构中，以市场为导向，以优势资源为基础，通过加工增值，把种植业生产优势转化为商品优势，活跃农村经济的关键所在。随着改革开放的深化，农产品市场已由初级品向精制品、加工品的方向发展，且农产品的加工，改变了粮食作物的单一种植，实现了种植业生产结构的合理调整，农产品除一部分提供人们生活所需外，相当部分应加工增值，如方便食品、保健食品等，最终实现种植业的最大经济效益。因此，在调整种植业结构时要改变过去就种植论种植的观念，应拓展思路，把农产品的精深加工转化增值放在重要的位置。尽管旱作区农产品加工企业少、档次低，但从另一方面讲，深加工的潜力大、前景广，旱区农产品的加工，仍要坚持以优质农产品为主，以地方特色为中心，积极办好优质粮加工、中药材加工及饲料办工业。如在豫西地区，要利用原料低廉优势，重点办好红薯、油料、酿酒等深加工企业，逐步由初加工向深加工和精加工方向发展，由低中档加工向高档加工发展。发挥优势加工产品，突出外向型出口创汇加工产品，下大力气培植名牌精品，不断提高旱作区农产品加工水平，增强市场竞争能力。

2.4 大力推进都市农业，促进新农村建设

都市农业是现代都市建设的重要内容，是城郊农业的高级阶段，是发达的现代农业的重要组成部分。都市农业的内容可以表现为：观光农业（休闲农业、旅游农业）、工厂化农业（设施农业、精细农业）、庄园农业（都市农庄）、农业高新科技园（农业高新技术开发区），等等。因此，“都市农业”是现代农业在都市（区域）条件下具有一定超前性的特殊农业形态，是在都市（区域）条件下现代农业与其他产业日益融合而产生的功能作用日益多元化的特殊形态的农业。

2.4.1 都市农业的概念

都市农业的概念，是20世纪五六十年代由美国的一些经济学家首先提出来的。都市农业（Agriculture in City Countryside）英文本意是指都市圈中的农地作业。它是指在都市化地区，利用田园景观、自然生态及环境资源，结合农林牧渔生产、农业经营活动、农村文化及农家生活，为人们休闲旅游、体验农业、了解农村提供场所。换言之，都市农业是将农业的生产、生活、生态等功能结合于一体的产业。

2.4.1.1 都市农业的特征

（1）都市农业处于无城乡边界的空间。城市迅速发展地区的农业所处的地域边界模糊起来。一种情况是如日本许多城市在扩展过程中，农业以其优美的环境被保留下来，并在都市内建立各种自然休养村、观光花园和娱乐园，形成插花状、镶嵌型农业；另一种是分布在城市群之间的农业，这些地区的农村基础设施与城市无异，与中心城区交通方便，已经完全城市化。

（2）都市农业突破生产性的内涵。都市农业除具有生产、经济功能外，同时具有生态、观光、社会、文化等多种功能。

(3)都市农业表现出高度集约化的趋势。处于城市化地区的农业资源条件明显不同于一般地区,农业经营表现出高度集约化的趋势。一是表现为设施化、工厂化;二是表现为专业化、基地化;三是表现为产业化、市场化。

2.4.1.2 都市农业的特性

(1)都市农业是经营有利的前沿农业。从积极意义上分析,可以说都市农业处在生产经营最有利的前沿位置。这是因为都市农业接近市场,经营都市农业不仅可节减农产品上市经费,而且能比其他产地更快、更直接地获取市场销售信息以调整生产结构。此外,都市农业可以满足饭店、宾馆等一些特殊高档的需求,享受都市完备的基础设施带来的益处。更重要的是,都市农业贴近都市消费者,可以随时了解市民的消费新潮,领导生产新潮流。这些都是都市农业得以顽强生存的有利条件。

(2)都市农业是易遭破坏的前沿农业。毫无疑问,都市农业是依附于都市经济实力的农业,是存在于都市内部或紧临都市的农业,都市农业最容易受到都市开发、农业用水污染、光照不足等自然环境恶化的影响,因此说都市农业又是最易遭破坏的前沿农业。

(3)都市农业是需要有计划加以保护的农业。从市场经济的竞争环境和经济政策看,如对都市农业弃之不管,都市农业则随时有可能从都市中消失。所以,为了保证都市农业可持续发展,就需对都市农业采取有效的保护,才能避免都市农业成为过渡性的、夕阳农业的厄运。

(4)都市农业与工业互为交融,本质模糊。都市农业是与工业融合过程中形成的发达农业形态。城市工业装备的强大的科技、经济辐射力和社会文化对农业的渗透同时促进工业与农业之间的融合。这种融合最终会使农业摆脱自然环境的影响,并使农业实现工厂化生产方式的转变,从而使农业与工业的本质区别最终模糊起来。

2.4.2 都市农业的功能及其表现形态

都市农业是立足于生产、生活、生态的结合,利用田园景观、自然生态等环境资源并借助于现代物质技术条件,融现代农业、乡村文化、观光休闲(旅游)以及环保教育、农事体验职能于一体。因而,都市农业的发展将推动人与自然和谐、都市与农村和谐的历史进程。

台湾学者提出都市农业具有“三生功能”(生产性功能、生活性功能、生态性功能)的观点,我国大陆学者更倾向于将都市农业的三项基本功能表述为:①经济功能,主要指提供优质的鲜活农产品,以满足都市消费需求,并增加就业机会、优化城郊产业结构以提高农民收入。②社会功能,主要是指为都市居民提供接触自然、体验农业以及观光、休闲和游憩的场所与机会,并有利于增强现代农业的文化内涵及教育功能。③生态功能,主要是指其营造优美宜人的绿色景观、改善自然环境、维护生态平衡,充当都市的绿化隔离带,防治城市环境污染,以保持清新、宁静的生活环境,并有利于防止城市过度扩张。也有学者提出融生产保障、生态建设、生活服务、生物技术于一体的“四生型”都市农业;另有学者将都市农业的基本功能具体表述为生产、绿地、观光、旅游、体验、休闲、教育乃至就业等多项功能。总之,经济功能、社会功能与生态功能是都市农业的三项基本功能。

需要强调的是,在我国新近兴起的都市农业除具有经济、社会、生态功能外,更重要的在于中国特色都市农业直接接受所依托的大都市强大科技、经济和社会力量的辐射，与工商产业、服务业融为一体，发育适应现代消费需求的新的市场经济增长点，特别是通过发展高科技农业实现高产值、高效益，成为现代高效农业的展示窗口和示范基地，进而通过与广大农区的双向交流和联系，充分发挥现代都市农业的示范、展示与辐射、带动作用，为我国持续高效农业乃至农业现代化探索有效途径。可见，中国特色都市农业强调其在都市特殊区域性条件下的现代农业先驱作用。

2.4.3 都市农业的内涵

所谓都市农业，是以规模经营为基本生产方式，以贸工农、产加销一体化的农业产业化为主要支柱，以现代农业科技装备的园艺化、设施化、工厂化生产为主要手段，以服务型、生态型、经济型农业为主，辅之观光农业、休闲农业、创汇农业等多种形态，实现人与自然和谐、都市与农村融合的高度现代化多功能的大农业系统。

2.4.3.1 都市农业是多层次复合型产业

目前，都市农业的范畴大大拓宽，成为一种多层次、复合型产业。其内涵已从生产初级产品延伸到包括生产资料的准备和信息技术的咨询服务以及对产品的分级、加工、储运、分配和销售等方面。

2.4.3.2 都市农业具有贴近都市市民的特征

作为服务都市的都市农业承担着多方面的任务，体现出多种功能，主要体现在以下几方面：为城市提供名、优、特、鲜、活、嫩的农副产品，满足居民不同层次和国内外市场的需要；发挥洁、净、美、绿的作用，建立人与自然、城市与农业和谐的生态环境，发展有自然气息的面貌，使城市充满生机和活力；城市森林、农田林网、市内公园草坪、近郊林区、田园与山区景观，为市民营造劳动、休闲、观光、度假、旅游、尝鲜、垂钓、骑射、野营、疗养的场所；为城市居民提供宠物和观赏性动植物，为市民与宾馆提供高档次、无公害绿色食品。

2.4.3.3 都市农业是工业化农业与有机农业的结合

生态农业是工业化农业和有机农业的结合。核心是在发展生产的同时，保护和改善生态环境，实现资源的永续利用和农业的持续发展。

2.4.3.4 都市农业是节地型、开放型农业

都市农业是一种土地节省型和开放型农业，要想使有限土地上的初级农产品实现增值，必须建立贸工农、产加销一体化的农业产业化生产体系。

2.4.3.5 都市农业是外向型、创汇型农业

目前，都市农业正朝着外向型、创汇型农业方向发展。因此，外向型、创汇型农业是都市农业发展的必然走势。

综上所述，都市农业具有与城区食品、商贸、旅游、科技等相关产业密切相连，并互为依托，立足满足都市居民对生产质量、环境质量多元需求，凭借大都市科技、教育雄厚实力，率先形成科技密集型高智能农业，实现农工贸一体化、集团化、外向化的大农业系统等特点，是具有极强国际市场竞争力的优势产业系统。

2.4.4 都市农业的基本类型

从目前实践上看，都市农业有三种基本类型，各有不同特点：

(1)体验型都市农业。这是指由城里居民直接耕种市内或郊区农地,以满足生活消费目的的农业类型。有人把这种类型的都市农业叫做体验农业。城里居民或者通过田间耕作体验农业乐趣,实现积极的休闲需要,或者以获取无污染的农产品为目的,直接满足消费者需要。由于体验农业的目的和耕作面积所限,耕作者一般不可能采取现代化的生产手段。体验农业在我国尚处在萌芽状态。

(2)服务型都市农业。这主要是指城市远近郊农民利用农业的自然属性满足城市居民休闲、度假、观光等需要的农业生产类型。

(3)产品型都市农业。现代化的、能满足城市居民新的农产品消费需求的郊区农业可以看做是产品型都市农业。郊区农民通过对农业生产环境的改良,借助各种生物农业技术,对传统农作物实施品质更新和功能改造,赋予农产品以新的性能,使之更好地满足人类健康生产的需要。具有新功能的农产品包括无污染农产品、医疗用农产品、观赏性农产品等。

2.4.5 都市农业的发展状况

都市农业近40年来发展很快。发达国家和地区重视都市农业的发展,其中欧美国家重视其生态功能和社会功能,尤其现代都市群之间和社区环境中的都市农业蔚为壮观;而最具有现代都市农业国际化、专业化、优质化和高新技术特征的当属荷兰、以色列及新加坡等国家,这些人均资源短缺的国家通过发展设施农业、精细农业走工厂化、专业化和高投入、高产出的道路,以花卉和蔬菜为主体的都市农业高度发达,进而成为全球现代都市农业的典范。日本和我国台湾都市农业发展主要是缘于城市化、工业化过度发展和收入水平的迅速提高所产生的对优美环境的渴望及其消费偏好的增长。

与发展都市农业相关的主要理论依据有环境事业理论、都市第三空间理论等;都市农业主要经营形式有市民农园、观光农业(园)、休闲农场(自然休养村)、体验农业(园)、农业公园、民宿农庄(都市农庄)、银发族农庄等。

我国都市农业的提出与实践探索始于20世纪90年代初期,其中以地处长江三角洲、珠江三角洲、环渤海湾地区的上海、深圳、北京等地开展较早。适应建立国际经济中心城市的要求,上海市提出依托中心城市的辐射和自身的积累,加快城郊农业向都市农业的转变,建立一个与国际化大都市相配套、具有世界一流水准的现代化都市农业,经过10~20年努力,使上海农业在集约化水平、农业科技水平、生产力水平以及运行机制方面达到中等发达国家或发达国家大都市农业的水平;上海市是我国第一个将都市农业列入"九五"至2010年国民经济发展规划的城市,并已在设施农业、观光农业、庄园农业、市民农业的发展方面取得显著成效。北京市明确提出要以现代农业作为都市经济新的增长点,抢占科技制高点和市场制高点,强化其食品供应、生态屏障、科技示范和休闲观光功能,使京郊农业成为我国农业现代化的先导力量;特别是北京市三高科技农业试验示范区到20世纪末已成为全国农业科技水平和综合效益最高的试验基地和示范推广中心,到21世纪中叶将建成世界一流水平的现代农业试验和示范基地,并围绕上述目标开展了市场化融资等多方面的运作。深圳特区建立之初,主要是发展"创汇农业"进而发展"三高农业",适应建设国际化大都市的需要,发展现代都市农业成为特区再创辉煌的重要战略选择,为此深圳市就都市农业发展战略进行了深入研究，目前其观光农业、高科技农业建设正方兴未艾。

2.4.6 发展都市农业的战略意义

目前，在我国许多大城市郊区及其辐射区，农业发展出现了新的趋势，即在城市居民对农业出现多样化市场需求的引导下，城市郊区农业开始加速向都市农业方向发展，其发展特征是农业目标市场全面城市化，农业功能多样化，农业生产则向资本化、技术化和企业化方向发展。都市农业的发展趋势具有极为重要的战略意义。

2.4.6.1 都市农业是实现城乡一体化的桥梁与纽带

从大城市与农村的结合上实现突破，发展都市农业，是正确理解社会主义初级阶段的中国国情、认真贯彻和实践科学发展观的结果，是与现阶段我国大城市与农村生产力发展水平相适应的产物。都市农业的产业化经营是解决农村改革与发展中面临的诸多矛盾的有效选择。都市农业把千家万户的小生产与千变万化的大市场连接起来，提高了农业市场化的程度；把分散的小规模生产与健全的社会化服务结合起来，形成了不改变家庭经营格局的规模经营和规模效益；把传统的生产方式与现代的科学技术融合起来，加速了城市郊区农业现代化的进程；把农产品生产与加工、运销联结起来，提高了城市郊区农业的综合效益，从而促进了城市郊区农业向社会化、专业化、现代化转变。因此，都市农业具有广泛的适应性和旺盛的生命力。

都市农业是农村城镇化与工业化、农业现代化战略的接口，是继农民创造的“离土离乡”、“离土不离乡”勤劳致富模式之后的一种“既不离土，又不离乡”勤劳致富的“第三途径”。都市农业有助于改变“城市—工业”、“农村—农业”的传统二元结构，从而是在高层面和可操作性上实现城乡一体化的战略抉择。

2.4.6.2 都市农业是扩大国内需求的重要抓手

目前，对于如何开拓国内市场、扩大国内需求已为众多有识之士所关注，其注意力主要集中在开拓广大的农村市场上。这当然是正确的。但是，一个不容忽视的方面是通过城乡互动、工农互促来开拓城乡市场，扩大内需。20 世纪 80 年代以来，由于农村改革的成功，农产品大幅度的增加，乡镇企业异军突起，广大农民的购买力增加了，不但盖了大批新房子，而且彩电、洗衣机等一批高档的消费品进入了普通的农民家庭。农村市场对轻工业品的需求旺盛，带来了轻工业品市场的繁荣，轻工业的发展又带动了重工业的发展，从而使城市居民和职工的收入增多。这是一个农业和工业、城市和乡村相互影响、相互促进，非常有说服力的发展过程。迄今为止，我国最主要的商品交换仍发生在城乡之间，最广阔的市场在农村。这个基本的国情并没有改变。因而，以城乡互动、工农互促来开拓市场和扩大内需的思路与策略目前对我们仍然适用。而都市农业在运作中恰好融汇了城乡结合、工农交叉渗透的机理，因而势必成为目前我国扩大国内需求的重要抓手。

理论与实践都充分证明，开拓农村市场，扩大农村需求，需要采取综合配套的措施。既要开发和生产适合农村消费的商品，又要加强农村商品市场的建设，加强农村基础设施建设，改善农民的消费环境和引导农民改变消费观念。但是，最关键的措施还是在于加快对传统农业的改造，大力推进农业产业化的发展，增大农业有效供给，以增加农民收入，提高农民的购买力。而都市农业以产业化的方式运作,是各种综合配套举措的生长点,从而有助于使农村市场与城市市场联网,进而有效地扩大农村需求。

2.4.6.3 都市农业推动了农业一系列革命性的变化

与传统的乡村农业相比,都市农业是促进农业实现两个根本性转变,实现科教兴农与农业可持续发展战略的有效举措。

(1)都市农业的发展改变了传统的农业土地利用方式。传统的农业土地利用方式具有单一性,即只利用土地的生产性资源功能,而都市农业对土地的利用则具有多样性和复合性。也就是说,都市农业既重视发挥土地的生产性资源功能,又重视发挥由土地、农作物和自然环境共同形成的观光资源功能,同时还发挥土地作为农业休闲、体验农业劳作和度假的场地性资源功能。农业土地利用方式的这种转变加长了农业的产业链条,这一链条中的休闲、观光、体验农业劳作和度假等服务具有较高的需求弹性,可以从"一次半"产业、"二次半"产业中广泛地分享到社会平均利润。这就使农业的比较利益由此得以提升。

(2)都市农业的发展使传统的乡村农业资源的组合方式发生深刻的变化。传统的农业基本上是以农户家庭为单位进行资源组合,由于其组合的空间和规模过于狭小,不可能更有效地吸纳资本、技术和人力资源,从而限制了农业的发展。而都市农业由于具有较高的比较利益和多种功能,从而有助于吸引众多的投资者。因此,都市农业具有投资主体多元化的特征,除农村居民外,城市居民和企业也可以将农业纳入其投资组合中。由于资源组合空间和规模的扩大,都市农业有助于逐步向资本化、技术化和企业化方向发展。在我国的一些大城市郊区,正是由于都市农业的发展促进了农业应用科学技术的发展,遗传工程、自动控制、新材料等尖端科学技术正逐步在农业生产经营中得到广泛应用。

(3)都市农业的实践正在深刻地改变农业的产品概念。实践证明,现代都市农业已不单是只提供基本生存资料的产业,而且还可以向人们提供农业休闲、观光、体验、教育和度假等服务性的农业"产品"。传统的农产品由于多具有需求弹性低的特点,在发展到一定阶段后,就缺乏进一步成长的空间。都市农业中具有高需求弹性的农业休闲、观光、体验、农业劳作、教育和度假等服务项目,再加之都市农业的目标市场是收入水平较高的都市地区,因此其成长潜力是不可低估的。事实上,我国一些都市农业方兴未艾的地区,农民人均收入往往高于全国农村人均收入的2~3倍。同时,在都市农业的背后,都连结着一串串代表美好生活的数字:比全国高的城市化水平、城乡人均收入水平、文化与教育水平、交通与通信水平,等等。

2.4.6.4 都市农业可促进城市健康发展

都市农业促进了郊区城镇化和城镇郊区化的互动发展。这种发展正在改变传统的农业人口向城市单向流动的格局,促进了城镇人口向郊区和农村流动、农村人口向城镇流动这一双向流动格局的形成。这一格局的形成,为缓解工业化和城市化的过度发展所带来的问题与弊端创造了条件。

都市农业的发展有助于吸引城市闲置的资本、技术,扩张了城市的投资领域与渠道。都市农业作为一种资金密集型、技术密集型与劳动密集型相结合的产业,有助于吸收城市下岗职工在希望的田野上一试身手,从而有助于城市企业下岗分流与再就业工程的实施。

都市农业改善了城市生态环境，有助于预防和缓解“城市病”的发生，从而有助于城市获得健康而长足的发展。

2.4.7 都市农业的发展对策

2.4.7.1 加强综合研究

都市农业涉及多学科、多领域，是一个复杂的系统工程。农业、生物工程、规划、设计、建筑、园林、生态环境、城市经济、旅游、电子技术等各路专家应携手合作，共同研究都市农业的理论与实施方案，以系统的理论、方法和技术有力地推动都市农业健康而又迅速地发展。

2.4.7.2 城市政府部门要加强宏观领导

要把都市农业的产业经济纳入城市经济社会发展规划、计划中，同时要把都市农业的空间布局规划纳入到城市总体规划。要尽快完善政府政策支撑体系，形成强有力的导向和激励机制。

2.4.7.3 建立健全社会支撑结构

要建立健全与都市型农业发展密切相关的市场、农业科技开发、人才流动、中介服务、信息等多种体系和网络。尤其是要与高等院校、科研院所、信息机构、企业集团等重要组织，共同形成多模式的“产学研联合体”。

2.4.7.4 加大都市农业科学研究的投入力度

都市农业是高智能的绿色产业。要在产业区内大力兴办科技型产业，建立高科技园区，实施品种工程、温控工程、生物工程、绿色工程、电子工程等高科技工程项目。同时要培养成系列的人才梯队：科学实验人才，由他们做开创性的工作；技术推广人才，负责应用技术的推广；技术使用人才，负责培育、种植等技术工作；还有企业的管理人才、营销人才。努力开创都市农业的教育基地，培养出一批高科技水平的都市农业人才。

2.4.7.5 密切地依靠市场导向

都市农业的龙头企业集团要加强名、特、优农产品的研究开发，占领国内外市场，扩展农业休闲观光市场，推动涉外科技、劳务市场的开发等。

2.4.7.6 积极拓展都市农业的投资渠道

应以龙头企业集团投资为主，国家可通过有偿投资或增加股份方式予以适当的投资支持，实行企业与国家投资共担、利益共享。大学和科研单位也可以技术入股。要以多种形式大力吸引外资。

2.4.7.7 加强科学普及宣传

要做好科学普及宣传，使城市各方面的管理者和城市居民形成共识，确立都市农业是实现城市可持续发展的有效途径的理念。

2.4.8 郑州市都市农业发展的成功典型及问题与对策

郑州市在都市农业发展方面取得了不少成功的典型，如四季同达、丰乐葵园、侯寨樱桃节、中牟西瓜节、周边草莓栽培经济、金鸶鹭鸵鸟园、富景生态园等都是较为成功的典例和模式。但也有很多资源还没有更好地开发出来，如始祖山、浮戏山、康百万庄园等，其关键的问题是如何利用好旅游资源，发展休闲旅游、周末远郊休闲、休闲观光农牧业，这需要从水土保持、生态农业、循环经济和休闲经济等多方位的综合思考，从而实现远近郊都市农业的发展，提升新农村建设水平。

2.5 种植结构调整的模式分析

旱地农作物内部种植结构的合理与否，直接影响其系统整体功能的发挥，随着市场经济的发展和农业生产条件的改变，农业生产结构和种植结构也会相应地发生变化。合理的间作套种可以充分利用空间，提高光能利用率，避免了土地和生长季节的浪费，是提高作物产量和经济效益的重要技术。因此，在结构调整时必须考虑到三个因素，即自然资源的适应性、科学技术条件的可行性以及社会发展的一致性，这就是说在旱区建立合理的高产高效间作套种模式，不仅要以高产、优质、高效为目的，同时也应以合理利用水资源，提高自然降雨利用率为基础，以土蓄水，以种节水，以肥调水，以管保水，实现社会、经济、生态三大效益协调发展。

2.5.1 小麦/西瓜/棉花一年三熟高产高效种植方式

2.5.1.1 种植方式

小麦条播，麦幅宽 1 m，种 6 行小麦，留 1 行空幅，中间种 1 行西瓜，西瓜两侧各种植 1 行棉花。

2.5.1.2 高效栽培技术

1）选用良种

小麦选用抗旱耐寒、优质高产、综合抗性好的品种，如郑麦 9023、周麦 18、洛麦 3 号等；西瓜选用甜王 5 号、丰收 2 号、豫西瓜 1 号等；棉花选用抗虫棉等。

2）适时播种

小麦一般于 9 月下旬播种；西瓜于 3 月中旬采用营养钵育苗，4 月下旬移栽，棉花可以在西瓜定植后播种，也可以在 3 月下旬育苗，5 月上中旬在苗龄 40 d 左右时，在西瓜地膜边各移栽一行棉花。

3）合理密植

小麦每亩播量为 7 ~ 10 kg；西瓜株距为 60 cm，行距为 2 m，每亩定植 550 株；棉花每亩为 2 500 ~ 3 000 株。

4）合理配方施肥

小麦播种整地亩施含量 48% 配方肥 40 kg，即 N24%、P10%、K6%、中微肥 8%；西瓜定植前亩施饼肥 50 kg；7 月结合降雨对棉花每亩追施尿素 10 ~ 15 kg。

5）地膜覆盖

西瓜定植前一周起垄，垄高 7 ~ 8 cm，宽 60 cm，垄上用 80 cm 宽地膜覆盖，以保墒增温。

6）科学防治病虫害

小麦选用包衣种子，在 4 月中旬、5 月中旬进行小麦“一喷三防”，防治小麦红蜘蛛、蚜虫、白粉病等;西瓜主要防治病毒病、枯萎病;棉花主要防治蚜虫、红蜘蛛等。在防治棉花病虫害时应使用高效低毒农药,减少西瓜中的农药残留。

2.5.1.3 经济效益

旱地小麦、西瓜、棉花一年三熟高产高效栽培技术,一般小麦产量 250 kg/亩,西瓜产量 2 500 kg/亩,棉花产量 70 kg/亩,经济效益十分显著。当然,也可以小麦/西瓜/花生间套种植模式来替代小麦/西瓜/棉花间套种植模式。

2.5.2 旱地小麦/花生周年覆盖栽培技术

2.5.2.1 种植方式

该项技术是在深耕整地、一次施足肥料的基础上,从小麦播种开始就起垄覆膜,沟内种两行小麦,第二年春天在垄上打孔播种春作物,夏收时留高茬,麦收后压倒麦茬盖沟保墒。下一轮秋播时,实行沟垄换位轮作。具体应用到小麦/花生栽培上就是 90 cm 为一带,垄上覆盖 80 cm 宽标准地膜,每沟播两行小麦,亩播量 3 kg,第二年春天,在覆膜的垄上,打孔套种花生。

2.5.2.2 高效栽培技术

1)选用良种

选用抗旱耐寒、综合抗性好、丰产潜力大的小麦品种。如郑麦 9023、洛麦 3 号、周麦 18 等;花生选用豫花 15 号、豫花 19 号等丰产潜力大、生育期中等的品种。

2)及早深耕,施足底肥

抓紧秋收早腾茬,趁墒及早深耕整地,结合整地,一次施足整个种植周期作物需要的各种有机肥和化肥。

3)起垄覆膜

整地后,抓紧时间起垄覆膜,垄距 90 cm,垄高为 10 ~ 15 cm,垄顶呈弧形。垄顶拉平耙细后,喷除草剂覆膜,覆膜后,在垄上每隔 1 ~ 1.5 m 横压一长条状土带,以防大风揭膜。

4)春季打孔套种

第二年 4 月上旬,在秋覆膜的垄上,打孔套种花生,密度同清种相当。播种深度 4 cm 左右,播后用土盖好播种穴,出苗后,要及时放苗、查苗补苗和防治地下虫危害。

5)夏收覆盖

小麦要适时早收,以减轻对花生生长的影响。小麦收获时,要高留麦茬 20 cm 以上,在麦收后将麦茬压倒盖沟保墒。

6)秋收秋种

应用周年覆盖栽培技术的花生成熟较早,要适时收获,早深耕整地,并实行沟垄轮作换茬。

此项技术也可以应用在小麦和棉花、甘薯、烟草等作物的间作套种上。

2.5.2.3 效益分析

小麦/花生一年两熟高产高效栽培技术,一般小麦产量 300 kg/亩,花生产量 250 ~ 300 kg/亩,经济效益显著。

2.5.3 小麦/大葱高效间作套种模式

2.5.3.1 种植模式

90 cm 为一带,种植 3 行小麦,行宽 20 cm,留 50 cm 空当,第二年 5 月中旬,在麦带间 50 cm 宽的空当中开沟,摆植葱苗。

2.5.3.2 高产高效栽培技术

1)深耕改土,配方施肥

前作收获后,及时深耕,雨后耙耱保墒,小麦播种前配合施肥浅耕,亩施有机肥 2 500 kg、48%配方肥 25 kg,在第二年 5 月中旬大葱定植前,沟施有机肥 800 kg、尿素 5 kg、过磷酸钙 50 kg、60%氯化钾 20 kg。

2)适期早播,合理密植

小麦于 9 月下旬播种,品种选用分蘖力强、丰产潜力大、综合抗性强、抗旱耐寒品种,亩播量 4 ~5 kg。葱于第二年 5 月中旬在麦带间开沟栽植,株距 5 ~6 cm,亩栽植 2 万 ~3 万株。

3)整苗床,育葱苗

选择背风向阳肥沃地,每平方米施土肥 8 kg,磷肥、氮肥若干,并用敌马粉等进行处理,消灭地下虫,然后整畦平床、浇足底墒,每亩下种 150 g,9 月上旬撒播,播深 3 ~5 cm,11 月底以前浇一次越冬水,并覆盖土肥和作物秸秆保温防冻。3 月下旬浇一次返青水,促进发育。5 月上旬,应严格控制肥水,进行炼苗。

4)多培土,勤管理

葱白露出地面应及时培土压权,月均 1 次,一般全生育期进行 1 ~2 次。随培土施少量追肥,每亩每次施纯氮 2.3 kg。如有紫斑病、霜霉病发生,早期用 80%代森锌 800 倍液或 500 倍液喷治。

2.5.4 小麦套种甘薯地膜栽培技术

2.5.4.1 套种模式

小麦播种前先整地起垄,垄宽 80 cm,高 10 cm,垄沟 60 cm,沟内种植 3 行小麦,垄上覆盖 90 cm 宽的地膜,覆膜前使用乙草酰胺 100 g 兑水 50 kg 均匀喷施,以防杂草,次年春在垄上种 2 行春红薯。

2.5.4.2 田间管理

小麦播前亩施农家肥 3 ~4 m^3、碳酸氢铵 50 kg 或尿素 20 kg、过磷酸钙 50 kg、硫酸钾 10 kg,一次掩底深施;小麦种子用抗旱性种衣剂进行包衣处理,亩播量 5 ~6 kg。小麦返青期及时中耕,拔除田间杂草;中后期做好“三防”——防虫、防病、防干热风。红薯 3 月育苗,亩用种薯 25 kg,4 月中下旬或 5 月上旬移栽于垄,足墒栽种,每亩 2 500 ~3 000 株(株距 50 ~60 cm);小麦收获后及时中耕灭茬,并覆盖麦秸,根据红薯墒情、地力可适当追施甘薯专用肥20 ~30 kg或尿素 10 kg,封垄前除净田间杂草,一次培垄;中期对地上部进行拉蔓处理,若地上部茎蔓长势过旺,可用 15%多效锉粉剂 60 ~70 g 兑水 50 kg 喷施;加强田间管理;每亩可用 80%结晶敌百虫 50 ~70 g(热水化开)或 5%高氯灭乳油 40 ~50

mL,加水 50 kg 喷雾,防治天蛾、斜纹夜蛾等食叶性害虫。

2.5.4.3　**品种选择**

小麦可选用抗旱品种洛旱 3 号、郑麦 9023 等;红薯可采用抗旱短蔓、多抗、淀粉加工型品种——豫薯 13、梅营 1 号、豫薯 12、徐州 18 等脱毒红薯品种;若存在严重的茎线虫和根腐病时,可选用抗旱、耐寒、抗茎线虫和根腐病品种——豫薯 13、汝薯黄等脱毒红薯品种。

2.5.5　小麦/玉米/夏谷子种植模式

每种植带 170 cm,种 6 行小麦,占 100 cm,预留行 70 cm,第二年 5 月上旬在空行内套种 2 行玉米,行距 30 cm,株距 20 cm,每亩 3 300 余株。小麦收获后播种 3 行夏谷。小麦选用高产、早熟、优质品种,如郑麦 9023、郑麦 366 等;玉米选用高产、早熟、竖叶型品种,如郑单 958、浚单 20 等;夏谷选用豫谷 11、冀优 2 号等优良系列品种。一般小麦亩产 300～350 kg,玉米每亩 400～450 kg,谷子每亩 250 kg 以上,单位总产值约 1 700 元以上。

2.5.6　小麦/玉米/甘薯种植模式

每种植带 180 cm,种 6 行小麦,占 100 cm,预留行 80 cm,第二年 3 月上旬在空行内套种 2 行地膜玉米,行距 30 cm,株距 20 cm,每亩 3 700 余株。小麦收获后及时灭茬插 3 行甘薯,行距 40 cm,株距 30～33 cm;每亩 3 300～3 700 株。关键是选好优良品种,平衡施足底肥。小麦选用早熟、优质、抗病、高产品种,如郑麦 9023、郑麦 366 等;玉米选用中熟、大穗、优质、高产品种,如郑单 958、浚单 20 等;甘薯选用耐旱、中短蔓、高产品种,如豫薯 13 等。小麦、玉米和甘薯都属于耗地型作物,对土壤肥力及营养供应要求较高。因此,要施足肥料,平衡供应营养。一般每亩生产小麦 300 kg 左右,玉米每亩 450 kg 左右,鲜甘薯 1 500 kg 以上;亩产值约 2 500 元以上。

2.5.7　小麦/大豆/向日葵(油葵)种植模式

种植带 190 cm,种 6 行小麦,行距 20 cm,占地 100 cm,预留行 90 cm,第二年 3 月底左右套种 2 行大豆,行距 30 cm,大豆与小麦间距 30 cm;向日葵或者油葵在小麦收获后贴茬直播 3 行,行距 30 cm,株距 25 cm。注意选用优良品种,小麦选用适宜当地种植的早熟、高产优质品种,大豆选用中晚熟、优质高产品种(在近城镇区可采收鲜嫩豆荚提早上市);向日葵或油葵选用实用性强,适宜夏播的早熟、高产、优质杂交种。

2.5.8　甘薯/甜瓜/大豆种植模式

每种植带 160 cm。甜瓜提前育苗,苗龄 30 d 左右,于 3 月下旬定植大田,并覆盖地膜,搭设拱棚。甜瓜 6 月上旬成熟,开始采摘。甘薯、大豆以甜瓜为中心定制两侧。甘薯于 4 月中旬左右,在距甜瓜 40 cm 处打孔定植,一边一行;大豆行距 25 cm,株距 10 cm,与甘薯间隔 27 cm 左右。关键是选用优良品种,甜瓜选用早熟、优质品种;甘薯选用中短蔓、优质丰产品种;大豆选用优质高产抗病早熟品种;平衡施足肥料。在整地前每亩施优质农家肥 5 000 kg,过磷酸钙 60 kg,碳铵 60 kg,氯化钾 10 kg,硼肥 0.5 kg。

2.5.9 小麦/冬菜/辣椒/花生种植模式

每种植带 120 cm。种 3 行小麦,行距 20 cm,占地 40 cm,预留行 80 cm,种 3 行菠菜(或蒜苗)。菠菜收获后,立即整地施肥、起垄,于 4 月 20 日前后定植 2 行辣椒。小麦收后,及时播种 2 行花生。一般每亩产小麦 300 kg 左右,菠菜每亩 400 ~ 500 kg,辣椒每亩 3 500 kg 左右。

2.5.10 小麦/地黄种植模式

每种植带 66 cm。种 2 行小麦,行距 20 cm;预留空当 46 cm,于来年 3 月上中旬(即小麦拔节期间)播种 2 行地黄,行株距 24 cm,每亩 8400 余株,小麦收获后,地黄单作。关键技术:①小麦选用抗病性强、早熟、高产、优质品种;地黄选用抗逆性强的金状元、北京 2 号等品种。②施足底肥。在小麦播种前,每亩施优质农家肥 4 000 kg,碳铵 50 kg,过磷酸钙 60 kg,腐熟饼肥 30 kg,并且深耕细耙,精细整地。③地黄播种要规范。地黄以根茎繁殖为主,在播种前选无病虫害、无伤痕的根茎,截成 2 ~ 4 cm 长的小段,每段要有 2 ~ 3 个芽眼,切口蘸草木灰,稍晾干后播种,穴深 3 ~ 5 cm,每穴横放 1 ~ 2 节,覆土压紧保墒。每亩需种茎 50 ~ 60 kg。一般亩产小麦 300 ~ 350 kg,鲜地黄每亩 2 000 ~ 2 500 kg。

2.5.11 小麦/柴胡/玉米种植模式

每种植带 120 cm。种 3 行小麦,占地 40 cm;预留行 80 cm,10 月下旬或 11 月上旬(封冻前)播种 2 行柴胡,行距 25 cm,两边与小麦行间距 27.5 cm。小麦收获后种 2 行玉米,行距 25 cm,株距 30 cm,三角定苗。玉米收获后柴胡单作,第二年秋季植株枯萎时收获。一般每亩生产小麦 300 kg 以上,玉米每亩 400 ~ 450 kg,柴胡每亩 250 kg 左右。

2.5.12 小麦/菜椒/玉米种植模式

130 cm 一带。种 3 行小麦,占地 40 cm,预留行 90 cm 并起垄,垄底宽 80 cm,垄顶宽 60 cm,垄高 12 cm。菜椒于 3 月中旬育苗,4 月 20 日前移栽,每垄两行;小麦收后抢种 2 行玉米。关键是选用优良品种,科学施用肥料。一般每亩生产小麦 300 kg 以上,玉米 400 ~ 450 kg,菜椒每亩 3 000 kg。

第 3 章　不同小麦品种抗旱增产效应研究

3.1　概　述

3.1.1　水分胁迫对小麦生产的影响

水资源短缺,已成为我国国民经济和社会发展的重要限制因素。我国的农业缺水问题在很大程度上要靠节水解决,发展现代农业节水高技术是保障我国粮食安全、生态安全及国家安全的重大战略。

全国旱作耕地 0.52 亿 hm^2,占耕地面积的 60%。抗旱保苗几乎成为大部分地区农业生产每年的中心任务,全国每年为抗旱支付的费用高达数百亿元,20 世纪 90 年代全国均受旱面积达到 3 000 万 hm^2 以上,直接经济损失达 100 亿 ~200 亿元。到 2004 年,全国沙化土地面积为 263.42 万 hm^2。全国补充灌溉用水利用系数 0.4 ~0.5,与发达国家相差 0.3 ~0.5,具有很大的发展潜力。

小麦是世界上半干旱地区的主要作物,也是非补充灌溉地区的重要作物。河南地处中原,境内山地、丘陵、平原、盆地等多种地貌类型的面积都较大,气候、土壤等生态条件复杂,这些自然条件决定了河南小麦品种的区域多样性,形成了 10 个不同的小麦生态类型区。河南小麦栽培历史悠久,气候条件得天独厚,常年小麦种植面积约占全国麦播面积的 1/7。因此,河南小麦生产状况如何,尤其是旱地小麦生产状况如何,对整个小麦生产形势和农村经济都有着举足轻重的作用。

干旱有两种:一是根区土壤水分不足导致对植物的伤害,它是土壤干旱引起的作物体土壤水分亏缺,属于长期土壤水分缺乏。二是在土壤水分充足的条件下,大气过高的蒸发引起作物暂时的土壤水分亏缺,它是大气干旱引起的作物体土壤水分亏缺,属于短期土壤水分缺乏。从农业生产上讲,土壤干旱对作物的生长发育有着深刻而广泛的影响,它是土壤有效水分不能满足土壤蒸发、作物蒸腾的需要而造成的危害。在长期的旱农生产中,人们认识到:旱农区土壤水分亏缺是农业生产的主要障碍因子,是产量的最大限制因子。

3.1.2　水分胁迫下的小麦光合特性

3.1.2.1　**水分胁迫与光合作用**

光合作用是植物物质生产的基础,光合作用受到破坏会直接影响植物的其他生理代谢。光合速率与干物质及产量的关系一直受到重视,也存在一些争论。水分胁迫引起的植物光合作用减弱,是干旱条件下作物减产的一个主要原因。随土壤水分胁迫的加剧,小麦叶片光合速率下降,气孔导度和叶绿素降低,从而导致灌浆速率降低,限制了作物产量的提高。严重胁迫使光合产物运输受阻,导致光合产物在叶片中积累,使光合速率下降,而灌浆期轻度干旱能促进小麦叶片的光合作用，轻度或中度干旱能促进穗部的光合作用。轻度水分胁迫与水分适宜相比光合速率并无明显差异，这就为节水高产提出了一个值得研究的问题。不同叶位对水分胁迫的反应不同，史吉平等研究指出，同一植株不同部位的叶片光合速率对水分胁迫的反应不同，上部叶片的光合速率受影响较小。董树连等也研究表明，小麦旗叶光合速率的改善与产量形成有明显的相关性。旱地小麦要获得高产，必须在开花后保持旗叶和群体的高光合速率，才能保障籽粒灌浆速率快、高峰持续时间长，有利于形成高产。光合速率能反映一个品种在水分胁迫下的增产能力，不同类型品种的净光合速率差异很大，抗旱品种高于不抗旱品种。

不同时期土壤水分亏缺对作物生长与产量的影响不同。小麦拔节期土壤水分亏缺对叶片影响最大，抽穗期对茎秆影响最大，开花期对穗数、穗粒数影响最大，开花后持续干旱主要影响千粒重，灌浆后期对产量的构成因素基本没有影响。而单株绿叶面积对穗干重的直接效应最大，叶、茎、鞘干重合计对穗干重的直接效应最大。

影响植物光合作用的因素可以分为气孔因素和非气孔因素，前者指水分胁迫使气孔导度下降，导致光合作用底物 CO_2 进入叶片受阻而使光合速率下降；后者指光合器官的光合活性下降，即叶肉细胞间隙和细胞内部 CO_2 扩散能力（叶肉导度）及 RuBP 羧化酶活性下降，电子传递和光合磷酸化受抑制，叶绿素含量降低，导致光合速率下降。一般情况下，轻度或中度水分胁迫时气孔因素占主导作用；作用下降的主要原因是气孔性限制。气孔关闭，气孔导度下降，扩散阻力增加，导致光合作用下降。严重土壤水分胁迫下，光合作用下降的主要原因是非气孔性限制引起的。叶绿体结构和功能的损失以及由此引起的一系列生理生态变化均引起中度以上土壤水分亏缺条件下作物光合作用的下降。

那么如何区分光合作用的气孔限制和非气孔限制呢？空气中的 CO_2 进入叶内被同化的过程可粗略地分为三步：空气中 CO_2—叶肉细胞间隙 CO_2—叶肉细胞内部 CO_2—叶绿体同化部位 CO_2。其中，第一步指空气中的 CO_2 通过气孔向叶肉细胞间隙中的扩散；第二步指由细胞间隙通过细胞壁、质膜向细胞质内的扩散，在液相中进行；第三步指从细胞质向叶绿体内 1,5 - 二磷酸核酮糖（RuBP）化酶（RuBPC）的羧化部位扩散，最后由羧化酶将 CO_2 固定。其中任何一步的速率在不同情况下都可能成为限制因子。

只有随着气孔的关闭（气孔导度减小）而 Ci 值也相应下降时，才能证明光合作用的降低是由气孔关闭造成的，此时 Ls 将最大，即为光合作用的气孔限制。如果气孔关闭而 Ci 不变，甚至还有所提高，则证明光合作用的下降主要由叶肉限制所引起。以 Ci 和 Ls 为依据研究水分胁迫对光合作用的影响，可以较明确地区分水分胁迫降低光合作用的原因。

3.1.2.2 水分胁迫与蒸腾作用

蒸腾作用既促进作物体内的水分运输与物质运转，又保证作物进行光合作用之需要，对作物的生命活动极为重要，但蒸腾失水是导致植物体水分平衡失调的主要原因。水分胁迫下蒸腾速率降低。蒸腾速率的高低反映了水分消耗量的多少，相对较低的蒸腾速率可以使蒸腾作用消耗较少水分，但过低的蒸腾速率却会影响其他的生理过程。小麦蒸腾速率随生育期而变化，其规律是：前期较小，中期大，在抽穗开花期最大，以后又有下降，与作物需水规律基本一致。上部叶片的蒸腾速率大于下部叶片，因为上部叶片生理年龄较低，接受阳光辐射强，空气流动，相对湿度小，气孔开张度大。

作物蒸腾速率受多种因素制约。在土壤水分为限制因素时,其变化较为复杂,一般随供水量的减少,蒸腾速率下降。根据气孔最优化调控原理,作物可蒸腾水量一定时,气孔对其张开度的调节,使作物叶片光合作用保持在一定的水平,光合与蒸腾的比值达到最高,在不牺牲光合作用的前提下,实现降低蒸腾速率的目的。郑有飞在小麦穗花期测 *Cs* 对 *Pn* 和 *Tr* 的影响时,发现如果光温条件适宜,气孔传导率提高(气孔阻力减小),*Pn* 上升,小麦的叶片蒸腾加剧。

3.1.2.3 水分胁迫与气孔导度

气孔是植物叶片与外界交换气体的门户,是水分散失和 CO_2 交换的重要通道。气孔导度是衡量气体通过气孔的难易程度,气孔导度越大,则气孔张开度越大,即气孔阻力越小,说明水汽、CO_2 等可顺利通过气孔进行交换,水分胁迫时,植物体内会积累脱落酸(ABA),引起气孔关闭。较高温度(30~35 ℃)常引起气孔关闭。日出后,随着光照的增加,气孔开放,气孔导度逐渐增大,到 8 时左右气孔张开到最大程度,以后慢慢减小,在 14 时左右气温最高、空气湿度最小时气孔导度最小。以后随着气温的逐渐降低,相对湿度缓慢增大,导致气孔导度小幅增加后逐渐减小到全天最低。气孔导度则随着湿度的增加而增大,呈显著的正相关关系。可见,在一定范围内,空气湿度越大,越有利于植株进行光合作用;反之,植株光合作用将受到限制。

3.1.3 水分胁迫条件下小麦其他生理特性的变化

3.1.3.1 水分胁迫与叶绿素(Chl)含量

水分胁迫使作物各个生理过程均受到不同程度的影响,其中光合作用是受影响最明显的生理过程之一,光合作用的指标是光合速率(photosynthetic rate),光合速率以每分钟每平方米吸收二氧化碳毫摩尔数(单位:$\mu molCO_2/(m \cdot s)$)表示,采用一般计量单位则是 $mgCO_2/(dm^2 \cdot h)$,$1\ \mu molCO_2/(m^2 \cdot s) = 1.584\ mgCO_2/(dm^2 \cdot h)$。一般测定光合速率的方法都没有把叶子的呼吸作用考虑在内,所以测定的结果实际是光合作用减去呼吸作用的差数,即表观光合速率,也就是净光合速率,如果同时测定其呼吸速率,把它加到表观光合速率上,则得到真正的光合速率。

光合作用是作物最基本也是最重要的生理功能,因其进行光合产物的积累影响到器官的生长发育及功能发挥等各方面,因此光合特性随土壤水分条件的变化情况是作物对水分状况反应的一个重要方面,水分胁迫使得作物的光合速率、蒸腾速率以及气孔行为等均发生了不同程度的变化,进而影响到光合产物的积累、转运及分配,最终影响到产量水平。

植物叶片吸收光能主要是通过结合在光合蛋白中的色素来进行的,叶绿素是主要的光合色素,是光合作用的物质基础,叶片叶绿素含量的高低直接影响叶片光合能力,同时也是干旱诱导植株衰老的重要指标。叶绿素含量和光合速率成正相关,叶绿素含量高,叶绿素 a/b 比值较低的有利于光合速率提高。许振柱的研究结果表明,限量灌水后,小麦的群体光合速率和单叶的光合速率均升高,和灌水的相比达到极显著水平,并能使灌浆期间的光合强度保持在较高的水平上,从而可以认为适量灌水可达到节水和增产的目的。

作物产量的形成是通过植物体内的叶绿素将光能转变为化学能——生产有机物质的

过程。研究结果表明，小麦旗叶中叶绿素含量与其净光合强度呈显著正相关；花后冠层叶的叶绿素含量与光合强度之间呈极显著正相关：$Y = 4.492X + 1.007$（$R = 0.9405$）。可见，叶片中叶绿素含量的高低是反映小麦叶片光合能力的一个重要指标。因此，通过对叶绿素含量在小麦各主要生育时期变化的系统研究，可以了解光合作用在小麦一生中的变化。目前，国内外研究光合作用的文献很多，但多为研究外界条件如光、温、水、气、肥对光合作用的影响，研究小麦品种内部因素对光合作用影响的因素尚不多见，对于小麦生育期叶片中叶绿素含量，尤其是前、中期的含量，对光合作用的影响方面更是少见，而在这方面的基础研究对适应性强的小麦品种是十分必要的。

叶绿素作为光合色素中重要的色素分子，参与光合作用中光能的吸收、传递和转化，在光合作用中占有重要地位。水分胁迫使小麦叶片叶绿素含量降低。薛裕等的研究表明，在水分胁迫下，小麦叶片叶绿素总量、叶绿素 a 和 b 含量均呈降低的趋势，但叶绿素 a/b 比值基本上不变，这一结果与 Boyar 和冯福生等的试验结果一致。小麦品种间叶绿素总量、叶绿素 a 和 b 含量对水分胁迫的响应无显著差异。但张正斌等的研究表明，随着胁迫时间的延长，叶绿素下降幅度加大，种间差异显著，抗旱品种比干旱敏感品种叶绿素含量下降幅度小。

叶绿素 a（Chla）和叶绿素 b（Chlb）均可作为集光色素而捕获光能，而只有部分叶绿素 a 才能充当反应中心色素，植物长期进化的结果使得叶内关于反应中心色素和集光色素保持一个较合理的比值，以便反应中心色素有充足而不过多的光能可利用，因为叶内光能过剩可诱导自由基的产生和色素分子的光氧化。

叶绿素含量和叶绿素 a/b 比值，是对光合功能有重要影响的生理指标。一般叶绿素 a 有利于吸收低温季节的长波光，叶绿素 b 有利于吸收夏季的短波光，前期叶绿素 a/b 比值高，后期叶绿素 a/b 比值低的品种，既能够增加光合产物，又能够延长叶片的功能期，从而积累较多的有机物质，获得较高产量。有研究表明，水分胁迫下叶绿素含量降低，但对水分胁迫下叶绿素 a/b 比值变化的研究结果不一致。有人认为叶绿素 a 不及叶绿素 b 稳定，即叶绿素 a 对活性氧的反应较叶绿素 b 敏感，致使叶绿素 a/b 比值降低；但也有人认为水分胁迫下叶绿素 a/b 比值增大，使叶片光合活性下降，从而导致灌浆速率降低，限制了作物产量的提高。但是，抗旱性强的小麦品种叶绿素含量受干旱影响较小。一个较好的品种，整个生育期内叶绿素的变化呈现前快、中平、后慢的特点。

3.1.3.2 水分利用效率概念及其发展

水分利用效率（WUE）指植物消耗单位水量所产出的同化量，反映植物生产过程中的能量转化效率，也是评价水分亏缺下植物生长适宜度的综合指标之一。最早有关植物水分利用的研究是以需水量（蒸腾系数）表示，Briggs 和 Shantz 用盆栽方法研究多种作物需水量发现品种间存在极大差异。1958 年 Dewit 证实半干旱条件下田间作物产量与蒸腾蒸发量存在显著的线性关系，这为作物水分生理研究奠定了基础。

20 世纪 70 年代末，作物水分利用效率又以单叶水平来描述，即消耗单位水分生产的光合产物的量（净 CO_2 同化量）（Fischer 和 Turner，1978；Sinclair et a1，1984）。20 世纪 80 年代以来，由于水资源日趋紧缺，水分利用效率的研究日益受到重视。由于研究的科学角度不同和概念的多层次性，水分利用效率的内涵多停在一般性的分析和应用上。一般植物的水分利用效率包括单叶、个体、群体以及细胞水平上，同时其外延不断扩大，水分利用效率也包括降雨水分利用效率（*PWUE*）、补充灌溉水分利用效率（*IWUE*），水分经济利用效率（*WEE*）等。

3.1.3.3 叶片水分利用效率

单叶或细胞水平的水分利用效率与植物生理功能有最直接的关系，可反映植物气体（CO_2/H_2O）代谢功能及植物生长与水分利用之间的数量关系，常以净同化光合速率（Pn）与蒸腾速率（Tr）之比表示（$WUE = Pn/Tr$）。

作物水分利用效率的生理生态基础作物受干旱或水分胁迫反应是水分利用效率生理生态机制研究的关键，也是提高作物产量和水分利用效率的基础。目前，与作物产量直接相关的生理反应包括生长发育、光合与蒸腾作用、物质运输、经济系数和环境因素等。

3.1.3.4 叶片相对含水量及束缚水含水量

小麦幼苗叶组织的相对含水量和土壤含水量之间呈正相关关系，严重干旱胁迫下，相对含水量下降。相对含水量反映了植物体内水分亏缺的程度，抗旱性强的品种能维持较高的相对含水量，有较强的保水能力，自身水分调节能力较强，细胞受损较轻。Schonfeld等（1988）指出，与水势相比，叶片相对含水量能更加密切地反映水分供应与蒸腾之间的平衡关系。大量研究表明，叶片相对含水量高的小麦品种抗性强植物体内的水分包括自由水和束缚水。自由水含量高低与植物生理活动密切相关，自由水含量高时代谢较强、生长较快；束缚水是植物体内被细胞胶粒所吸附不易移动的水分，干旱胁迫时小麦体内束缚水含量会增加，束缚水含量增加较多的品种抗旱性较强。所以，束缚水与自由水含量的比值是判断抗旱性的重要指标，其比值越大，抗旱性越强。

3.1.4 小麦产量与水分的关系

水分条件影响作物的产量是很复杂的：不同作物，同一作物的不同品种，同一品种的不同生育期需水及对水分的敏感性不同。同一时期的受旱程度不同，对产量的影响也不同。国内外对小麦水分处理的研究表明，在一定范围内，小麦产量随着耗水量的增加而呈线性关系增加。根据王树安等研究，小麦全生育期总耗水为 405 mm 时，产量可达 116 kg/亩。程宪国等研究指出，耗水量在 168.7 ~ 238 mm 时，产量为 42 ~ 125 kg/亩；耗水量在 315 ~ 347 mm 时，产量为 300 kg/亩。还有人得出了小麦耗水量与产量的关系拟合方程。在一定阈值范围内，随土壤供水条件的不断改善，小麦水分利用率不断上升，再增加土壤含水量，水分利用率反而下降。水分不足时，作物需水量与产量之间呈显著的直线关系，产量随需水量的增加而增加；需水量超过一定值后，与产量的关系由线性转向抛物线，此时增加灌水将导致水分利用率下降。在冬小麦生育中后期，需水量很大，特别是从拔节期—灌浆期需水最多。河南省此阶段天然降雨量不多，且干热风发生频繁。对小麦产量影响很大。

水分胁迫对穗粒数和粒重有较大影响。小麦籽粒形成的遗传潜力极大程度上受水分供应的影响，尤其是生殖生长期，各种谷类作物在穗分化至成熟的几乎各个阶段受到水分胁迫，都会导致籽粒产量的下降。在小麦孕穗、抽穗、开花和灌浆的需水高峰期，充足的水分对增加穗粒数、提高粒重都有明显的效应。周殿玺认为，拔节期水分胁迫使小花退化率大幅度提高，穗粒数显著降低。由于小花退化主要集中在挑旗前后的几天内，因此防止退化一般都强调在拔节后到挑旗前。灌浆初期是小麦需水最敏感的临界期,如此时受水分胁迫,胚乳细胞数目减少,使得库容减小,引起库的积累干物质能力降低,进而对产量造成明显影响。在灌浆中后期自我调控能力比较强,干旱促进营养器官(根、叶、茎等)内储存物质向籽粒运输,无论灌浆速度快还是慢,它都保持一定浓度的营养物质进入籽粒。然而,也有证据表明,此期水分胁迫缩短了灌浆持续期或降低了干物质积累速率,使各部位营养体运往籽粒的干物质的比例过大,导致植株用于维持各器官自身生命活动的物质基础缺乏,使植株因早衰而减产。

3.1.5 小麦抗旱性的评价

抗旱性评价的主要目的是培育干旱条件下能够高产、稳产的品种。因此,最直接的评价指标来自于对作物产量变化的评价,干旱下作物的产量和减产百分率(产量因素降低指数)常被用做抗旱性评价的重要指标,已用于小麦、棉花、玉米、豇豆、大豆等作物的抗旱性鉴定。目前比较通用的抗旱指标还有与产量因素降低指数等价的抗旱系数,Fisher等提出的胁迫敏感指数,兰巨生提出的优化过的抗旱指数等。虽然干旱胁迫下的产量试验常被当做一个最可靠的抗旱性综合指标而用于品种抗旱性的最终鉴定,但工作量大且费时,难以大批量进行。除产量指标外,可用于抗旱性评价的指标还包括形态指标、生长指标、生理生化指标、物理化学指标等。

前人在干旱胁迫对小麦的光合作用、生理生化过程的影响和抗旱性评价方面已经做了大量的工作,但在干旱胁迫的试验设置上多采用田间人工控制或室内模拟生理干旱的方法,试验对象也多为苗期的小麦植株,而对自然干旱条件下产生的持续干旱胁迫对大田生长的小麦生育中后期直至成熟的光合作用参数和生理过程的研究还比较少,且多数文献均为西北地区的试验结果,河南冬小麦区的相应研究更加缺乏,因此,有必要在本地区加强这方面的研究。本研究选择春季自然干旱胁迫为试验背景,以与抗旱性紧密相连的光合生理为切入点,在冬小麦受到较强的田间干旱胁迫的生育中后期测定其功能叶片的主要生理生态指标,就是要初步探明本地区不同冬小麦品种对田间干旱反应的生理生态差异的特点,并探讨不同生理生态指标对评价冬小麦抗旱性差异的可行性,对合理利用生理生态指标进行冬小麦抗旱性分级作出初步结论。

3.1.5.1 抗旱性评价的产量指标

抗旱性评价的主要目的是培育干旱条件下能够高产、稳产的品种。因此,最直接的评价指标是干旱条件下的产量和减产百分率。而穗粒数也被用来作为指标之一,干旱条件下,穗粒数较多的品种抗旱性较强,正在生长充实中的籽粒是一种强大的库,对缺水很不敏感,不很严重的水分胁迫非但不抑制灌浆中籽粒的生长,相反还会在短时间中促进灌浆。

3.1.5.2 抗旱性评价的形态指标

1)小麦旗叶的结构特征

叶片是高度专一的光合器官,植物花费了大量的能量和营养在叶片发育上,小麦的叶在一生中共有12~13片,旗叶为后期生长的叶片,是小麦穗出现之前生长出的最后一片叶子,大多数小麦品种的旗叶在地上第三节出现之后开始生长,旗叶的出现是小麦进入孕穗期的标志，是小麦生长后期光合效率最高的叶片，它对籽粒的形成和产量贡献最大，占全部产量的45%～50%，同时还是小麦籽粒碳水化合物的主要来源。因此，多年来人们在生产实践中非常重视旗叶的作用，并给旗叶以“功能叶”的称号。

旗叶的形态与其他禾本科植物叶的形态相似，狭长扁平，具平行脉，中肋突出于叶背面。有叶鞘、叶片，基部还有一对叶耳和一对叶舌。旗叶的叶鞘面积比旗叶要大一倍，小麦成熟后，叶片常会凋落，但叶鞘仍然留在茎上，说明叶鞘对植株后期光合作用的重要性。李扬汉试验证明，叶鞘对小麦产量所起的作用并不亚于叶片。

与植株的其他叶相比，旗叶的全长包括叶鞘和叶片，它的长度不是最长，叶面积也非最大，但宽度是最宽的，而寿命最短。旗叶相邻的表皮细胞间的细胞壁有明显的缺刻，为拉链式。叶肉细胞中的多环细胞比例大为增加，这种形态上的特异性，适应于充分利用太阳光能，增大光合作用的面积。王敏和张从宇对多个小麦品种的旗叶性状与产量及产量因素作了相关与多元回归分析。结果表明，小麦旗叶的长、宽、叶面积、与茎秆的夹角、叶绿素含量与穗粒数、千粒重、穗粒重、产量等性状间的相关系数分别达显著或极显著水平。

2）抗旱评价形态指标

大量研究表明，根部、叶部、穗部形态及株型中的许多指标都可以用于小麦抗旱性鉴定。其中，目前认识较为统一且应用较多的有干旱条件下的根重、根长、根深、根冠比、旗叶长宽、株高、穗节长度、分蘖力、分蘖成穗率等。

一些学者发现植株高度也与植物抗旱性呈正相关，在旱地条件下，不仅最终株高与抗旱性呈正相关，拔节期的苗高也与抗旱性呈极显著正相关。干旱对株高影响显著，一定条件下抗旱性与株高呈正相关，但超过一定的限度，这种关系就会丧失。一般认为干旱胁迫时株高不显著降低，在水分充沛时株高不猛增是理想的抗旱小麦品种。目前叶片的形态指标与小麦抗旱性的关系研究结果不一致，有试验证明，在气候干旱的地方，叶片下披的小麦品种产量往往高过叶片直立的品种，也有一些研究者认为既抗旱又高产的小麦应该是叶片较大、叶色深绿、叶姿具有动态变化功能的叶片（苗期匍匐，拔节期直立，抽穗后逐渐由直立转为下垂贴茎）可能是理想的抗旱类型。麦芒是叶的变态，在结构和功能上与叶片有许多共同之处，芒作为禾谷类作物穗器官的组成部分，也是植物长期进化、适应环境的结果，芒是颖片的末端的延伸，它可以增加植株捕获的光能以及 CO_2 的气体交换量。芒可以使穗表面积增大36%～59%，因此有芒品种平均多吸收4%左右的光照。小麦的芒性有无与小麦的抗旱性呈正相关，因此单基因控制的芒性状可作为抗旱选择的指标，利用上述方法对小麦种质材料进行抗旱性鉴定和筛选，在育种实践中已起到了一定的作用。但是，由于小麦生理、形态指标众多而且复杂多变、难以协调，每个抗旱指标只能反映其抗旱性的一个侧面。因此，育种科学家们最近提出，不能单一依靠生理性状进行选择。抗旱育种开始时，就必须注重产量潜力、一般农艺性状和综合抗逆性，以高产、优质、高效为导向。一个抗旱的小麦品种在其适宜种植的生态区，应该不但有较强的抗旱能力，同时在干旱情况下还要稳产、高产，而一个抗旱性极强但产量却很低的品种在农业生产中是无推广价值的。所以最可靠、最有效的鉴定指标最终应与产量水平及其有关农艺性状相联系，在小麦抗旱育种实际中，为了使抗旱性与丰产性、水分高效利用率与高产性得到有机的结合，对于后代的选择可采用多生态同步、水旱条件交替选择的育种策略，采用常规的田间观察农艺性状并鉴定评价产量性状。目前比较通用的衡量产量抗旱指标的是抗旱系数 DC = 胁迫产量(YD)/非胁迫产量(YP)和抗旱指数 DI = 抗旱系数(DC) × 旱地产量/所有品种(YD)旱地平均产量。通过抗旱系数可以分析在雨养(旱地)与适期补充灌溉条件下材料的可塑性表现,对水分不敏感的材料 DC 接近 1,在适期补充灌溉条件下增产潜力大的材料 DC 小于 1,而 DC 值大于 1 的材料可能更适合在旱地栽培。因此,用 DC 评价材料在雨养与补充灌溉条件下的稳产性具有较好的直观性。DI 以对照品种的表现作为参照,同时考虑性状的相对表现(旱/水比值)与绝对表现,便于评选出在旱地条件下绝对产量高,旱、水两种条件下表现又相对稳定的材料,在育种实践中有较高的应用价值。

综上所述可以看出,在胁迫对小麦生理生态过程的影响及抗旱性评价指标方面已经做了很多工作,但由于水资源的缺乏,作物与水分的关系仍是需要研究的热点问题。本试验在大田条件下设置了充分灌水和自然干旱等处理,测定不同生育时期主要功能叶片的各项生理指标和土壤含水量的变化情况及成熟期的产量性状。为建立抗旱节水或水分高效利用型的指标体系提供大田条件下的研究依据,同时深入探讨与小麦抗旱和土壤水分高效利用有关的生理生态特性。

3.2 试验材料与研究方法

3.2.1 试验材料

供试材料为实践中证明抗旱性强的小麦品种:洛旱 3 号、科旱 1 号、洛旱 6、豫麦 2 号,水旱两用型的小麦品种:周麦 18、开麦 18、郑州 9023、济麦 2 号,丰产型的小麦品种:许农 5、太空 6 号、温麦 18、郑麦 366、新麦 18、漯 4518 和同舟麦 916,共 15 个小麦品种(系),多为曾经或目前在河南省大面积种植推广的水旱地代表品种及选育的新品系,所有材料均由河南农科院小麦研究所、洛阳市农科院和周口市农科院提供(见表 3-1)。

表 3-1　供试小麦品种基本情况

品种名称	各品种基本情况介绍
豫麦 2 号	弱冬性,中熟,株高 85 cm 左右,株型紧凑,茎秆坚韧抗倒,穗长方形,长芒,白壳,白粒,千粒重 36 ~ 38 g,抗病性稍差。一般亩产 300 ~ 400 kg,适于黄淮南片中上等肥力
郑麦 366	半冬性粗穗中早熟品种,越冬抗寒性好,矮秆抗倒伏(株高 70 cm 左右)分蘖力强,成穗率较高。株型紧凑,株行间透光性较好。一般亩成穗 40 万左右,穗粒数 38 粒左右,千粒重 42 g 左右,产量三要素较协调。长芒、白壳、圆粒、角质,黑胚率低,容重高,外观商品性好。成熟较早,落黄较好
开麦 18	半冬性大穗型中熟品种。株型略松散,叶较披,株高 80 cm,一般亩成穗 35 万 ~ 40 万穗,穗粒数 45 粒左右,千粒重 45 g;成熟期中等,抗干热风能力强,落黄好
周麦 18	半冬性中熟品种,株型半紧凑,株高 80 cm,根系活力强,耐旱、耐渍,抗倒伏;长纺锤型穗,小穗排列紧密;大穗,结实性好;籽粒均匀、饱满、有黑胚;亩成穗数 38 万 ~ 40 万,穗粒数 35 ~ 40 粒,千粒重 45 ~ 50 g;丰产性好,抗干热风,成熟落黄好

续表 3-1

品种名称	各品种基本情况介绍
洛旱 3 号	半冬性中熟旱地品种。幼苗半直立,长势健壮,株高 80 cm 左右,茎秆粗壮,抗倒性好;穗小,长方形,小穗排列紧密,穗层不整齐,结实性好,短芒;亩成穗数 40 万左右,穗粒数 30 ~ 38 粒,千粒重 38 ~ 42 g
洛旱 6 号	半冬性大穗型中熟品种,抗旱性好,耐寒、耐旱,在旱地表现丰产性突出,高产稳产,产量三因素协调,亩穗数 38 万 ~ 40 万穗,千粒重 44 ~ 46 g,穗粒数 38 ~ 47 粒。稳产性能好,大穗大粒,结实性强,落黄好
济麦 2 号	半冬性中早熟品种,分蘖成穗中等,株型紧凑,株高 78 cm 左右,叶片上冲,茎秆弹性好,穗型长方形,根系活力较弱,耐寒、耐渍,成熟落黄好,亩成穗数 40 万左右,穗粒数 35 粒,千粒重 42 g
太空 6 号	该品系属弱春性、中早熟、多穗型品种,优点是分蘖力强,耐寒性好,苗期长势壮,株型紧凑,成穗率高,综合抗病性优;其面粉白度高,淀粉糊化特性好,适于加工生产高档挂面、方便面、馒头等
郑州 9023	弱春性,春季拔节后生长迅速,株型紧凑,株高 82 cm,抗倒性较好,长方穗,白壳,白粒,硬质,生育期 270 d 左右
新麦 18	半冬性,中熟,矮秆,株高 75 cm,幼苗半匍匐,生长势强,拔节期两极分化快,株型松紧适中,叶片短宽直,茎秆粗壮,抗倒力强。分蘖力较强,成穗率中等,亩穗数适中。长方穗,长芒,穗长 8.3 cm,小穗着生较密,每小穗结实 3 ~ 4 粒。不孕小穗 1 ~ 2 个,结实性好。后期叶片清秀,功能期长,灌浆快,落黄好。每穗粒数 38 粒,千粒重 38 g,属强筋小麦
许农 5 号	半冬性品种,全生育期 233 d。分蘖成穗率一般,返青起身较快;株型较松散,叶片短上举,株高 85 cm,偏高,长相清秀,成熟落黄好;穗层整齐,穗较大,长方形,结实性好;亩成穗数 37 万左右,穗粒数 35 ~ 43 粒,千粒重 38 ~ 44 kg。适宜河南省中茬中高产水肥地种植
同舟麦 916	弱春偏半冬性品种,前期发育慢,苗期健壮,抗寒性好。株高适中(78 cm 左右),较抗倒伏,株型略松散,穗下节间长。穗较大较匀,小穗排列密,结实性好。根系活力强,叶功能期长,耐后期高温,落黄较好。分蘖力较强,分蘖成穗率中等,亩成穗数较多,平均亩产穗 42 万穗左右,穗粒数 32 粒上下,千粒重 42 g 左右。千粒重和容重较高,商品性较好。属中筋高产品种
温麦 18 号	属弱春性中早熟品种,返青起身快,拔节利索,分蘖力中等,成穗率高,亩成穗数多;株高 75 cm 左右,抗倒性好,株型紧凑,叶片上举,长方穗,穗下节长,半角质,容重高。产量三要素协调,丰产性好,综合抗性强,一般产量结构为 40 万穗,穗粒数 35 粒,千粒重 45 g 以上。产量表现:连续两年河南省区试第一位,区试平均亩产 575.3 kg 左右,高产田亩产可达 700 kg 以上

续表 3-1

品种名称	各品种基本情况介绍
漯 4518	半冬性,幼苗半匍匐,叶宽短、绿色正绿,分蘖力较强,成穗率中等。株高 82 cm 左右,株型紧凑,旗叶较小、上冲,株行间透光性好。穗纺锤形,长芒,白壳,白粒,籽粒半角质,籽粒均匀、饱满。平均亩穗数 44.4 万穗,穗粒数 31.0 粒,千粒重 39.1 g
科旱 1 号	属半冬性多穗型晚熟品种,生育期 223 d 左右。幼苗半直立,苗期叶卷曲,抗寒性一般,分蘖力较强,亩成穗数多;株型紧凑,有蜡质,旗叶短细有干尖,茎秆细高,弹性好,较抗倒伏;穗纺锤型,小穗,长芒,结实性好,成熟落黄好;2005 年全生育期抗旱性鉴定:抗旱级别 3 级,抗旱性中等

3.2.2 试验田间设计

试验基地设在禹州节水农业试验基地的岗旱地,年降水量 674.9 mm,其中 60% 以上集中在夏季,存在较严重的春旱、伏旱和秋旱;土壤为褐土,土壤母质为黄土性物质。基本养分情况如表 3-2 所示。大田设置两个处理(自然干旱,孕穗期补充灌溉),3 次重复,小区面积为 3 m×4 m,共 90 个小区。采用机播,播量为 7.5 kg/亩,南北行向,2006 年 10 月 14 日种植,所有品种于 2007 年 5 月 27 日收获。

表 3-2 供试土壤基本养分含量

有机质(g/kg)	全氮(N)(g/kg)	水解氮(N)(mg/kg)	有效磷(P)(mg/kg)	速效钾(K)(mg/kg)
12.3	0.8	47.82	6.66	114.8

3.2.3 测定项目及方法

各项生理生态指标自越冬期开始,分别在越冬期、拔节期、孕穗期、开花期、灌浆期选取各小区有代表性的植株,测定其功能叶片的各项生理生态指标。

3.2.3.1 生长参数的测定

生育期间各生育期取株一次,每次取植株 15~20 株,测定株高,单株分蘖数,茎:株高(抽穗前,从茎基部到叶基端的距离;抽穗后,从茎基部到穗最基部的距离),叶:叶长(从叶枕到叶尖的距离)、叶宽(叶面最宽处的距离)、叶面积(按公式面积 = 叶长 × 叶宽 ×0.78 计算,且只测定绿叶面积)、绿叶数,穗数、穗长、小穗数、无效小穗数、每穗粒数,千粒重。

3.2.3.2 产量和产量构成因素的测定

成熟期每小区收获中间 3 行测定产量,并从每份材料的行中部收取 10 株,测定各品种正常补充灌溉和自然干旱处理的株高、千粒重等。测算每个品种产量和农艺性状的抗旱系数,抗旱系数(DC) = Y_a/Y_m,抗旱指数(DI) = $(Y_a/Y_m)/Y_a$。式中 Y_a 是某品种的干旱处理产量,Y_m 是某品种的正常补充灌溉处理产量,Y_a 为所有供试品种在干旱处理中的小区产量平均值。成熟期测定株高、穗长、芒长等植株性状,并计数单株穗数、穗粒数,测定千粒重、籽粒产量。

3.2.3.3 小麦光合生理生态指标的测定

叶片净光合速率(Pn)、蒸腾速率(Tr)、胞间 CO_2 浓度(Ci)和气孔导度($Cond$)的测定用 Li－6400 便携式光合作用测定系统(美国 Li－cor 公司生产),在晴天上午 09:00～11:00 测定,一般同一处理同一块地测 3 片或 5 片叶。测 3 片叶时,求 3 片叶的光合速率之和的平均值即为此小区光合速率;测 5 片叶时,去掉最高叶片与最低叶片的光合速率值,求剩余 3 片叶的光合速率之和的平均值即为此小区光合速率。

3.2.3.4 小麦叶片含水量的测定

在越冬期、分蘖期、拔节期、孕穗期、花期、灌浆期,与叶面积的测定同时进行。按《植物生理学实验指导》介绍方法测定,早晨 08:30～09:00 取样,每处理两点,每点选生长一致叶片 10 片,从叶基部剪下,称量鲜重(初始鲜重)后迅速将剪口处插入清水中浸泡 5 h 后,从水中取出擦拭掉叶片表面多余水分并称取饱和鲜重,经 105 ℃30 min 杀青后,75 ℃下烘至恒重,称重并计算出叶片含水量及相对含水量。

$$叶片含水量=\frac{初始鲜重-干重}{初始新重}\times 100\%$$

$$叶片相对含水量=\frac{初始鲜重-干重}{饱和鲜重-干重}\times 100\%$$

3.2.3.5 叶绿素含量测定

分别于小麦生长的越冬期、拔节期、孕穗期、开花期和灌浆期取样测定。每次取每个品种(系)植株的上部叶片 20 片,擦净组织表面污物,剪碎(去掉中脉),混匀。称取剪碎的叶片 0.1 g,5 次重复,放入盛有 80% 丙酮和 95% 乙醇的 25 mL 容量瓶中。置于 45 ℃恒温箱中,至叶片完全变白。取出冷却至室温,用提取液定容到 25 mL,摇匀。把叶绿体色素提取液倒入光径 1 cm 的比色杯内。以 80% 丙酮和 95% 乙醇叶绿素提取液为空白在波长 663 nm 和 645 nm 下用分光光度计测定吸收光度。测定仪器为 TV－1800 紫外分光光度计。

3.2.3.6 土壤含水量的测定

分别在播种期、越冬期、分蘖期、拔节期、花期、灌浆期用 TDR 土壤水分测定仪测定。降水量的观测和测定采用当地气象局的记载资料(见表 3-3、表 3-4)。

表 3-3 2006～2007 年小麦生育期降水量 (单位:mm)

年份	月份	上旬	中旬	下旬	总量
2006	10 月		0.8	1.5	2.3
	11 月		11	45.6	56.6
	12 月	6.7		2	8.7
2007	1 月				
	2 月	8.4	6.1	8.9	23.4
	3 月	48.7	12.9	0	61.6
	4 月	3	7.9		10.9
	5 月	0	0	20.2	20.2
合计					184

表 3-4　2006 ~ 2007 年禹州市降水量　（单位:mm）

2006 年					2007 年				
月份	上旬	中旬	下旬	总量	月份	上旬	中旬	下旬	总量
1	0	12.2	2.2	14.4	1				
2	6.3	2.4	8.5	17.2	2	8.4	6.1	8.9	23.4
3	13.3	2	0	13.5	3	48.7	12.9	0	61.6
4	17	5.3	16.5	38.8	4	3	7.9		10.9
5	41	20.4	20.5	81.9	5	0	0	20.2	20.2
6		25.7	224.6	250.3	6		71.9	35.5	107.3
7	139.1	7.7	54.1	200.9	7	72.9	120.4	20.8	214.1
8	10.9	0	49.7	60.6	8	127.1	6.4	55.6	189.1
9	40.4	0	30	70.4	9	8	1.2	2.7	4.7
10		0.8	1.5	2.3	10	9	10.5	1.2	12.6
11		11	45.6	56.6	11		11.2		11.2
12	6.7		2	8.7	12	1	3.2	5.8	9.18
合计				815.6	合计				664.2

3.3　不同品种生理生态特性及产量效应

3.3.1　小麦全生育期降水量和土壤含水量的变化

3.3.1.1　2006 ~ 2007 年度小麦全生育期降水特点

河南省降水具有时间分布不均衡，小麦生长季内易遭遇干旱的特点。由表 3-4 禹州市气象局提供的气象资料数据可以明显看出，河南降水量主要集中在 7、8、9 月，小麦生长期降水量较少，不能满足小麦生长所需，这种降水情况可以满足在大田自然干旱条件下进行研究。小麦全生育期需水 400 ~ 600 mm，但 2006 ~ 2007 年度冬小麦生长期间降雨为 184 mm，自然干旱处理的小麦生长处于半干旱状态。

本试验参考河南禹州气象局提供的有关数据，2006 年冬小麦播种（2006 年 10 月 14 日）到收获（2007 年 5 月 29 日）为止的，具体降水量见图 3-1 和表 3-3。2006 ~ 2007 年度冬小麦生长期间降水量时间分布为冬前多—返青少—拔节多—抽穗少—灌浆后期多。冬前 10 ~ 12 月降水量为 67.6 mm，占冬小麦生长期总降水量的 37%，为小麦苗期健壮生长提供了良好的基础；2 ~ 3 月降水量为中旬 90 mm，占小麦生长期总降水量的 50%，此时正值返青拔节期，对小麦生长没有造成胁迫，此后 4 月孕穗期降水较少，给小麦生长造成了一定的胁迫条件，4 月 10 日的灌水缓解了缺水状况，及时补给了水分；4 月下旬至 5 月下旬正值小麦需水高峰，降水只有 31.1 mm，占总降水的 16%，此时正是抽穗开花至灌浆

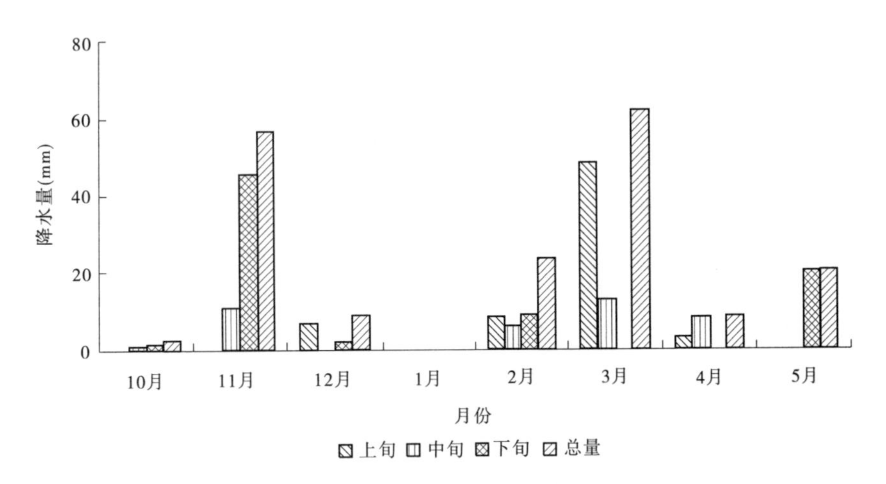

图 3-1　小麦生育期降水量

期,对水分需求达到了高峰期,有限的降雨虽然一定程度上起到了作用,但远达不到小麦的生理需求,田间形成了一定的水分胁迫,尤其是没有进行补充灌溉的处理,胁迫程度越来越重。分析 2006 ~ 2007 年度冬小麦全生育期的降水动态可知,总降水量虽然偏多,但时间分布的不均衡仍然对小麦生长造成一定程度的胁迫。

3.3.1.2　田间土壤含水量的变化动态

土壤含水量受到降水量、补充灌溉补充量和田间蒸发以及小麦的生理耗水等多方面因素的影响,是衡量小麦所受干旱程度的直接指标。本试验分别在各生育期用中子仪对田间土壤进行测定,土壤含水量数据如表 3-5 所示。在拔节之前土壤含水量稍低,拔节期维持在小麦正常生长发育的理想含水量;孕穗期进行一次灌水,没有灌水的处理 0 ~ 20 cm 土层土壤含水量呈逐渐下降趋势,尤其在成熟期,没有进行补充灌溉的土层处于重度胁迫。

表 3-5　小麦生育期 0 ~ 20 cm 深度的土壤含水量

田间水分	分蘖期	越冬期	拔节期	花期	灌浆期
日期(月 - 日)	12 - 19	01 - 17	03 - 21	04 - 25	05 - 13
补充灌溉(%)	9.96	9.7	18	14.65	8.02
自然干旱(%)	10.98	10.93	18.77	6.7	4.5

总的看来,由于 2007 年度春季降水较多,所以造成胁迫强度较小、胁迫时间较短,这对于小麦的生长很有利。但生育后期较重的水分胁迫对小麦仍然造成较大的影响。

3.3.2　不同小麦品种孕穗期旗叶光合特性及其之间的相关性

3.3.2.1　孕穗期不同小麦品种旗叶的光合速率(Pn)

光合作用是作物生物产量的“源”,光合速率的大小直接影响着作物生物产量的高低。作物的光合速率是多种生理、生态因素共同参与下的生理生化作用的结果,其作用过程较复杂。孕穗期旗叶的光合速率变化范围是 4.5 ~ 9 μmol CO_2/(m^2 · s),其中光合速率较大的小麦品种依次是漯4518、太空6号、豫麦2号、许农5号、郑麦366,光合速率较小的小麦品种依次是周麦18、科旱1号、郑州9023、洛旱3号、洛旱6号,其余小麦品种居中(见图3-2)。叶绿素是光合作用的物质基础,叶片叶绿素含量的高低直接影响叶片光合能力,同时也是干旱诱导植株衰老的重要指标。叶绿素含量和光合速率成正相关,孕穗期叶绿素含量高的小麦品种光合速率也相应较高。孕穗期叶绿素含量由高到低依次是温麦18、郑麦366、开麦18、漯4518、豫麦2号、许农5号、同舟麦916、太空6号、济麦2号、郑州9023、新麦18、洛旱6号、周麦18、科旱1号。孕穗期10:00-11:00的小麦光合速率由大到小依次为漯4518、太空6号、豫麦2号、许农5号、郑麦366、温麦18、同舟麦916、新麦18、开麦18、济麦2号、洛旱6号、洛旱3号、郑州9023、科旱1号、周麦18。孕穗期光合速率大小与孕穗期叶绿素含量多少顺序大致相同。

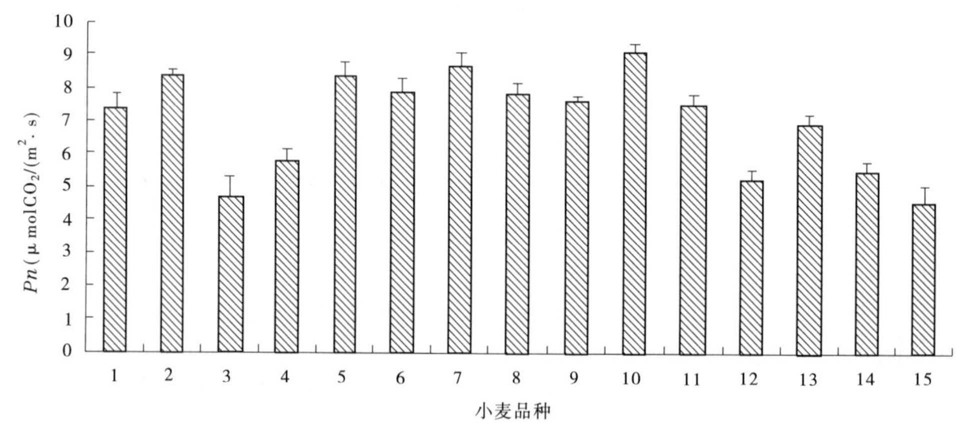

1—开麦18;2—许农5号;3—科旱1号;4—洛旱6号;5—豫麦2号;6—郑麦366;7—太空6号;8—温麦18;9—同舟麦916;10—漯4518;11—新麦18;12—郑州9023;13—济麦2号;14—洛旱3号;15—周麦18

图3-2 孕穗期不同小麦品种旗叶的光合速率(*Pn*)

由表3-6可知,小麦孕穗期的光合速率(*Pn*)与小麦叶绿素(Chl)、叶绿素a(Chla)、叶绿素b(Chlb)的含量呈极显著相关性,相关系数分别为0.753**、0.668**、0.717**,与叶绿素a/b(Chla/b)没有相关性。孕穗期的小麦叶绿素(Chl)与叶绿素a(Chla)、叶绿素b(Chlb)的含量呈极显著相关性,相关系数分别为0.958**、0.808**,叶绿素a(Chla)与叶绿素b(Chlb)的含量呈显著相关性,相关系数为0.605*,叶绿素b(Chlb)的含量与叶绿素a/b(Chla/b)呈显著负相关性,相关系数为-0.821**。小麦孕穗期的光合速率(*Pn*)与叶绿素b(Chlb)的含量的相关性大于与叶绿素a(Chla)含量的相关性,叶绿素(Chl)与叶绿素a(Chla)含量的相关性大于与叶绿素b(Chlb)的含量的相关性。

3.3.2.2 孕穗期不同小麦品种旗叶蒸腾速率(*Tr*)

蒸腾作用既促进作物体内的水分运输与物资运转,又保证作物进行光合作用的需要,对作物的生命活动极为重要,但蒸腾失水是导致植物体水分平衡失调的主要原因。水分胁迫下蒸腾速率降低。蒸腾速率的高低反映了水分消耗量的多少,相对较低的蒸腾速率可以使蒸腾作用消耗较少水分,但过低的蒸腾速率却会影响其他的生理过程。孕穗期小麦品种蒸腾速率品种间相差不大。由大到小依次为太空6号、温麦18、科旱1号、济麦2

号、漯 4518、同舟麦 916、周麦 18、洛旱 3 号、豫麦 2 号、新麦 18、郑麦 366、许农 5 号、郑州 9023、洛旱 6 号、开麦 18(见图 3-3)。

表 3-6　孕穗期光合速率(*Pn*)和叶绿素(Chl、Chla、Chlb、Chla/b)含量的相关性

	Pn	Chl	Chla	Chlb	Chla/b
Pn	1				
Chl	0.753**	1			
Chla	0.668**	0.958**	1		
Chlb	0.717**	0.808**	0.605*	1	
Chla/b	-0.447	-0.343	-0.065	-0.821**	1

注:**表示 0.01 水平下的显著性,*表示 0.05 水平下的显著性。

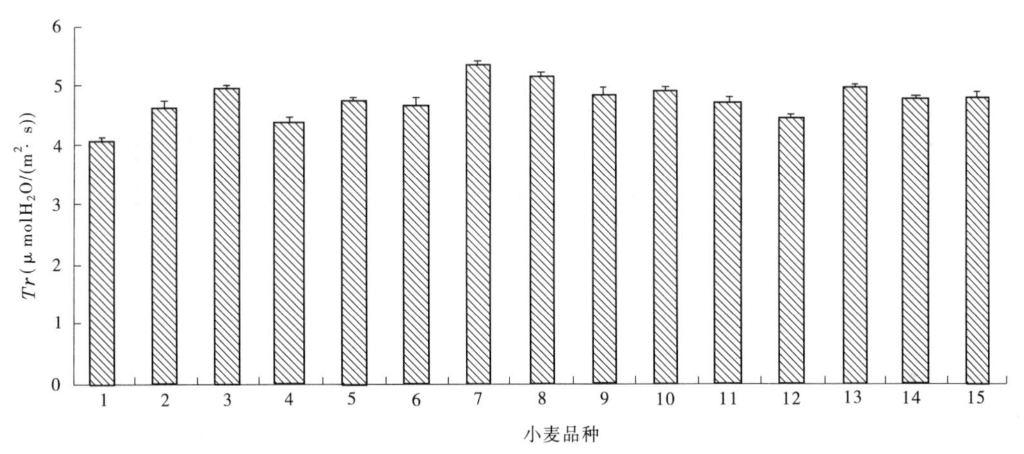

1—开麦 18;2—许农 5 号;3—科旱 1 号;4—洛旱 6 号;5—豫麦 2 号;6—郑麦 366;7—太空 6 号;8—温麦 18;9—同舟麦 916;10—漯 4518;11—新麦 18;12—郑州 9023;13—济麦 2 号;14—洛旱 3 号;15—周麦 18

图 3-3　孕穗期不同小麦品种旗叶蒸腾速率(*Tr*)

3.3.2.3　孕穗期旗叶叶片水分利用效率

单叶或细胞水平的水分利用效率也与植物生理功能有最直接的关系,可反映植物气体(CO_2/H_2O)代谢功能及植物生长与水分利用之间的数量关系,常以净同化光合速率(*Pn*)与蒸腾速率(*Tr*)之比表示($WUE = Pn/Tr$)。其大小不仅受植物根、茎、叶组织生物结构特征的影响,同时也受外界环境因子及土壤水分等的影响,随着光照逐渐增强、气温上升、空气相对湿度下降,气孔导度发生变化,随之净光合速率和蒸腾速率发生变化,导致 *WUE* 有所不同。不同生育期小麦生长存在差异,对水分的需求不同,也会导致 *WUE* 有所不同。*Pn/Tr* 比值高,说明单位耗水量生产的光合产物较多。由图 3-4 可知,孕穗期 *WUE* 较大的小麦品种依次是漯 4518、开麦 18、许农 5 号、豫麦 2 号,孕穗期 *WUE* 较小的品种依次是科旱 1 号、周麦 18、洛旱 3 号、郑州 9023、洛旱 6 号,其余小麦品种居中。产量较高的小麦品种除周麦 18 外,许农 5 号、同舟麦 916、温麦 18 孕穗期 *WUE* 均属于中间偏高型。

3.3.2.4　孕穗期不同小麦品种旗叶叶片气孔导度

气孔是植物叶片与外界交换气体的门户,是水分散失和 CO_2 交换的重要通道。气孔

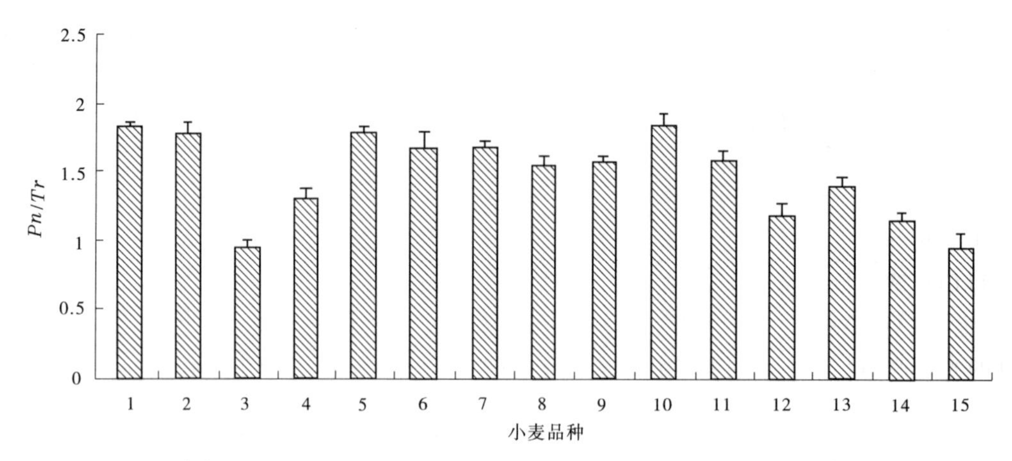

1—开麦 18;2—许农 5 号;3—科旱 1 号;4—洛旱 6 号;5—豫麦 2 号;6—郑麦 366;7—太空 6 号;8—温麦 18;
9—同舟麦 916;10—漯 4518;11—新麦 18;12—郑州 9023;13—济麦 2 号;14—洛旱 3 号;15—周麦 18

图 3-4　孕穗期不同小麦品种旗叶 *Pn/Tr*

导度是衡量气体通过气孔的难易程度,气孔导度越大则气孔张开度越大,即气孔阻力越小,说明水汽、CO_2 等可顺利通过气孔进行交换,气孔导度是反映叶片气体交换能力的重要指标。由图 3-5 可见,孕穗期各个小麦品种气体交换能力由大到小依次为济麦 2 号、温麦 18、周麦 18、洛旱 3 号、漯 4518、豫麦 2 号、科旱 1 号、同舟麦 916、新麦 18、郑麦 366、许农 5 号、洛旱 6 号、郑州 9023、开麦 18。本次试验高产小麦温麦 18、周麦 18、同舟麦 916、许农 5 号孕穗期气体交换能力较大。

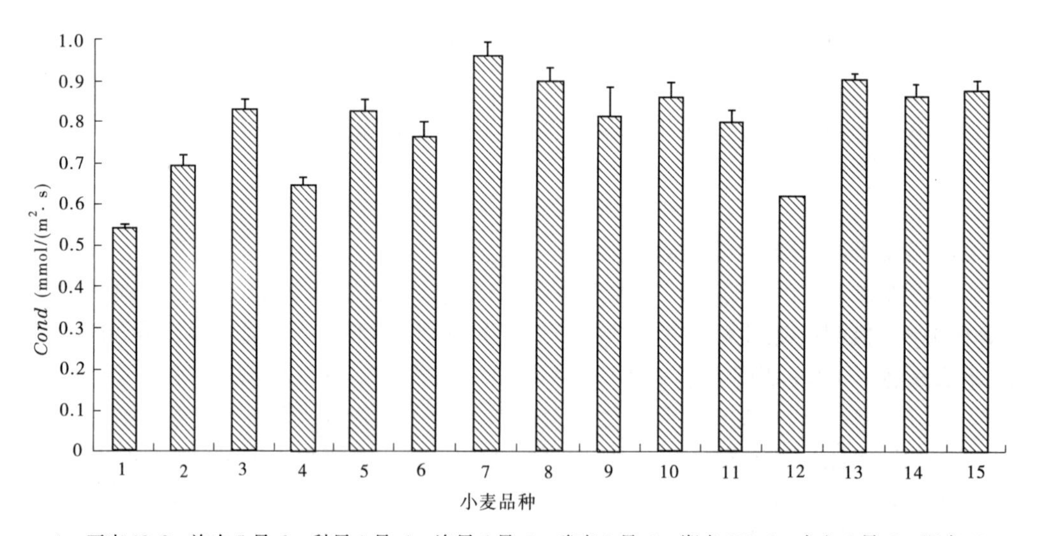

1—开麦 18;2—许农 5 号;3—科旱 1 号;4—洛旱 6 号;5—豫麦 2 号;6—郑麦 366;7—太空 6 号;8—温麦 18;
9—同舟麦 916;10—漯 4518;11—新麦 18;12—郑州 9023;13—济麦 2 号;14—洛旱 3 号;15—周麦 18

图 3-5　孕穗期不同小麦品种功能叶片气孔导度

3.3.2.5　孕穗期不同小麦品种旗叶胞间二氧化碳浓度(*Ci*)

Ci 增大可能是由于水分资源胁迫导致叶片光合机构受损造成,*Ci* 高说明叶片对胞间

CO_2 的利用能力下降，CO_2 在细胞间隙中积累而导致光合能力的下降。由此可知，在孕穗期旗叶利用胞间 CO_2 的能力由大到小依次是洛旱 3 号、济麦 2 号、周麦 18、漯 4518、许农 5 号、新麦 18、豫麦 2 号、郑麦 366、郑州 9023、温麦 18、开麦 18、同舟麦 916、洛旱 6 号、科旱 1 号。由图 3-2、图 3-3、图 3-5、图 3-6 可知，科旱 1 号气孔导度大、胞间 CO_2 浓度高、光合速率低可能是由于胞间 CO_2 利用能力低所致，洛旱 6 号气孔导度小、胞间 CO_2 浓度高、光合速率低可能是气孔导度小和 CO_2 利用能力低两者共同所致，周麦 18 却在气孔导度大、胞间 CO_2 浓度低的情况下出现了光合速率值很低的情况，洛旱 3 号和郑州 9023 气孔导度小，胞间 CO_2 浓度低，光合速率低。以上几种小麦品种光合速率值均较低，但不同小麦品种的光合速率与气孔导度和胞间 CO_2 浓度的关系上表现出一定的差别。光合速率较大的小麦品种大都表现出气孔导度大、胞间 CO_2 浓度低。所有小麦品种在孕穗期的蒸腾速率相差很小。

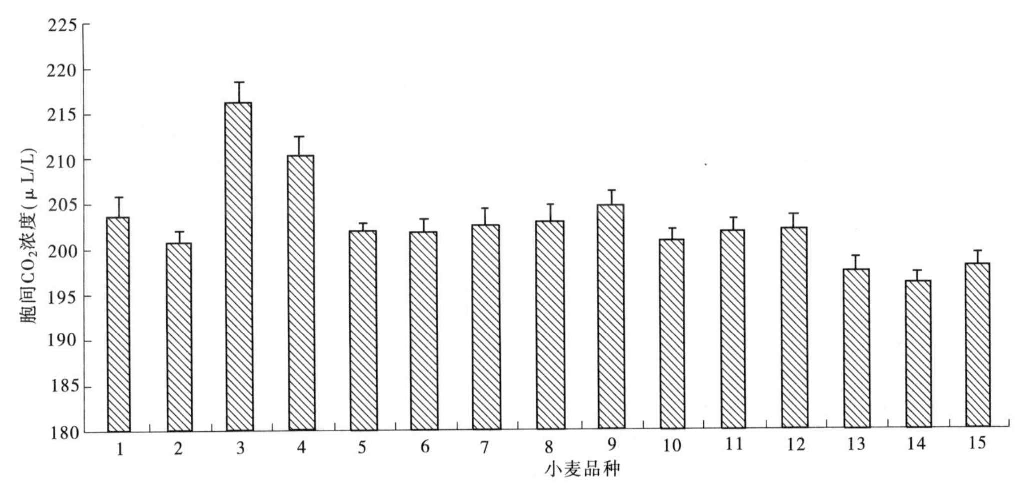

1—开麦 18；2—许农 5 号；3—科旱 1 号；4—洛旱 6 号；5—豫麦 2 号；6—郑麦 366；7—太空 6 号；8—温麦 18；9—同舟麦 916；10—漯 4518；11—新麦 18；12—郑州 9023；13—济麦 2 号；14—洛旱 3 号；15—周麦 18

图 3-6　孕穗期不同小麦品种胞间 CO_2 浓度（*Ci*）

由表 3-7 可知，孕穗期小麦品种的水分利用效率与小麦品种的净光合速率（*Pn*）呈极显著相关性，相关系数为 0.951**，蒸腾速率（*Trmmol*）与气孔导度（*Cond*）呈极显著相关性，相关系数为 0.937**。

表 3-7　孕穗期不同小麦品种生理指标之间的相关系数

	WUE	*Pn*	*Cond*	*Ci*	*Trmmol*
WUE	1				
Pn	0.951**	1			
Cond	-0.135	0.151	1		
Ci	-0.218	-0.246	-0.268	1	
Trmmol	-0.103	0.203	0.937**	-0.072	1

注：**表示 0.01 水平下的显著性。

3.3.3 不同小麦品种旗叶叶绿素含量对不同水分条件的反应及其与产量性状之间的相关性

3.3.3.1 水分对 Chl 的影响

作物产量的形成是通过植物体内的叶绿素将光能转变为化学能——生产有机物质的过程。叶绿素是光合作用的物质基础,叶绿素作为光合色素中重要的色素分子,参与光合作用中光能的吸收、传递和转化,在光合作用中占有重要地位。叶片叶绿素含量的高低直接影响叶片光合能力,同时也是干旱诱导植株衰老的重要指标。

由图 3-7 可见,补充灌溉处理的小麦品种 Chl 基本上呈现先升高后降低趋势,从越冬至花期呈平缓升高趋势,灌浆期有所下降,且从越冬到孕穗期,品种间 Chl 数值相差不大,越冬期 Chl 数值均在 1.7 ~ 2.3,拔节期 Chl 数值在 2 ~ 3,孕穗期 Chl 数值在 2.6 ~ 3.6,花

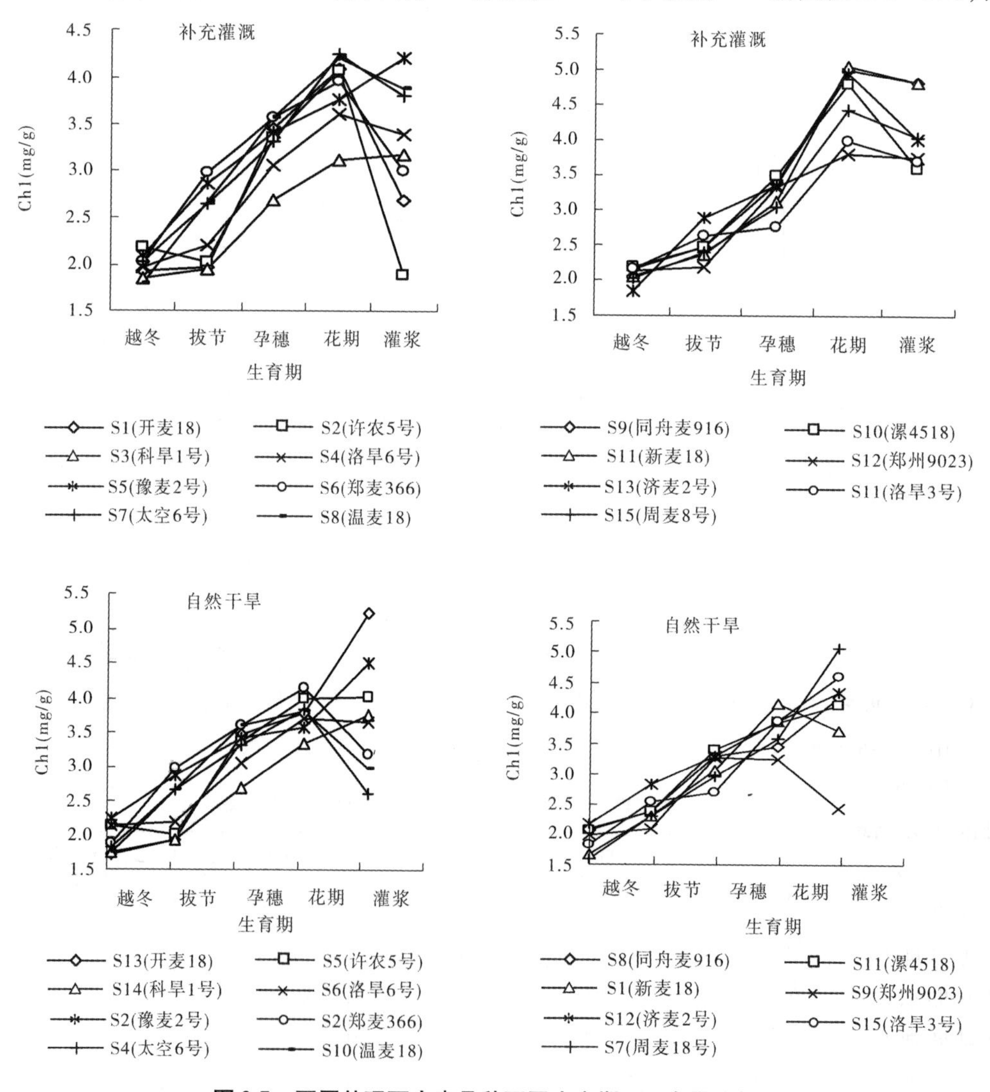

图 3-7 不同处理下小麦品种不同生育期 Chl 含量趋势

期和灌浆期小麦品种 Chl 数值变化幅度教大，花期 Chl 数值在 3 ~5，灌浆期 Chl 数值应在 2 ~5，在灌浆期 Chl 下降最多的是小麦品种开麦 18 和许农 5 号。自然干旱处理的小麦品种 Chl 从越冬至花期基本上呈现升高趋势，灌浆期品种间趋势变化不一致，有的升高，有的下降，与补充灌溉处理的相比，花期小麦品种 Chl 数值相差不大，均在 3. 2 ~4. 2，灌浆期 Chl 数值为 2. 5 ~5. 5。自然干旱与补充灌溉两种处理下的小麦品种表现不一致的有开麦 18、许农 5 号、同舟麦 916、漯 4518、济麦 2 号、洛旱 3 号、周麦 18，这些小麦品种在补充灌溉处理下灌浆期呈下降趋势，自然干旱处理下却呈上升趋势；豫麦 2 号两种处理下灌浆期均呈缓慢上升趋势。两种处理下花期补充灌溉处理的小麦品种 Chl 上升趋势比自然干旱处理下的小麦品种 Chl 上升趋势大。这与前人认为的在水分胁迫下，小麦叶片 Chl 总量均呈降低的趋势不一致，与小麦品种间表现差异较大研究结论一致。

由表 3-8 可知，拔节期叶绿素与抗旱系数和抗旱指数呈负相关关系，相关系数分别为 -0. 586*、-0. 611*。孕穗期的叶绿素与自然干旱处理千粒重呈相关性，相关系数为 0. 574*。

表 3-8　Chl 与产量指标之间的相关系数

	X1	X2	X3	X4	X5	X6	X7
X1	1						
X2	-0. 09	1					
X3	0. 049	0. 392	1				
X4	0. 159	0. 059	0. 475	1			
X5	0. 333	0. 11	0. 574*	0. 888**	1		
X6	0. 126	-0. 586*	-0. 057	-0. 04	0. 184	1	
X7	-0. 167	-0. 611*	-0. 193	0. 347	0. 304	0. 425	1

注：(1) * 表示 0. 05 水平下的显著性，** 表示 0. 01 水平下的显著性。

(2) X1—越冬期叶绿素；X2—拔节期叶绿素；X3—孕穗期叶绿素；X4—补充灌溉千粒重；X5—自然干旱千粒重；X6—产量抗旱系数；X7—产量抗旱指数。

3. 3. 3. 2　水分对 Chla 的影响

由图 3-8 可知，小麦品种 Chla 与小麦品种 Chl 含量从越冬至花期基本上呈现相同趋势，呈平缓升高趋势，但补充灌溉处理的小麦品种 Chla 在花期上升趋势小于补充灌溉处理的小麦品种 Chl 的上升趋势，花期 Chla 变化较小，这是因为补充灌溉处理的小麦品种 Chl 含量在花期的升高主要是由花期 Chlb 的升高引起的。自然干旱处理小麦品种 Chla 在花期上升趋势大于补充灌溉处理的小麦品种 Chla 的上升趋势，这是由自然干旱处理的小麦品种 Chlb 的升高趋势小于补充灌溉处理下的小麦品种 Chlb 的升高趋势引起的。在灌浆期小麦品种 Chla 与小麦品种 Chl 含量相比下降趋势不明显。补充灌溉与自然干旱两种处理下，灌浆期小麦品种 Chla 有差异的小麦品种分别是：补充灌溉处理下升高、自然干旱处理下下降的是小麦品种新麦 18、郑州 9023；补充灌溉处理下下降、自然干旱处理下升高的是小麦品种开麦 18、许农 5 号、漯 4518、济麦 2 号（见表 3-9）。

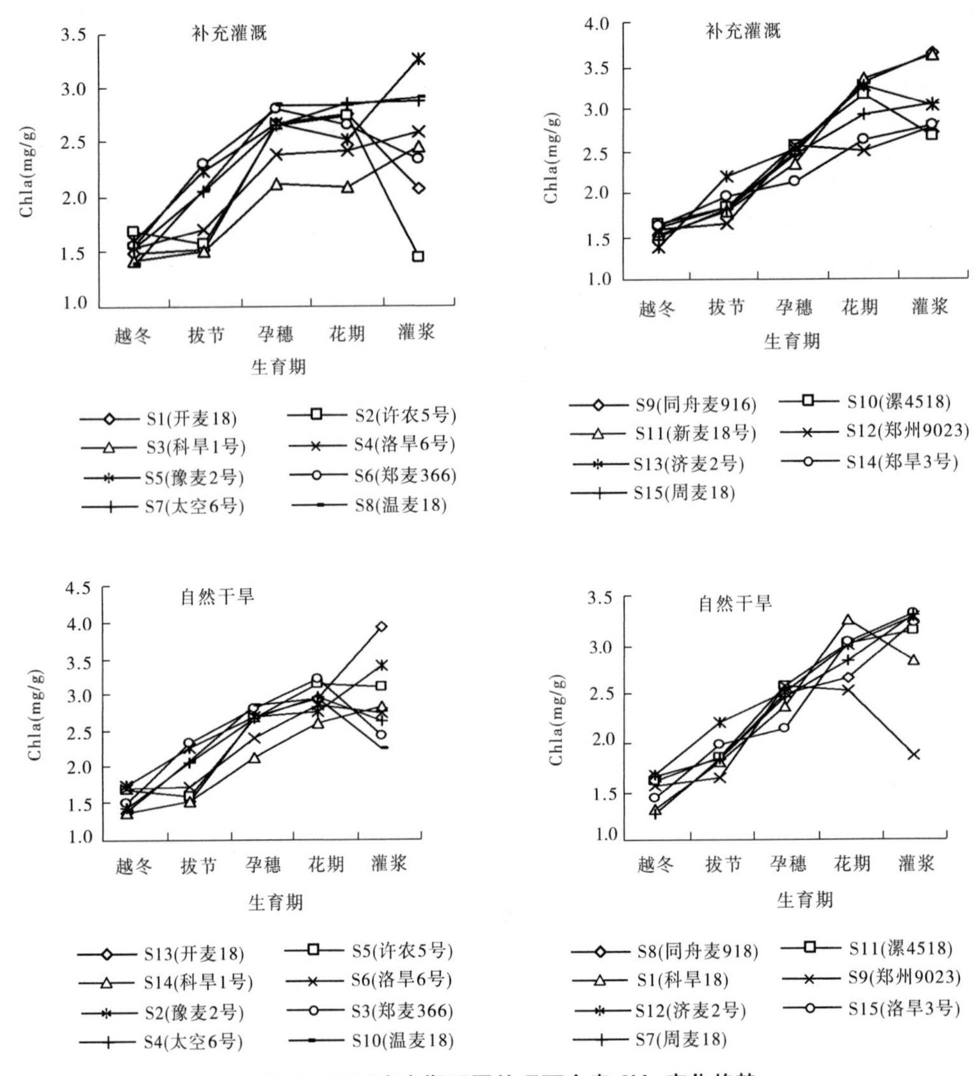

图 3-8 不同生育期不同处理下小麦 Chla 变化趋势

由表 3-10 可知，孕穗期叶小麦 Chla 与千粒重呈显著相关性，相关系数分别为 0.663**、0.522*，灌浆期自然干旱下小麦 Chla 与补充灌溉处理小麦产量呈相关性，相关系数为 0.560*。这与前人研究结论：Chla 有利于吸收低温季节的长波光，Chlb 有利于吸收夏季的短波光，前期 Chla/b 比值高，后期 Chla/b 比值低的品种获得较高产量的结论一致。

3.3.3.3 水分对 Chlb 的影响

由图 3-9 可知，两种处理下的小麦品种 Chlb 的变化趋势不一样，补充灌溉处理的小麦品种 Chlb 呈现先升高后降低的变化趋势，在花期的小麦 Chlb 上升幅度值最大，灌浆期均呈现下降趋势。自然干旱处理的小麦 Chlb 基本呈现一直升高的变化趋势，在花期变化幅度较小，在灌浆期的 Chlb 值呈现上升趋势的小麦品种较多。但灌浆期两种处理下的小麦品种 Chlb 的数值相差不大（见表 3-11）。

表 3-9 不同生育期 Chla 含量 （单位:mg/g）

品种	越冬	拔节	孕穗	花期		灌浆	
				补充灌溉	自然干旱	补充灌溉	自然干旱
1	1.49 ±0.005	1.523 ±0.005	2.679 ±0.001	2.756 ±0.009	2.921 ±0.008	2.069 ±0.006	3.926 ±0.004
2	1.695 ±0.006	1.582 ±0.006	2.66 ±0.002	2.732 ±0.004	3.135 ±0.009	1.449 ±0.005	3.081 ±0.006
3	1.427 ±0.003	1.506 ±0.005	2.125 ±0.004	2.092 ±0.009	2.591 ±0.005	2.458 ±0.003	2.808 ±0.007
4	1.547 ±0.004	1.713 ±0.012	2.387 ±0.003	2.417 ±0.004	2.85 ±0.004	2.594 ±0.005	2.73 ±0.003
5	1.615 ±0.005	2.248 ±0.020	2.678 ±0.003	2.523 ±0.007	2.757 ±0.007	3.249 ±0.006	3.388 ±0.007
6	1.567 ±0.005	2.315 ±0.008	2.798 ±0.003	2.652 ±0.006	3.188 ±0.003	2.339 ±0.010	2.419 ±0.006
7	1.551 ±0.005	2.059 ±0.005	2.659 ±0.002	2.857 ±0.005	2.955 ±0.008	2.863 ±0.003	2.617 ±0.005
8	1.393 ±0.004	2.078 ±0.006	2.832 ±0.001	2.836 ±0.008	2.933 ±0.007	2.908 ±0.008	2.241 ±0.005
9	1.614 ±0.004	1.846 ±0.009	2.493 ±0.004	3.312 ±0.004	2.665 ±0.004	3.649 ±0.006	3.226 ±0.007
10	1.652 ±0.005	1.855 ±0.014	2.576 ±0.002	3.176 ±0.009	3.013 ±0.008	2.686 ±0.005	3.153 ±0.002
11	1.524 ±0.005	1.811 ±0.007	2.365 ±0.01	3.355 ±0.004	3.254 ±0.007	3.638 ±0.005	2.842 ±0.018
12	1.598 ±0.004	1.651 ±0.008	2.574 ±0.003	2.503 ±0.007	2.527 ±0.003	2.791 ±0.003	1.863 ±0.005
13	1.384 ±0.005	2.211 ±0.011	2.524 ±0.004	3.278 ±0.005	3.006 ±0.005	3.044 ±0.007	3.289 ±0.005
14	1.64 ±0.001	1.985 ±0.009 1	2.151 ±0.006	2.637 ±0.004	3.025 ±0.007	2.809 ±0.004	3.328 ±0.004
15	1.508 ±0.003	1.832 ±0.005	2.465 ±0.01	2.932 ±0.007	2.842 ±0.08	3.059 ±0.002	3.309 ±0.006

注:1—开麦 18;2—许农 5 号;3—科旱 1 号;4—洛旱 6 号;5—豫麦 2 号;6—郑麦 366;7—太空 6 号;8—温麦 18;9—同舟麦 916;10—漯 4518;11—新麦 18;12—郑州 9023;13—济麦 2 号;14—洛旱 3 号;15—周麦 18。

表 3-10 Chla 与产量指标之间的相关系数

	X1	X2	X3	X4	X5	X6
X1	1					
X2	-0.186	1				
X3	0.13	0.560*	1			
X4	0.07	0.343	0.665**	1		
X5	0.663**	-0.306	-0.137	0.107	1	
X6	0.522*	-0.12	-0.073	0.134	0.888**	1

注: (1) * 表示 0.05 水平下的显著性, ** 表示 0.01 水平下的显著性。

(2) X1—孕穗期 Chla;X2—灌浆期干旱 Chla;X3—补充灌溉处理产量;X4—自然干旱处理产量;X5—自然干旱处理千粒重;X6—补充灌溉处理千粒重。

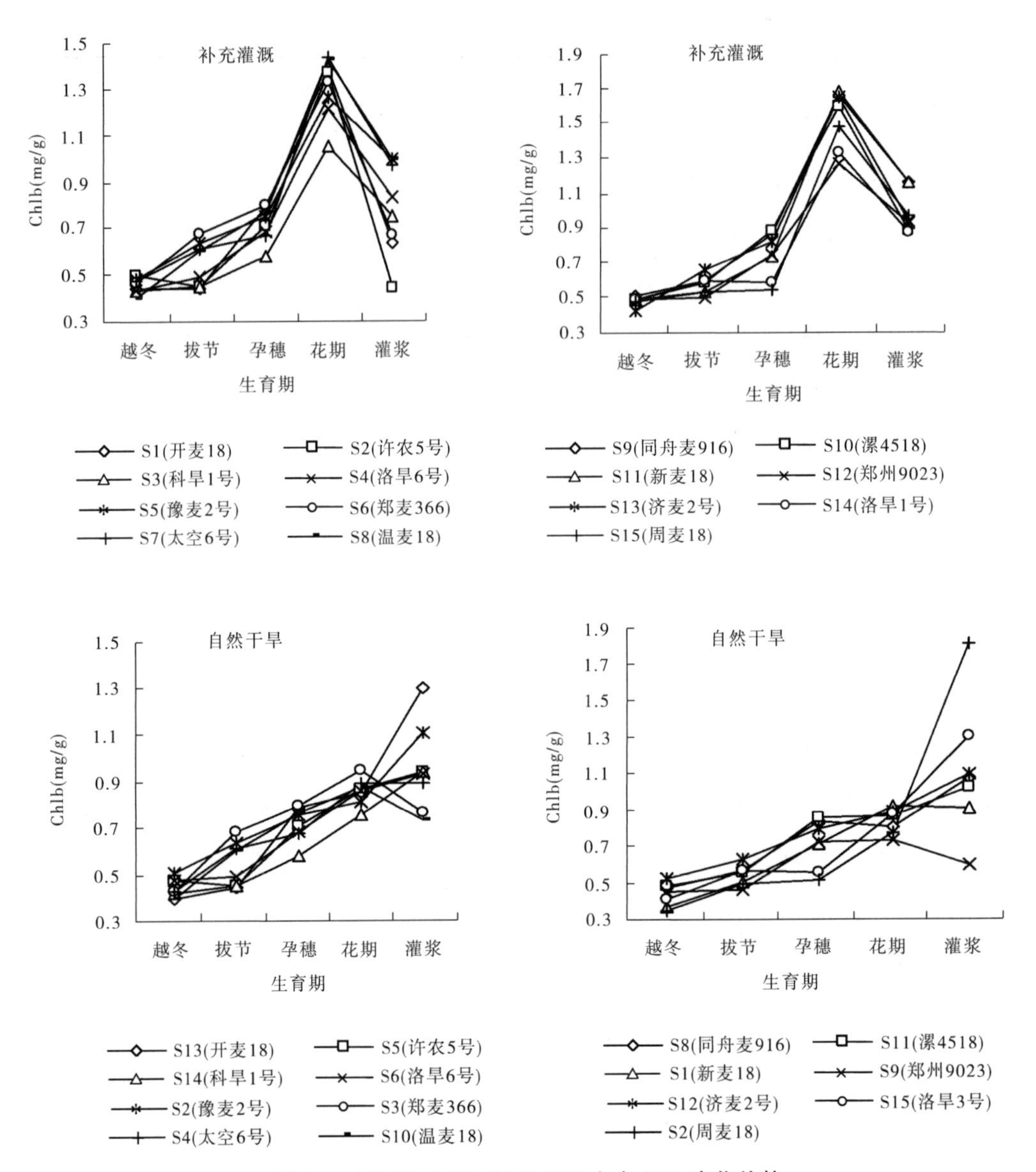

图 3-9　不同生育期不同处理下小麦 Chlb 变化趋势

结合前面小麦 Chl 和 Chla 的变化趋势可以看出，小麦 Chlb 受水分影响较大，变化幅度大于 Chla。

由表 3-12 可知，拔节期 Chlb 与花期干自然旱处理小麦 Chlb 有相关性，相关系数为 0.519*，拔节期 Chlb 与自然干旱处理小麦产量、抗旱系数、抗旱指数呈负相关性，相关系数分别为 -0.545*、-0.628*、-0.582*。这与前人研究结论：Chla 有利于吸收低温季节的长波光，Chlb 有利于吸收夏季的短波光，前期 Chla/b 比值高，后期 Chla/b 比值低的品种获得较高产量的结论一致。

3.3.3.4　水分对 Chla/b 的影响

Chla 和 Chlb 均可作为集光色素而捕获光能，而只有部分 Chla 才能充当反应中心色

表 3-11　不同生育期 Chlb 含量　(单位:mg/g)

品种	越冬	拔节	孕穗	花期		灌浆期	
				补充灌溉	自然干旱	补充灌溉	自然干旱
1	0.442 ±0.006	0.446 ±0.17	0.788 ±0.006	1.378 ±0.002	0.849 ±0.002	0.64 ±0.005	1.297 ±0.004
2	0.505 ±0.005	0.452 ±0.02	0.707 ±0.002	1.366 ±0.005	0.866 ±0.003	0.441 ±0.007	0.943 ±0.006
3	0.436 ±0.003	0.449 ±0.03	0.578 ±0.005	1.046 ±0.001	0.754 ±0.002	0.748 ±0.004	0.939 ±0.007
4	0.433 ±0.001	0.494 ±0.02	0.687 ±0.006	1.209 ±0.002	0.859 ±0.004	0.83 ±0.003	0.935 ±0.003
5	0.485 ±0.005	0.638 ±0.09	0.755 ±0.01	1.261 ±0.004	0.814 ±0.001	0.994 ±0.002	1.108 ±0.005
6	0.47 ±0.005	0.681 ±0.036	0.798 ±0.003	1.326 ±0.003	0.95 ±0.003	0.672 ±0.006	0.765 ±0.008
7	0.475 ±0.004	0.614 ±0.04	0.674 ±0.003	1.429 ±0.001	0.891 ±0.005	0.972 ±0.005	0.891 ±0.005
8	0.404 ±0.005	0.607 ±0.02	0.765 ±0.005	1.418 ±0.05	0.877 ±0.02	0.994 ±0.005	0.735 ±0.009
9	0.488 ±0.002	0.574 ±0.03	0.845 ±0.004	1.656 ±0.02	0.811 ±0.004	1.153 ±0.004	1.08 ±0.004
10	0.471 ±0.007	0.566 ±0.03	0.869 ±0.007	1.588 ±0.003	0.872 ±0.003	0.872 ±0.006	1.026 ±0.006
11	0.471 ±0.003	0.516 ±0.04	0.717 ±0.003	1.678 ±0.004	0.93 ±0.001	1.146 ±0.004	0.913 ±0.003
12	0.477 ±0.004	0.479 ±0.09	0.728 ±0.006	1.252 ±0.001	0.738 ±0.002	0.91 ±0.005	0.604 ±0.002
13	0.409 ±0.005	0.641 ±0.02	0.801 ±0.01	1.639 ±0.004	0.893 ±0.005	0.927 ±0.007	1.097 ±0.004
14	0.467 ±0.005	0.582 ±0.12	0.566 ±0.009	1.318 ±0.003	0.884 ±0.003	0.86 ±0.002	1.307 ±0.005
15	0.46 ±0.002	0.51 ±0.07	0.527 ±0.005	1.466 ±0.003	0.787 ±0.004	0.954 ±0.004	1.807 ±0.007

注:1—开麦 18;2—许农 5 号;3—科旱 1 号;4—洛旱 6 号;5—豫麦 2 号;6—郑麦 366;7—太空 6 号;8—温麦 18;9—同舟麦 916;10—漯 4518;11—新麦 18;12—郑州 9023;13—济麦 2 号;14—洛旱 3 号;15—周麦 18。

表 3-12　Chlb 与产量及产量指标之间的相关系数

	X1	X2	X3	X4	X5	X6	X7	X8
X1	1							
X2	0.147	1						
X3	0.441	-0.079	1					
X4	0.444	-0.074	0.519*	1				
X5	-0.257	-0.328	0.307	0.018	1			
X6	-0.611*	0.079	-0.545*	-0.456	0.133	1		
X7	-0.23	0.284	-0.628*	-0.336	-0.713**	0.596*	1	
X8	-0.105	-0.112	-0.582*	-0.042	-0.164	0.404	0.425	1

注:(1) * 表示 0.05 水平下的显著性, * * 表示 0.01 水平下的显著性。

(2)X1—千粒重抗旱系数;X2—越冬期 Chlb;X3—拔节期 Chlb;X4—花期自然干旱处理 Chlb;X5—补充灌溉处理产量;X6—自然干旱处理产量;X7—产量抗旱系数;X8—产量抗旱指数。

素，植物长期进化的结果使得叶内关于反应中心色素和集光色素保持一个较合理的比值，以便反应中心色素有充足而不过多的光能可利用，因为叶内光能过剩可诱导自由基的产生和色素分子的光氧化。

从图3-10所示曲线可以看出，在越冬、拔节、花期、灌浆期这些时期，同一处理下的同一时期不同小麦品种Chla/b数值相差不大，基本上不变。两种处理下的小麦品种在越冬期、拔节期的小麦品种Chla/b数值基本在3.2～3.6。花期补充灌溉处理的小麦品种Chla/b数值均为2，自然干旱处理的小麦品种Chla/b数值基本在3.2～3.6。两种处理下的小麦品种在灌浆期小麦品种Chla/b数值基本在3～3.2。在孕穗期，两种处理下的小麦品种Chla/b数值较其他时期变化幅度大。根据小麦品种Chla/b数值在孕穗期的不同，在小麦生长的整个生育期不同品种Chla/b变化规律可分为三种形式：许农5号、周麦18、温麦18、科旱1号、洛旱3号变化趋势相同（见图3-10（a）），越冬至拔节期变化平缓Chla/b值在3.2～3.6，拔节至孕穗期Chla/b开始增大，Chla/b值在3.4～4.8，其中又以周麦18Chla/b上升的最快，孕穗期进行一次补充灌溉的小麦Chla/b下降很快，开花期比值均达到2，没有进行补充灌溉的Chla/b也略有下降，比值在3.2～3.6，灌浆期Chla/b值两者又趋于一致，比值在3～3.4；开麦18、洛旱6号、豫麦2号、郑麦366、郑州9023变化趋势相同（见图3-10），越冬至孕穗期变化平缓，孕穗期进行一次补充灌溉的Chla/b下降很快，开花期比值均达到2，没有进行补充灌溉的Chla/b也略有下降，比值在3.2～3.4，灌浆期补充灌溉处理的Chla/b值在3～3.6。

没有补充灌溉处理的Chla/b值在3.2～2.8，小于补充灌溉处理的Chla/b；新麦18、同舟麦916、漯4518、济麦2号变化趋势相似（见图3-10（c）），越冬至拔节期变化平缓，Chla/b值在3.1～3.6，拔节至孕穗期Chla/b开始下降，Chla/b值在3.6～2.9，孕穗期进行一次补充灌溉的小麦Chla/b下降很快，开花期比值均达到2，没有进行补充灌溉的Chla/b却呈现上升趋势，比值在3.2～3.5，这可能与前人认为水分胁迫下Chla/b比值增大是一致的。灌浆期补充灌溉处理的Chla/b值在开花期比值均达到2，没有进行补充灌溉的Chla/b却呈现上升趋势，比值在3.2～3.5之间，这可能与前人认为水分胁迫下Chla/b值增大是一致的。灌浆期补充灌溉处理的Chla/b值在花期后呈现上升趋势，比值在3～3.3，没有补充灌溉处理的小麦Chla/b值在花期后呈现下降趋势，比值在3～3.1，与补充灌溉处理的值相差不大。

综上所述，补充灌溉处理的小麦品种Chl基本上呈现先升高后降低趋势，从越冬至花期呈平缓升高趋势，灌浆期有所下降，并且在越冬、拔节、孕穗时期小麦品种间Chl数值变化幅度小，花期和灌浆期小麦品种间Chl数值变化幅度大，品种之间表现不大一致；自然干旱处理的小麦品种Chl从越冬至花期基本上呈现升高趋势，灌浆期小麦品种间存在差异：有的升高，有的降低。花期与补充灌溉处理的小麦品种Chl相比数值变化幅度小，灌浆期与补充灌溉处理的小麦品种Chl相比数值变化幅度相差不大。补充灌溉处理的小麦品种花期Chl升高主要是由Chlb的升高引起的。小麦品种Chla和小麦品种Chlb的变化趋势和小麦品种Chl的变化趋势相似，小麦品种Chla/b的变化趋势与小麦品种Chla和小麦品种Chlb及小麦品种Chl的变化趋势不一样，在孕穗期Chla/b的数值变化幅度大，数值在3～4，补充灌溉处理的小麦品种Chla/b在花期数值均为2，自然干旱处理的小麦品

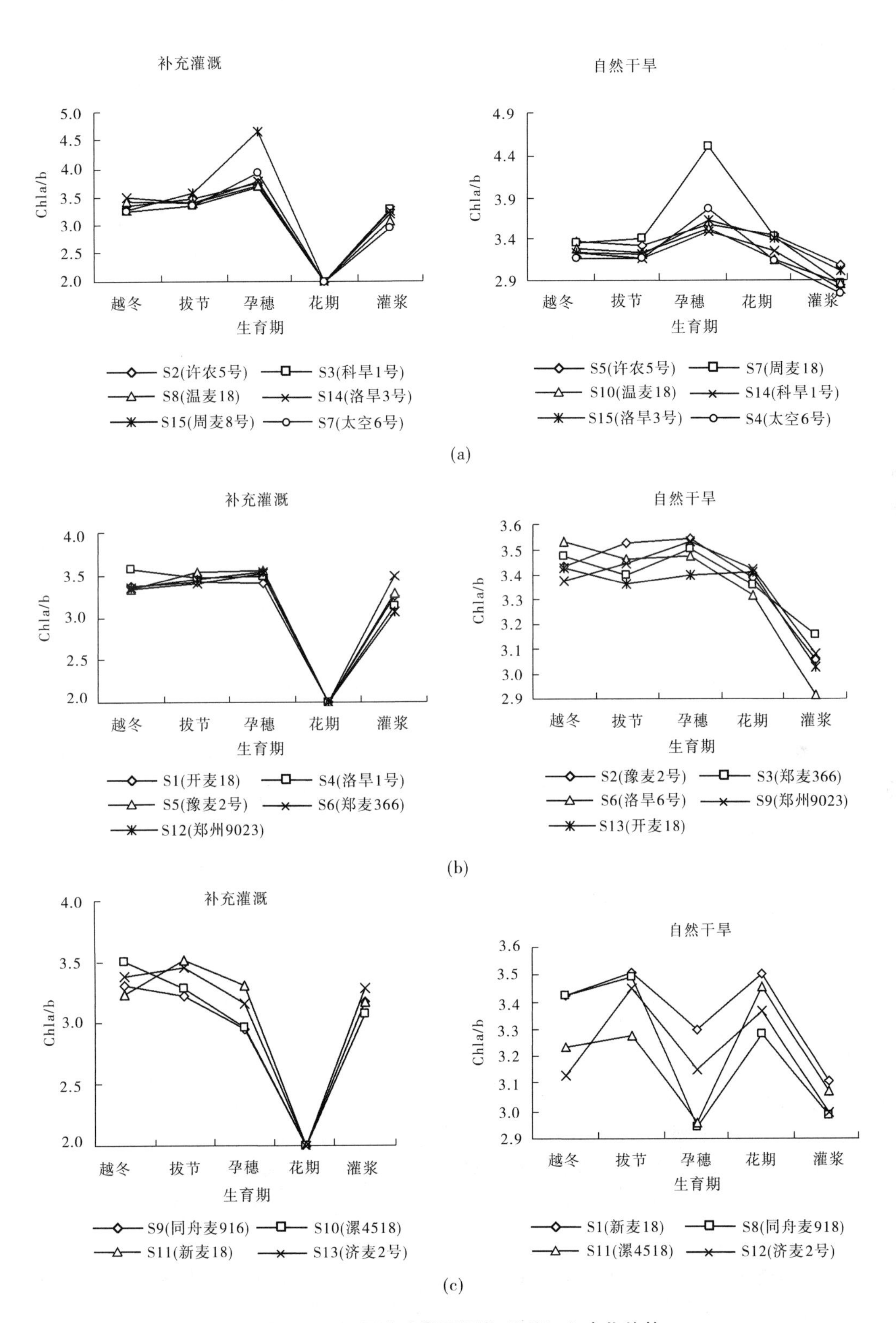

图 3-10　不同生育期不同处理 Chla/b 变化趋势

种 Chla/b 数值在 3.5 左右，灌浆期两种处理下的小麦品种 Chla/b 数值在 3 左右，其他几个时期小麦品种 Chla/b 数值在 3.5 左右。

Chla/b 与产量指标之间的相关系数见表 3-13。

表 3-13　Chla/b 与产量指标之间的相关系数

	X1	X2	X3	X4	X5	X6	X7
X1	1						
X2	-0.582*	1					
X3	0.283	-0.209	1				
X4	0.391	-0.181	0.687**	1			
X5	0.192	-0.157	0.48	0.614*	1		
X6	0.346	-0.313	0.137	0.146	0.105	1	
X7	0.301	-0.065	0.199	0.218	0.665**	0.365	1

注:(1) * 表示 0.05 水平下的显著性，** 表示 0.01 水平下的显著性。

(2) X1—千粒重抗旱系数；X2—越冬期 Chla/b；X3—拔节期 Chla/b；X4—孕穗期 Chla/b；X5—花期自然干旱处理 Chla/b；X6—灌浆期补充灌溉处理 Chla/b；X7—灌浆期自然干旱处理 Chla/b。

表 3-14 表明，在籽粒灌浆期，Chla + b 与 Chla/b 值呈显著负相关；Chla/b 值与旗叶面积呈显著负相关。小麦育种上应选择生育后期 Chl 较高，Chla/b 值低，且旗叶面积相对较大的品种。旗叶是小麦抽穗后的主要光合器官，旗叶面积较大时，Chla/b 相对降低，即使 Chlb 的相对量增加，叶绿体可吸收更多的短波长的太阳光能，从而提高光能利用率；反之，如果品种旗叶面积太小，Chlb 的相对量较低，不利于后期光能的利用。因此，在小麦群体一定的情况下，选用旗叶面积较大的品种，可为提高小麦产量打下良好的物质基础。调节旗叶 Chl 含量和光合色素之间的比例关系可作为提高小麦产量的一条可能途径。但小麦最终产量的形成还与小麦群体结构、叶面积指数、光合产物的运输、分配和储藏等因素有关。深入探讨 Chl 含量变化与上述因素的关系，对小麦育种和栽培有重要的实践意义。

表 3-14　灌浆期 Chl 各指标之间及与旗叶面积之间的相关系数

	X1	X2	X3	X4	X5	X6	X7	X8
X1	1							
X2	0.980**	1						
X3	-0.534*	-0.633*	1					
X4	-0.035	-0.12	-0.117	1				
X5	0.113	0.044	-0.172	0.763**	1			
X6	0.999**	0.989**	-0.561*	-0.056	0.096	1		
X7	0.005	-0.099	-0.019	0.937**	0.859**	-0.021	1	
X8	0.387	0.456	-0.585*	0.018	0.293	0.406	0.077	1

注:(1) * 表示 0.05 水平下的显著性，** 表示 0.01 水平下的显著性。

(2) X1—灌浆期补充灌溉处理 Chla；X2—灌浆期补充灌溉处理 Chlb；X3—灌浆期补充灌溉处理 Chla/b；X4—灌浆期自然干旱处理 Chla；X5—灌浆期自然干旱处理 Chlb；X6—灌浆期补充灌溉处理 Chl；X7—灌浆期自然干旱处理 Chl；X8—灌浆期自然干旱处理旗叶面积。

3.3.4 不同小麦品种叶片含水量对不同水分条件的反应及其与产量性状之间的相关性

由图 3-11 可以看出，越冬期叶片相对含水量和绝对含水量数值相差不大，品种间差别小，在没有进行水分处理的情况下，整个大田中的小麦品种之间没有大的差别。越冬期相对含水量和绝对含水量数值都在 70% ~80% 。拔节期由于降水量和土壤含水量充足，相对含水量较越冬期有所提高，从越冬期的 70% ~80% 提高到 90% 左右，绝对含水量较越冬期没有提高，还在 70% ~80% ，相对含水量和绝对含水量品种间数值差别较小。孕穗期进行一次补充灌溉处理后，花期两种水分处理下的小麦品种相对含水量和绝对含水量之间无大的差别，与拔节期相比也无大的差别，两种水分处理下的小麦品种相对含水量数值大都在 80% ~90% ，绝对含水量都在 70% ~80%（见表 3-15）。自然干旱条件下高产小麦品种周麦 18、许农 5 号、温麦 18、同舟麦 916 含水量较高（见表 3-16）。

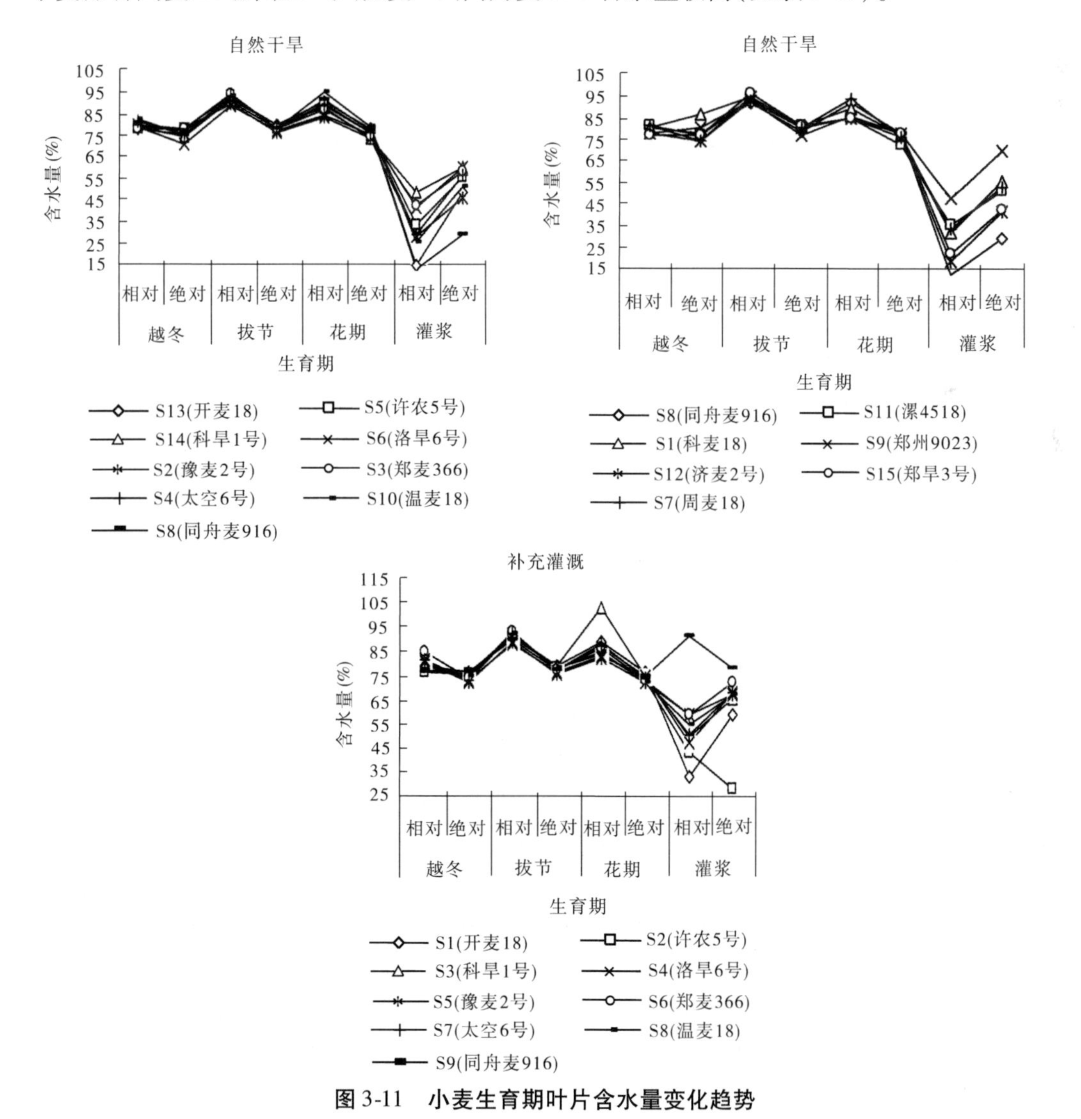

图 3-11 小麦生育期叶片含水量变化趋势

表 3-15　补充灌溉处理不同生育期叶片含水量　（%）

品种	越冬		拔节		花期		灌浆	
	相对含水量	绝对含水量	相对含水量	绝对含水量	相对含水量	绝对含水量	相对含水量	绝对含水量
1	78.77 ±0.37	74.59 ±0.43	91.85 ±1.24	79.02 ±0.79	88.97 ±1.76	76.42 ±0.92	33.33 ±0.58	59.09 ±0.37
2	76.77 ±0.70	75.94 ±0.83	92.79 ±0.70	77.94 ±0.73	84.03 ±2.35	73.52 ±0.46	43.17 ±1.45	28.13 ±0.23
3	79.27 ±2.10	76.84 ±1.24	91.09 ±0.84	79.57 ±1.35	93.5 ±0.19	74.65 ±0.58	49.74 ±0.95	66.03 ±0.45
4	81.47 ±0.78	73.04 ±0.90	87.94 ±0.92	76.59 ±0.97	83.16 ±0.23	74.86 ±0.65	47.2 ±0.78	67.97 ±1.02
5	80.75 ±2.96	72.48 ±2.04	89.33 ±0.73	76.11 ±0.84	82.45 ±0.78	72.58 ±1.27	59.46 ±0.67	67.65 ±1.05
6	84.6 ±1.10	74.36 ±0.57	93.25 ±1.23	77.28 ±0.9	86.78 ±0.68	73.33 ±0.95	59.37 ±0.59	72.34 ±0.89
7	81.94 ±0.46	73.67 ±0.70	92.67 ±0.94	77.72 ±1.1	88.62 ±0.42	74.2 ±0.87	51.05 ±1.68	68.38 ±0.90
8	77.65 ±0.83	75.19 ±0.52	92.69 ±1.05	77.97 ±1.21	85.36 ±2.43	72.56 ±2.41	55.21 ±2.05	67.62 ±0.87
9	77.1 ±1.21	76.92 ±2.48	90.29 ±0.95	77.82 ±2.0	87.23 ±0.74	75.18 ±0.53	91.32 ±0.76	78.19 ±0.42
10	79.73 ±0.19	75.71 ±1.23	92.54 ±1.32	79.92 ±0.86	86.02 ±0.59	76.06 ±0.77	64.08 ±0.58	69.05 ±2.41
11	80.71 ±0.12	76.27 ±0.67	92.79 ±0.87	80.15 ±0.78	92.05 ±0.67	75.55 ±1.17	65.92 ±1.46	73.62 ±2.10
12	76.22 ±0.53	78.8 ±0.46	91.68 ±0.45	75.54 ±1.23	87.05 ±0.79	75.55 ±0.93	44.97 ±1.21	64.69 ±0.87
13	80.11 ±0.83	75.21 ±2.36	93.17 ±0.96	78.9 ±2.01	84.5 ±0.81	74.52 ±0.92	57.41 ±0.73	70.71 ±0.93
14	77.9 ±0.15	76.47 ±1.78	94.38 ±0.76	80.34 ±0.79	98.89 ±0.69	73.71 ±0.65	52.27 ±0.68	62.5 ±0.79
15	75.44 ±1.08	75.08 ±0.73	91.45 ±0.56	79.31 ±0.68	79.42 ±0.57	82.61 ±2.01	58.97 ±0.57	68.65 ±1.68

注：1—开麦 18；2—许农 5 号；3—科旱 1 号；4—洛旱 6 号；5—豫麦 2 号；6—郑麦 366；7—太空 6 号；8—温麦 18；9—同舟麦 916；10—漯 4518；11—新麦 18；12—郑州 9023；13—济麦 2 号；14—洛旱 3 号；15—周麦 18。

灌浆期两种处理下的同一小麦品种相对含水量和绝对含水量均表现出差别，小麦品种间的相对含水量和绝对含水量之间也表现出差别。灌浆期相对含水量与绝对含水量相比，相对含水量数值均小于绝对含水量数值，说明叶片已呈现老化，两种水分处理下的小麦品种补充灌溉处理的小麦品种相对含水量数值和绝对含水量数值较自然干旱处理的小麦品种相对含水量数值和绝对含水量数值均较大，表现出水分处理下的差异，且品种间相对含水量和绝对含水量表现出品种间的差别，补充灌溉处理下的相对含水量数值范围在 30～80，绝对含水量数值在 30～80，自然干旱处理下的相对含水量数值范围在 10～50，绝对含水量数值范围在 30～70。灌浆期补充灌溉处理相对含水量较高的小麦品种有同舟麦 916、漯 4518、新麦 18、豫麦 2 号、郑麦 366，自然干旱处理下绝对含水量较高的小麦品种有科旱 1 号、洛旱 6 号、郑州 9023、郑麦 366。灌浆期补充灌溉处理相对含水量较高的小麦品种有同舟麦 916、漯 4518、新麦 18、郑麦 366、济麦 2 号，自然干旱处理下绝对含水量较高的小麦品种有科旱 1 号、洛旱 6 号、郑州 9023、郑麦 366。周麦 18、许农 5 号、温麦 18、豫麦 2 号、同舟麦 916 这些高产小麦品种相对含水量较少。

表 3-16　自然干旱处理不同生育期叶片含水量　(%)

品种	越冬期		拔节期		花期		灌浆期	
	相对含水量	绝对含水量	相对含水量	绝对含水量	相对含水量	绝对含水量	相对含水量	绝对含水量
1	77.81±0.49	74.91±1.25	91.85±0.75	79.02±0.72	90.1±0.55	77.73±0.66	15.21±0.45	48.57±0.97
2	78.90±0.51	77.98±0.97	92.79±0.74	77.94±1.28	89.49±0.73	75.46±1.06	33.63±0.48	55.42±0.76
3	78.83±2.31	74.02±0.46	91.09±0.38	79.57±1.23	87.06±0.70	73.49±1.11	48.13±0.68	60.00±1.25
4	78.25±0.56	70.81±0.83	87.94±0.63	76.59±1.08	83.89±0.62	75.36±0.93	41.38±0.79	60.00±1.09
5	79.23±1.78	77.67±0.81	89.33±0.72	76.11±0.56	83.23±0.53	73.48±0.88	28.31±1.63	46.15±0.77
6	77.42±0.75	78.02±0.35	93.25±0.81	77.28±2.03	86.79±1.47	74.50±0.65	42.16±0.66	58.34±0.82
7	81.38±1.24	75.00±0.65	92.67±0.76	77.72±0.76	88.20±2.00	75.55±0.79	29.29±0.85	56.70±1.08
8	82.23±0.73	74.74±0.57	92.69±0.53	77.97±0.63	94.31±1.57	78.67±0.87	25.88±0.64	50.85±0.96
9	79.70±1.79	76.43±0.77	90.29±0.55	77.82±1.73	90.54±0.76	76.45±1.06	13.19±0.69	29.29±0.93
10	80.19±0.72	75.43±0.53	92.54±0.72	79.92±0.67	83.43±0.73	71.47±2.32	35.48±0.93	51.11±0.78
11	79.45±0.57	85.52±1.34	92.79±0.69	80.15±0.57	87.51±0.59	76.10±1.97	31.78±0.82	54.96±0.76
12	76.40±0.56	79.01±1.82	91.68±0.73	75.54±0.55	84.69±0.70	76.59±0.95	47.27±1.05	69.05±0.53
13	77.11±0.89	73.43±1.65	93.17±0.88	78.90±0.86	83.82±0.69	74.89±1.07	19.13±2.03	41.56±1.05
14	76.22±0.91	76.23±0.76	94.38±0.62	80.34±0.72	83.95±0.93	76.42±0.91	22.91±2.20	42.73±0.97
15	80.05±1.02	73.26±0.59	91.45±0.83	79.31±0.85	91.96±1.07	75.40±0.68	33.96±1.98	52.90±1.58

注:1—开麦 18;2—许农 5 号;3—科旱 1 号;4—洛旱 6 号;5—豫麦 2 号;6—郑麦 366;7—太空 6 号;8—温麦 18;9—同舟麦 916;10—漯 4518;11—新麦 18;12—郑州 9023;13—济麦 2 号;14—洛旱 3 号;15 周麦 18。

小麦的水分特征是其在结构上对环境的响应,植物组织含水量是反映植物水分状况的重要指标,能直接反映作物生长发育情况。叶片保水力反映了植物组织中的自由水和束缚水的存在情况,是一个简易可靠的抗旱性鉴定指标。叶片保水力越强,抗旱性越强。不同的品种,随着时间的推移,失水速率有一定的变化。失水慢的品种,保水力强,抗旱性强。本试验中,两种水分处理下叶片相对含水量和绝对含水量随土壤水分的减少下降趋势花期前表现不明显,均表现出相对含水量略高于绝对含水量,两种水分处理下差异不显著,品种间也无大的差别,灌浆期两种处理下的小麦品种相对含水量和绝对含水量才表现出差别,相对含水量比绝对含水量下降的幅度大。这主要是在生育前期,两个处理间土壤水分差别不大,叶片含水量也相差不大,但随着生育进程的推移,不同的水分处理引起不同的土壤含水量,较低的土壤含水量引起较高的土壤水势,使植物根系从土壤中吸收水分困难,从而导致了较低的植物组织含水量。由表 3-17 可知,补充灌溉处理产量与灌浆期自然干旱处理绝对含水量和自然干旱相对含水量呈负相关性相关系数分别为 -0.618^{*}、-0.63^{*}。

表 3-17 灌浆期叶片含水量与产量之间的相关系数

	X1	X2	X3	X4	X5	X6	X7	X8	X9
X1	1								
X2	-0.066	1							
X3	-0.024	0.583*	1						
X4	0.169	-0.29	-0.089	1					
X5	0.133	-0.606*	-0.229	0.870**	1				
X6	-0.415	0.048	-0.191	-0.618*	-0.613*	1			
X7	-0.572*	0.122	-0.207	-0.302	-0.366	0.665**	1		
X8	-0.122	0.07	0.021	0.438	0.365	-0.524*	0.287	1	
X9	-0.453	0.12	-0.128	0.06	-0.026	0.137	0.831**	0.771**	1

注:(1)表示0.05水平下的显著性,**表示0.01水平下的显著性。

(2)X1—千粒重抗旱系数;X2—灌浆期补充灌溉绝对含水量;X3—灌浆期补充灌溉相对含水量;X4—灌浆期自然干旱处理绝对含水量;X5—灌浆期自然干旱相对含水量;X6—补充灌溉产量;X7—自然干旱处理产量;X8—产量抗旱系数;X9—产量抗旱指数。

3.3.5 不同小麦品种农艺性状对不同水分条件的反应及其与产量性状之间的相关性

植物本身的生物学特性是长期自然选择的结果,生物功能的发挥,必须具有良好的生态适应性。因此,明确本地的自然生态条件的特点,创造适应这些环境条件的小麦品种十分重要。河南省不同生态类型春小麦品种之间的动态变化关系研究较少,为此,本书旨在研究不同生态类型小麦发生发展的不同特点,从小麦品种的生理生态特性入手,分析小麦生长发育规律,探索不同类型间生理生态特异性,丰富春小麦的生态育种理论,为河南省今后小麦的节水高产品种选育和栽培提供理论依据。

3.3.5.1 水分对株高影响

株高是衡量作物生长状况的一项基本指标,由图3-12可以看出,小麦株高在拔节至花期起伏较大,花期以后株高变化趋于稳定。小麦品种间株高差别也是从拔节至花期逐渐加大,以后变化趋势稳定,与小麦品种整体株高变化趋势一致。不同水分处理下的同一小麦品种株高间差别不大。株高较高的小麦品种依次是洛旱6号、许农5号、洛旱3号、同舟麦916、豫麦2号,株高较低的小麦品种依次是郑州9023、郑麦366、新麦18、漯4518,其余品种居中。周麦18、许农5号、温麦18、豫麦2号、同舟麦916这些产量较高的品种的株高一般是居中偏高。许5号、温麦18、豫麦2号、同舟麦916这些产量较高的品种的株高一般是居中偏高。

3.3.5.2 水分对芒长和茎粗的影响

由图3-13可以看出不同处理下芒长差异趋势不显著,但品种间芒长的长度有差别,芒长较长的小麦品种依次是洛旱6号、郑麦366、温麦18、同舟麦916。芒长较短的小麦品种依次是开麦18、周麦18、济麦2号、许农5号。其余小麦品种芒长居中。周麦18、许农

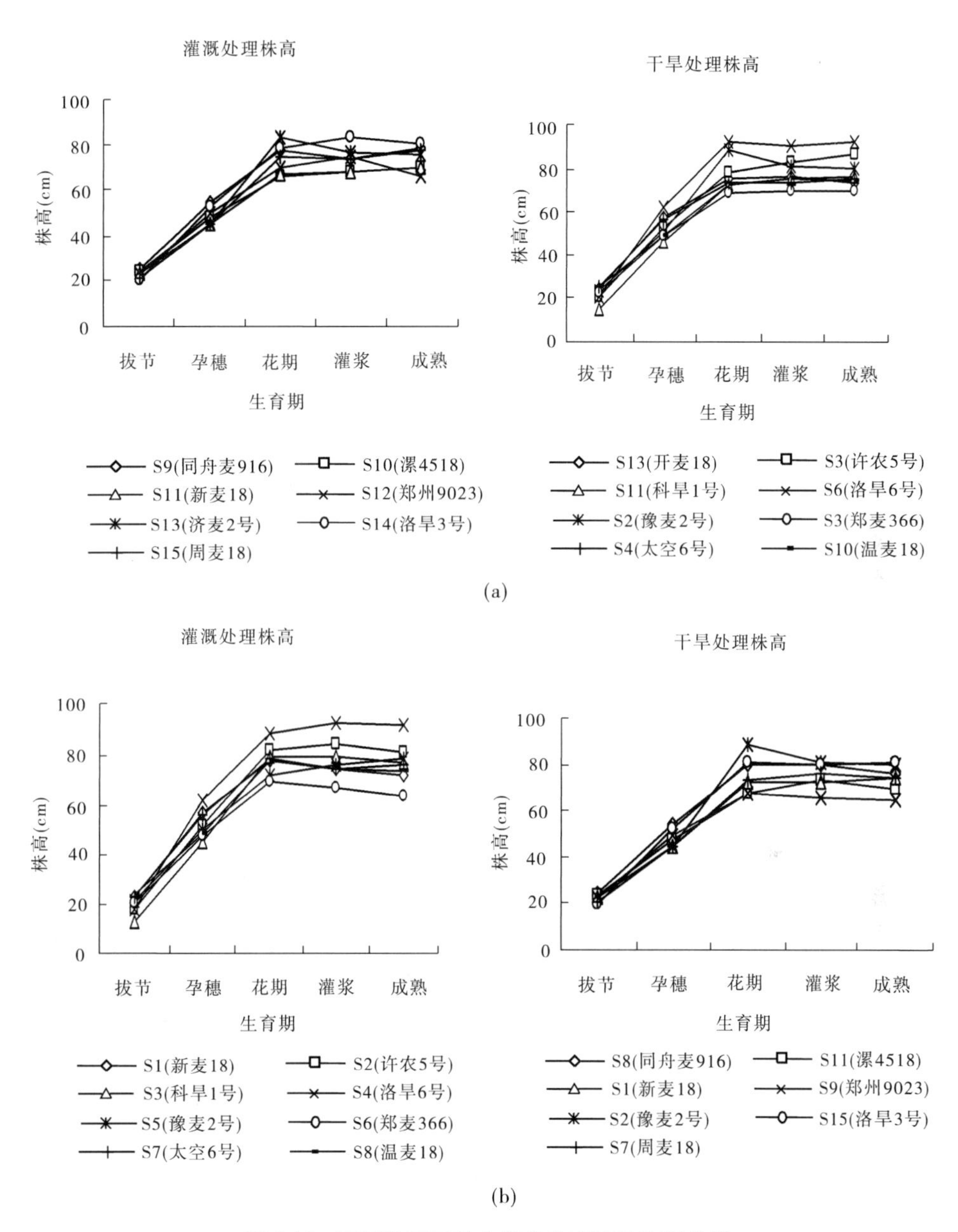

图 3-12 不同处理下的小麦各生育期株高折线图

5 号、温麦 18、豫麦 2 号、同舟麦 916 这些产量较高的品种芒长居中偏长。

从图 3-13 和图 3-14 可以看出,小麦品种的茎粗和芒长两种处理下差别不明显,但不同小麦品种之间茎粗有差别。茎较粗的小麦品种依次是洛旱 3 号、许农 5 号。茎较细的小麦品种依次是漯 4518、豫麦 2 号、郑州 9023、科旱 1 号。其余的小麦品种居中。周麦 18、许农 5 号、温麦 18、豫麦 2 号、同舟麦 916 这些产量较高的品种的茎粗除豫麦 2 号偏细外,一般是居中偏高。

农艺性状与产量指标之间的相关系数见表 3-18。

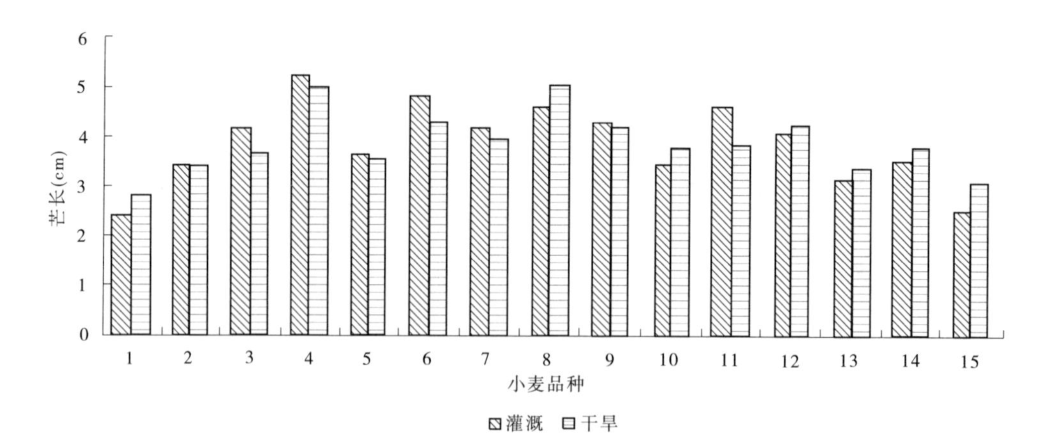

1—开麦 18； 2—许农 5 号； 3—科旱 1 号； 4—洛旱 6 号； 5—豫麦 2 号； 6—郑麦 366；
7—太空 6 号； 8—温麦 18； 9—同舟麦 916； 10—漯 4518； 11—新麦 18；
12—郑州 9023； 13—济麦 2 号； 14—洛旱 3 号； 15—周麦 18

图 3-13 不同处理下的芒长

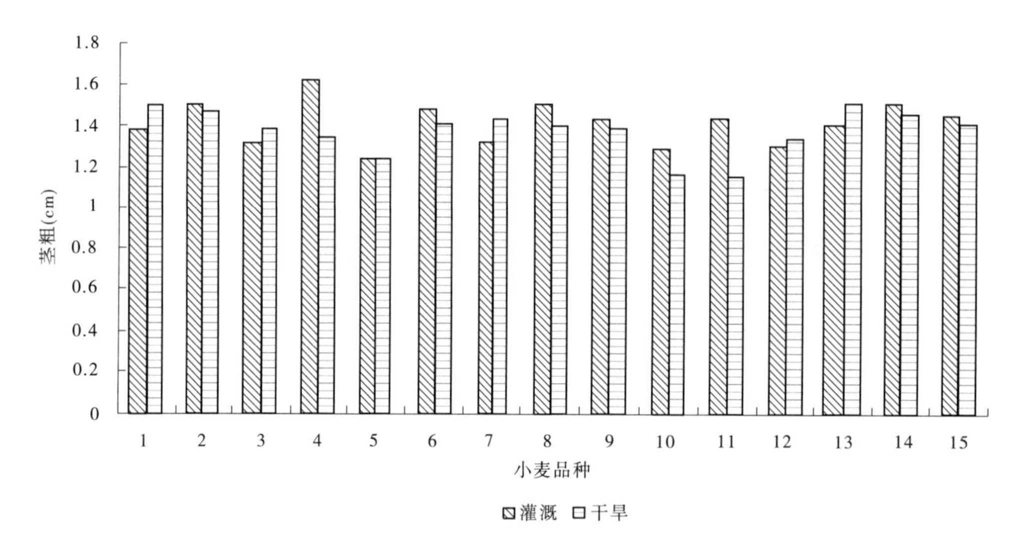

1—开麦 18； 2—许农 5 号； 3—科旱 1 号； 4—洛旱 6 号； 5—豫麦 2 号； 6—郑麦 366
7—太空 6 号； 8—温麦 18； 9—同舟麦 916； 10—漯 4518； 11—新麦 18；
12—郑州 9023； 13—济麦 2 号； 14—洛旱 3 号； 15—周麦 18

图 3-14 不同处理下的茎粗

3.3.5.3 水分对小麦品种有效光合叶数的影响

叶面积是作物生长状况的重要指标，基本反映了光合有效面积的大小和光能截获能量的多少，从而影响光合、蒸腾及最终产量，随着生育进程的推进，绿叶面积衰减量也呈增加的趋势，绿叶面积减少量明显增加，绿叶数也随之减少，并且品种间有效光合叶数表现出差异，花期有效光合叶数较多的小麦品种依次是温麦 18、新麦 18、周麦 18。花期有效光合叶数较少的小麦品种依次是洛旱 6 号、漯 4518、郑州 9023。其余小麦品种绿叶数居中（见图 3-15）。灌浆期有效光合叶数较多的小麦品种依次是温麦 18、郑麦 366、开麦 18、

表 3-18　农艺性状与产量指标之间的相关系数

	X1	X2	X3	X4	X5	X6	X7	X8
X1	1							
X2	0.665**	1						
X3	-0.04	0.144	1					
X4	-0.12	0.103	0.926**	1				
X5	0.212	0.067	-0.467	-0.493	1			
X6	0.269	0.164	-0.274	-0.191	0.693**	1		
X7	-0.171	0.046	0.086	0.173	0.089	-0.152	1	
X8	0.057	0.198	0.129	0.128	0.164	0.024	0.886**	1

注:(1) ** 表示 0.01 水平下的显著性。

(2) X1—补充灌溉处理产量;X2—自然干旱处理产量;X3—补充灌溉处理株高;X4—自然干旱处理株高;X5—补充灌溉处理穗长;X6—自然干旱处理穗长;X7—补充灌溉处理芒长;X8—自然干旱处理芒长。

同舟麦 916 许农 5 号、周麦 18,有效光合叶数较少的小麦品种依次是洛旱 6 号、洛 4518、科旱 1 号。其余小麦品种居中(见图 3-16)。周麦 18、许农 5 号、温麦 18、豫麦 2 号、同舟麦 916 这些产量较高的小麦品种的有效光合叶数在所测的小麦品种中都是居中或者偏多的小麦品种。

小麦抗旱性是受多因素影响的综合性状,不同品种、不同生育阶段的抗旱机制可能不同。光合作用对产量的贡献与光合面积、持续期有很大关系,而且还同光合产物的运转、在籽粒中的积累等因素有关。因此,还需进一步研究小麦不同生育阶段生理生化代谢与抗旱性的关系,以全面分析不同品种的抗旱机制,确定不同类型的小麦抗旱种质资源,为培育抗旱小麦品种奠定基础。

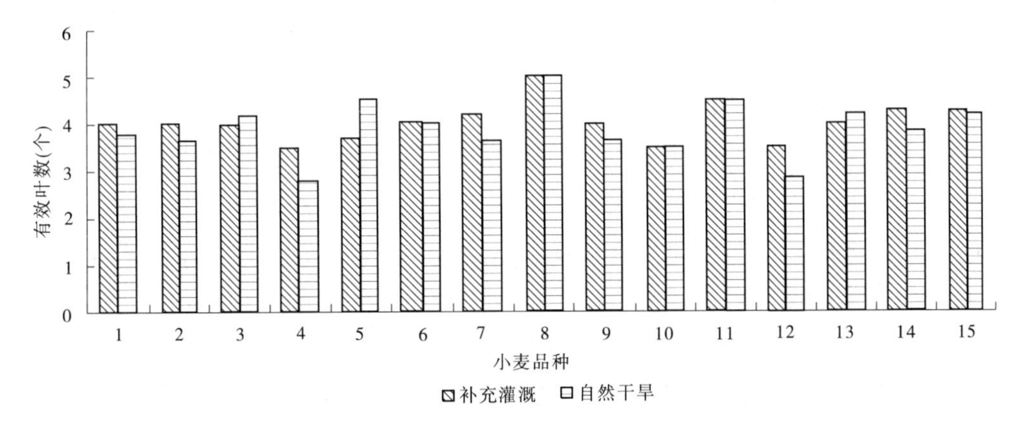

1—开麦 18;　2—许农 5 号;　3—科旱 1 号;　4—洛旱 6 号;　5—豫麦 2 号;　6—郑麦 366;
7—太空 6 号;　8—温麦 18;　9—同舟麦 916;　10—漯 4518;　11—新麦 18;
12—郑州 9023;　13—济麦 2 号;　14—洛旱 3 号;　15—周麦 18

图 3-15　花期有效光合叶数

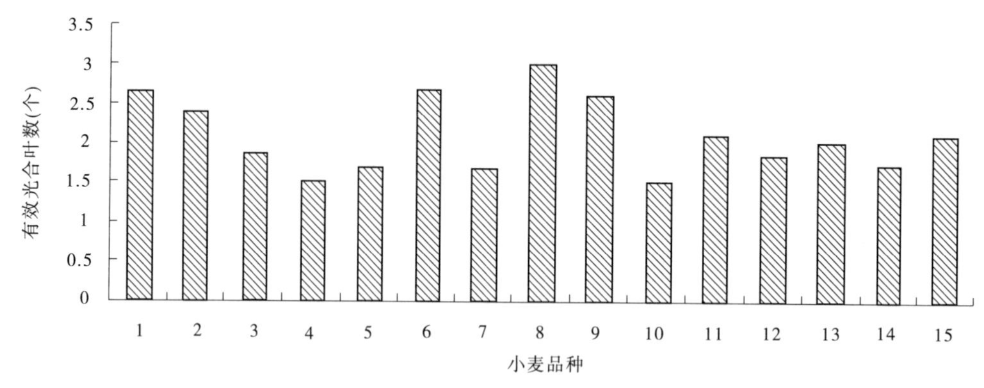

1—开麦 18； 2—许农 5 号； 3—科旱 1 号； 4—洛旱 6 号； 5—豫麦 2 号； 6—郑麦 366
7—太空 6 号； 8—温麦 18； 9—同舟麦 916； 10—漯 4518； 11—新麦 18；
12—郑州 9023； 13—济麦 2 号； 14—洛旱 3 号； 15—周麦 18

图 3-16 灌浆期有效光合叶数

3.3.5.4 水分对小麦品种旗叶面积的影响

叶面积是作物生长状况的重要指标,基本反映了光合有效面积的大小和光能截获量的多少,从而影响光合、蒸腾及最终产量。小麦抽穗后的上部叶片(旗叶和倒二叶)是营养物质主要的供给源,对于穗部发育和经济产量的形成有着重要作用,其长势、形态直接影响田间的通风透光,而且也是接受外力(风、雨等)的主要部位,因此与品种的抗倒性有着密切的联系。从图 3-17 可以看出,不同水分处理小麦品种旗叶叶面积在小麦生育期动态变化趋势相同,呈单峰曲线。叶面积最大值一般出现在孕穗期或者花期,之后逐渐减小,并且花期补充灌溉处理的小麦品种旗叶面积较自然干旱处理的小麦品种旗叶面积变化幅度大,这可能是植物避旱机制的一种表现:水分胁迫使作物生育进程加快,促进早熟,随着灌水量的减少,作物的生育期减小。随着生育期的推移,小麦的叶面积逐渐增大,营养生长转向生殖生长时叶面积达到最大值,之后随着小麦的成熟、叶片的衰老,叶片开始枯萎收缩,叶面积减小。不同处理和同一处理内不同品种间均有差别。

由图 3-17 可以看出,小麦品种的旗叶面积在孕穗期品种间差别不大,数值大致在 20 ~ 30 cm^2,在花期两种水分处理下的小麦品种变化幅度表现出差异,补充灌溉处理的小麦品种旗叶面积变化幅度大,数值在 12 ~ 33 cm^2,这是由于有的小麦品种旗叶面积在孕穗期已达到最大值,花期有所下降的缘故;自然干旱处理的小麦品种旗叶面积花期变化幅度不大,数值基本上在 18 ~ 27 cm^2。灌浆期两种水分处理下的小麦品种旗叶面积较花期均有所下降。出现这种差异主要原因是:在作物生育后期,随着土壤含水量的降低,作物体内含水量下降,从而引起体内激素的变化,加快作物生殖生长的进程,促进了作物的早熟。以上结果表明,随着灌水次数和灌水量的减少,小麦生育期缩短,且不同的小麦品种对水分处理的反应有所不同。

由图 3-17 我们可以看出,在各个生育期小麦旗叶叶面积较大的小麦品种有洛旱 6

号、周麦 18、温麦 18、郑州 9023；在各个生育期小麦旗叶叶面积较小的小麦品种有郑麦 366、豫麦 2 号、漯 4518、科旱 1 号。其余的小麦品种旗叶面积居中。有的小麦品种旗叶面积与千粒重抗旱系数呈负相关关系，小麦千粒重抗旱系数大的小麦品种旗叶面积反而较大。郑麦 366、漯 4518、科旱 1 号旗叶面积小，可抗旱系数大；周麦 18、洛旱 6 号、温麦 18、郑州 9023 旗叶面积大，抗旱系数小。

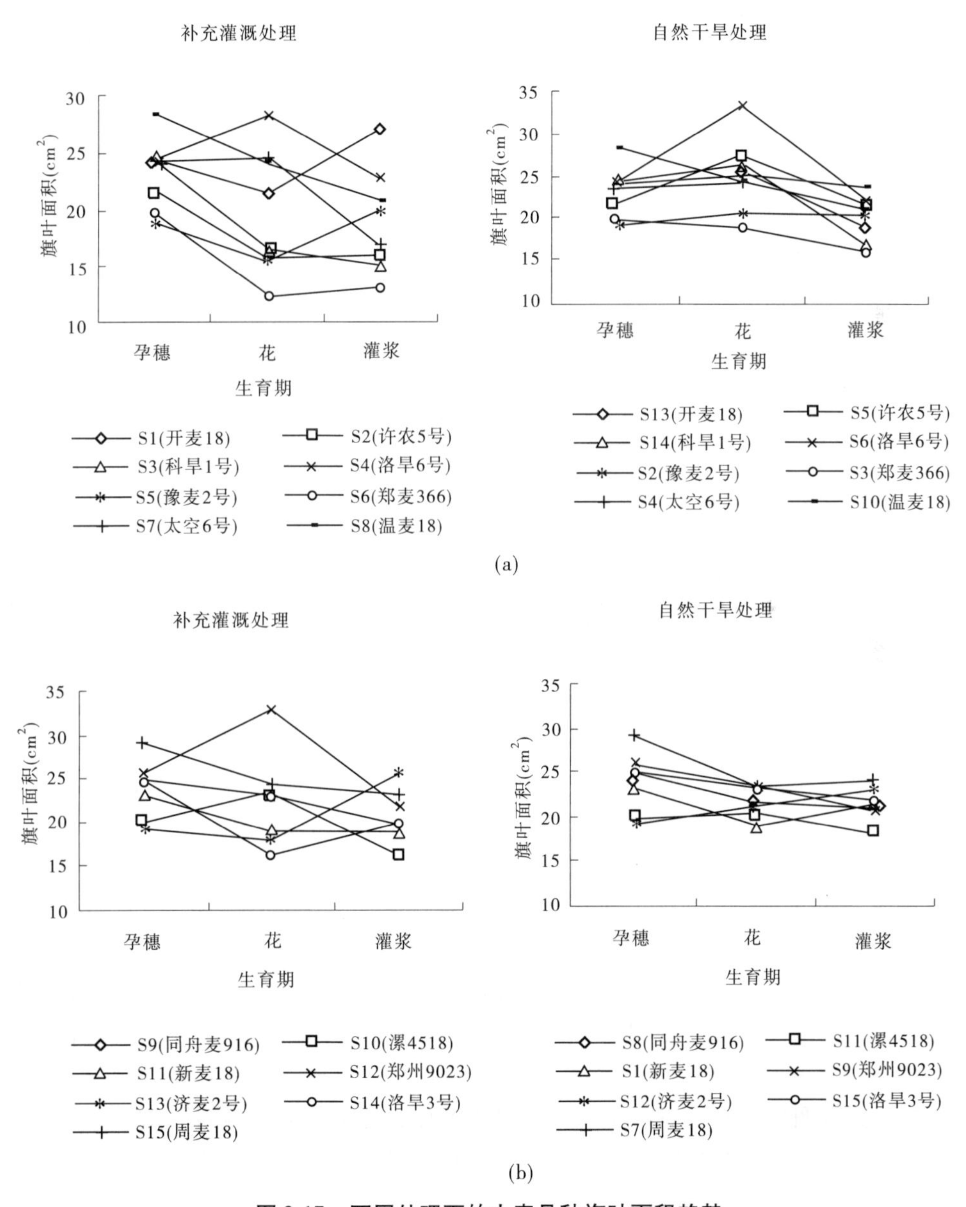

图 3-17　不同处理下的小麦品种旗叶面积趋势

表 3-19 表明灌浆期补充灌溉旗叶面积与千粒重抗旱系数呈负相关性，相关系数为 -0.633^*。表明灌浆期旗叶面积大的品种对干旱敏感。

表 3-19　旗叶面积与产量指标之间的相关系数

	X1	X2	X3	X4	X5	X6	X7	X8
X1	1							
X2	0.665**	1						
X3	0.04	0.294	1					
X4	-0.224	-0.202	0.586*	1				
X5	-0.052	0.239	0.347	0.361	1			
X6	0.491	0.14	0.287	0.418	0.233	1		
X7	0.371	0.397	0.48	0.396	0.148	0.518*	1	
X8	-0.415	-0.572*	-0.483	-0.371	-0.357	-0.633*	-0.512	1

注：(1) * 表示 0.05 水平下的显著性，** 表示 0.01 水平下的显著性。

(2) X1—补充灌溉处理产量；X2—自然干旱处理产量；X3—孕穗期旗叶面积；X4—花期补充灌溉旗叶面积；X5—花期自然干旱处理旗叶面积；X6—灌浆期补充灌溉处理旗叶面积；X7—灌浆期自然干旱处理旗叶面积；X8—千粒重抗旱系数。

3.3.6　不同小麦品种产量及产量构成因素对不同水分条件的反应和性状之间的相关性

3.3.6.1　水分对产量相关性状的影响

小麦产量是由有效穗数、平均每穗粒数、千粒重三个因素构成。单位面积上产量高低取决于穗数、平均每穗粒数和千粒重的乘积，乘积越大，产量越高。小麦籽粒产量是穗数、穗粒数、粒重的综合体现，同时也是生殖器官储藏能力大小的体现。这些构成要素在小麦发育期间先后连续地被决定下来。穗数在开花之前、穗粒数在花期前后、粒重在开花和成熟之间被决定。因此，冬小麦产量构成要素，差不多一直到成熟，都能对环境条件作出响应。

由表 3-20 可知，补充灌溉处理的小穗数一般少于自然干旱处理的小穗数，小穗数较少的小麦品种是济麦 2 号、科旱 1 号、豫麦 2 号，较多的品种是漯 4518、济麦 2 号，其余的小麦品种居中。周麦 18、许农 5 号、温麦 18、豫麦 2 号、同舟麦 916 这些产量较高的品种的小穗数一般是居中偏多。

由表 3-20 可知，不同处理下的不孕穗一般是自然干旱的较多，不同小麦品种又表现出差别，穗长长的小麦品种漯 4518、济麦 2 号不孕穗也较多。

由表 3-20 可知，两种处理下的小麦品种穗长差别不明显，但不同小麦品种的穗长有差异。穗长较长的小麦品种是漯 4518、温麦 18、开麦 18、太空 6 号、郑麦 366，穗长较短的小麦品种是科旱 1 号、洛旱 3 号、豫麦 2 号、新麦 18，其余居中。周麦 18、许农 5 号、温麦 18、豫麦 2 号、同舟麦 916 这些产量较高的品种的穗长一般是居中偏长。

由表 3-20 可知，两种处理下小麦品种的穗粒数和千粒重表现一致，补充灌溉条件下的穗粒数和千粒重大部分都高于自然干旱条件下的穗粒数和千粒重。

由表 3-20 可知，穗数和粒数是获得高产的主要产量因子，不同水分处理下小麦品种的小穗数、不孕穗自然干旱条件下的比补充灌溉条件下的多，穗长差别不明显，补充灌溉条件下的千粒重和穗粒数高于自然干旱条件下的千粒重和穗粒数，并应控制株高，防止倒伏,保证主穗的小穗、小花发育及灌浆的正常进行,以实现高产的目标。周麦 18、许农 5 号、温麦 18、豫麦 2 号、同舟麦 916 这些产量较高的品种的以上产量农艺性状除不孕穗一般偏少外,其余产量农艺性状一般居中偏高。

由表 3-21 相关性分析可知,自然干旱处理产量与不孕穗呈显著性负相关性,相关系数为 -0.562*,补充灌溉处理小穗数与自然干旱处理穗长呈显著性相关性。相关系数为 0.519*,自然干旱处理的小穗数与自然干旱处理的穗长呈显著性相关性,相关系数为 0.583*,自然干旱处理不孕穗与自然干旱处理穗粒数呈极显著性负相关性,相关系数为 -0.70**,补充灌溉处理的不孕穗与补充灌溉处理的穗粒数呈显著性负相关性,相关系数为 -0.532*,补充灌溉处理的穗长与自然干旱处理不孕穗呈极显著性相关性,相关系数为 0.749**。

表 3-20 不同处理的产量构成因素

品种	小穗数（个）		不孕穗（个）		穗粒数（个）	
	补充灌溉	自然干旱	补充灌溉	自然干旱	补充灌溉	自然干旱
1	22 ±0.70	24 ±0.65	5 ±0.85	4 ±0.76	33 ±1.61	36 ±2.60
2	21 ±0.47	23 ±0.80	3 ±0.76	3 ±0.64	33 ±1.70	32 ±2.12
3	20 ±0.42	21 ±0.72	2 ±0.73	4 ±0.48	39 ±0.80	32 ±2.23
4	21 ±0.84	23 ±0.58	3 ±0.83	5 ±0.72	38 ±1.14	29 ±1.55
5	20 ±0.88	20 ±0.53	4 ±0.36	4 ±0.56	36 ±1.97	41 ±1.95
6	22 ±0.67	23 ±0.53	4 ±0.33	5 ±0.73	40 ±2.32	28 ±2.62
7	22 ±0.78	23 ±0.49	5 ±0.67	5 ±0.86	35 ±2.15	38 ±2.09
8	22 ±0.45	24 ±0.62	4 ±0.32	5 ±0.42	35 ±1.54	29 ±2.04
9	21 ±0.51	21 ±0.87	4 ±0.43	4 ±0.45	35 ±1.76	32 ±2.15
10	24 ±0.64	25 ±0.62	4 ±0.65	7 ±0.76	36 ±3.21	35 ±2.00
11	22 ±0.63	24 ±0.93	4 ±0.76	4 ±0.81	45 ±3.22	28 ±0.96
12	19 ±0.55	19 ±0.48	3 ±0.67	5 ±0.39	36 ±2.82	31 ±2.28
13	23 ±0.72	23 ±0.75	3 ±0.57	5 ±0.55	37 ±2.91	40 ±2.79
14	21 ±0.81	22 ±0.37	5 ±0.83	3 ±0.68	27 ±1.37	41 ±3.17
15	23 ±0.38	23 ±0.45	3 ±0.39	4 ±0.76	40 ±2.15	38 ±2.35

注:1—开麦 18;2—许农 5 号;3—科旱 1 号;4—洛旱 6 号;5—豫麦 2 号;6—郑麦 366;7—太空 6 号;8—温麦 18;9—同舟麦 916;10—漯 4518;11—新麦 18;12—郑州 9023;13—济麦 2 号;14—洛旱 3 号;15—周麦 18。

3.3.6.2 水分对小麦产量的影响

小麦籽粒产量是穗数、穗粒数、粒重的综合体现,同时也是生殖器官储藏能力大小的体现。单位面积上产量高低取决于穗数、平均每穗粒数和千粒重的乘积,乘积越大,产量越高。由于本次试验只进行了一次水分差异处理,两种水分处理下的产量虽然差别不是过大,但也表现出了一定的差异性,补充灌溉处理的产量均高于自然干旱处理的产量。在这些小麦品种中两种处理下产量均较高的小麦品种是周麦 18、许农 5 号、温麦 18、豫麦 2 号、同舟麦 916。又以周麦 18、许农 5 号、温麦 18、同舟麦 916 各方面表现均较突出(见表 3-22)。

表 3-21　产量性状与产量指标之间的相关系数

	X1	X2	X3	X4	X5	X6	X7	X8	X9
X1									
X2	0. 665**								
X3	0. 017	−0. 022							
X4	−0. 183	−0. 098	0. 860**						
X5	−0. 236	−0. 071	0. 118	0. 093					
X6	0. 31	0. 305	−0. 174	0. 028	−0. 014				
X7	−0. 075	−0. 175	0. 257	0. 302	−0. 532*	−0. 154			
X8	−0. 415	−0. 562*	0. 458	0. 319	0. 186	−0. 700**	−0. 011		
X9	−0. 088	−0. 253	0. 361	0. 268	0. 268	−0. 496	−0. 095	0. 749**	
X10	0. 077	−0. 015	0. 519*	0. 583*	−0. 145	−0. 174	0. 334	0. 355	0. 693**

注：(1) * 表示 0. 05 水平下的显著性，* * 表示 0. 01 水平下的显著性；

(2) X1—补充灌溉处理产量；X2—自然干旱处理产量；X3—补充灌溉处理小穗；X4—自然干旱处理小穗；X5—补充灌溉处理穗粒；X6—自然干旱处理穗粒；X7—补充灌溉处理不孕穗；X8—自然干旱处理不孕穗；X9—补充灌溉处理穗长；X10—自然干旱处理穗长。

表 3-22　两种处理下的产量和千粒重及其抗旱系数

品种	单产 (kg/hm²)		抗旱系数	抗旱指数	千粒重 (g)		抗旱系数
	补充灌溉	自然干旱			自然干旱	补充灌溉	
1	547. 23 ±4. 46	486. 15 ±5. 43	0. 888	0. 886	52. 6 ±0. 65	56 ±0. 49	0. 92
2	538. 93 ±4. 64	511. 15 ±4. 78	0. 949	0. 995	41. 9 ±0. 41	44. 4 ±0. 43	0. 94
3	519. 49 ±7. 43	488. 93 ±8. 21	0. 941	0. 944	53. 1 ±0. 25	59. 3 ±0. 23	0. 95
4	488. 93 ±8. 69	488. 93 ±7. 40	1	1. 003	48. 6 ±0. 48	49. 7 ±0. 40	0. 9
5	550. 04 ±8. 95	500. 04 ±9. 00	0. 909	0. 933	55. 9 ±0. 64	56. 9 ±0. 61	0. 93
6	494. 48 ±7. 49	483. 37 ±3. 79	0. 978	0. 97	58. 5 ±0. 48	59. 1 ±0. 43	0. 99
7	500. 04 ±9. 47	486. 15 ±5. 67	0. 972	0. 97	53. 6 ±0. 41	57. 1 ±0. 40	0. 98
8	533. 38 ±3. 72	494. 48 ±6. 32	0. 927	0. 941	53. 2 ±0. 65	55. 9 ±0. 59	0. 94
9	547. 27 ±4. 44	511. 15 ±4. 65	0. 934	0. 98	51. 2 ±0. 48	55. 9 ±0. 43	0. 91
10	491. 71 ±5. 44	444. 48 ±4. 56	0. 904	0. 825	50. 7 ±0. 25	55. 5 ±0. 21	0. 99
11	483. 37 ±6. 20	461. 15 ±7. 43	0. 954	0. 903	56 ±0. 40	56 ±0. 37	0. 93
12	502. 82 ±5. 07	452. 81 ±5. 03	0. 901	0. 837	50. 4 ±0. 64	57. 2 ±0. 58	0. 94
13	566. 71 ±4. 82	488. 93 ±3. 98	0. 863	0. 866	48. 7 ±0. 64	52. 1 ±0. 78	0. 94
14	522. 26 ±6. 66	480. 59 ±8. 71	0. 92	0. 908	54. 1 ±0. 64	58. 3 ±0. 42	0. 98
15	547. 27 ±7. 83	530. 6 ±6. 87	0. 97	1. 056	57. 9 ±0. 65	61. 3 ±0. 49	0. 88

注：1—开麦 18；2—许农 5 号；3—科旱 1 号；4—洛旱 6 号；5—豫麦 2 号；6—郑麦 366；7—太空 6 号；8—温麦 18；9—同舟麦 916；10—漯 4518；11—新麦 18；12—郑州 9023；13—济麦 2 号；14—洛旱 3 号；15—周麦 18。

3.3.6.3 成熟期农艺性状

本次试验由于自然干旱处理的小麦处于半干旱状态，所以两种处理下产量均较高的小麦品种是丰产型或水旱两用型小麦品种周麦 18、许农 5 号、温麦 18、同舟麦 916（见表 3-21、表 3-24）。它们在成熟期的农艺性状株高、穗长、茎粗、旗叶面积、芒长、穗粒数方面大都表现为居中偏高，千粒重比较重。穗粒数和千粒重对水分较敏感。因此，育种时要注意农艺性状和产量三因素之间的协调。

表 3-23 自然干旱处理下的成熟期农艺性状

品种	自然干旱				
	株高（cm）	芒长（cm）	旗叶面积（cm^2）	穗长（cm）	茎粗（cm）
1	74 ±1.01	3.4 ±0.31	18.74 ±0.34	8.46 ±0.30	1.5 ±0.086
2	79.7 ±1.17	4.17 ±0.25	21.4 ±0.26	7.97 ±0.10	1.46 ±0.075
3	67.35 ±0.99	4.44 ±0.2	16.88 ±0.57	9.03 ±0.23	1.36 ±0.064
4	74.8 ±1.22	3.67 ±0.36	21.61 ±0.61	9.18 ±1.33	1.33 ±0.04
5	86.7 ±1.97	3.28 ±0.22	20.82 ±0.38	9.48 ±1.23	1.23 ±0.028
6	91.9 ±2.31	4.8 ±0.2	15.8 ±0.28	8.45 ±1.4	1.40 ±0.048
7	77.10 ±0.87	3.15 ±0.17	21.85 ±0.37	8.59 ±1.44	1.44 ±0.041
8	75.4 ±1.37	3.98 ±0.09	23.7 ±0.43	8.63 ±1.39	1.39 ±0.048
9	64.3 ±2.01	4.45 ±0.17	21.41 ±0.65	8.62 ±1.39	1.39 ±0.048
10	73.79 ±1.34	4.74 ±0.17	18.2 ±0.22	9.72 ±1.17	1.17 ±0.041
11	69.3 ±0.75	4.04 ±0.18	21.45 ±0.58	9.26 ±1.17	1.17 ±0.048
12	73 ±1.74	2.82 ±0.3	20.93 ±0.31	9 ±1.34	1.34 ±0.064
13	72.9 ±1.75	2.78 ±0.12	22.89 ±0.32	9.57 ±1.5	1.5 ±0.086
14	75.6 ±2.29	3.82 ±0.25	21.62 ±0.43	7.08 ±1.45	1.45 ±0.048
15	80.5 ±1.79	3.34 ±0.15	24.04 ±0.47	7.7 ±1.4	1.4 ±0.085

注：1—新麦 18；2—豫麦 2 号；3—郑麦 366；4—太空 6 号；5—许农 5 号；6—洛旱 6 号；7—周麦 18；8—同舟麦 916；9—郑州 9023；10—温麦 18；11—漯 4518；12—济麦 2 号；13—开麦 18；14—科旱 1 号；15—洛旱 3 号。

表 3-24 补充灌溉处理下的成熟期农艺性状

品种	补充灌溉				
	株高（cm）	芒长（cm）	旗叶面积（cm^2）	穗长（cm）	茎粗（cm）
1	71.70 ±1.30	2.66 ±0.42	27.14 ±0.42	9.10 ±0.125	1.38 ±0.045
2	80.45 ±1.36	3.10 ±0.32	16.02 ±0.23	8.60 ±0.18	1.50 ±0.047
3	76.55 ±1.57	3.30 ±0.45	15.29 ±0.25	8.15 ±0.14	1.32 ±0.063
4	92.00 ±1.09	5.58 ±0.22	22.76 ±0.52	8.69 ±0.26	1.62 ±0.021

续表 3-24

品种	补充灌溉				
	株高(cm)	芒长(cm)	旗叶面积(cm^2)	穗长(cm)	茎粗(cm)
5	78.50 ±1.09	3.58 ±1.13	19.89 ±0.52	8.25 ±0.31	1.23 ±0.038
6	63.10 ±0.40	4.10 ±0.38	12.79 ±0.36	9.32 ±0.21	1.47 ±0.063
7	75.90 ±1.67	3.60 ±0.24	16.51 ±0.34	9.07 ±0.17	1.31 ±0.042
8	73.37 ±0.73	4.75 ±0.35	20.60 ±0.70	9.38 ±0.19	1.50 ±0.081
9	77.18 ±0.74	4.50 ±0.13	19.34 ±0.49	9.06 ±0.16	1.43 ±0.076
10	68.77 ±1.21	3.87 ±0.25	16.39 ±0.46	9.83 ±0.10	1.28 ±0.067
11	68.85 ±0.98	4.14 ±0.31	19.14 ±0.52	8.49 ±0.2	1.44 ±0.032
12	64.80 ±3.17	4.20 ±0.22	21.84 ±0.63	9.40 ±0.32	1.31 ±0.048
13	74.50 ±0.75	3.25 ±0.14	25.69 ±0.63	9.41 ±0.22	1.40 ±0.057
14	80.06 ±1.23	3.73 ±0.10	19.64 ±0.34	6.63 ±0.2	1.50 ±0.049
15	76.70 ±1.31	2.97 ±0.18	23.14 ±0.26	8.46 ±0.12	1.43 ±0.076

注:1—开麦 18;2—许农 5 号;3—科旱 1 号;4—洛旱 6 号;5—豫麦 2 号;6—郑麦 366;7—太空 6 号;8—温麦 18;9—同舟麦 916;10—漯 4518;11—新麦 18;12—郑州 9023;13—济麦 2 号;14—洛旱 3 号;15—周麦 18。

3.4 讨论和展望

单位面积上产量高低取决于穗数、平均每穗粒数和千粒重的乘积,乘积越大,产量越高。小麦籽粒产量是穗数、穗粒数、粒重的综合体现,同时也是生殖器官储藏能力大小的体现。这些构成要素在小麦发育期间先后连续地被决定下来。穗数在开花之前,穗粒数在花期前后,粒重在开花和成熟之间被决定。产量构成中,两种水分处理下自然干旱处理的小穗数和不孕穗较补充灌溉处理的小穗数和不孕穗多,表明水分胁迫影响小麦的穗部性状,适宜的灌水量可以减小退化小穗、小花的数量,穗粒数和千粒重补充灌溉处理的比自然干旱处理的多,这可能是在水分胁迫条件下,小麦的光合速率降低,且由于生育期缩短,光合功能高值持续期缩短,干物质累积量降低所致。

产量与叶片含水量相关分析表明:补充灌溉处理产量与灌浆期自然干旱处理绝对含水量和自然干旱处理相对含水量呈负相关性,相关系数为 -0.618^*、-0.63^*,这是因为生长后期的灌浆期是形成千粒重的关键时期,此时干旱胁迫将降低灌浆持续期,使千粒重大幅度下降,这与前人研究结论:相对含水量反映了植物体内水分亏缺的程度,抗旱性强的品种能维持较高的相对含水量,有较强的保水能力,自身水分调节能力较强,细胞受损较轻相一致。抗旱品种产量一般都较低,节水高产品种灌浆早而快。

小麦产量是由有效穗数、平均每穗粒数、千粒重三个因素构成的。单位面积上产量高低取决于穗数、平均每穗粒数和千粒重的乘积,乘积越大,产量越高。本试验处理自然产量高于自然干旱产量主要是由于千粒重和穗粒数所致。灌浆期补充灌溉处理旗叶面积与千粒重抗旱系数呈负相关性，相关系数为 -0.633*。表明后期旗叶较大的品种对干旱比较敏感。

由于大田小区试验设计只在孕穗期进行了一次水分差异处理。所以，在小麦的农艺性状株高、旗叶面积、穗长、小穗数、芒长、有效光合叶数等方面差异趋势表现的不明显。但穗粒数和千粒重受水分影响较大，补充灌溉处理的穗粒数和千粒重数值均大于自然干旱处理下的穗粒数和千粒重数值。因此，认为穗粒数和千粒重可以作为抗旱指标使用。

植物叶片吸收光能主要是通过结合在光合蛋白中的色素来进行的，叶绿素是主要的光合色素，是光合作用的物质基础，叶片叶绿素含量的高低直接影响叶片光合能力，同时也是干旱诱导植株衰老的重要指标。可见，叶片中叶绿素含量的高低是反映小麦叶片光合能力的一个重要指标。因此，通过对叶绿素含量在小麦各主要生育时期变化的系统研究，可以了解光合作用在小麦一生中的变化。本试验研究表明小麦孕穗期的光合速率（*Pn*）与小麦叶绿素（Chl）、叶绿素 a（Chla）、叶绿素 b（Chlb）的含量呈极显著相关性，相关系数分别为 0.753**、0.668**、0.717**，与叶绿素 a/b（Chla/b）没有相关性。这与前人研究结论小麦旗叶中 Chl 含量与其净光合强度呈显著正相关这一结论相一致。

本试验拔节期叶绿素与抗旱系数和抗旱指数呈负相关性，相关系数为 -0.586*、-0.611*。拔节期叶绿素 b 与自然干旱产量、抗旱系数、抗旱指数呈负相关性，相关系数分别为 -0.545*、-0.628*、-0.582*。拔节期叶绿素 a 与抗旱系数和抗旱指数呈负相关性，相关系数分别为 -0.570*、-0.616*，因为拔节期是冬小麦小花分化阶段，此期间水分的及时供应，有利于小花的成熟发育，防止小花退化，而此时的水分胁迫使穗粒数大幅度下降。

越冬期叶绿素 a/b 与千粒重抗旱系数呈显著性负相关性，相关系数为 -0.582*。这是由于 Chla 有利于吸收低温季节的长波光，Chlb 有利于吸收夏季的短波光，Chlb 受水分影响较大。

孕穗期叶绿素与自然干旱处理千粒重呈显著性相关性，相关系数为 0.574*。孕穗期叶绿素 a 与补充灌溉处理千粒重和自然干旱处理千粒重呈显著性相关性，相关系数分别为 0.522*、0.663*。

本试验中，Chl、Chla、Chlb 从越冬到花期变化趋势基本一致，都呈现升高趋势。补充灌溉处理的 Chl、Chlb 花期升高幅度大，品种间变化的数值幅度大，除自然干旱处理的 Chlb 下降趋势不明显外，两种水分处理下的灌浆期 Chl、Chla，补充灌溉处理 Chlb 均呈现下降趋势。花期补充灌溉处理的 Chl 的升高主要是由于 Chlb 的大幅度升高引起的。小麦品种 Chla/b 的变化趋势与小麦品种 Chla 和小麦品种 Chlb 及小麦品种 Chl 的变化趋势不一样，在孕穗期 Chla/b 品种间的数值变化幅度大，数值在 3～4，补充灌溉处理的小麦品种 Chla/b 在花期数值均为 2，自然干旱处理的小麦品种花期 Chla/b 数值在 3.5 左右，灌浆期两种处理下的小麦品种 Chla/b 数值在 3 左右，其他几个时期小麦品种 Chla/b 数值在 3.5 左右。这与 Boyar（1976）、薛裕等（1992）和冯福生等（1990）的试验结果：在水分胁迫下，小麦叶片叶绿素总量、叶绿素 a 和 b 含量均呈降低的趋势的结论有出入，可能是试验条件不一致导致的，但与水分胁迫下叶绿素 a/b 比值基本上不变这一结论一致。与以往有关教科书及参考资料介绍的植物叶片叶绿素为 3∶1的比值结论一致。

小麦生理生态指标、形态指标众多而且复杂多变、难以协调，每个抗旱指标只能反映其抗旱性的一个侧面，不能依靠单一生理生态指标进行选择。虽然大都认为产量抗旱指数比抗旱系数更能反映品种的抗旱性，但仍然不能完全反映品种干旱处理的产量。不同品种抗旱性鉴定的结论，应以干旱处理条件下的产量为主。抗旱育种开始时，就必须注重产量潜力、一般农艺性状和综合抗逆性，以高产优质高效为导向。一个抗旱的小麦品种在其适宜种植的生态区，应该不但有较强的抗旱能力，同时在干旱情况下还要稳产、高产，而一个抗旱性极强但产量却很低的品种在农业生产中是无推广价值的。所以最可靠、最有效的鉴定指标最终应与产量水平及其有关农艺性状相联系。

本次试验岗旱地两种水分处理下产量均较高的小麦品种是周麦 18、许农 5 号、温麦 18。这些小麦品种在农艺性状穗长、株高、茎粗、旗叶面积、穗粒数方面大都表现为居中偏高，芒长居中偏短，千粒重比较重，因此育种时要注意农艺性状和产量三因素之间的协调。在叶绿素这一光合生理生态指标上，周麦 18、许农 5 号、温麦 18 均属于在孕穗期 Chla/b 升幅较大的品种。

第4章 非充分灌溉对小麦耗水特征及生理特性的影响

水是植物生长和发育的必要条件之一，也是影响粮食产量的一个主要因素，全世界由于干旱造成农作物的损失要大于其他原因所致损失的总和。据统计，世界上有1/3的可耕地处于供水不足的状态，尤其是近年来，气候的全球性恶性变化所引发干旱发生的周期越来越短，程度越来越重，对粮食生产构成了严重威胁。我国是一个农业大国，又是一个水资源严重贫乏的国家，人均水资源占有量仅2 200 m^3，相当于世界平均水平的1/4，为世界上13个贫水国之一。水资源缺乏已经是限制我国农田生产力的主要因子。另外，受季风气候和降雨年份的影响，我国水资源的时空分布极为不均，年降雨高峰期与作物需水期错位。加之近年来，年降水量逐渐减少，满足不了作物生长发育的最低需水要求。因此，发展节水农业，改变传统的对作物足额供水的观念，是提高水分利用效率与缓解水资源短缺矛盾、促进农业可持续发展的根本途径。

冬小麦是我国干旱、半干旱地区的主要种植作物，水资源缺乏和水分利用效率较低是冬小麦生长发育的主要限制因素。渠系水利用系数为0.4～0.5，灌溉水利用系数为0.3～0.4，与以色列等一些发达国家水利用系数在0.8以上相差甚远。因而在农业中，如何科学用水，提高水分利用效率，使有限的水资源发挥最大的经济效益，是当前迫切需要解决的一个重大问题。根据我国实际情况，针对农作物生长发育不同阶段需水特点调控灌溉，是充分利用有限水资源，解决农业灌溉用水短缺矛盾的主要途径之一。大量研究表明，对土壤水状况和作物水分亏缺情况进行判断，采集作物对缺水反应信息并根据作物缺水程度进行精量灌溉是建立高效灌溉制度的基础。因此，准确判断作物水分亏缺程度对进行麦田合理灌溉显得尤为重要。在众多的研究指标中，作物自身指标与作物生长关系最密切，以作物指标为灌溉依据比土壤水分指标更为可靠。目前较多的研究集中在充分灌溉条件下作物抗旱指标、作物需水规律、干旱对作物生长发育的生理生态影响以及对干旱的防御技术和干旱预警研究；在非充分灌溉条件下对作物的生理生态特性、不同生育阶段耗水特性方面的影响及其相互之间关系的系统研究很少。于是深入研究冬小麦在非充分灌溉条件下的生理生态特性、耗水特性及其相互之间关系的内在联系，对于揭示作物水分利用效率的内在机制和潜力以及确定合理的灌溉计划有重要理论意义和实践价值。

4.1 国内外研究现状

4.1.1 非充分灌溉的研究进展

非充分灌溉的研究始于20世纪60年代末。70年代以来，美国中西部大平原因干旱与水资源短缺而放弃了传统的丰产灌溉试验工作，转向劣态或亚劣态灌溉试验的研究。

即在作物生长期不按其正常的需水要求供水,故意在需水非关键期不供水或少灌水,把节省下来的水用于满足更大面积作物关键期需水的要求或用于满足经济价值比较高的作物的需水要求。据美国得克萨斯州布什兰的试验,在充分灌溉情况下,高粱和小麦多年平均单方灌溉水产量为0.45 kg/m^3 和0.24 kg/m^3,采取限额灌溉后,该值分别提高到1.4 kg/m^3和0.55 kg/m^3,为原来利用率的3.1倍和2.3倍。20世纪70年代中期,澳大利亚率先提出调亏灌溉,并在果树生产中进行了验证。康绍忠等(1997) 提出了控制性分根交替灌溉新概念与方法。这些灌溉方式的关键均依据作物本身的生理特性与需水规律,进行主动人为的水分亏缺处理,开辟了生物节水的新途径。

4.1.1.1 非充分灌溉的生理生态机制

非充分灌溉理论认为,根系对于水分利用率的提高起着决定作用。根冠功能平衡学说认为根和冠既相互依赖又相互竞争。当环境条件一定时,根与冠的比例有一个相当稳定的数值,这是由作物的遗传因素所决定的。当环境条件发生变化时,根和冠处于竞争地位,作物能够自动把所获得的营养分配给最能缓解资源胁迫的器官,使作物受到的伤害程度最小,以避免物种的灭绝,当根系处于水分亏缺状况时,作物会改变光合产物在根与冠之间的分配比例,根系将得到更多的同化产物,生长相对有利,而冠的生长则受到抑制,使叶面积减少,作物的蒸腾耗水量也较少,进而引起需水量的下降。

非充分灌溉就是通过对土壤水分的管理来控制植物根系的生长,从而控制地上部分的营养生长及其水势的,而叶水势对气孔开度有一定的影响,气孔开度则对光合和植株水分利用有着极其重要的作用,也就是说,水分亏缺通过根系间接地控制了作物的蒸腾作用,因而 Blackman 认为在植株受旱时,可能由根系产生一种物质并输送到叶片中以控制气孔开度,使光合和蒸腾等生理过程发生变化,影响其水分利用及产量。

4.1.1.2 非充分灌溉的增产机理

Turner 认为,早期适度的水分亏缺在某些作物上有利于增产。研究表明,同一植株不同的组织和器官对于水分亏缺的敏感性不同,细胞膨大对于水分亏缺最为敏感,而光合作用和有机物由叶片向籽粒的运输过程敏感性次之。当出现水分胁迫而使营养生长受到抑制时,作物籽粒继续积累有机物,使其在调亏期的生长不明显降低。在调亏结束后的复水期调亏期间累积的代谢产物,在水分供应量恢复后,有补偿生长效应,用于弥补由于光合产物减少带来的损失,以致不会因适度胁迫而引起产量的下降,但胁迫程度过大或历时过长会使复水无法起到补偿效应,导致产量下降,这在分子水平上解释了非充分灌溉的增产机理,为研究非充分灌溉技术提供了理论依据。

作物的非充分灌溉已成为目前国际上作物灌溉及相关领域研究的一个热点。20世纪80年代后期,非充分灌溉研究开始从现象向机理深入,重点探讨作物在非充分灌溉条件下的节水增产机理。90年代至今的研究重心由产量的提高转向对品质的改善方面,并开始向非充分灌溉下肥料的利用效率、咸水灌溉等方面扩展,研究的范围也越来越广。有效的非充分灌溉在适宜的阶段还需配合适当的亏水程度,才能真正符合作物需水生理特性,充分发挥非充分灌溉的作用,实现高产、节水、优质的目标。不同时期作物具有不同的亏水程度阈值,不超过这一阈值,作物叶水势、蒸腾及光合、产量所受到的影响不大。

4.1.2 水分胁迫条件下光合与生理指标的研究进展

许多作物受到干旱逆境后，各个生理过程均受到不同程度的影响，其中光合作用是受影响最明显的生理过程之一，光合作用是作物的一项最基本也是最重要的生理功能，因其进行光合产物的积累影响到器官的生长发育及功能发挥等各方面，因此光合特性随土壤水分条件的变化情况是作物对水分状况反应的一个重要方面，水分胁迫使得作物的光合速率、蒸腾速率以及气孔行为等均发生了不同程度的变化，进而影响到光合产物的积累、转运及分配，最终影响到产量水平。许振柱的研究结果表明，限量灌水后，小麦的群体光合速率和单叶的光合速率均升高，与灌水的相比达到极显著水平，并能使灌浆期间的光合强度保持在较高的水平上，从而可以认为适量灌水可达到节水和增产的目的。

4.1.2.1 对光合速率的影响

水分胁迫使小麦光合速率降低，不同胁迫强度和胁迫时间引起光合作用下降的主要原因不同。早期关于水分胁迫对光合作用影响的研究中多集中于气孔，认为气孔关闭引起了亏缺，造成光合速率的下降。但是近年来的研究结果表明，水分胁迫下由于气孔关闭而造成的气孔导度下降并非是光合速率下降的主要原因，非气孔因素显著地抑制了光合作用。在轻度水分胁迫条件下，光合作用下降的主要原因是气孔性的限制，但在较长时间轻度以上土壤干旱或严重干旱下，光合速率下降的主要原因是非气孔性的限制。一个植株不同部位的叶片光合速率对水分胁迫的反应不相同，上部叶片的光合速率受影响较小。灌浆期轻度干旱对小麦叶片光合作用有促进作用，轻度及中度干旱能促进穗子的光合作用。

4.1.2.2 对蒸腾速率的影响

植物蒸腾受叶片气孔阻力的控制，也受环境因子和土壤水分供应的影响。研究指出，蒸腾速率比光合速率对水分胁迫的反应更为敏感，更易受气孔调节影响。蒸腾速率与气孔阻力呈负相关，水分胁迫下植株主要通过降低气孔导度使蒸腾强度下降。彭致功等验证了气孔对植株蒸腾的调控作用，建立了以太阳辐射、气温和大气湿度为主要因子的植株蒸腾方程。刘静等认为，随着灌溉量的增大，春小麦叶片蒸腾速率也相应增大，但当灌溉量超过 900 m^3/hm^2 时，叶片蒸腾速率不随灌溉量继续增大；灌溉水分不足时，蒸腾速率随气温升高而降低，更易表现出光合午休。小麦根系活力下降、受旱或疏导组织供水满足不了叶片蒸腾耗水，或超出了气孔对植株体内水分调节能力时，会发生小麦生理脱水，是小麦干热风或青干灾害产生的生理原因。灌溉过多时，小麦也会出现生理活性下降，可能是小麦后期早衰的生理原因。

4.1.2.3 对气孔导度的影响

气孔是植物与外界环境的门户，调节控制着 CO_2 和水分的出入，影响植物的光合、蒸腾及体温等，因而对植物的生命活动有着极其重要的作用。植株供水良好时，气孔启闭主要受光照和 CO_2 这两个因素调控，表现出昼开夜闭有规律的气孔运动现象。当植株缺水时，水分就成为控制气孔开闭的决定性因素。水分胁迫对小麦叶片气孔导度的影响因胁迫强度和时间而异，轻度土壤干旱下，气孔导度略有上升，中度以上的土壤干旱下气孔导度才显著降低。在轻度水分胁迫条件下气孔导度下降是光合作用降低的主要原因，而在严重水分胁迫条件下气孔导度下降不是光合作用降低的主要原因。

4.1.2.4 对叶绿素的影响

叶绿素是光合作用的物质基础,叶片叶绿素含量的高低直接影响叶片光合能力,同时也是干旱诱导植株衰老的重要指标。叶绿素 a(Chla)和叶绿素 b(Chlb)均可作为集光色素而捕获光能,而只有部分叶绿素 a 才能充当反应中心色素,植物长期进化的结果使得叶内关于反应中心色素和集光色素保持一个较合理的比值,以便反应中心色素有充足而不过多的光能可利用,因为叶内光能过剩可诱导自由基的产生和色素分子的光氧化。水分胁迫使小麦叶片叶绿素含量降低。植物受到干旱后,叶片早衰、变黄意味着叶片色素受到破坏。Loonnie(1987) 在小麦试验中发现,干旱主要是阻止了叶绿素 b 的累积,致使叶绿素 a/b 的比值升高。而薛松等(1992)研究表明,在水分胁迫下,小麦叶片叶绿素总量、叶绿素 a 和 b 含量均呈降低的趋势,但叶绿素 a/b 比值基本上不变。研究结果表明,小麦旗叶中叶绿素的含量与其净光合作用的文献很多,但研究内部因素对光合作用的影响不多见,对小麦全生育期叶片中叶绿素的变化,特别是前、中期的含量对光合作用的影响方面更少见。而在这方面的研究对提高冬小麦的水分利用效率,加速选育高产、高光效的小麦品种却十分必要。

4.1.2.5 对渗透调节能力和脯氨酸的影响

非充分灌溉与作物的水分生理生态特征密不可分,作物在供水不足的情况下,会产生一系列生理反应,其中渗透调节是植物适应干旱逆境的重要生理反应。它与作物生长发育、生理过程和产量有着密切的关系,目前已成为国内外抗性生理研究的热点之一。Morgan在 1977 年就发现了关于小麦通过溶质积累形成渗透调节来适应干旱的现象,此后,不同的人分别研究了渗透调节能力及渗透调节物质与其他指标之间的关系。研究发现小麦最终产量相对值与渗透调节能力相关分析达极显著水平。渗透调节的关键是在干旱条件下细胞内溶质的积累和由此导致的细胞水势的下降。通过渗透调节可使植物在干旱条件下加强吸水以维持一定的膨压,从而保持细胞生长、气孔开放和光合作用等生理过程的进行,并且随着在小麦开花期土壤含水量的降低,叶片与根系的饱和渗透势和渗透势同步下降,表现出叶片与根系的对水分胁迫反应的一致性,但根系的渗透调节低于叶片。

干旱条件下,植株体内合成和积累了大量有机、无机物质,以提高植株的渗透调节能力。渗透调节的物质主要有钾离子、氯离子等无机离子和脯氨酸、甜菜碱等有机物质。在干旱或水分胁迫下,冬小麦叶片可迅速积累游离脯氨酸。这种水分胁迫下游离脯氨酸大量积累的现象,已经在许多植物上得到证实。脯氨酸对细胞的渗透调节起着重要作用,是细胞中的一种防脱水剂,对维持植株体内水分平衡有积极作用。同时脯氨酸可以作为渗透剂参与植物的渗透调节,它对增强植物抗旱性的作用是毋庸置疑的。研究证明,水分胁迫下植物体内游离脯氨酸大量积累。所以,有学者主张将脯氨酸的数量作为植物抗旱性指标。但是也有研究结果(王帮锡等,1989)表明,各种植物在水分胁迫下脯氨酸积累具有差异性,有些植物的脯氨酸含量并不增加。Singh 等认为,干旱条件下抗旱性强的大麦品种较抗旱性弱的积累更多的脯氨酸,脯氨酸的积累能力与抗旱性成正相关。也有人认为不抗旱品种积累脯氨酸多。据李德全等的研究结果表明,在土壤干旱下都明显增加,干旱愈严重，增加的量愈多。然而脯氨酸的积累与抗旱性的关系方面还没有定论，活性氧是对植物造成氧化胁迫的一种普遍现象。水分胁迫下膜脂过氧化是一个比较复杂的过程，对活性氧的产生及其膜脂过氧化机理的一系列研究中，人们注意到水分胁迫下脯氨酸的大量积累与膜脂过氧化有着密切联系，Smirnoff 等根据脯氨酸抑制 ·OH 作用下的水杨酸羟基化速率及外源脯氨酸降低了强光下芥菜子叶类囊体膜脂过氧化作用而增强其光化学活性的试验，认为脯氨酸具有清除 ·OH 和 O_2^- 的作用。以杂交稻为材料，蒋明义等在研究 ·OH 胁迫下稻苗体内脯氨酸积累及其抗氧化作用时，认为脯氨酸为 ·OH 的有效清除剂。

4.1.2.6　**对质膜透性、膜脂过氧化水平的影响**

目前活性氧（O_2^-，超氧自由基）伤害理论愈加受到重视。植物处于正常水分状态时，机体原有的各种氧代谢生理过程处于平衡状态，所产生的氧自由基（O_2^-，H_2O_2，·OH）能够得到及时的清除。在严重水分亏缺条件下，植物机体各种代谢过程紊乱，从多种代谢途径产生的氧自由基以极其强烈的氧化作用诱发细胞膜中不饱和脂肪酸，发生过氧化作用，其产物是具有强氧化性的脂质过氧化物和各种小分子的降解产物，尤其是丙二醛含量增高最为显著。最终组织细胞膜完整性因之解体、破坏，细胞组分出现大量外渗，代谢紊乱至细胞伤害而死亡。由于干旱引发细胞代谢紊乱而积累 O_2^- 和 H_2O_2 等是保护酶 SOD、CAT 等的特异性底物。在生理条件下底物浓度增加酶活性增加，当底物浓度增加到一定浓度时酶活性亦可被抑制。丙二醛可揭示因干旱导致膜系统破坏程度，研究表明，植物遭受水分胁迫后，细胞内自由基代谢的平衡被破坏而有利于自由基的产生，过剩自由基引发或加剧膜脂过氧化作用，造成细胞膜系统的损伤，胁迫严重时会导致植物细胞死亡。丙二醛（MDA）为膜脂过氧化的主要产物之一，其积累是活性氧毒害作用的表现，水分胁迫下 MDA 含量随胁迫强度的增加而升高，抑制细胞保护酶的活性和降低抗氧化物的含量，加速膜脂过氧化。

4.1.2.7　**对叶片相对含水量的影响**

叶片相对含水量是指示叶片保水力的一个指标。冬小麦幼苗叶组织的相对含水量和土壤含水量之间呈正相关关系，严重干旱胁迫下，相对含水量下降。相对含水量反映了植物体内水分亏缺的程度，抗旱性强的品种能维持较高的相对含水量，有较强的保水能力，自身水分调节能力较强，细胞受损较轻。叶片相对含水量 $RWC=[(鲜重-干重)/(饱和重-干重)]\times100\%$。Schonfeld 等指出，叶片相对含水量与水势相比是更好的水分状况指标，能更密切地反映水分供应与蒸腾之间的关系。大量研究表明，叶片相对含水量高的小麦品种抗旱性强。另外一些研究证明，叶片中束缚水含量高的小麦品种抗旱性强。叶片含水量由 75% 下降到 70% 左右是叶片光合生理活性的一个重要转折点，应作为判断叶片水分亏缺阈值的重要参考。

4.1.3　水分胁迫条件下地上部分形态指标的研究进展

许多农艺指标如产量构成因素形态和生长发育指标等都与土壤水分胁迫有关，但人们希望在能够较全面地反映差异信息的前提下，分类指标越少越好。如何从众多指标中挑选出最具有表征性的指标将复杂化简，是长期以来没有很好研究解决的问题。小麦产量是一个综合指标，是各个性状综合表达的结果，耐旱性是一非常复杂的特性，任何单一指标都不能作出正确评价。在干旱条件下，除产量作为最终选择指标外，许多重要的生育性状，如茎叶形态、株高、穗长等都可以作为对干旱反映的鉴定指标。

4.1.3.1 对茎形态的影响

主要是针对干旱胁迫下茎秆直径变化进行研究。植株茎膨胀、收缩与作物体内水分状况有密切关系，能实时、准确地反映植株体内水分状况。20 世纪 60 年代后期学者就开始了相关试验研究，验证了茎直径变化与作物水分状况间的关联性。之后的定性研究重点探讨了茎直径变化与植株其他部位的水分信号之间的关系，发现茎直径与叶水势之间存在滞后效应。对水分胁迫导致茎秆直径变化的机理研究，许多学者得到了不同的结论。Molz 和 Klepper 研究证明水分胁迫条件下茎秆发生的任何可测变化都归因于韧皮部及相关组织内活细胞的失水。SOHB 等针对茎直径变化与叶水势之间的滞后效应，提出了利用茎直径变化推求叶水势的方法，并在多种作物上验证了较高的精度。因此，国外将茎直径变化作为一个监测作物水分状况的指标，与灌溉自动控制系统相联结，实现作物水分管理的自动化。

4.1.3.2 对叶形态的影响

叶片是小麦进行光合作用的器官，是有机营养物质的供应者，干旱胁迫下作物功能叶维持一定的水势和渗透调节是适应缺水环境的重要特性。叶面积大小是小麦对干旱反应的重要指标之一，在干旱胁迫条件下叶片生长受到抑制，随着干旱胁迫程度的增加，由于受光合作用减弱的影响，小麦叶面积逐渐变小，叶片扩展缓慢，叶片狭小，并出现叶片增厚、下垂，颜色变深、变暗，下部叶子叶尖枯死，不易折断，叶片卷曲等萎蔫现象。叶片卷曲由叶片细胞膨压降低所引起，是内部水势状况和渗透调节结果的外部形态表现，能直观地反映作物对土壤水分胁迫的敏感程度。

4.1.4 水分胁迫与冬小麦产量关系的研究进展

关于土壤干旱与作物产量的关系长期以来存在两种观点（Fisher，1973；Turner，1990）：一种观点认为任何时期、任何程度的干旱（水分不足）都会使作物减产；另一种观点认为充足供水与适当控水交替对作物产量形成更有利。目前认为第二种观点更符合作物耗水、产量形成规律和生产实践，但是对其内在机理还不十分明确。研究表明，土壤水分胁迫对冬小麦产量构成要素有重要影响：起身期浇水主要增加穗数，拔节水可显著增加穗粒数，孕穗期或开花期浇水对提高千粒重有重要作用，但是在灌浆期浇水却使千粒重降低（王俊儒，2001）。不同时期干旱对冬小麦产量影响不同：前期干旱会促进冬小麦根系生长发育，为后期吸水奠定基础，但拔节期后土壤水分不足对产量有重要的影响。冬小麦籽粒干物质来源于开花后的光合产物和开花前储存在茎鞘的干物质，开花后叶片光合性能以及干物质的运输和分配状况决定了冬小麦的粒重。此时期土壤干旱会使绿色器官光合产物下降，促进营养器官（根、叶、茎等）中储存物质向籽粒运输（Virgona，1991），绿色营养器官衰老加速，光合性能下降，最终籽粒产量下降。

4.1.5　水分胁迫与耗水量关系的研究进展

作物需水包括生理需水和生态需水两个方面。生理需水是指作物生命过程中的各项生理活动(如蒸腾作用、光合作用等)所需要的水分。生态需水是指作物生育过程中为作物正常发育创造良好生活环境所需要的水分。作物这两方面需水通常通过叶面蒸腾和棵间蒸发来表示。作物蒸腾量和棵间蒸发量之和称为作物的需水量。供给旱作物的水分来源主要是降水和补充灌水两大部分。根据试验资料表明,小麦全生育期需水量为250～400 m^3/亩。

关于冬小麦需水临界期的研究结果不很一致,从拔节到成熟期都有报道。这主要是由于不同的土壤、气象因素造成的。作物的需水规律不仅受自身生长的影响,气象条件(光、温、热、降雨等)、土壤条件(土壤性质、水分状况等)等环境因素的影响也很重要,只有综合考虑才能对作物需水规律作出符合实际的评价。

许多研究表明,不同生育时期土壤水分胁迫对小麦的产量形成都有一定的影响,但影响程度因土壤墒情、品种抗旱性等条件而异。吴凯等认为,冬小麦全生育期水分耗散过程有两个明显的需水峰区和三个关键需水期,第一个峰区在出苗—越冬期,水分耗散以土壤棵间蒸发为主;第二个峰区包括拔节—收割期,水分耗散以作物蒸腾为主。从耗水强度来看,第二个峰区有两个需水临界期：其一为拔节—抽穗期,其二为灌浆—收割期。关于不同生育时期土壤水分胁迫对小麦的影响,有人强调底墒水,有人强调孕穗水,也有人强调拔节水,而程宪国等认为冬小麦灌浆期灌50 mm的关键水较为重要。

彭世彰等认为,在作物整个生长发育期内,节水灌溉模式的作物需水量变化规律是由小变大,再由大变小。冬小麦出苗后,随着叶面积指数的增大,尽管气温已开始降低,冬小麦需水强度仍缓慢增大;越冬期气温低,叶面蒸腾力下降,冬小麦的需水强度降至最低;返青后气温逐渐回升,叶蒸腾活力提高,叶面积指数迅速增大,冬小麦需水强度呈近似直线增大,到孕穗—扬花期,冬小麦叶面积指数达一生中的最大值,其需水强度也达最大;灌浆以后,尽管气温仍在增加,但绿色叶面积开始逐渐减少,叶面积指数下降。叶蒸腾活力降低,冬小麦的需水强度也开始逐渐下降。

因此,全面地、客观地了解不同地区小麦的耗水变化规律,可为制定适合本地区的高效节水灌溉制度和水分利用率的提高提供科学依据。

4.1.6　水分胁迫与水分利用效率关系的研究进展

4.1.6.1　水分利用效率概念的发展

水分利用效率(*WUE*)是用以描述植物产量与消耗水量之间关系的名词,随着科学技术的发展而发展。20世纪初,Briggs和Shantz等用需水量来表示水分利用效率,指为了生产一个单位的地上部分干物质量或作物的产品所用的水量,这个定义有欠缺的地方,它虽然表明为植物生长所必需的一定水量,但是实际上它只表示在当时的环境条件下生产一定量的干物质从叶子所蒸腾的水量,再加上植物所保持的那部分水分。几乎同一时间Widtsoe用蒸腾比率一词来表示水分利用效率,这个名词与需水量的区别只是不包括植物体所保持的那一小部分水分而已。1957年Koch认为阴天时测定的光合速率和蒸腾速率之比比晴天时测定的高。1969 年 Tranquillini 将光合速率与蒸腾速率之比称为蒸腾生产率,又称蒸腾效率,用以表示水分利用效率。1976 年 Begg 和 Turne 定义 *WUE* = 产生的干物质量/耗水量,耗水量包括植物蒸腾和蒸发量,这个词比蒸腾比率更符合农林生产实际,因为在田间和林地,棵间蒸发与植物蒸腾难以分别测定。综上所述,植物水分利用效率经过一段发展过程,至今普遍认为,对植物叶片来说 *WUE* = 光合速率/蒸腾速率;对植物个体 *WUE* = 干物质量/蒸腾量;对植物群体来说 *WUE* = 干物质量/(蒸腾量 + 蒸发量)。对农林生产来说,通过栽培措施已可将蒸发量控制到最小,因此通过减少蒸发量来提高水分利用效率的余地不大。目前提高水分利用效率最好的办法就是提高植物本身的水分利用效率。

4.1.6.2 水分利用效率与生理特性的关系

植物的水分利用效率与生理生化的关系一直是一个研究的热点。不同学者对此进行了研究。Morgan 等对 15 个冬小麦品种的研究发现,不同品种间叶片光合速率、气孔导度、细胞间隙和大气 CO_2 浓度的比率、比叶重和叶片叶绿素含量存在明显差异。大叶品种的单叶 *WUE* 明显低于小叶品种,叶片光合能力的差异是品种间叶片 *WUE* 差异的主要原因。Kried 等和 Johnson 等在高粱和小麦不同品种上的进一步研究发现,作物品种间 *WUE* 差异主要是由于其叶肉光合能力不同所致。Martineta 在番茄上的系统研究发现,无论是在叶片还是群体水平上,在各种水分条件下野生种 Penel iii 和其栽培种 Sculentum 相比较均有较高的 *WUE*。野生种的光合速率、气孔导度和细胞间隙 CO_2 浓度均小于栽培种,低的气孔导度与较低的气孔频率、较小的气孔开度和气孔在叶片正反两面的平均分布有关;较小的叶片细胞和组织类型(表皮、叶肉细胞、海绵体和导管组织)使得野生种有相对大的叶内空间和较厚的叶片,从而增加了野生种暴露在空气中的叶内表面积与内部叶面积的比率,减少了其内部 CO_2 同化的阻力,但较低的叶绿素含量和 RUBP 羧化酶活性又降低了其叶肉光合能力,因而野生种有较低的光合速率。可见野生种较高的 *WUE* 并非由单纯的气孔因子所引起,由叶片解剖结构所引起的非气孔因子也是其 *WUE* 较高的原因。Ranner 和 Sinclair(1983)认为 *WUE* 的遗传改良是不可能的,但在有限水分条件下,通过提高经济系数以改变籽粒产量与蒸发蒸腾的比率,或通过增加蒸腾/蒸发的比率以增加 *WUE*,才是获得高产的唯一途径。可见这方面的研究结果差异很大,仍需要充分的研究来验证,归纳这些结论。作物受干旱或水分胁迫反应是 *WUE* 的生理生态机制研究的关键,它是提高产量 *WUE* 的基础,是作物光合速率和蒸腾速率综合作用的结果。凡是能够影响光合速率和蒸腾速率发生变化的因子都会对 *WUE* 产生影响。*WUE* 的长期变化主要是因为光合机能随生育进程变化而引起的,蒸腾也是影响 *WUE* 的一个主要因子,但相对光合作用而言是个较为简单、纯粹的物理过程,它的变化更多受控于环境的因子。植物蒸腾与植物水分状况紧密相关,严重水分亏缺同时影响光合和蒸腾作用,相比而言对后者的影响程度较大。陈玉民等(1997)认为光合速率对土壤水分的反应有一阈值,充分灌溉的土壤水分往往超过了光合速率的最高点,光合速率反而有所下降,而蒸腾速率是随土壤水分的增加而增大,且速度快于光合速率,导致水分利用率的下降。

4.1.6.3 水分利用效率与产量的关系

H. Wayne, Polley 认为,作物在有限水分条件下的产量取决于作物对水分的获取、水分利用效率和收获指数。事实上,作物产量最高时消耗的水量并不是其水分利用率最高时所消耗的水量。邓西平(1999)在对冬小麦的研究中得到了耗水量与产量、耗水量与水分利用率之间的回归模型。研究表明,产量和水分利用率是先随着耗水量的增加而增大,当达到一定值时,水分利用率先出现最高值,随后随着耗水量的继续增大,水分利用率反而开始下降,而产量随耗水量增大的最大值出现的时段比水分利用率的偏后,而且极值出现后,随耗水量的增大产量下降的幅度明显小于水分利用率的下降幅度。作物在不同的土壤水分条件下,水分利用率相差悬殊。产量水平的利用效率是目前水分利用效率的研究重点,它是指作物耗水(蒸腾和蒸发)和产量形成(光合作用)在整个作物生育时期积累的结果,这主要集中在通过控制供水研究水分、产量和 *WUE* 的关系。张岁岐等的研究表明,在有限供水条件下,作物产量随耗水量呈线性增加,*WUE* 则随耗水量的增加而降低,而且由于供水方式与供水时间的不同,其 *WUE* 也不同。石岩等认为土壤相对含水量为60%时是小麦高产的下限指标。王维等研究表明,水分亏缺促进了水稻茎秆储藏物质的运转和对籽粒产量的贡献,土壤水分亏缺加速储藏物质快速降解和转移,从而调节稻株储藏碳水化合物向籽粒的分配。刘昌明等研究表明,拔节期水分胁迫对冬小麦的产量和水分利用效率影响最大。王朝辉认为,分蘖、拔节和灌浆期是冬小麦需水关键期,缺水会导致产量的大幅下降,降低产量 *WUE*。许振柱、于振文等指出,拔节期灌溉可以提高"源"的功能,改善光合性能,提高产量 *WUE*。由上述研究结果可以看出,关于 *WUE* 与产量的关系,研究很不系统,大多是作为一个节水的指标,没有对其机理进行详细研究。而且产量水平的 *WUE* 仅仅表明了作物最终产量与耗水量的关系,无法体现整个生育时期的动态变化的过程。

综上所述,以前冬小麦节水灌溉研究多是从满足冬小麦需水特性,以夺取高产来确定灌溉方案,而对非充分灌溉条件下冬小麦水分效应及需水规律、耗水特性研究较少,不能更加有效地提高冬小麦的节水、抗旱、增产能力。因此,对冬小麦非充分灌溉条件下的需水规律和耗水特性有待于进一步研究。此外,水分调节在充分发挥冬小麦各个生育阶段生理功能过程中是至关重要的,小麦的高产依赖于各个生长发育阶段的协调发展,依赖于个体和群体的生理功能的协调一致,在干旱半干旱地区小麦生产中,水分不但决定了冬小麦产量的高低,而且关系到冬小麦生产效益的好坏。利用冬小麦灌溉生理指标,针对不同生育时期的需水特点,实施节水灌溉技术,可以充分提高冬小麦水分利用效率。从而比较全面、客观地了解冬小麦节水灌溉的生理生态特性,为河南省冬小麦节水优质高效栽培生产提供理论依据。

4.2 试验材料与研究方法

4.2.1 试验地概况及设计

试验设在"863"节水农业禹州试验基地的岗旱地,属伏牛山余脉与豫东平原过渡地区,在东经113°03′~113°39′和北纬330° 59′~34° 24′,年降水量674.9 mm,其中60%以上集中在夏季,存在较严重的春旱、伏旱和秋旱;土壤为褐土,土壤母质为黄土性物质,该地区地势平坦，肥力均匀，耕层有机质 12.3 g/kg、全氮 0.80 g/kg、水解氮 47.82 mg/kg、有效磷 6.66 mg/kg、速效钾 114.8 mg/kg，排灌方便。前茬作物为玉米。大田土壤容重及田间持水量见表 4-1。供试小麦品种为周麦 18。试验用肥料分别为 $N_{15}P_{15}K_{15}$ 复合肥 40 kg 作底肥，尿素 10 kg 拔节期追施。

表 4-1　播前大田土壤容重及田间持水量

土壤深度(cm)	容重(g/cm³)	田间持水量(%)	播前土壤含水量(%)
0～20	1.42	25.93	24.42
20～40	1.43	26.45	25.11
40～60	1.46	27.79	26.97
60～80	1.48	28.11	24.63
80～100	1.51	30.52	26.17
100～120	1.57	32.23	25.90

试验设置 2 种水分条件、3 个灌溉时期和 3 个补充灌量，共计 15 个处理(见表 4-2)，重复 3 次，随机排列。小区面积 4 m×6 m，小区中间保护行 1 m，行距 25 cm。

表 4-2　冬小麦不同生育期不同水分处理(2006～2007 年)

处理号	灌水次数	总灌水量(m³/hm²)	灌水量(m³/hm²)		
			拔节期	孕穗期	灌浆期
S1	0	0	0	0	0
S2	1	300	300	0	0
S3	1	600	600	0	0
S4	1	300	0	300	0
S5	1	600	0	600	0
S6	1	300	0	0	300
S7	1	600	0	0	600
S8	2	600	300	300	0
S9	2	900	300	600	0
S10	2	600	300	0	300
S11	2	900	300	0	600
S12	2	900	600	0	300
S13	2	600	0	300	300
S14	2	900	0	300	600
S15	3	900	300	300	300

大田冬小麦从拔节期开始进行水分处理，当地传统灌水量为 1 200～1 800 m³/hm²。

4.2.2　主要研究方法

4.2.2.1　土壤水分含量

播种前测土壤容重、土壤水分含量；不同处理土壤水分测定用烘干法，在播种前后、返青到成熟每隔 15 d 分层取样测定。采用土钻法分别取 0～20 cm、20～40 cm、40～60 cm、

60～80 cm、80～100 cm 土样装入铝盒，称鲜土重，然后在 110 ℃下烘至恒重，称取土壤样品干重，则土壤含水量的计算为：

$$土壤含水量(\%)=\frac{土样鲜重(g)-干重(g)}{干重(g)}\times 100\%$$

定位土壤水分测定层次为 0～20 cm、20～40 cm、40～60 cm、60～80 cm、80～100 cm、100～120 cm、120～140 cm、140～160 cm、160～180 cm、180～200 cm，采用土壤水分定位观测仪测定（FDR），试验期间每隔 10 d 测 1 次土壤含水量。

4.2.2.2　**农田耗水量和水分利用效率计算**

根据土壤水量平衡方程（不考虑地表径流及地下水影响），则冬小麦生育期耗水量：

$$ET = P + I - \Delta W \tag{4-1}$$

式中　ET——冬小麦生育期耗水量，mm；

P——生育期降水量，mm；

I——灌溉量，mm；

ΔW——1 m 土层土壤含水量变化值即土壤储水消耗量，mm。

水分利用效率［WUE，$kg/(hm^2 \cdot mm)$］为：

$$WUE = Y/ET \tag{4-2}$$

式中　Y——单位面积作物经济产量，kg/hm^2。

4.2.2.3　**叶绿素含量的测定**

取单位重量或单位面积的叶片，洗净，吸干表面水分，剪碎用 95% 的乙醇和 80% 丙酮混合液提取，测定 663 nm、645 nm 处的光密度值，所用仪器为 751－GD 型分光光度计。按 Arnon 公式计算叶绿素含量：

$$C_a = 12.72A_{663} - 2.59A_{645}$$

$$C_b = 22.88A_{645} - 4.67A_{663}$$

式中　C_a、C_b——叶绿素 a 和 b 的浓度；

A_{645}、A_{663}——色素提取液在波长 645 nm 和 663 nm 下的吸光值。

4.2.2.4　**脯氨酸含量测定**

首先绘制脯氨酸标准曲线，用磺基水杨酸法提取样品中的游离脯氨酸，取提取液 2 mL于具塞试管中，加入 2 mL 冰醋酸和 2 mL 酸性茚三酮试剂，摇匀后在沸水浴中加热显色 30 min，冷却后加入 4 mL 甲苯萃取后使其分层，吸取甲苯层于 520 nm 处测定其吸光率。并按下式计算脯氨酸含量：

$$脯氨酸含量(\mu g/g) = (C \times V) \times (a \times W)^{-1}$$

式中　C——由标准曲线查得脯氨酸微克数；

V——提取液总体积，mL；

a——测定液体积，mL；

W——样品重，g。

4.2.2.5　**地上部分生物量的测定**

茎：株高（抽穗前，从茎基部到叶顶端的距离；抽穗后，从茎基部到穗最顶端的距离）、总茎数、茎鲜重、茎干重）。

叶:叶长(从叶枕到叶尖的距离)、叶宽(叶面最宽处的距离)、叶面积(按公式叶面积=叶长×叶×0.78计算,且只测定绿叶面积)、绿叶数、绿叶鲜重、绿叶干重(将取样的冬小麦绿色叶片从叶枕处剪下,擦拭表面的尘污并立即放入塑料袋内密封起来,尽快称重,得鲜重,再放入称量瓶中,在105 ℃下杀青,75 ℃恒温烘干,之后放入干燥器中冷却,用电子天平称重)。

穗:穗数、穗长、小穗数、无效小穗数、穗鲜重、穗干重、穗粒数、粒重、千粒重。

4.2.2.6 叶片相对含水量的测定

取新鲜小麦叶片1~2片,称鲜重,剪碎浸泡在玻璃皿中6~8 h,待完全饱和后,取出拭去叶片表面水分,称取饱和鲜重。然后在烘箱中105 ℃下杀青30 min,再在75 ℃下烘24 h,测干重。根据以下公式计算结果:

$$\text{叶片相对含水量}\ RWC = \frac{\text{鲜重} - \text{干重}}{\text{饱和重} - \text{干重}} \times 100\%$$

4.2.2.7 光合速率、蒸腾速率、气孔导度的测定

采用美国LI-COR公司生产的LI-6400光合仪测定。

4.2.2.8 丙二醛含量的测定(TBA法)

取鲜叶0.5 g放入研钵中,然后加入3.0 mL pH8.0的磷酸溶液,冰浴研磨,8 000 r/min低温(0~4 ℃)离心10 min,取上清夜2.0 mL放入刻度试管,加入2 mL含0.67%硫代巴比妥酸的5%三氯乙酸溶液,在100 ℃沸水浴上加热30 min,迅速冷却,8 000 r/min离心10 min,吸取上清液在450 nm、520 nm和600 nm波长下测定吸光值。

4.2.2.9 冬小麦全生育期降雨量的测定

试验地2006~2007年冬小麦生育期间的降雨资料由当地气象部门提供。

4.3 非充分灌溉对小麦持水特性及生理生态特性的影响

4.3.1 冬小麦全生育期降水量、土壤含水量的变化

4.3.1.1 2006~2007年度小麦全生育期降水特点

河南省属于黄淮海平原,降雨具有时间分布不均衡和冬小麦在生长季节内易遭受干旱的特点。冬小麦全生育期需水400~600 mm,通常年份在整个冬小麦生长季节降水量152~287 mm,2006~2007年度冬小麦生长期内降雨量为181 mm,属于降水偏少年份。

2006~2007年度冬小麦生长期内降雨量时间分布为冬前多—返青多—拔节多—孕穗少—开花少—灌浆少。从表4-3中可以得出冬前10~12月降水量为67.6 mm,占冬小麦生长期总降水量的37.4%,为冬小麦苗期健壮生长提供了良好的基础;返青期雨水非常丰富,降水量为85 mm,占冬小麦生育期总降雨量的47%,有利于冬小麦前期的拔节,一定程度上缓解了干旱对冬小麦的伤害,但由于此时期正处于冬小麦的第一个水分临界期,因而仍不能满足冬小麦的生理需求。此时灌水将更加有利于促进小穗、小花的分化。4月下旬至5月下旬正值小麦的需水高峰期,降水量只有20.2 mm,占总降水量的11.1%,此时正是抽穗开花至灌浆期,对水分需求达到高峰期,有限的降雨远远不能达到小麦的生理需求,田间形成了比较严重的水分胁迫,灌水对增产的效果良好。

综合分析,2006～2007年度冬小麦全生育期的降水动态可知,降水量偏少,且时间分布的不平衡对冬小麦生长造成一定程度的干旱胁迫。

表4-3　2006～2007年度冬小麦生长期内降水量

日期	降水量(mm)	日期	降水量(mm)
10月上旬	0	2月上旬	8.4
10月中旬	0.8	2月中旬	6.1
10月下旬	1.5	2月下旬	8.9
11月上旬	0	3月上旬	48.7
11月中旬	11	3月中旬	12.9
11月下旬	45.6	3月下旬	0
12月上旬	6.7	4月上旬	0.3
12月中旬	0	4月中旬	7.9
12月下旬	2	4月下旬	0
1月上旬	0	5月上旬	0
1月中旬	0	5月中旬	0

4.3.1.2　田间定位土壤水分测定0～200 cm的含水量动态变化

本试验从冬小麦播种后每隔10 d对0～200 cm的土层进行测定,土壤体积含水量的数据如图4-2所示。在0～200 cm范围的土层含水量测定中,由于降水等气候因素的影响,各土壤层次的水分含量变化趋势有所不同,冬小麦的生育前期各土壤层的含水量都没有太大变化,而从3月18日开始,也就是冬小麦进入拔节期之后,0～100 cm的土层含水量变化趋势较为明显,土壤含水量都呈明显的下降趋势,说明0～100 cm的土层与冬小麦生长发育关系较为紧密。这是因为进入拔节期后,温度升高,植株生长发育旺盛,叶片繁茂度增加,叶面积系数在此阶段达到一生中的最高峰,蒸腾显著加强,土壤失水迅速。至开花期,无灌水处理0～80 cm土壤含水量下降最为明显,这一土壤层次处于干旱缺水状态,耗水深度呈纵深发展的态势,耗水层主要为0～100 cm的土体(见图4-1)。拔节期也就成为冬小麦第一个需水临界期,干旱对冬小麦的各产量组成因素及其生理特性影响最明显。这都说明从拔节期开始进行灌水处理,将有利于调节0～100 cm的土层因干旱导致的土壤含水量下降的状况;同时,又使冬小麦自身的各生理指标和形态指标得到改善,产量和水分利用效率也得到进一步的提高。

4.3.1.3　不同时期、不同灌水量对0～100 cm土壤含水量的影响

0～100 cm土层的土壤体积含水量受到降雨量、灌溉补充量和田间蒸发量以及小麦的生理耗水等方面因素的影响最大,是衡量冬小麦所受干旱程度的直接指标。由图4-2可见,0～20 cm表土由于受降雨的影响,冬小麦返青期土壤含水量相对较高,随着生育进程的推进,土壤含水量也呈逐渐下降的趋势。然而在拔节期、孕穗期和灌浆期进行定量灌

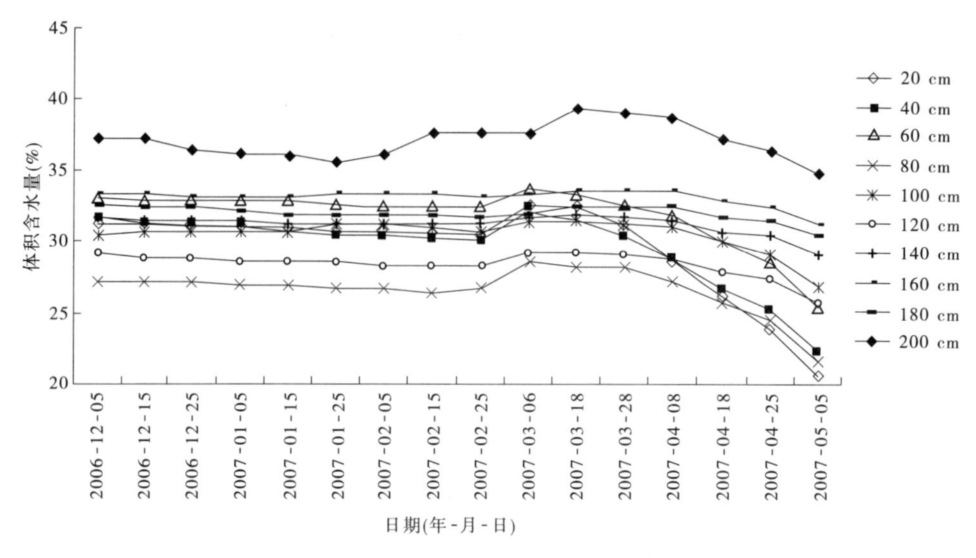

图 4-1 不同生育期土壤含水量变化

溉却可以在一定程度上缓解土壤由于受冬小麦的生理特点或气候原因所造成的干旱胁迫状况。收获期由于降雨原因,导致土壤表层的含水量大幅上升。此外,在灌水前各处理的表层土壤含水量没有太明显的区别。而灌水后的各处理的表层土壤体积含水量明显高于其他不灌水的处理,可见灌水对 0 ~ 20 cm 的土壤表层的体积含水量影响很大。

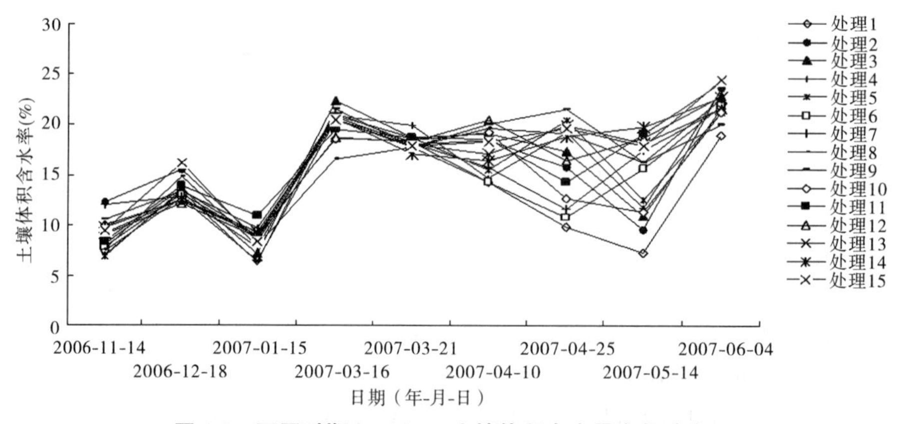

图 4-2 不同时期 0 ~ 20 cm 土壤体积含水量变化动态

由图 4-3 ~ 图 4-6 可以看出,在 0 ~ 900 m^3/hm^2 范围内灌溉对土壤水分影响深度基本在 0 ~ 80 cm 土层内,0 ~ 60 cm 土层由于灌溉的影响变化较为剧烈;而 60 ~ 100 cm 变化相对较小,且不同时期、不同量的灌水处理对这一层次土壤水分的影响也不相同。与对照 S1 相比,在拔节期后灌水的各个处理对土壤含水量的高低都有显著的影响,且 0 ~ 100 cm 土层的土壤含水量随灌水量的不同也呈现出较大的变化趋势。尤其是在冬小麦开花期以后的灌水处理对土壤水分含量的影响更加显著,各水分处理之间的土壤含水量有较大的区别。因此,对冬小麦水分动态的研究应该着重在 0 ~ 100 cm 范围内的土层,并且在生育后期灌水对这一土层的影响更加明显。

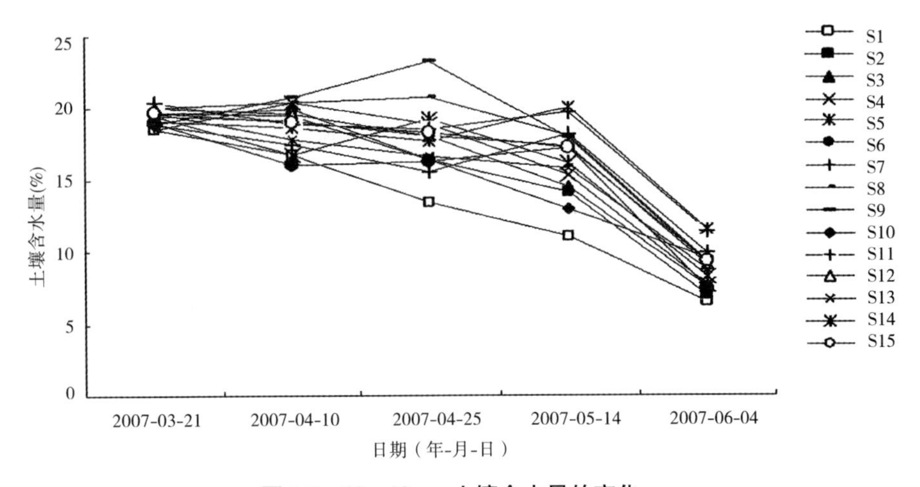

图 4-3　20 ~ 40 cm 土壤含水量的变化

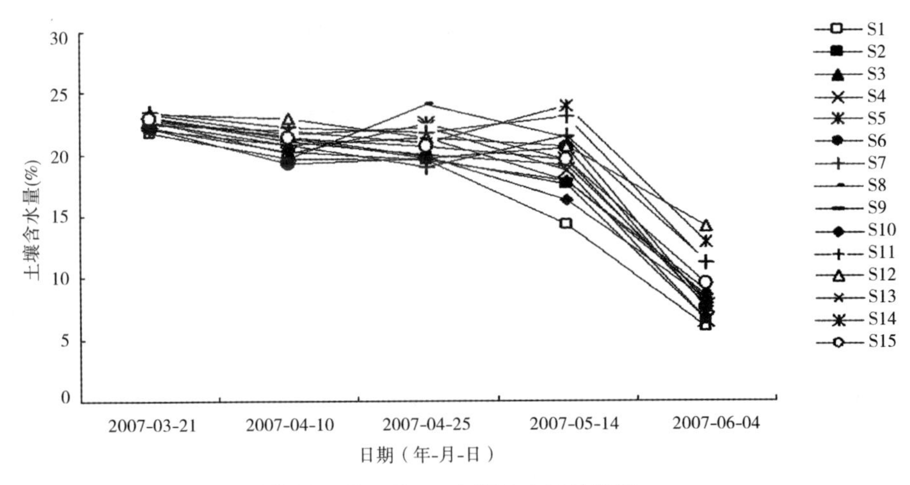

图 4-4　40 ~ 60 cm 土壤含水量的变化

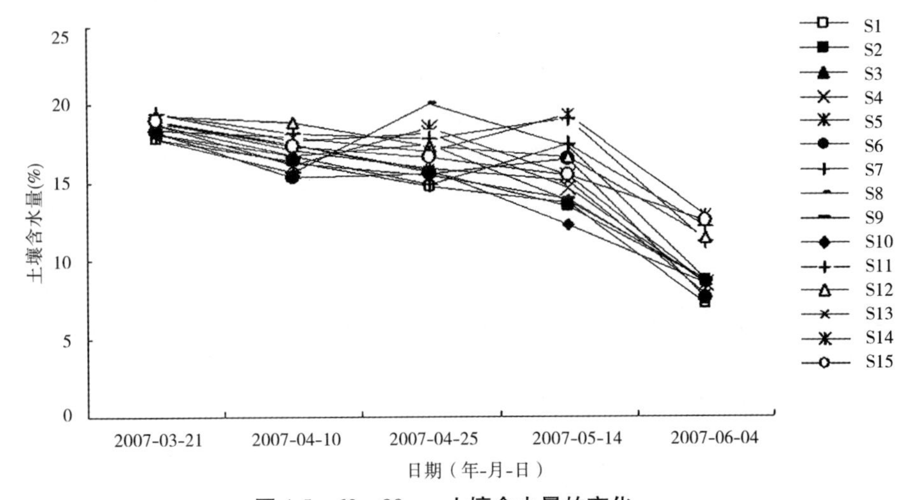

图 4-5　60 ~ 80 cm 土壤含水量的变化

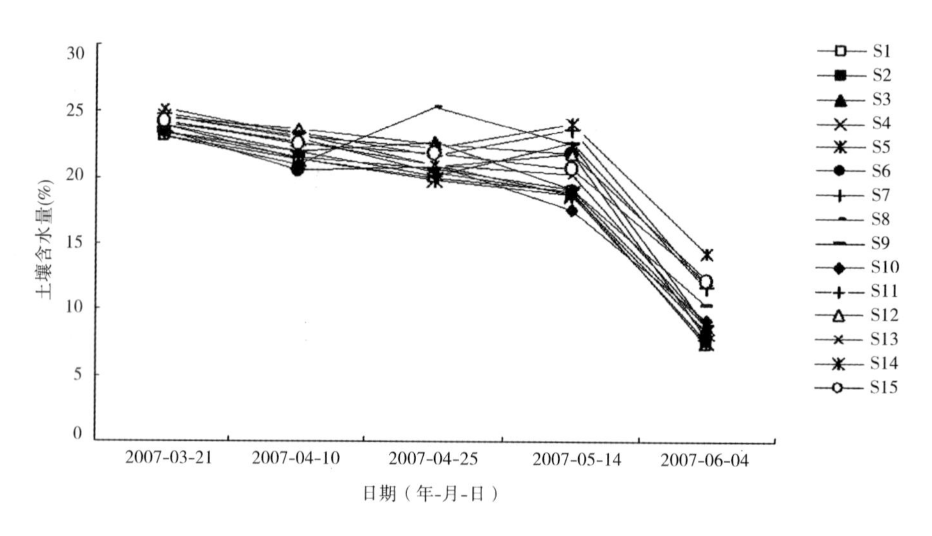

图 4-6　80 ~ 100 cm 土壤含水量的变化

4.3.2　水分胁迫对冬小麦地上部分生长状况的影响

4.3.2.1　对产量性状的影响

从表 4-4 中可以看出，在灌水 0 ~ 900 m^3/hm^2 范围内，灌一水时的灌水量与单株成穗数、千粒重、单位面积成穗数、穗粒重、株高和穗长呈正相关，这与孔祥旋等的研究结果基本相同。各灌水处理除 S4、S5、S6 外对穗数均有显著性影响，并以拔节期灌水处理效果最显著。拔节期灌水处理（S2 和 S3）单位成穗数分别比对照（不灌水处理 S1，下同）提高了 52 万穗/hm^2 和 136 万穗/ hm^2，增幅明显高于孕穗期灌水处理（S4 和 S5）和灌浆期灌水处理（S6 和 S7）的 14 万穗/hm^2 和 44 万穗/hm^2，说明拔节期灌水对穗数增加的作用明显大于孕穗期和灌浆期灌水。而且拔节期 + 孕穗或灌浆期灌水复合处理的穗数也多于孕穗期 + 灌浆期灌水处理。进一步说明拔节期灌水对单位面积穗数、单株成穗数的增加效果比孕穗期和灌浆期明显。

所有灌水处理的穗粒数均比对照有所增加，且随灌水量增加，穗粒数提高。虽然孕穗期灌一水、灌浆期一水和孕穗、灌浆期灌二水对增加穗粒数都有一定的作用，但是拔节期灌水 + 孕穗期或灌浆期灌水处理的穗粒数增加更显著，这说明在增加穗粒数基础上，促进小穗、小花的分化，比后期保花增粒更为重要。因此，拔节期灌水有利于较好的产量性状形成。

与对照相比，不同灌水处理对千粒重的影响明显，其中孕穗期灌水（S5）、灌浆期灌水（S7）、拔节期 + 孕穗期灌水（S8、S9）、孕穗期 + 灌浆期灌水（S10、S13、S14）和拔节期 + 孕穗期 + 灌浆期灌水（S15）达到 0.05 显著水平。在相同时期灌水的处理中，随灌水量增加千粒重提高。孕穗水和灌浆水在增加千粒重上都比拔节水的作用明显，灌浆期灌水（S7）比拔节期灌水（S2）的千粒重有显著提高，并达到 0.05 极显著水平。说明与拔节期相比，灌浆期灌水对籽粒灌浆有较大的促进作用。

表 4-4　限量灌溉对冬小麦产量性状的影响

处理号	穗数（万穗/hm^2）	单株成穗数	株高（cm）	穗长（cm）	穗粒数	穗粒重（g）	千粒重（g）
S1	364f	1.57	76.8	7.7	33.8c	1.46	43.9c
S2	416d	1.85	79.6	8.7	38.3abc	1.62	45.2bc
S3	500b	1.92	85.3	9.0	39.5ab	1.65	46.6abc
S4	378ef	1.77	81.5	8.1	34.4c	1.59	47.5abc
S5	390def	1.81	83.8	8.2	34.8bc	1.72	48.1ab
S6	382ef	1.67	83.8	8.5	35.5bc	1.82	47.3abc
S7	408de	1.72	85.0	9.3	36.5bc	1.83	49.3a
S8	536a	1.85	82.5	8.6	37.8abc	1.91	47.9ab
S9	468c	1.87	83.7	8.9	35.2bc	1.74	48.0ab
S10	524ab	2.04	81.9	8.0	36.8bc	1.77	47.6ab
S11	500b	1.83	83.1	8.2	39.6ab	1.81	45.9abc
S12	508ab	1.95	86.2	9.0	41.8a	2.00	47.5abc
S13	416d	1.76	80.6	8.2	35.3bc	1.60	48.2ab
S14	516ab	1.97	83.0	8.1	35.0bc	1.77	47.7ab
S15	448c	1.74	82.1	8.7	38.8abc	1.64	48.3ab

注：小写字母表示5%水平显著性差异。

4.3.2.2　对生物量的影响

由图 4-7 可知，生物量随着冬小麦生长发育进程的不断推进而逐渐增加，灌浆期达到最大水平，但从灌浆到成熟收获期，冬小麦的生物量则有所下降。主要是因为这段时期冬

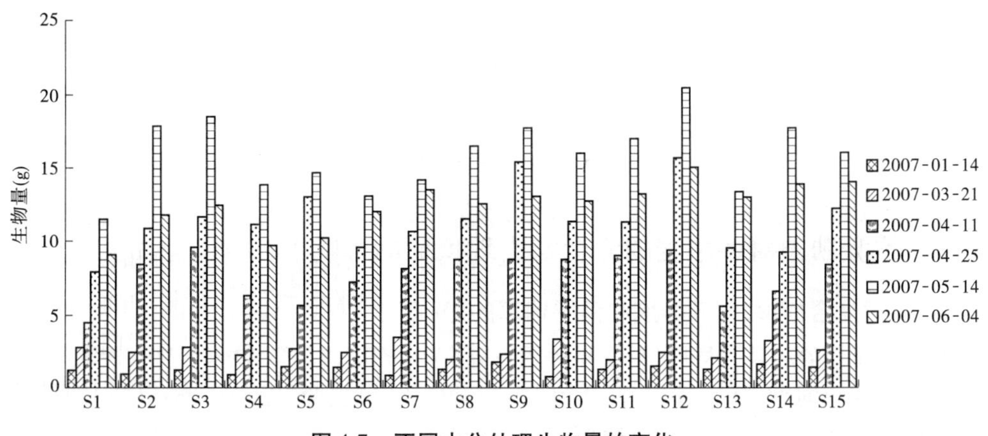

图 4-7　不同水分处理生物量的变化

小麦由于受到干旱胁迫条件的影响,叶片蒸腾较为强烈,水分亏缺严重,光合色素合成受阻,导致光合作用明显减弱,生物量也因此而有所减少。在灌水 0 ~ 900 m^3/hm^2 范围内,各灌水处理均比对照 S1 的生物量有所增加,并且生物量随灌水量的增加而增加。其中,以 S12 的生物量最大,对照 S1 的生物量最小。在不同生育时期补充灌水的处理中,灌一水的处理以拔节期灌水对生物量的增长最为明显,含有拔节期灌水的组合处理生物量也都比其他组合处理的生物量高,这说明拔节期进行补充灌水更有利于冬小麦生物量的增加。

4.3.2.3 对单茎绿叶面积的影响

叶面积是作物生长状况的重要指标,基本反映了光合有效面积的大小和光能截获量的多少,从而影响光合、蒸腾及最终产量。图 4-8 显示冬小麦叶面积从拔节期到开花期不断增长,到开花期达到最大值,随后由于干旱胁迫及小麦自身的生理特征,绿叶面积呈递减趋势。水分胁迫对叶面积的影响很大,且随着水分胁迫程度的加剧,各生育期均呈现出明显的规律性:叶面积减少量明显增加,绿叶数也随之减少。到开花后期随着生育进程的推进,绿叶面积衰减量也呈增加的趋势。叶面积在开花期达到最大,且随着干旱胁迫程度的加深而减少,在收获期绿叶面积减少到最小。不同生育期的灌水处理对绿叶面积的影响也不同,相同时期的处理绿叶面积随灌水量的增加而增加。对照处理的绿叶面积在所有处理中最小,主要是因为在冬小麦生长的全生育期都处于缺水状态。说明灌水对绿叶面积的增加有明显的促进作用。

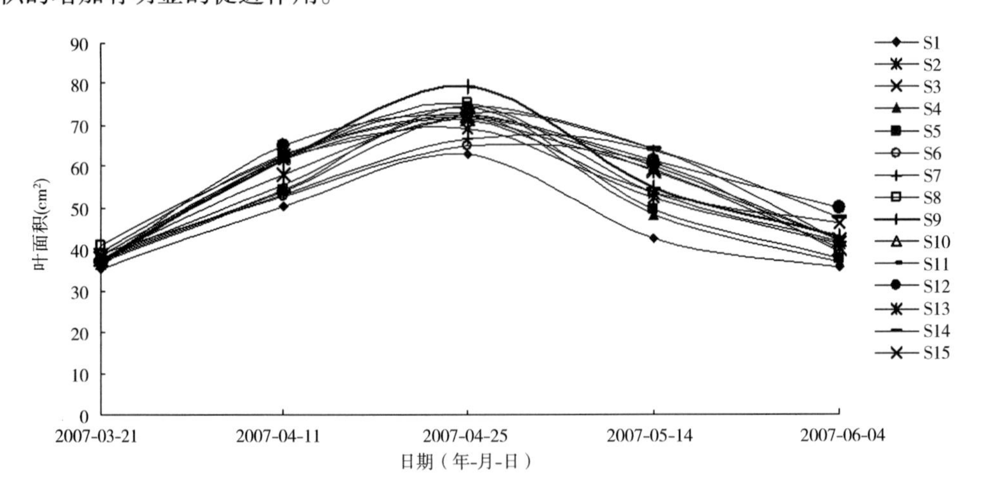

图 4-8 不同水分处理单茎绿叶面积的变化

4.3.3 水分胁迫对冬小麦的光合与生理特征的影响

4.3.3.1 对光合速率、气孔导度和蒸腾速率的影响

光合速率(Pn)、气孔导度(Cd)和蒸腾速率(Tr)测定主要经历拔节期、孕穗期、开花期和灌浆期四个时期,从 3 月 25 日开始测定。测定结果表明,光合速率随生育期进程为先上升后逐渐下降的趋势,在孕穗期最强(14.91 μmol/(m^2 · s)),灌浆期最弱(4.62

μmol/(m² · s)),最大相差百分数为 222.5%;气孔导度和蒸腾速率随生育期的变化一致,呈现“先降后升”的变化趋势,开花期最高,灌浆期最低。气孔导度最大相差百分数为 81.84%,蒸腾速率最大相差为 84.95%。处理间光合速率相差最大,证明光合作用更易受水分的影响。

研究结果表明,灌水尤其是孕穗期的灌水能降低冬小麦叶片的气孔阻力,灌水后叶片阻力减少,有利于植株与外界环境的气体交换,增加了叶肉细胞的光合活性,使光合速率升高,植株的光合性能得到改善,增强了“源”的功能,获得较高的产量和水分利用效率。光合作用是作物生物产量的“源”,光合速率的大小直接影响着作物生物产量的高低。本研究表明,光合速率与生育期和水分胁迫程度均有关。由图 4-9 可以看出,各处理的旗叶光合速率均以孕穗期为最高,之后各处理光合速率便急剧下降。对照 S1 到灌浆期时的光合速率仅为 4.62 μmol/(m² · s)。由于全生育期未灌水的 S1 的土壤含水量最低,其蒸腾速率、气孔导度与光合速率均为最低。灌水处理中以 S12 在孕穗期的光合速率最高,其生物产量在各灌水处理中也最高。不同处理旗叶光合速率和土壤含水量有密切的关系。灌水可以显著提高旗叶的光合速率。水分胁迫均不同程度地影响了旗叶的光合速率,随着水分胁迫程度的加剧和生育进程的推进,下降幅度呈增大趋势。

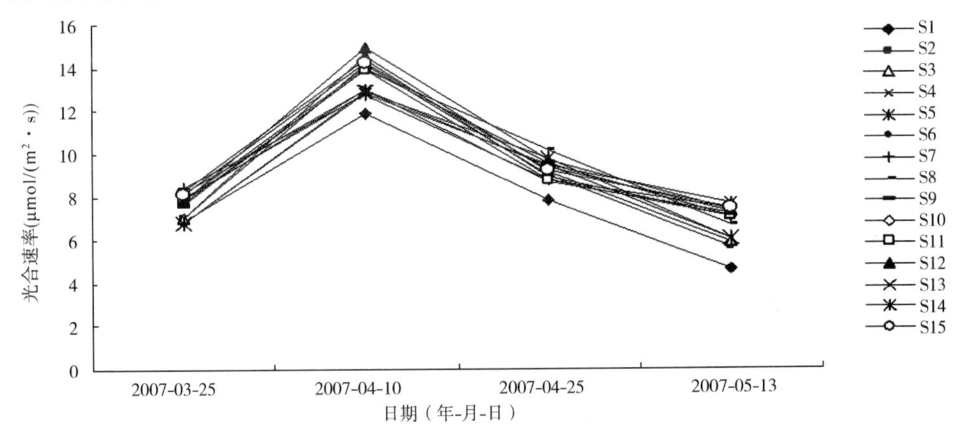

图 4-9　不同水分处理光合速率的变化

由于叶片光合作用与蒸腾作用是两个完全不同的生理过程,与光合作用相比,蒸腾作用过程较为简单,影响因子主要是气象条件和环境因素,土壤水分条件是最为重要的限制因子。

由图 4-10 可以看出,不同时期旗叶蒸腾速率不同,在拔节期由于水分相对较为丰富,蒸腾速率较大,随着生育期的推进,其最小值均出现在孕穗期。因为蒸腾速率随着土壤含水量的减少而呈下降的趋势,由此可见,在孕穗期水分胁迫对蒸腾速率的影响最大。从孕穗期到开花期,冬小麦叶片蒸腾速率随着气温的逐渐升高,在灌浆期出现最大值。这主要是因为蒸腾速率除受水分的制约外还受温度的影响。水分胁迫下植株主要通过降低气孔导度使蒸腾强度下降,随着水分胁迫程度的增加对旗叶蒸腾速率的影响也逐步加大,最小值出现在孕穗期,而最大值出现在灌浆期。

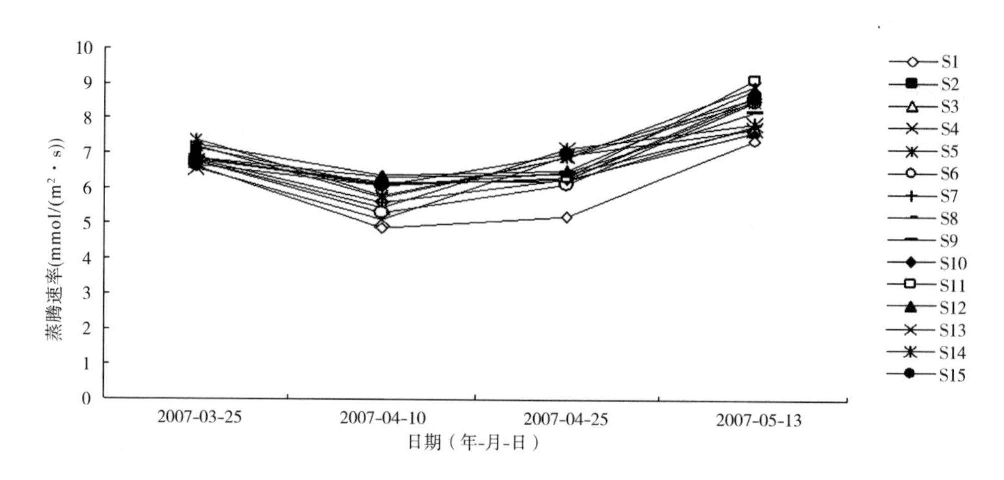

图 4-10 不同水分处理蒸腾速率的变化

气孔导度是反映叶片水平气体交换的重要指标,气孔运动机制是水分利用效率的生理基础。由图 4-11 可看出,气孔导度随生育进程而呈先降后升的变化趋势,灌浆期最高,孕穗期最低。气孔运动对土壤水分反应比较敏感,灌水对气孔导度有显著的影响。进入拔节期以后,由于冬小麦第一个生理需水临界期的到来,受到供水不足的影响,在孕穗期冬小麦叶片的气孔导度有所下降,而到开花期后降雨和灌水使冬小麦胁迫程度有所变轻,气孔导度略有上升,直到灌浆期达到最大值。这主要是因为水分胁迫对冬小麦叶片气孔导度的影响因胁迫强度和时间而异,轻度土壤干旱下,气孔导度略有上升,中度以上的土壤干旱下气孔导度才显著降低。

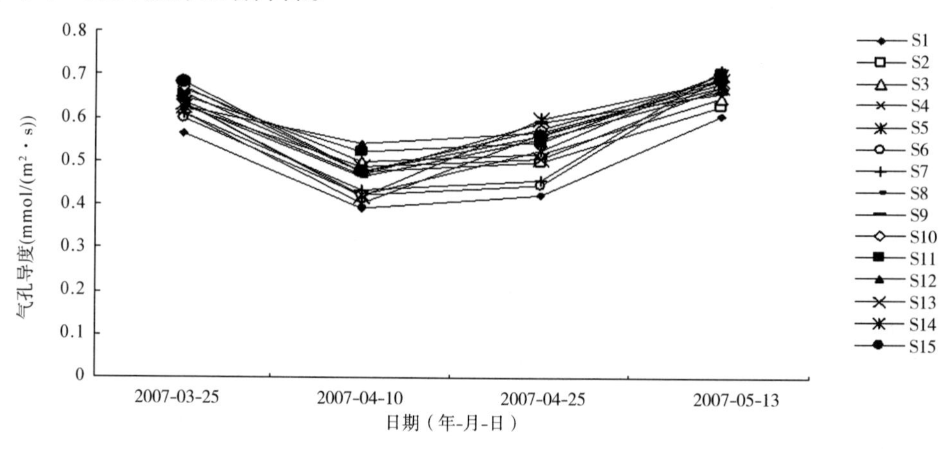

图 4-11 不同水分处理气孔导度的变化

4.3.3.2 对叶片相对含水量的影响

在冬小麦的不同生育期中,由于灌水量和土壤干旱胁迫程度的不同,冬小麦叶片的相对含水量表现出明显的差异。冬小麦叶片组织的相对含水量随土壤含水量的减少而减少,在严重干旱胁迫下,叶片相对含水量下降较多。随着冬小麦生育进程的推进以及干旱程度的进一步加深,叶片相对含水量逐渐降低。图 4-12 反映了灌水对叶片不同生育时期相对含水量的影响。从冬小麦拔节到灌浆期,无论灌溉与否,叶片相对含水量均呈现不断下降的趋势,且灌溉处理的叶片相对含水量明显高于非灌溉处理。主要是因为在拔节期,由于冬小麦生育期中第一个需水临界期的到来,冬小麦在这一时期对水分的生理需求十分旺盛。从图 4-12 中还可以看出,灌溉处理的叶片相对含水量的下降速度要明显的低于非灌溉处理,在拔节期前,各个灌溉处理之间叶片相对含水量的差异不明显,但是到拔节期以后各个灌溉处理叶片相对含水量的差异逐渐加大,尤其是到灌浆期灌水处理的叶片相对含水量明显高于其他处理,全生育期不灌溉处理的叶片相对含水量最低,灌两水和灌一水处理之间的差异不是很明显。可见在 0 ~ 900 m^3/hm^2 范围内的灌水对冬小麦叶片相对含水量的影响比较显著。

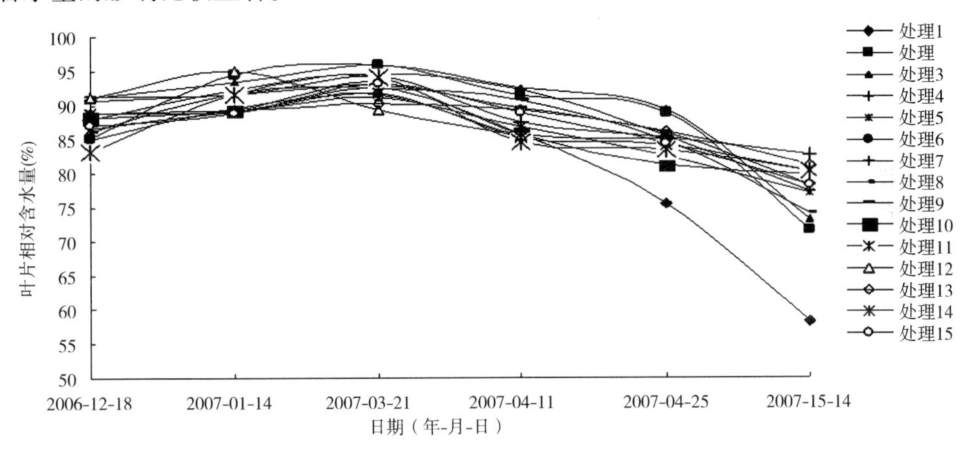

图 4-12　不同水分处理叶片相对含水量的变化

4.3.3.3　对叶绿素含量的影响

叶绿素作为光合色素中重要的色素分子,参与光合作用中光能的吸收、传递和转化,在光合作用中占有重要的地位。许多研究认为,叶绿素含量的高低可以间接反映植物的光合能力的大小,而光合能力与作物产量呈正相关。由图 4-13 ~ 图 4-15 可知,叶绿素 a 和叶绿素 b 含量的平均值在生长发育期总体上呈递增趋势,整条曲线大致可以分为:拔节期到孕穗期迅速上升,开花期达到顶峰,到灌浆期后略有下降。从拔节期到孕穗期,叶绿素含量逐渐增加,到开花期达到最大,随后从灌浆期开始,由于籽粒的形成,生殖生长占优势,叶片等营养器官逐渐停止生长并衰老,叶绿素含量开始减少。越冬后叶绿素的上升反映了冬小麦前期生长速率随环境温度的上升恢复的快慢,而从灌浆期开始有所下降,反映叶片在生育后期开始衰老。结果也表明随土壤干旱程度的加剧,叶绿素含量降低,并随生长发育进程,干旱的这种作用更加明显。拔节期灌水 300 m^3/hm^2 和 600 m^3/hm^2 的处理(S2、S3)比对照 S1 的叶绿素含量分别提高11.85%、19.43%,孕穗期灌水 300 m^3/hm^2 和 600 m^3/hm^2 的处理(S4、S5)比对照 S1 的叶绿素含量分别提高 11.69%、15.32%,灌浆期灌水 300 m^3/hm^2 和 600 m^3/hm^2 的处理(S6、S7)比对照 S1 的叶绿素含量分别提高 10.95%、13.31%,说明在 0 ~ 900 m^3/hm^2 范围内的灌水处理中,拔节水更有利于叶绿素的积累。

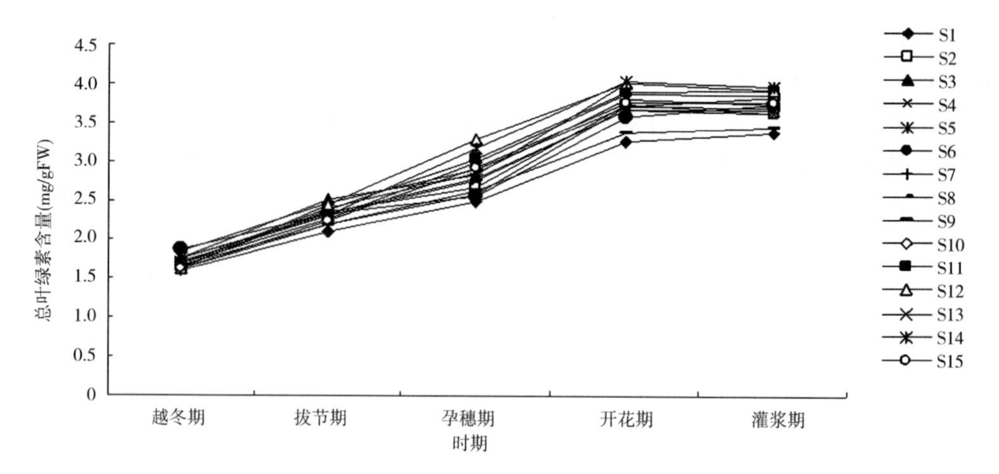

图 4-13　不同水分处理叶绿素含量的变化

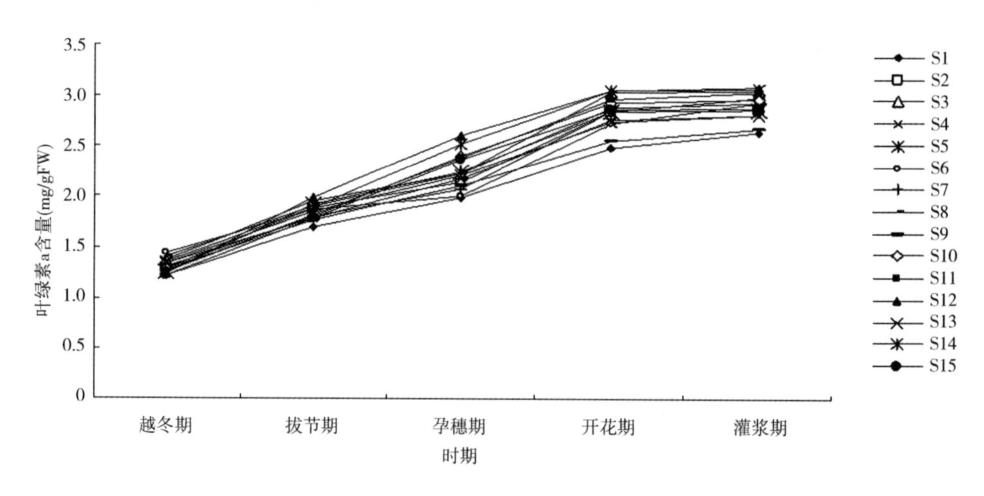

图 4-14　不同水分处理叶绿素 a 含量的变化

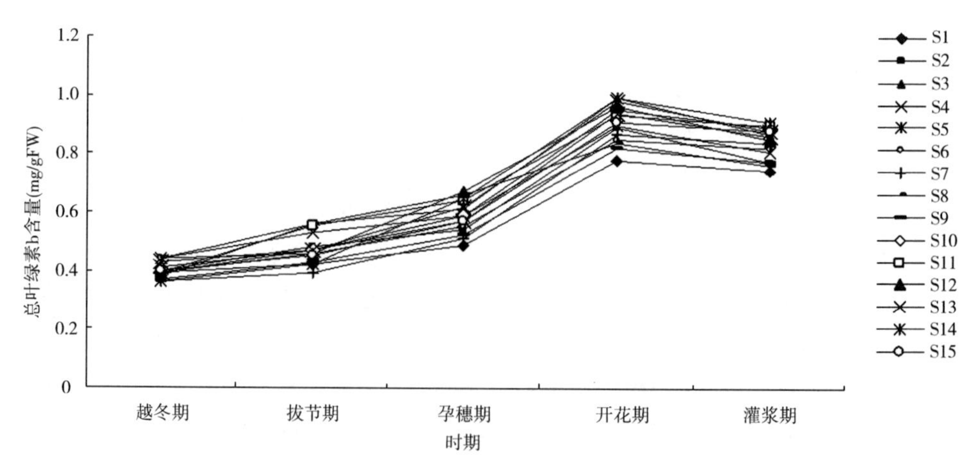

图 4-15　不同水分处理叶绿素 b 含量的变化

进一步研究表明,随小麦生长发育进程及干旱胁迫的增强,叶绿素 a 与叶绿素 b 的含量变化与总叶绿素变化一致。由图 4-16 可得出,叶绿素 a 与叶绿素 b 之比(a/b)在拔节期较高,然后随小麦生育期逐渐下降。前期较高的 a/b 有利于吸收低温季节的长波光;而后期较低的 a/b 有利于吸收夏季的短波光。孕穗期开始急剧下降,表明叶绿素 a 降解速率比叶绿素 b 的大,有利于光合作用。不同水分处理间有一定差异,干旱程度越大,其叶绿素 a/b 值越大。这表明随土壤干旱程度的加剧,叶绿素含量随水分胁迫的加剧而降低,叶绿素 b 减少幅度较大,使叶绿素 a 与叶绿素 b 的比值增加。而不同时期不同量的灌水处理对叶绿素 a 与叶绿素 b 的比值影响比较大,随灌水量的增加,其比值越来越小,叶绿素 b 增长的幅度比叶绿素 a 增长的幅度大,从而对冬小麦的光合作用有很大的促进作用。

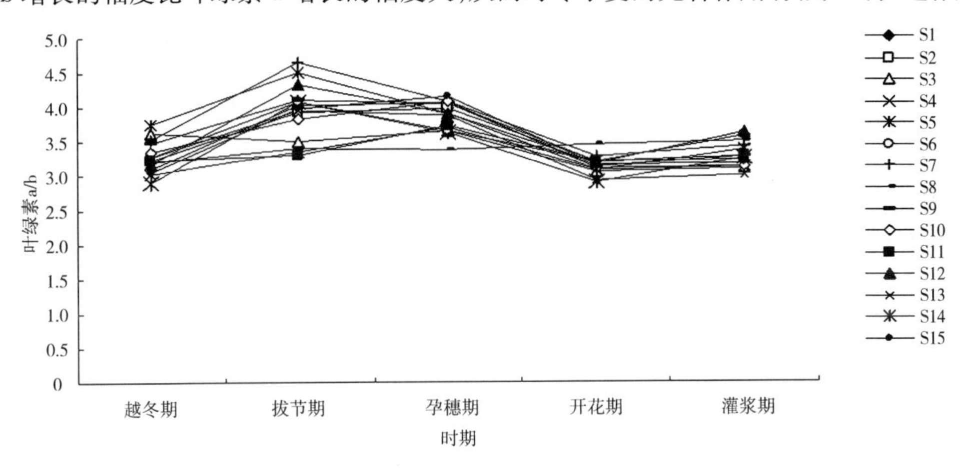

图 4-16　不同水分处理叶绿素 a/b 的变化

4.3.3.4　对丙二醛含量的影响

丙二醛含量是衡量逆境胁迫下植株体内膜脂过氧化的重要指标。由图 4-17 可知,在灌水 0～900 m^3/hm^2 范围内,不同时期、不同灌水量的处理中丙二醛含量的变化也明显不同。水分胁迫明显加速了丙二醛在植株体内的积累,随着水分胁迫程度的加剧,丙二醛含

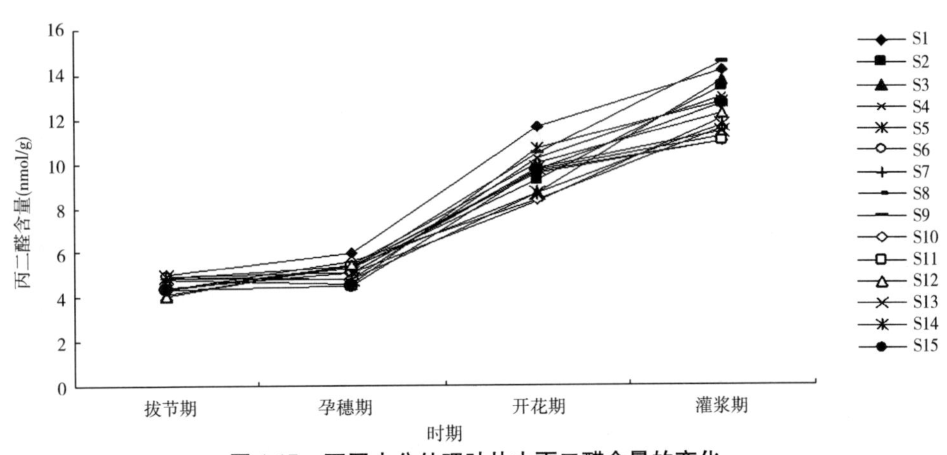

图 4-17　不同水分处理叶片中丙二醛含量的变化

量明显增加。灌水有利于缓解冬小麦受土壤干旱的损害程度,减少叶片组织中丙二醛的含量。从拔节期到灌浆期,由于干旱胁迫程度的不断加深,丙二醛含量的增加趋势越来越明显,各处理在灌浆期的丙二醛含量达到最大,这可能是由于 SOD、POD 活性在灌浆期都急剧降低造成的。对照 S1 的含水量最低,因此其丙二醛的含量最大。S14 的丙二醛含量最少,比对照减少 24.6%,这主要是由于灌浆期灌水减轻了土壤缺水的程度,减少冬小麦叶片中丙二醛的积累。这都说明随着生育期的推进和水分胁迫的加剧,植株叶肉组织中丙二醛的含量呈上升趋势,但灌水可以在一定程度上缓解因丙二醛含量的增加而对冬小麦叶肉组织造成的伤害。

4.3.3.5 对脯氨酸含量的影响

当土壤存在一定程度的水分胁迫时脯氨酸含量增加,生育后期未灌水的处理脯氨酸含量明显高于灌水的处理,这或许从一定程度上减缓了干旱对小麦造成的危害。因为一般认为,植物体内游离脯氨酸与植物抗逆性有关,干旱胁迫下这些物质是作为渗透调节物质和防脱水剂而起作用的,通过降低细胞水势而保持膨压。

由图 4-18 可以看出,冬小麦在整个生育期内水分胁迫都可以使脯氨酸含量增加,并且随着水分胁迫程度的加剧,脯氨酸含量增加越多,而不同时期的灌水可以显著降低脯氨酸含量,减少脯氨酸在冬小麦体内的浓度。因此可以得出,不同时期和不同量的灌溉改变冬小麦在整个生育期由于缺水而造成的脯氨酸含量增加的状况。在同一灌水时期不同灌水量的处理中,冬小麦叶片的脯氨酸积累量随灌水量的增加而减少,且表现出脯氨酸含量增长减缓或有所下降的情形。其随生育期进程变化的规律也较为明显:从拔节期到孕穗期脯氨酸在冬小麦叶片内积累量不明显,且不同灌溉量的处理脯氨酸积累量随灌水量的增加而减少,其中灌溉量较大的处理 S12 减少的幅度比较大;从孕穗期到开花期冬小麦叶片中游离脯氨酸积累量急剧上升;到灌浆期各灌水处理脯氨酸含量的增长趋势略微降低,降低幅度较前期亦有所减缓,可能与前期积累的脯氨酸较多有关。同时也说明了生育后期的灌水对脯氨酸含量的降低有明显的效果。

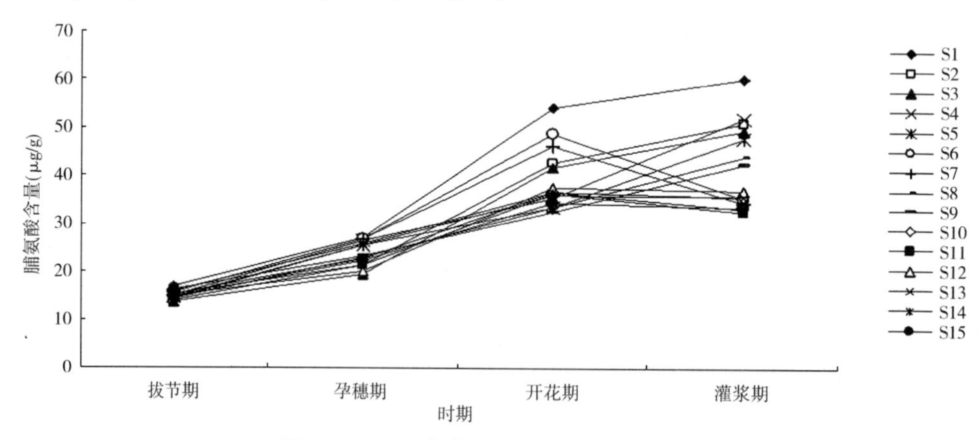

图 4-18 不同水分处理脯氨酸含量的变化

在灌水 0 ~ 900 m^3/hm^2 范围内,不同灌水量对冬小麦的脯氨酸的含量的影响在不同时期各不相同,其中以灌浆期的影响较为明显,与全生育期不灌水的 S1 相比,各灌水处理最大的减少幅度为46.02%。这也充分说明在灌浆期灌水更有利于脯氨酸含量的降低。

4.3.4 水分胁迫对冬小麦产量的影响

从图4-19的产量结果看,所有灌水处理的小麦产量均比对照增产,且随着灌水量增加而产量提高。不同生育时期相同灌水量下,不同的灌水时间对产量的影响表现为拔节期>孕穗期>灌浆期。灌300 m^3/hm^2 时,拔节期补水处理(S2)的产量分别比孕穗期和灌浆期补水处理(S4和S6)增产188.9 kg/hm^2 和322.2 kg/hm^2;灌600 m^3/hm^2 下,拔节期补水处理(S3)的产量分别比孕穗期和灌浆期补水处理(S5和S7)增产244.4 kg/hm^2 和411.1 kg/hm^2。灌水时间相同条件下,小麦产量随灌水量的增加而提高(见表4-5)。说明拔节期灌水要比其他灌水时期的效果更明显,拔节水对产量的贡献大于孕穗期以后的灌水。

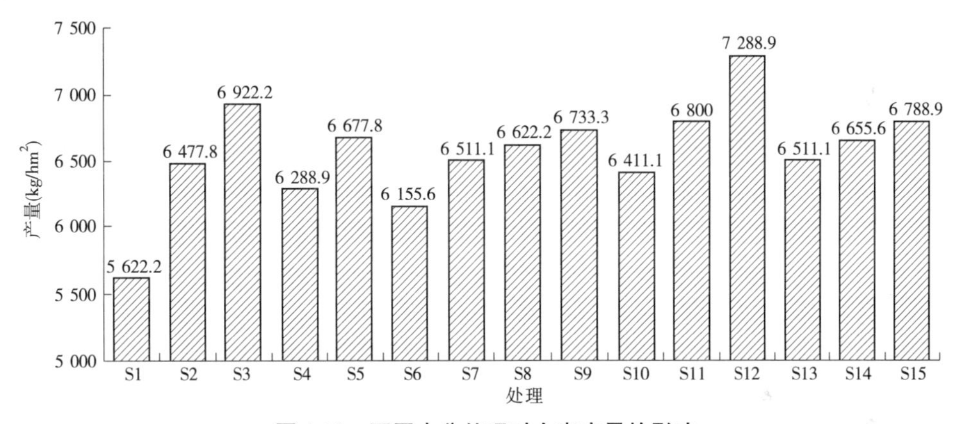

图4-19 不同水分处理对小麦产量的影响

在不同生育期复合灌水处理中,灌水600 m^3/hm^2 时,以拔节期+孕穗期(S8)补充灌水优于孕穗期+灌浆期(S13)和拔节期+灌浆期(S10)。灌水900 m^3/hm^2 时,以拔节期+灌浆期(S12、S11)优于孕穗期+灌浆期(S14)、拔节期+孕穗期(S9)和拔节期+孕穗期+灌浆期(S15)。而在同一复合灌水处理中,拔节期灌水加上其他生育时期灌水的叠加效应十分明显,特别是拔节期灌600 m^3/hm^2 的S12是所有处理中最好的,比对照增产29.64%,进一步说明了拔节期补充灌水的重要性。其次,灌浆期加上其他时期灌水(拔节期处理除外)的复合处理,以灌浆期灌水量为600 m^3/hm^2 的效果最好(S11)。

从所有的单一生育期灌水、双生育期灌水和全生育期等量灌水处理相比可以看出,拔节期补充灌水最为重要,拔节期补灌600 m^3/hm^2(S3)比所有的其他处理表现出明显的增产效果,较对照相比增产23.12%,仅次于拔节期灌水600 m^3/hm^2+灌浆期300 m^3/hm^2 的S12。同时,在等量补充灌水时,拔节期与灌浆期结合相比,以前期灌水量大为好,S12比S11增产7.19%。因此,做好拔节期和灌浆期的补充灌水及其合理分配有利于实现节水增产的目标。

4.3.5 水分胁迫对冬小麦水分利用效率的影响

从表4-5可以看出,不同灌水处理的水分利用效率均有所提高,分别提高1.0~2.7

kg/(hm^2·mm),增幅为7.8%~22.7%。不同时期相同灌水量处理,均表现为拔节期和孕穗期灌水处理的水分利用效率高于灌浆期灌水处理(S4 > S2 > S6,S5 > S3 > S7)。在同一时期不同灌水量的处理中,水分利用效率随灌水量的增加而提高。在不同生育期复合灌水处理中,以拔节期和孕穗期各灌300 m^3/hm^{2}处理水分利用效率最高,为15.7 kg/(hm^2·mm)。在灌水量超过600 m^3/hm^{2}的处理中,水分利用效率不升反降。说明拔节期和孕穗期灌水有利于水分利用效率的提高,但并不是灌水量越多水分利用效率越高。

表4-5 不同灌水处理对冬小麦水分利用效率的影响

处理代号	产量(kg/hm^2)	比对照增产(%)	水分利用效率(kg/(hm^2·mm))	比对照增加(kg/(hm^2·mm))
S1	5 622.2f		12.8	
S2	6 477.8bcde	15.22	14.1	1.3
S3	6 922.2ab	23.12	15.3	2.5
S4	6 288.9de	11.86	14.5	1.7
S5	6 677.8bcd	18.78	15.5	2.7
S6	6 155.6e	9.49	13.8	1.0
S7	6 511.1bcde	15.81	14.3	1.5
S8	6 622.2bcd	17.79	15.7	2.9
S9	6 733.3bcd	19.76	15.1	2.3
S10	6 411.1cde	14.03	14.8	2.0
S11	6 800.0b	20.95	15.3	2.5
S12	7 288.9a	29.64	15.2	2.4
S13	6 511.1bcde	15.81	15.2	2.4
S14	6 655.6bcd	18.38	14.9	2.1
S15	6 788.9bc	20.75	15.5	2.7

注:小写字母表示5%水平显著性差异。

4.3.6 水分胁迫条件下各生理性状的相关分析

由表4-6可以看出,不同灌水处理条件下各生理性状之间的相关程度不同,相关系数差异较大。所有灌水处理的叶绿素和丙二醛、脯氨酸之间都有显著或极显著相关性。除S6和S7外的其他灌水处理的丙二醛和脯氨酸都有显著或极显著相关性。这可能是因为灌浆期的灌水对脯氨酸的积累有一定的抑制作用。叶片含水量由于受土壤水分胁迫的影响和其他的生理性状呈负相关,S10、S12和S13的各生理性状之间都有显著或极显著相关性。以上结果说明,在不同生育期0~900 m^3/hm^{2}范围内的灌水处理各生理性状之间有紧密的内在联系,并且随灌水时期和灌水量的不同,相关性之间的差异也略有不同。

表 4-6　水分胁迫条件下各生理性状的相关分析

处理	性状	叶片相对含水量	叶绿素	丙二醛	脯氨酸
S1	叶片相对含水量	1.000 0			
	叶绿素	-0.249 9	1.000 0		
	丙二醛	-0.778 0*	0.802 7*	1.000 0	
	脯氨酸	-0.662 4*	0.890 9**	0.986 0**	1.000 0
S2	叶片相对含水量	1.000 0			
	叶绿素	-0.526 3	1.000 0		
	丙二醛	-0.926 1**	0.808 0*	1.000 0	
	脯氨酸	-0.787 9*	0.938 2**	0.961 9**	1.000 0
S3	叶片相对含水量	1.000 0			
	叶绿素	-0.564 6	1.000 0		
	丙二醛	-0.966 7**	0.756 8*	1.000 0	
	脯氨酸	-0.790 8*	0.951 6**	0.921 0**	1.000 0
S4	叶片相对含水量	1.000 0			
	叶绿素	-0.813 7*	1.000 0		
	丙二醛	-0.971 8**	0.927 7**	1.000 0	
	脯氨酸	-0.993 9**	0.744 8*	0.940 0**	1.000 0
S5	叶片相对含水量	1.000 0			
	叶绿素	-0.794 7*	1.000 0		
	丙二醛	-0.948 0**	0.946 5**	1.000 0	
	脯氨酸	-0.993 7**	0.721 9*	0.906 5**	1.000 0
S6	叶片相对含水量	1.000 0			
	叶绿素	-0.713 5*	1.000 0		
	丙二醛	-0.783 4*	0.994 4**	1.000 0	
	脯氨酸	-0.006 8	0.705 4*	0.6267	1.000 0
S7	叶片相对含水量	1.000 0			
	叶绿素	-0.903 3**	1.000 0		
	丙二醛	-0.961 0**	0.986 6**	1.000 0	
	脯氨酸	-0.390 2	0.747 4*	0.629 5	1.000 0
S8	叶片相对含水量	1.000 0			
	叶绿素	-0.754 3*	1.000 0		
	丙二醛	-0.993 9**	0.821 9**	1.000 0	
	脯氨酸	-0.987 6**	0.847 9**	0.998 8**	1.000 0

续表 4-6

处理	性状	叶片相对含水量	叶绿素	丙二醛	脯氨酸
S9	叶片相对含水量	1.000 0			
	叶绿素	-0.796 3*	1.000 0		
	丙二醛	-0.964 1**	0.928 2**	1.000 0	
	脯氨酸	-0.983 4**	0.892 7**	0.996 5**	1.000 0
S10	叶片相对含水量	1.000 0			
	叶绿素	-0.984 0**	1.000 0		
	丙二醛	-0.885 2**	0.882 0**	1.000 0	
	脯氨酸	-0.962 2**	0.994 7**	0.887 9**	1.000 0
S11	叶片相对含水量	1.000 0			
	叶绿素	-0.758 9*	1.000 0		
	丙二醛	-0.868 6**	0.981 8**	1.000 0	
	脯氨酸	-0.546 5	0.960 0**	0.889 6**	1.000 0
S12	叶片相对含水量	1.000 0			
	叶绿素	-0.987 0**	1.000 0		
	丙二醛	-0.938 1**	0.904 6**	1.000 0	
	脯氨酸	-0.945 6**	0.955 2**	0.963 4**	1.000 0
S13	叶片相对含水量	1.0000			
	叶绿素	-0.858 1**	1.000 0		
	丙二醛	-0.947 7**	0.944 9**		
	脯氨酸	-0.815 9**	0.983 1**	0.881 4**	1.0000
S14	叶片相对含水量	1.000 0			
	叶绿素	-0.609 4	1.000 0		
	丙二醛	-0.922 2**	0.868 5**	1.000 0	
	脯氨酸	-0.368 9	0.961 7**	0.699 5*	1.000 0
S15	叶片相对含水量	1.000 0			
	叶绿素	-0.819 3**	1.000 0		
	丙二醛	-0.970 5**	0.933 1**	1.000 0	
	脯氨酸	-0.788 5*	0.998 6**	0.913 2**	1.000 0

注： * 表示相关系数在 5% 水平上显著，* * 表示相关系数在 1% 水平上显著。

4.3.7 水分胁迫条件下产量及构成因素间的相关分析

由表 4-7 可以看出，在不同生育期 0～900 m^3/hm^2 范围内的灌水处理，所有处理的产量与其构成因素间的相关关系数均达到显著和极显著水平，表明各处理的产量构成因子与最终产量关系密切，任一因子对最终产量都有较大的影响。随着不同生育期灌水量的增加，产量与其构成因素间的相关系数略有增大的趋势。其中，以 S12 拔节期灌 600 m^3/hm^2 和灌浆期灌 300 m^3/hm^2 的组合，各构成因素与产量间的相关系数都相对较大，呈极显著水平。并且大多数水分处理的穗长和穗粒数有显著或极显著相关性。不同生育期相同灌水量的处理产量构成因素间的相关系数也有差异，拔节期灌水的处理产量及其构成因素间的相关系数也略高于其他时期灌水的处理。说明灌水对产量及构成因素间的相关系数影响很大，尤其以拔节期的灌水更加明显。

表 4-7　水分胁迫条件下产量及构成因素间的相关分析

处理	性状	穗长	穗粒数	千粒重	产量
S1	穗长	1.000 0			
	穗粒数	0.735 7**	1.000 0		
	千粒重	0.669 0*	-0.011 1	1.000 0	
	产量	0.960 1**	0.517 0*	0.850 1**	1.000 0
S2	穗长	1.000 0			
	穗粒数	0.944 9**	1.000 0		
	千粒重	0.397 3	0.075 1	1.000 0	
	产量	0.950 6**	0.796 7**	0.662 4*	1.000 0
S3	穗长	1.000 0			
	穗粒数	0.907 3**	1.000 0		
	千粒重	0.060 2	0.474 3	1.000 0	
	产量	0.520 4*	0.831 2**	0.883 7**	1.000 0
S4	穗长	1.000 0			
	穗粒数	0.953 2**	1.000 0		
	千粒重	0.439 2	0.147 1	1.000 0	
	产量	0.832 8**	0.626 5*	0.863 1**	1.000 0
S5	穗长	1.000 0			
	穗粒数	0.340 2	1.000 0		
	千粒重	0.994 3**	0.238 8	1.000 0	
	产量	0.657 5*	0.932 2**	0.574 1*	1.000 0
S6	穗长	1.000 0			
	穗粒数	0.987 6**	1.000 0		
	千粒重	0.084 8	-0.072 4	1.000 0	
	产量	0.740 1**	0.625 5*	0.732 8**	1.000 0

续表 4-7

处理	性状	穗长	穗粒数	千粒重	产量
S7	穗长	1.000 0			
	穗粒数	0.997 1**	1.000 0		
	千粒重	0.227 4	0.299 9	1.000 0	
	产量	0.680 3*	0.733 5**	0.868 4**	1.000 0
S8	穗长	1.000 0			
	穗粒数	0.915 4**	1.000 0		
	千粒重	0.652 3*	0.292 3	1.000 0	
	产量	0.825 7**	0.529 1*	0.966 1**	1.000 0
S9	穗长	1.000 0			
	穗粒数	0.987 5**	1.000 0		
	千粒重	0.379 1	0.228 8	1.000 0	
	产量	0.783 6**	0.676 2*	0.871 9**	1.000 0
S10	穗长	1.000 0			
	穗粒数	0.970 7**	1.000 0		
	千粒重	0.137 2	0.371 2	1.000 0	
	产量	0.848 3**	0.950 6**	0.640 9*	1.000 0
S11	穗长	1.000 0			
	穗粒数	-0.181 6	1.000 0		
	千粒重	0.410 9	0.821 8**	1.000 0	
	产量	0.598 5*	0.679 0*	0.976 3**	1.000 0
S12	穗长	1.000 0			
	穗粒数	0.996 7**	1.000 0		
	千粒重	0.317 9	0.240 6	1.000 0	
	产量	0.849 1**	0.803 9**	0.770 6**	1.000 0
S13	穗长	1.000 0			
	穗粒数	0.998 0**	1.000 0		
	千粒重	0.015 2	-0.047 0	1.000 0	
	产量	0.586 8*	0.535 2*	0.8185**	1.000 0
S14	穗长	1.000 0			
	穗粒数	0.853 7**	1.000 0		
	千粒重	0.463 8	-0.065 2	1.000 0	
	产量	0.949 9**	0.648 3*	0.717 4**	1.000 0
S15	穗长	1.000 0			
	穗粒数	0.972 6*	1.000 0		
	千粒重	0.339 4	0.548 4*	1.000 0	
	产量	0.687 5*	0.837 3**	0.9164**	1.000 0

注：*表示相关系数在5%水平上显著，**表示相关系数在1%水平上显著。

4.4 研究结果与讨论

在非充分灌溉条件下,由于水资源的匮乏或灌水费用较高,势必更注重选择最低灌水量和最佳灌水时期。本研究主要侧重于冬小麦不同生育期的非充分灌溉对其生理生态特征、耗水特性和水分利用效率的影响,得出以下结论。

4.4.1 非充分灌溉对冬小麦田土壤水分特征的影响

冬小麦生育期长,时间跨度大,且生育期内由于降水时空分布不均,降水总量较少,而冬小麦耗水较多,土壤含水量呈现逐渐下降的趋势,不能满足冬小麦对水分的正常需求。因此,补充灌水可以显著提高麦田的土壤含水量,改善冬小麦的生长环境。试验结果表明,在不同生育期灌水0～900 m^3/hm^2 范围内,0～100 cm土层的土壤含水量随土壤深度的增加而逐渐升高,土壤含水量受灌溉的影响却逐渐减小。麦田土壤含水量随灌溉量的增加而增加,各灌溉处理的土壤水分要显著高于对照处理,其原因是在非灌溉条件下,冬小麦根系下扎较深,增强了其利用深层土壤水分的能力。

4.4.2 非充分灌溉对冬小麦光合特性的影响

试验结果表明,在水分胁迫条件下,冬小麦叶片光合色素含量降低,*Pn* 降低,从而积累的干物质减少,使产量降低。在0～900 m^3/hm^2 范围内的各灌水处理的光合速率要显著高于非灌水处理,且随着灌水量的增加而增加,灌水时期不同,光合速率、蒸腾速率和气孔导度等光合指标的表现也不相同。气孔导度和蒸腾速率的值随生育期的变化一致,呈现先降后升的变化趋势,以开花期最高,灌浆期最低。光合速率的值以孕穗期最高,灌浆期最低,且受水分胁迫的影响最为严重,最大相差百分数为222.5%。因此,水分胁迫引起的冬小麦光合作用减弱是干旱条件下冬小麦减产的重要原因。非充分灌溉能使冬小麦在干旱条件下的光合作用保持在较高的水平,达到节水和增产的双重效果。

4.4.3 非充分灌溉对冬小麦生理特性的影响

在0～900 m^3/hm^2 范围内灌水可以显著延缓冬小麦叶片的衰老,由于灌水时期和灌水量的不同,这些生理指标的表现也不相同。各灌水处理的叶绿素含量、叶片相对含水量均显著高于非灌水处理,且随着灌水量的增加而增加。干旱是导致丙二醛含量增加的主要原因,一定量的灌水能减少丙二醛在叶片中的积累,且随着灌水量的增加,丙二醛含量上升的趋势有所下降。在各处理的不同时期,也表现出比较一致的规律性,随着生育进程的推进,丙二醛含量呈上升趋势,即在拔节期丙二醛含量最低,而在灌浆期最高,这可能是随着生育进程的推进,叶片趋于衰老,丙二醛无法代谢掉而逐渐积累的缘故。通过比较不同灌溉条件下不同生育期脯氨酸含量的动态变化,认为冬小麦在缺水条件下叶片脯氨酸含量增加,且随着干旱程度的加剧,脯氨酸的积累量增加。从拔节期到孕穗期脯氨酸在冬小麦叶片内积累量不明显,且不同灌溉量的处理脯氨酸积累量随灌水量的增加而减少,其中灌溉量较大的S12减少的幅度比较大;从孕穗期到开花期冬小麦叶片中的游离脯氨酸含量急剧增加,水分胁迫对脯氨酸的积累影响最为严重。因此,生育后期尤其是在灌浆期灌水对脯氨酸的积累影响比较大,可以明显降低叶片中的脯氨酸含量。

4.4.4 非充分灌溉对冬小麦产量的影响

在0~900 m^3/hm^2 范围内灌水有较好的增产效果,各处理比对照S1平均增产9.5%~29.6%,且随着灌水量的加大,增产效果愈显著。拔节期灌水对产量贡献最为明显,在所有的组合处理中以拔节期灌600 m^3/hm^2 水和灌浆期灌300 m^3/hm^2 水的S12增产效果最好,产量在所有处理中最高,为7 288.9 kg/hm^2,水分利用效率为15.2 $kg/(hm^2 \cdot mm)$。

4.4.5 非充分灌溉对冬小麦产量性状的影响

在0~900 m^3/hm^2 范围内灌水能改善冬小麦的产量性状。相同灌水量中,不同的灌水时间对产量的影响不同,拔节期灌水穗数和穗粒数的增加有显著作用,孕穗水对千粒重有一定的促进作用,灌浆水利于增加穗粒重和后期灌浆。同一灌水时期中,随着灌水量的增加,穗数、穗粒数、千粒重和穗粒重等性状得到改善。

4.4.6 非充分灌溉对冬小麦水分利用效率的影响

在0~900 m^3/hm^2 范围内灌水能有效地提高水分利用效率,各处理水分利用效率比对照S1提高了7.8%~22.7%。拔节期和孕穗期灌水对冬小麦水分利用效率的提高贡献较大,在所有处理中,以拔节期灌300 m^3/hm^2 +孕穗期灌300 m^3/hm^2 的组合,水分利用效率最高,为15.7 $kg/(hm^2 \cdot mm)$。因此,拔节期是限量灌溉的最佳生育期,限量灌溉有利于提高冬小麦对土壤水分的利用效率。不同的灌水时期和灌水量对冬小麦产量性状(如穗数、穗粒数、千粒重、穗粒重等)与水分利用效率的影响不同。拔节期和灌浆期为冬小麦的两个需水临界期,对冬小麦产量和水分利用效率都有影响。

综上所述,非充分灌溉生态生理机制是:非充分灌溉减少了棵间蒸发,水分胁迫条件下显著抑制蒸腾强度,而光合速率下降不明显,灌水后光合作用具有超补偿效应,光合产物具有超补偿积累,而且有利于向籽粒运转与分配;适时适度的水分亏缺,抑制营养生长,促进生殖生长。这为非充分灌溉的实施提供了理论依据。拔节期灌水对产量的贡献最大,产量随灌水量的增加而提高。冬小麦生产中水分的高效利用是可行的,与增产并不矛盾。为了实现有限灌水的高效利用,捕捉作物需水关键期实现高效补偿供水的关键,所以应该灌溉关键水,求得灌溉水的总体效益。因此,保证拔节期充分的灌水尤其重要。拔节期至孕穗期是营养生长和生殖生长并进的时期,是水分临界期,拔节至孕穗期间灌水有助于缓解土壤供水不足和冬小麦需水强度增强之间的矛盾,而且此期补给灌水,有助于延缓中后期尤其是灌浆期光合面积的急剧衰减,促其保持较强的光合作用。灌水后叶片气孔阻力减小,有利于植株内和外界环境的气体交换,增加了叶肉细胞的光合活性,使光合强度升高,植株的光合性能得到改善,增强"源"的功能,获得较高的产量和水分利用效率。而灌浆期是冬小麦经济产量形成的时期,冬小麦在此时期对干旱有很大的适应性,各生理指标无显著差异。在高产麦田底墒充足的前提下,水分运筹应掌握"前控后促",重点保证关键水。并应根据年型和地域的特点确定灌溉的最佳时期和最适灌水定额,因地制宜地制定灌溉制度，探讨不同灌水时期和灌水量的增产效率，不但可以保持其较高的产量，还可以起到节约用水的作用。

4.5 展 望

关于冬小麦生理生态方面的研究现在已经进行了很多，而对非充分灌溉条件下冬小麦的生理生态机制的研究相对比较少，因此在这方面的研究有很大的发展空间。今后，应该在深入对冬小麦生理生态研究的同时，与分子生物学相结合，加强对冬小麦生理生态机制的研究。

在非充分灌溉条件下，各种指标都与环境因子及作物种类等有关，还需要进一步研究不同区域不同作物在非充分灌溉条件下的生理生态指标，以此构建灌溉模式。国内有关冬小麦水分胁迫研究大多集中在水分胁迫时段内的作物生理生态变化，拘泥于静态缺水条件下研究冬小麦抗旱性和最佳供水时期，而对利用冬小麦水分生态生理特性主动调节的研究很少，缺乏系统性。应该加强对调亏灌溉时冬小麦自身生理的动态变化过程的研究，以便探讨其节水增产效益及其对产量或品质的影响。

在非充分灌溉技术体系中，冬小麦的水分利用与消耗过程、生长发育过程以及产量形成过程都会发生较大的变化，因此过去以充分灌溉为基础布设的试验而取得的数据，很难满足未来非充分灌溉管理的需求。今后应该着重研究非充分灌溉条件下这些指标的变化，并且对非充分灌溉条件下冬小麦水分利用效率在生理生态方面以及水分利用效率模型的建立方面加强研究，这将成为未来作物水分利用效率的研究热点。

总之，由于水资源的紧缺，迫使人们难以或者没有必要按照作物需水要求足额供水。因此，非充分灌溉是未来节水与灌溉农业发展的主导方向。其现有理论依据为：作物在某一生育阶段适度受旱，复水之后，增强了作物本身的渗透调节能力，加强了作物对多变低水环境的适应性，并且能够在光合作用、营养生长、物质运输和产量形成等生理过程产生一个有效补偿机制，从而实现有限水分的高效利用。在未来的非充分灌溉研究中，结合农业生产具体环境，按照作物生长发育的客观规律调控灌溉，深入探讨作物—水分的内在生理关系，以及作物的生理生态特征与产量、水分利用效率的内在联系，完善作物节水理论体系，广泛推广与采用非充分与亏缺灌溉模式，将具有重要的社会、生态与经济意义。

第5章　保水剂应用对小麦及其他作物产量与水分利用的影响

5.1　引　言

冬小麦是我国主要粮食作物之一,种植面积大,生育期长,干旱半干旱区小麦生产量占全国小麦生产总量的50%以上,占有十分重要的地位。小麦是需水大户,只有充分的水分供应才能保证小麦的正常生活。我国是一个农业大国,因受季风气候的影响,自然灾害频繁。在众多的农业灾害中,以旱灾最为严重,干旱不仅发生频率高,而且分布广,受灾面积大,持续时间长。据资料统计,我国因干旱所造成的小麦产量损失约为其他自然灾害造成产量损失的总和。河南省的半干旱、半湿润易旱区耕地面积为440万 hm^2,占全省耕地面积的64%,河南省小麦主产区的年降水量基本满足小麦生育需要,但由于降水的时空分布不均,秋旱和冬春旱的现象时常发生,通常年份在整个小麦生长季节降水不足200 mm,仅为其全生育期需水(400～600 mm)的1/2左右,严重影响了小麦的生产,水分越来越成为该地区小麦生产的主要限制因子。不同程度的水分亏缺对作物的生长发育、生理过程和产量均造成了一定程度的影响。因此,实施节水农业不仅是世界农业发展的必然趋势,也是我国农业发展的必然趋势。

小麦对水分的需求是小麦整个生育期生物学特性和环境因素动态变化过程的综合反映。长期以来人们对作物水分的研究也集中在这两个方面。一方面,从作物生物学基础的角度出发,以一种或几种作物为供试材料和追求作物优质高产为目的,研究作物的生理特性、需水规律、作物对水分胁迫的生理生化反应,以及通过改造作物本身寻求新的耐旱优质高产的物种;另一方面还不断通过改进技术系统来调控环境因子——农业生态系统,以适应旱地农业发展的需要,而这两方面的研究又是相互渗透的,研究生物学基础总得以一定的环境条件为前提,而研究环境因子往往又以生物学的具体指标作为衡量手段。覆盖措施(保水剂、秸秆、地膜覆盖)与灌溉制度的研究是属于通过改进技术系统来调控环境因子的内容。

5.1.1　小麦水分关系研究的生物学基础

作物的生长发育需要众多的环境因子,只有这些因子适宜时才能正常地进行代谢活动和生长发育。但是自然界中的作物所需要的环境因子很少能完全具备,达到最适水平。凡是在自然环境中作物所需要的某种物理的、化学的或生物的环境因子发生亏缺或超越作物所需的正常水平,并对作物生长发育产生伤害效应的环境因子,都称为逆境(stress environment)。实际上,作物经常会遇到不适宜环境条件或某些因素剧烈变化的影响,当亏缺或变化幅度超过植物正常生长要求的范围，即对作物产生伤害作用。从总的影响和长远角度观察证实，由于水分亏缺引起作物生长和产量的减少超过所有其他胁迫的总和。这里的水分胁迫主要是指由于土壤干旱与大气干旱所引起的，对于因土壤溶液浓度过高所产生的生理干旱不包括在内。

从作物体内水分平衡状况出发，当蒸腾失水超过根系吸水时，即发生作物水分亏缺，使作物体内贮水量减少或叶片水势降低。有时用蒸腾和根系吸水之间的比值表示作物的水分亏缺，但这种度量方法不如用决定作物水分平衡的蒸腾和根系吸水这两个量的差来表示更为恰当。因此，作物水分亏缺 *CWD*(Crop Water Deficit)常表示为：

$$CWD = T - Sr$$

式中 *CWD*——作物水分亏缺量；

T——蒸腾量；

Sr——根系吸水量。

CWD 与 *T* 都具有明显的日变化，且 *T* 和 *Sr* 常用单位时间的速率表示，故 *CWD* 的单位常用 mm/h。

只有当作物水的吸收、运输、丧失三者调节适当时才能维持良好的水分平衡。当水分供应不再能满足蒸腾的需求时，水分平衡会失调，作物产生水分亏缺。这种水分亏缺具有频繁的日变化，其值在正负之间摆动。水分亏缺的这种短期的变动，反映出各种水分调节机制之间的相互作用，特别是气孔开度的变化，白天的 *CWD* 差不多是正值，即蒸腾大于吸水体内贮水量减小；在夜间当土壤中有足够的水分贮存时，作物含水量得到恢复，即 *CWD* 为负值，在干旱期间作物含水量经过一夜也不能完全恢复，因而水分亏缺一天天积累起来，直到下次降雨或灌水时为止，*CWD* 可通过定量测定蒸腾和吸水而直接计算出来，在大田条件下由于测定水分吸收的方法上困难太大，通常是用作物的含水量或水势的变化对水分亏缺作出间接的估计。

在天气炎热的中午，即使是无土壤水分胁迫条件下的作物也会因过度的蒸腾失水使作物产生水分亏缺，但一定范围内的作物水分亏缺不会对正常生长发育产生不利影响。当作物水分亏缺发展到使作物的水势和膨压降低到足以干扰其正常机能时才产生作物水分胁迫 *CWS* (Crop Water Stress)。产生作物水分胁迫 *CWS* 的临界水分亏缺值 *CWD* 决定于作物的种类、发育时期及微气象条件等因素。因此，相同的土壤含水量在不同的作物种类、同种作物不同的阶段及不同的微气象条件下，对作物产生的水分胁迫并不相同。短暂的作物午间水分亏缺主要是由于大气干旱、蒸腾强烈所引起的，而长期的水分胁迫则主要是由土壤水分胁迫不断发展所产生的。

在干旱半干旱地区，在进行非充分灌溉或作物受旱试验的过程中主要关注的是长期水分亏缺(或水分胁迫)对作物生理及产量的影响，而不顾及作物短暂的午间水分亏缺的作用。本书所涉及的试验也是基于这一前提的。

5.1.1.1 水分亏缺对小麦生理过程的影响

水分亏缺对小麦生理过程的影响是一个十分复杂的问题。简单地肯定或否定一种观点都是不可取的。小麦各个生理过程对水分亏缺的反应是很不相同的，小麦生理过程中对水分亏缺最敏感的是细胞的生长，然后是细胞壁合成与蛋白质的合成。

1）水分亏缺对小麦生长发育的影响

生长是作物对缺水最敏感的生理过程，生长受抑是水分不足降低作物产量的主要原因。一般认为生长是指植株高度、面积或体积的不可逆增大和干重的增加。细胞微小的可逆的扩大只是由于细胞壁的变化，不能认为是生长。发育指作物形态和功能在整个生育期间有规律的演变，其中包括生长和分化。作物生长的数量和质量决定于细胞的分裂、延伸与分化。而延伸生长是对水分亏缺最敏感的生理过程。水分亏缺常常对小麦的生长发育产生显著的或深刻的影响。总的情况是延缓、停止或破坏正常的生长发育，加快或促进植株的组织、器官和个体的衰老、脱落或死亡，而且随着水分亏缺程度的加剧或延长，这种趋势随之增强。在较低或中等水分胁迫下，历时较短时，恢复供水后一般均可恢复。但是在长期的或严重的胁迫下，常常造成不可逆的代谢失调，严重地影响生长、发育和最后的产量，甚至造成植株局部或整体死亡。水分胁迫抑制细胞的延伸生长，主要是因为影响了细胞膨压以及细胞生长所需核酸、蛋白质和细胞壁等成分的合成。水分亏缺对于细胞分裂的影响也很显著，但比扩张的影响要小得多。作物器官和个体生长过程中体积的增大是细胞数目增加和体积扩张共同作用的结果。这两种过程都受水分亏缺的抑制。虽然程度不同，但方向是一致的。生长对缺水的反应表现为减少细胞分裂和细胞扩张，因而影响叶片扩展、根伸长等，叶片是作物光合与蒸腾作用等生理代谢过程的主要器官，叶面积大小对作物产量影响较大。叶片扩展对水势变化很敏感，叶片扩张受抑制的主要原因是细胞膨压降低。发育是植物器官结构与繁殖结构的分化过程。水分胁迫对生殖器官分化的影响比对生长的影响更大，故发育过程中水分对作物产量和经济系数影响较大，但影响机制尚需进一步深入研究。在干旱时小麦植株必然矮小，叶片少而小，总的同化面积减小，这种变化是不可逆的，因而是影响产量的一个主要因素。缺水对小麦发育也有较大的影响，缺水可延迟或阻止小麦营养体原基的产生和分化，干旱缺水不仅影响小麦开花、传粉、受精和结实，而且促进器官的脱落和衰老。

2）水分亏缺对小麦光合特性的影响

许多作物受到干旱逆境后，各个生理过程均受到不同程度的影响，其中光合作用是受影响最明显的生理过程之一。光合作用是作物的一项最基本也是最重要的生理功能，因其进行光合产物的积累影响到器官的生长发育及功能发挥等各方面，因此光合特性随土壤水分条件的变化情况是作物对水分状况反应的一个重要方面，水分胁迫使得作物的光合速率、蒸腾速率以及气孔行为等均发生了不同程度的变化，进而影响到光合产物的积累、转运及分配，最终影响到产量水平。许振柱的研究结果表明，限量灌水后，小麦的群体光合速率和单叶的光合速率均升高，和灌水的相比达到极显著水平，并能使灌浆期间的光合强度保持在较高的水平上，从而可以认为适量灌水可达到节水和增产的目的。

叶绿素是光合作用的物质基础，叶片叶绿素含量的高低直接影响叶片光合能力，同时也是干旱诱导植株衰老的重要指标。叶绿素 a（Chla）和叶绿素 b（Chlb）均可作为集光色素而捕获光能，而只有部分叶绿素 a 才能充当反应中心色素，植物长期进化的结果使得叶内关于反应中心色素和集光色素保持一个较合理的比值，以便反应中心色素有充足而不过多的光能可利用，因为叶内光能过剩可诱导自由基的产生和色素分子的光氧化。前人研究认为叶绿素含量和光合速率成正相关，叶绿素含量高，Chla/Chlb 比值较低的有利于光合速率提高。干旱对作物光合作用的影响，早在19世纪人们就开始研究，近年来的研究结果表明，作物在遭受到干旱逆境后光合速率明显下降。早期关于水分胁迫对光合作用影响的研究中多集中于气孔，认为气孔关闭引起了亏缺，造成光合速率的下降。Joly认为，气孔导度与光合速率密切相关，呈显著指数关系。按照Farquhar和Sharkey的方法进行分析，法国燕麦和中国燕麦在水分胁迫条件下，光合速率下降的同时伴随着气孔导度和胞间 CO_2 的下降，说明抑制燕麦光合功能的主要因素也为气孔因素。但是近年来的研究结果表明，水分胁迫下由于气孔关闭而造成的气孔导度下降并非是光合速率下降的主要原因，非气孔因素显著地抑制了光合作用。卢振民等在研究环境因子对气孔阻力的影响中指出，气孔的开启程度受太阳辐射、蒸腾强度和根系供水速率等因素的影响，当土壤相对含水量降低到一定程度时（冬小麦根层土壤相对含水量低于70%），随着土壤水分含量的进一步降低，气孔阻力迅速增加。高素华等认为所有影响气孔阻力的因素都对蒸腾速率有影响。在其他（光照、温度）外界条件不受限制时，土壤含水量是制约蒸腾速率的主要因子。而气孔阻力又受土壤含水量的影响，两者为二次曲线的关系。随着土壤水分胁迫的加剧，气孔阻力明显增大。

3）水分胁迫下小麦的渗透调节及渗透调节物质

渗透调节作为作物适应水分胁迫的重要生理机制，可使植物在干旱条件下维持一定的细胞膨压，从而有利于维持细胞生长、气孔开放和光合作用等其他生理生化过程的进行，它与作物生长发育、生理过程和产量有着密切的关系，目前已成为国内外抗性生理研究的热点之一。水分胁迫下光合速率的下降受气孔因素和非气孔因素的双重限制，渗透调节对光合作用的维持可通过气孔因素（Ludlow，1987）和非气孔因素（Downton，1985）达到。水分胁迫导致叶片水势降低，而渗透调节可通过维持膨压使植物叶片维持一定的气孔导性，有利于叶肉细胞间隙含量保持较高水平，从而避免或减小光合器官受到的抑制作用（Boyer，1984），因此有利于光合作用的正常进行。

渗透调节作为小麦抗旱的一种主要生理机制，已经受到了越来越多研究学者的重视。Jones等（1978）在高粱大田研究中发现，随水分胁迫加剧，叶片渗透调节能力增强，但严重干旱时，渗透调节能力反而减弱，这可能与严重干旱下渗透调节物质合成减少有关。目前把渗透调节物质分为两大类：一类是有机物，以可溶性糖、脯氨酸为主，另一类是无机物，以 K^+ 为主。王玮、邹奇等对水分胁迫下不同生育期不同品种可溶性糖的研究结果表明，干旱胁迫下可溶性糖含量明显增加，萌发期较开花期多，不同品种间无明显差异。杜金友试验结果显示，干旱胁迫下胡枝子属可溶性糖含量增加，认为可溶性糖在胡枝子属抗旱性方面起到了较为重要的作用。许多研究证明，水分胁迫下植物体内游离脯氨酸大量积累。所以，许多学者主张将脯氨酸的数量作为植物抗旱性指标。但是也有研究结果（王帮锡等，1989）表明，各种植物在水分胁迫下脯氨酸积累具有差异性，有些植物的脯氨酸含量并不增加。Singh等认为，干旱条件下抗旱性强的大麦品种较抗旱性弱的积累更多的脯氨酸，脯氨酸的积累能力与抗旱性成正相关。也有人认为不抗旱品种积累脯氨酸多。李德全等的研究结果表明，脯氨酸在土壤干旱下都明显增加，干旱愈严重，增加的量愈多。

5.1.1.2 水分亏缺对小麦形态结构特性的影响

形态结构是人们早期对作物抗旱性研究较多的方面。一般认为株高、叶面积系数有效分蘖数等可作为抗旱形态结构指标。王晨阳研究指出，土壤干旱使茎、叶生长受抑，株高降低，叶面积系数减小。植物通过保持一个较小的总叶面积来使单位叶面积的光合作用维持在一定水平是作物适应土壤水分减少的一种重要方式。在营养生长阶段，植物即使只受到短暂而轻微的水分胁迫，也会影响到叶面积的扩展，并影响到分蘖，改变其各部分器官组织的比例关系，在冠层覆盖或叶面积指数达到某一阈值之前，蒸腾失水量和叶面积之间成线性关系。限量灌水的试验表明，土壤水分条件改善后，能提高叶面积系数，且能在灌浆后期使叶面积系数的急剧下降变缓，以维持较大的绿叶面积进行光合作用，从而使节水增产成为可能。根系是作物直接感受土壤水分信号并吸收土壤水分的器官，因此一些学者对作物根系发育、根群分布、不同生育期根系活力，以及不同环境条件下的根系变化等与抗旱性的关系进行了研究。有些研究认为，根系大、深、密是抗旱作物的基本特征，也有研究认为，较多的深层根对于抗旱性更重要。景蕊莲对小麦根系的研究结果表明，根的数目较少，根总干重中等，但根系较长的品种抗旱性强。对根冠关系与抗旱性的研究结果表明，较大的根冠比虽有利于植物抗旱，但在干旱条件下过分庞大的根系会影响地上部的生物学产量。因此，干旱条件下，建立合理的根冠比对水分利用和产量提高是很重要的。

5.1.1.3 水分亏缺对小麦干物质积累和产量的影响

干旱对于小麦的代谢活动、生长、发育的各个方面，随着胁迫的产生将产生不同程度的影响。一般都不利于小麦的个体发育，这就常常给小麦的产量形成带来不利的后果。但是某一时期轻度或中度的短期的缺水会对产量产生有利影响，但缺水的程度和时间、锻炼的效果和机理都还存在认识上的混乱与矛盾。在作物生育期内，轻度或中度短期的缺水是否都达到或可以认为是干旱，也是值得商榷的问题。但在干旱和半干旱地区缺水均会造成减产这是毫无例外的。

水分亏缺使小麦光合产物明显减少，在水分亏缺条件下呼吸作用也有减少，但光合减少的幅度要比呼吸大得多，总的干物质积累也将减少。水分亏缺不仅影响总的干物质积累，而且还影响干物质的地上和地下部分的比例分配，使地上部分叶片和茎秆的生长受到抑制，而根系的生长相对有所增加，从而使地上干物质量与地下干物质量的比值减小。

不同生育阶段的生物量积累对水分亏缺的反应和敏感性不同，某一阶段缺水对作物以后的生长发育和干物质积累的后效性影响也不相同。李建民等研究表明，不同时期灌水对冬小麦产量构成有重要影响：起身期浇水主要增加穗数，拔节水可显著增加穗粒数，孕穗期或开花期浇水对提高千粒重有重要作用，而在灌浆期浇水却使千粒重降低。不同时期的干旱对冬小麦产量的影响不同：前期干旱对促进根系生长发育有重要作用；拔节期以后干旱会使绿色器官光合产物下降，促进营养器官（根、茎、叶）中储藏物质向籽粒运输，进而使绿色器官衰老加速，光合性能下降，导致籽粒产量下降。

水分亏缺对几个与产量构成密切相关的生理过程有不同程度的影响。其先后顺序可总结为生长蒸腾—光合—运输（Turner，1979），其影响趋势是抑制这些过程。水分亏缺还将影响光合产物向经济产量转化的效率，特别是小麦生育后期缺水将会使经济产量、籽粒产量占生物量的比例严重减少，使经济产量降低。

5.1.1.4 水分胁迫下小麦抗旱性鉴定

植物的抗旱性是指在干旱条件下植物生存的能力,而作物的抗旱性尤指在土壤干旱或大气干旱条件下作物不仅要存活,而且能使产量稳定在一定的水平的能力。抗旱鉴定就是按作物的抗旱能力的大小进行筛选评价和归类的过程。对于小麦而言,就是在土壤或者大气干旱的条件下,小麦所具有的受伤害最轻、产量下降最少的能力。进行小麦抗旱性方面的研究,首先必须对小麦抗旱性进行科学准确的评价,鉴定其抗旱能力。近年来许多学者围绕此方面进行了很多研究,如 Fisher 等(1978)提出的胁迫敏感指数,兰巨生(1990)提出的优化过的抗旱指数,其他还有形态学指标、物理化学指标等。

1)小麦抗旱性鉴定的研究方法

进行抗旱鉴定需要合适的研究方法,目前比较常用的鉴定小麦抗旱性的方法可归纳为三种:一是田间直接鉴定法。利用自然降水等造成水分差异,进行干旱处理,主要是通过产量评价小麦抗旱性,适于大样本鉴定。二是人工模拟干旱法。在可人工控制水分条件的防雨旱棚、生长箱、人工气候箱内研究小麦不同生育期水分胁迫对生长发育、生理过程或产量的影响;或者利用高渗溶液法进行人工模拟条件下干旱性研究。三是分子生物学方法。应用分子生物学或者分子克隆技术等对抗旱基因或与抗旱性密切相关的性状进行定位,建立遗传连锁图以供判别小麦材料有无抗旱基因存在。

2)小麦抗旱性鉴定指标

小麦抗旱性鉴定在合适的研究方法的基础上需要建立恰当的鉴定指标体系。近几年来,相关专家在综合深入的研究基础上提出了各种抗旱性鉴定指标,并且逐渐趋向抗旱性的综合评价,以更准确地反映小麦抗旱机理。

a. 形态学指标

小麦在水分胁迫条件下,体内发生一系列改变后在外部形态上会有所体现,因而推断部分形态指标可以用来进行抗旱鉴定。

王玮、邹琦研究指出,低水势下胚芽鞘长度可以作为小麦抗旱性鉴定以及抗旱个体选择的良好指标。梁银丽等研究发现,在渗透胁迫条件下不同抗旱型小麦品种根干重、根体积、根长度减小,分支根减少,根系变细,从而得出结论:渗透胁迫对小麦根系的正常发育有明显影响。又有研究表明,水分胁迫条件下叶片能否继续生长和生长速度可以作为筛选和培育抗旱品种的指标,根冠比能反映根系吸收水分的能力,能反映种间差异。王娟玲通过研究认为庞大的根系是小麦抗旱的一大特征,根重与总茎数、叶数、地上干重相关均显著,小麦株高、穗部性状、旗叶形状等可作为小麦抗旱性鉴定指标。周桂莲在 1996 年通过整理大量的文献资料后指出,干旱条件下的根重、根长、根深、根冠比、旗叶长宽、株高、穗节长度、分蘖成穗率为小麦抗旱性鉴定应用较多的形态指标,胚根数、叶色、气孔的多少以及叶片萎蔫状况等可以结合其他指标小心应用。

b. 生理生化指标

小麦间抗旱性差异是以生理生化差异性为基础的。专家对小麦抗旱性鉴定的生理生化指标进行了深入研究。经过大量的研究和实践,提出了不少可能的作物抗性机制和相关的抗性鉴定方法。基于这些理论又产生了许多生理生化的抗旱鉴定方法,其中有 20 多种生理生化指标可用于小麦的抗旱性鉴定。通过生理生化指标来研究小麦抗旱性的文献报道较多，比较可靠的生理生化指标有叶片水势、相对含水量、束缚水含量、种子吸水率和发芽率、细胞渗透调节能力、叶片膨压、光合与呼吸强度、离体叶片失水速率（切叶失水率）、茎叶耐化学脱水性、ABA（脱落酸）积累、脯氨酸（Pro）积累、SOD（超氧化物歧化酶）、CAT（过氧化氢酶）、POD（过氧化物酶）、丙二醛（MDA）、ATP 等酶的活性。

（1）生理指标。

作物的抗旱性与植株的水分状况有关。叶片相对含水量 $RWC = [(\text{鲜重} - \text{干重})/(\text{饱和重} - \text{干重})] \times 100\%$。Sinclair 等指出，叶片相对含水量与水势相比是更好的水分状况指标。它能够很好地反映出水分状况与蒸腾之间的平衡关系。叶片含水量由 75% 下降到 70% 左右是叶片光合生理活性的一个重要转折点，应作为判断叶片水分亏缺阈值的重要参考。失水速率或保水力反映了植物细胞内自由水和束缚水的状况，研究者普遍认为失水率低、保水力强的品种比较抗旱，是一个可靠的鉴定指标。

Regan（1993）等认为粒重和产量的损失率与品种抗旱性高度相关，抗旱性强者损失率低。渗透调节能力渗透调节是抵御干旱的一种重要方式。渗透调节能力是反映小麦抗旱生理特性的最好指标。无论在严重或轻度水分胁迫下渗透调节能力强的遗传群体的籽粒产量高，收获指数及收获时的水分利用率均高于渗透调节能力弱的群体。

质膜透性变化膜伤害的程度可通过电导值反映，其值的大小与品种的抗旱性有关。

干旱胁迫下抗旱性强的品种能维持相对较高的光合速率。李德全（1992）认为小麦灌浆期和乳熟期的光合速率可作为作物抗旱性鉴定的可靠指标。

（2）生化指标。

①渗透调节物质。渗透调节是作物抵御干旱的一种重要方式，不同作物品种系之间可溶性糖、氨基酸含量及其他物质含量存在差异。渗透调节物质不同对渗透调节的贡献不同。韩建民（1990）研究得出，可溶性糖、游离氨基酸、K^+ 是水稻不同抗旱性品种中的主要渗透调节物质。有研究认为 K^+ 对渗透调节的贡献最大，脯氨酸则贡献最小。王霞等（1999）研究结果表明，有机溶质脯氨酸、可溶性糖、无机离子 K^+ 和 Na^+ 在土壤水分胁迫条件下主动积累，降低柽柳体内渗透势维持膨压，为干旱逆境条件下植物维持正常生命活动创造条件。其中脯氨酸积累既取决于植物体内的水分变化，同时也与植物体内存在的抗旱机制有关。有不少证据直接或间接证明，甜菜碱主要分布于细胞质中，与脯氨酸一样也称为细胞质渗透物质。

②ABA（脱落酸）。Davies W J 等（1991）认为，当土壤干旱时植物能在根系中形成大量 ABA，使木质部汁液中 ABA 浓度成倍增加，引起气孔开度减小，实现植物水分利用最优化控制。干旱条件下植物叶片的 ABA 含量能增加数十倍，而且抗旱性品种比不抗旱品种积累更多的 ABA。Lu D B（1989）研究表明，在干旱胁迫下对外源 ABA 不敏感的基因型可作为小麦抗旱性鉴定指标。

③酶活力。干旱条件下可影响作物体内多种酶活力。王宝山（1987）研究认为，干旱胁迫处理后不同抗旱性的小麦叶片中的 SOD 酶、CAT 酶与膜透性及膜脂过氧化水平之间存在负相关。芮仁廉等（1990）在强光高温干旱逆境下对甘薯品种进行处理，发现 SOD 活性水平高和诱导增大的品种光抑制程度低，品种抗逆性强。除上述抗旱指标外，其他一些叶绿素荧光强度、气孔扩散阻力、根冠中平衡石淀粉水解速率等抗旱指标也处于研究

之中。

但上述生理生化指标与小麦的不同生长阶段密切相关,每个抗旱指标只能反映其抗旱性的一个侧面,也就是说,要对某个小麦品种的抗旱性或者对某个品种在某一生长阶段的抗旱性进行准确评论,必须同时检测几个生理生化指标,最后进行综合评价。

c. 生长发育指标

小麦在萌芽期、幼苗期的抗旱性,决定了其在干旱环境中的成芽率和整体度,从而影响最终的产量形成。另外,反复干旱后的幼苗存活率,常可作为作物苗期抗旱性鉴定指标,该指标在我国小麦作物抗旱性鉴定中已得到广泛应用。在生长发育中后期,小麦在干旱胁迫条件下的株高、叶面积、小穗结实率等可作为抗旱性鉴定的指标。

d. 产量指标

作物的抗旱性最终要体现在产量上,在干旱条件下,产量是鉴定抗旱性的重要指标之一。Fish(1978)提出了干旱敏感指数 SI 的概念,即

$$SI = I - \text{胁迫下的平均产量}/\text{非胁迫下的平均产量}/\text{环境胁迫强度}$$

Chionoy(1997)提出抗旱系数法

$$\text{抗旱系数} = \text{胁迫下的平均产量}/\text{非胁迫下的产量}$$

胡福顺提出用抗旱指数 DI 来衡量作物的抗旱性:

$$DI = \text{抗旱系数} \times \text{旱地产量}/\text{所有品种旱地产量的平均值}$$

在作物抗旱鉴定工作中以抗旱指数为指标收到了良好的效果。

5.1.2 小麦阶段需水模数的影响因子

小麦的阶段需水模数也是小麦整个生育期中生物学特性和环境因素动态变化过程的综合反映。其影响因子可概括为气象因子和非气象因子。其中非气象因子又包括土壤条件、栽培措施以及生物学因子。不同的水分条件,小麦阶段需水模数的影响因子不同。在非充分供水条件下,土壤水分状况、小麦的生长发育状况及环境条件的变化对需水模数都有重要影响,在充分供水条件下,其主要制约因子为气象因子和生物学因子。

在气象因子中,太阳辐射量和日照时数是主要的制约因子。太阳辐射量越大,日照时数越长,小麦阶段需水模数越大。非气象因子主要是指影响小麦需水量的土壤条件、灌水、施肥、中耕除草、覆盖等栽培措施与生物学因子。在生物学因子中,主要蒸腾器官叶片的影响、叶面积指数的大小、叶片上气孔的多少及开张程度等,对小麦的阶段需水模数具有重要的制约作用。在栽培措施中,灌溉和覆盖是主要的影响因子。其中特别是小麦生育期内的供水次数,每次供水量以及覆盖物的性质、种类、覆盖量的多少是重要的影响因素。而在目前,当同时实施这两种调控措施时,是否存在着交互影响以及交互影响的程度尚缺乏深入的研究,这也正是本书所进行的试验的切入点之一。

5.1.3 小麦水分调控的研究

在田间,尽管各种水流过程错综复杂,但毕竟超不出质量守恒定律的范畴。各来水项应等于各去水项,$W_{来} = W_{去}$,来水项包括降水 P(Precipitation)、灌溉 I(Irrigation)、上行水 U(Upward,底土向平衡土层补充的水),各去水项包括径流 R(Runoff)、下渗水 D(Drainage)、地面蒸发 E(Evaporation)、叶面蒸腾 T(Transpiration)、截留 In (Interception)。这一原理说明对农田水分的调控,只能也必须从两个方向着手,即水分的输入与输出的控制。对于干旱半干旱地区的某一既定地区的某一既定作物而言,水分的调控主要体现在覆盖保墒与灌溉技术的研究上。

5.1.4 覆盖保墒技术的研究

在作物生长的整个生育期内,每种作物都有其特定的用水型,该型在很大程度上是作物的发育阶段和引起水分蒸散的物理因子的函数,要有效地提高水分利用效率,就必须有效地减弱水分的蒸散,覆盖保墒技术的研究因此而显得必要。

覆盖类型有保水剂覆盖、秸秆覆盖与地膜覆盖。保水剂又称土壤保水剂、高吸水剂、保湿剂、高吸水性树脂、高分子吸水剂,是利用强吸水性树脂制成的一种超高吸水保水能力的高分子聚合物。它能迅速吸收和保持自身重量几百倍甚至上千倍的水分,具有反复吸水功能,吸水后膨胀为水凝胶,可缓慢释放水分供作物吸收利用,由于分子结构交联,能够将吸收的水分全部凝胶化,分子网络所吸水分不能用一般物理方法挤出,因而具有很强的保水性。而且本身无毒副作用,不会污染环境,最终可被生物降解为水、CO_2 和氮,是调节土壤水、热、气状况,改善土壤结构,提高土壤肥力的有效手段,具有特殊的抗旱、保水、节水等作用,在农业生产中逐步得到广泛应用。1969 年,美国农业部北部研究中心(NRRC)首先研制出保水剂,并于 20 世纪 70 年代中期用于玉米、大豆种子涂层、树苗移栽等方面,作为"改善水分状况的重要工具"在西部干旱地区推广应用,取得了良好的效果,引起了各国研究者的广泛重视。1987 年后,日本保水剂产量以每年 26% 的速度递增,目前,无论生产能力、种类及应用,日本在保水剂领域均处于领先地位。2004 年,世界保水剂需求总量在 130 万 t 左右,其中美国消费量占全球消费量的 35%,消费年均增长率为 4% ~5%。20 世纪 80 年代以来,我国开始研制保水剂并且应用于农林生产,在飞播造林、种草和苗木蘸根移栽等方面取得了较好的效果,但与国外还有很大差距。

秸秆覆盖系指利用农业副产物(麦秸、麦糠、玉米秸)或绿肥为材料进行的地面覆盖栽培技术。秸秆覆盖一方面可以改善土壤结构,有效地防止地面板结,使土壤有较好的入渗能力和持水能力;另一方面可以切断蒸发面与土壤的毛管联系,减弱土壤空气与大气之间的乱流交换强度,有效地抑制土壤蒸发。吕雯(2006)研究表明,秸秆覆盖与耕作模式的结合,与传统耕作相比较几种模式均提高了土壤自身的含水量与保墒能力。侯连涛(2006)得出与不覆盖处理相比,在灌浆期秸秆覆盖能有效提高冬小麦 14:00 以后的光合速率,降低 10:00 ~14:00 的蒸腾速率,从而能提高中午的水分利用效率。

地膜覆盖是指将厚度为 0.002 ~0.02 mm 的聚乙烯塑料薄膜严密地覆盖在农田地面上的一种栽培新技术。它是在 20 世纪 50 年代初期随着塑料工业的兴起而发展起来的。一些发达的国家,如美国、日本、意大利、法国等从 50 年代开始试验和应用,60 年代在蔬菜、果树、经济作物生产中大面积推广应用,获得了早熟、高产、优质的显著效果。我国从 1979 年开始在华北、东北、西北及长江流域部分地区进行试验、示范和推广,对多种作物均有显著的增产效果。此后在我国便飞速发展。地膜覆盖可以有效改善农田生态条件,促进作物生长发育。地面覆膜后,切断了土壤蒸发面与大气之间的水分交换通道,土壤水分只能在膜下不断地蒸发—凝结—降落,循环不已。但也有试验表明,地膜覆盖有时候因作物生长前期土壤水分和养分耗竭严重,出现严重的脱水、脱肥现象,导致收获指数和产量下降,同时地膜覆盖的增长作用在一定程度上是以耗竭土壤肥力为代价的,因此如果地膜覆盖技术应用不当,长期连续覆膜必然恶化土壤生态条件,难以持续高产,当务之急就是完善覆盖技术的水分调控技术。

5.1.5 灌溉制度的研究

对灌溉的研究含灌溉方式与灌溉制度两个方面,根据试验的需要,这里只讨论灌溉制度的研究状况。灌溉制度,是指在一定的自然条件和比较先进的农业栽培技术下,根据作物生理生态特性、需水规律,以及作物对水分胁迫的反应等生物学原理和达到优质高产高效的要求来确定的灌水时间、灌水次数、灌水定额(每公顷每次灌水量)和灌溉定额(作物整个生育期各次灌水量的总和)。灌溉制度随作物种类、气候、土壤等自然条件和农业技术措施变化而不同。

灌溉的历史虽然可远溯到古代,但灌溉科学(Irrigation Science),尤其是对于灌溉原理(Irrigation Principle)的系统探索仅200多年。在一些有关灌溉原理与实践的研究和著述中,大多论述的是充分灌溉的问题,即如何供给作物不同生长阶段所需的水分,以获得高产。20世纪60年代中期,Jensen和Sletten通过对高粱的研究发现,水分亏缺对高粱的影响仅当每次灌前土壤的相对有效含水率下降至25%以下时,产量才会大幅度减少,从此开始了非充分灌溉(Unsufficient Irrigation)的试验与探索。J. M. Marshall和C. N. Brian(1982)对非充分灌溉的概念作了较通俗的解释,即有意给作物少灌水,包括减少灌水次数或减少灌水定额。虽然减少供水量后,单位面积的产量或产值有所降低,但节约了用水量,相对提高了水分利用效率*WUE*(Water Use Efficiency)。目前对灌溉制度的研究,就是基于尊重作物生物学规律的前提下的非充分灌溉研究。

综观上述研究,目前,关于覆盖保墒节水措施作为单因子处理对作物抗旱性影响的研究已经有较多报道,但是针对其复合应用下对作物的抗旱性效果的研究还相对较为缺乏,尤其是复合应用后表现为相互增长效应还是相互消减效应还不为人们所了解。同时,对覆盖保墒和灌溉制度技术的研究多是在以两者中某一措施为条件的情况下,研究另一措施的效果或效应,很少有将两者结合起来作为同等因素来研究的。

通过以上研究,在理论上可为保水剂及其与传统节水技术相结合下作物的反应机制理论做点补充,在实践上可在检验秸秆覆盖、地膜覆盖、保水剂及其复合效应的大田效果的同时,为干旱、半干旱地区农业的发展寻求到一条较好的节水途径,进一步探讨保水剂及其与传统节水技术相结合对农业高效节水的意义,为保水剂的研制、改进、生产及应用提供一些理论指导和科学依据。

5.2 保水剂施用对保水剂幼苗及其生理生态特性的影响

试验基地设在“863”节水农业禹州试验示范基地的岗旱地,年降水量647 mm,其中60%以上集中在夏季,存在较严重的春旱、伏旱和秋旱;土壤为沙壤质褐土,土壤母质为黄土性物质,耕层有机质 12.3 g/kg、全氮 0.80 g/kg、水解氮 47.82 mg/kg、有效磷 6.66 mg/kg、速效钾 114.8 mg/kg。

在自然条件下,试验设置:处理 1,对照;处理 2,营养型抗旱保水剂 3 kg/亩;处理 3,营养型抗旱保水剂 4 kg/亩;处理 4,营养型抗旱保水剂 3 kg/亩 + 地膜覆盖;处理 5,营养型抗旱保水剂 4 kg/亩 + 地膜覆盖;处理 6,地膜覆盖,共 6 个处理。试验设 3 次重复,随机区组设计。2006 年 10 月 15 日播种,小麦单位播量为 8 kg/亩,小区面积为 3.6 m×4 m,处理间间距 50 cm,重复间间距 1 m,共计 18 个小区。试验小麦品种为周麦 18,营养型抗旱保水剂为河南省农业科学院植物营养与资源环境研究所研制,施用方法为条施。肥料用量为 N 12 kg/亩,P 6 kg/亩,氮肥采用含纯氮 46% 的国产尿素,磷肥为含 $P_2O_5$12% 的国产过磷酸钙;统一播种,统一管理。播种后自然干旱,30 d 后取样测土壤水分含量、叶片相对含水量、叶绿素含量、丙二醛含量、脯氨酸含量、可溶性糖含量。

土壤含水量利用国产 FDR 土壤水分测定仪测定。叶绿素含量、丙二醛含量等小麦生理指标的测定,参照《植物生理生化实验原理和技术》的方法,分别于取样小区取数片小麦幼苗的第一片全展叶片,洗去表面灰尘,再分别用蒸馏水与去离子水淋洗,吸干水分后称重测定。脯氨酸含量的测定采用酸性水合茚三酮比色法测定,分别于取样小区取数片小麦幼苗的第二片全展叶片,洗去表面灰尘,再分别用蒸馏水与去离子水淋洗,吸干水分后称重测定。叶片相对含水量的测定采用烘干法、可溶性糖含量的测定采用蒽酮比色法。

5.2.1 对土壤水分含量的影响

从图 5-1 可以看出,不同的保水措施对提高土壤水分含量都有比较大的作用。SPSS 方差分析结果表明,不同保水措施(处理 2、处理 3、处理 4、处理 5、处理 6)与对照(处理 1)都有显著差异。另外,LSD 检验表明,不同保水措施两两处理间都有显著差异,与单独使用保水剂和单独使用地膜覆盖处理相比,保水剂与地膜覆盖复合应用处理能显著提高土壤含水量,且两个不同的保水剂使用量的处理中,以高保水剂量高的处理效果最为明显,土壤含水量最高。表明保水剂施入土壤后,对土壤水分具有较强的调节能力,可减少由于蒸发、渗漏等造成的水分散失。

5.2.2 对小麦幼苗叶片相对含水量的影响

由图 5-2 及 SPSS 方差分析得出,处理 2、处理 3、处理 4、处理 5、处理 6 小麦幼苗中叶片相对含水量与对照(处理 1)小麦幼苗中叶片相对含水量相比有显著的提高,且不同用量的保水剂处理中,保水剂量越多,叶片相对含水量越高。LSD 检验还表明,各保水措施两两之间都有显著差异,其中以处理 5 小麦幼苗中叶片相对含水量最高,则其抗旱性能最好。可见,与单独使用保水剂和单独使用地膜覆盖处理相比,保水剂与地膜覆盖复合应用处理效果最为明显。

5.2.3 对小麦幼苗叶绿素含量的影响

叶绿素是叶绿体中最主要的光合色素,在光合作用中占有重要地位。叶绿素含量的变化对光合作用产生直接影响。水分胁迫下叶绿素含量的变化,可以指示植物对水分胁

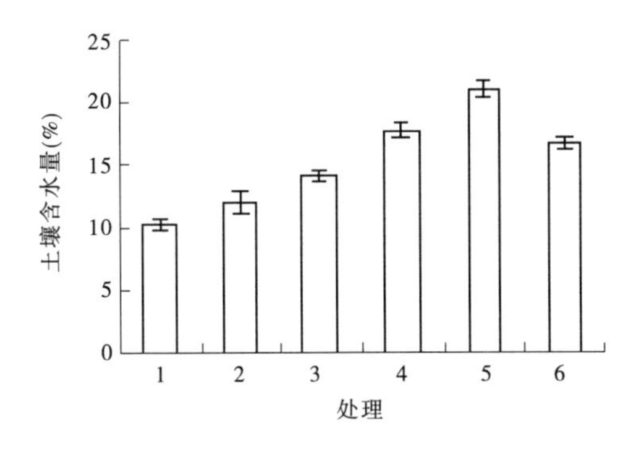

图 5-1　不同处理对土壤含水量的影响

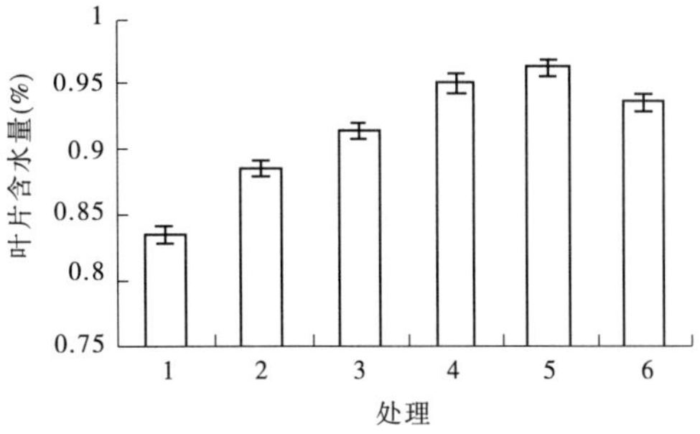

图 5-2　不同处理对小麦幼苗叶片相对含水量的影响

迫的敏感性。由图 5-3 及 SPSS 方差分析得出，处理 2、处理 3、处理 4、处理 5、处理 6 小麦幼苗中叶绿素含量与对照（处理 1）小麦幼苗叶绿素含量相比有显著的提高。其中以处理 5 小麦幼苗中叶绿素含量最高，与其他保水措施有显著性差异，表明其抗旱性能最好。LSD 检验表明，各保水措施除处理 2、处理 6 二者之间无显著差异外，其他处理两两之间都有显著差异。与单独使用保水剂与单独使用地膜覆盖处理相比，保水剂与地膜覆盖的复合应用效果更为显著，小麦幼苗叶绿素含量最高，且保水剂用量越高，效果更为明显。

5.2.4　对小麦幼苗叶片可溶性糖含量的影响

图 5-4 及 SPSS 方差分析结果表明，处理 2、处理 3、处理 4、处理 5、处理 6 小麦幼苗叶片中可溶性糖含量与对照（处理 1）小麦幼苗叶片可溶性糖含量相比有显著性的降低作用。LSD 检验表明，各保水措施除处理 4、处理 6 二者之间无显著差异外，其他处理两两之间都有显著差异，可见，保水剂用量越多，处理效果越明显。与单独使用保水剂和单独使用地膜覆盖相比，保水剂与地膜覆盖的复合应用效果更为显著。以处理 5 的小麦幼苗叶片中可溶性糖含量最低，可见其抗旱性能最好。

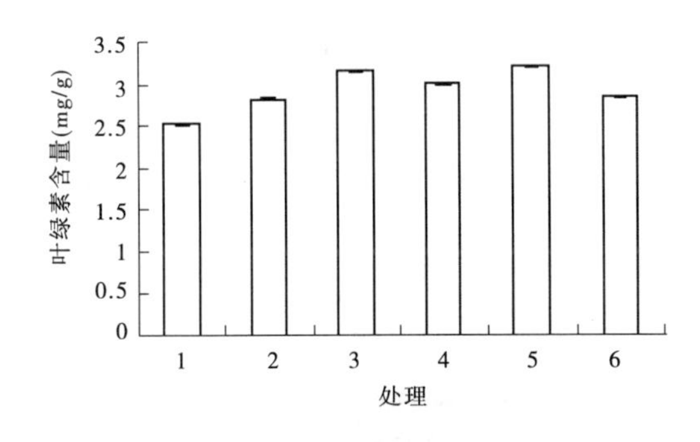

图 5-3　不同处理对小麦幼苗叶片叶绿素含量的影响

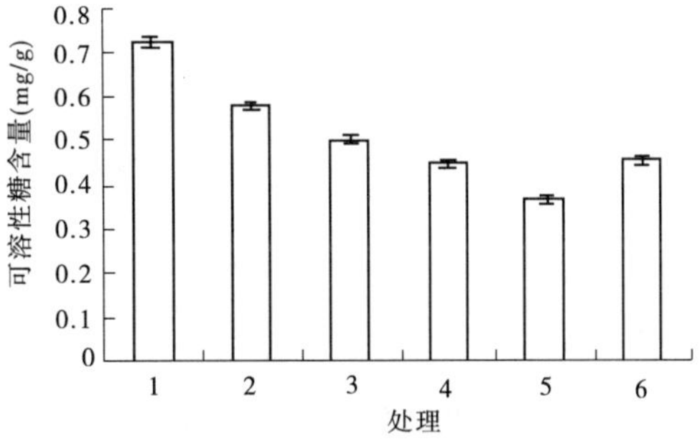

图 5-4　不同处理对小麦幼苗叶片可溶性糖含量的影响

5.2.5　对小麦幼苗叶片脯氨酸含量的影响

当植物受到干旱胁迫时，植物体内发生大量的脯氨酸积累，脯氨酸可以作为水分胁迫下植物的渗透剂,参与植物的渗透调节。图 5-5 及 SPSS 方差分析结果表明,处理 2、处理 3、处理 4、处理 5、处理 6 小麦幼苗叶片中脯氨酸含量与对照(处理 1)小麦幼苗叶片脯氨酸含量相比有显著性的降低作用。LSD 检验表明,各保水措施除处理 4、处理 5 二者之间无显著差异外,其他处理两两之间都有显著差异。与单独使用保水剂和单独使用地膜覆盖相比,保水剂与地膜覆盖(处理 4、处理 5)的复合应用效果更为显著,小麦幼苗叶片中脯氨酸含量最低,可见复合应用的抗旱性能最好。

5.2.6 对小麦幼苗叶片丙二醛含量的影响

植物在逆境下首先受害的是细胞膜系统的过氧化作用导致细胞衰老,其主要氧化产物丙二醛含量明显增加。有研究表明,丙二醛(MDA)可作为膜脂过氧化作用指标之一。因此测定丙二醛的积累可在一定程度上了解膜脂过氧化的程度,从而了解其受破坏的程度。

图 5-6 及 SPSS 方差分析结果表明,处理 2、处理 3、处理 4、处理 5、处理 6 小麦幼苗叶片中丙二醛含量与对照(处理 1)小麦幼苗叶片丙二醛含量相比有显著的降低作用。LSD 检验表明,不同保水措施两两处理间都有显著差异,与单独使用保水剂和单独使用地膜覆盖处理相比,保水剂与地膜覆盖复合应用处理能显著降低小麦幼苗叶片丙二醛含量,且两个不同的保水剂使用量的处理中,以高保水剂量高的处理效果最为明显,小麦幼苗叶片中丙二醛含量最低。可见,施用保水剂后,可以缓解膜脂过氧化的程度,对小麦幼苗抗旱性能有较好的调节作用。

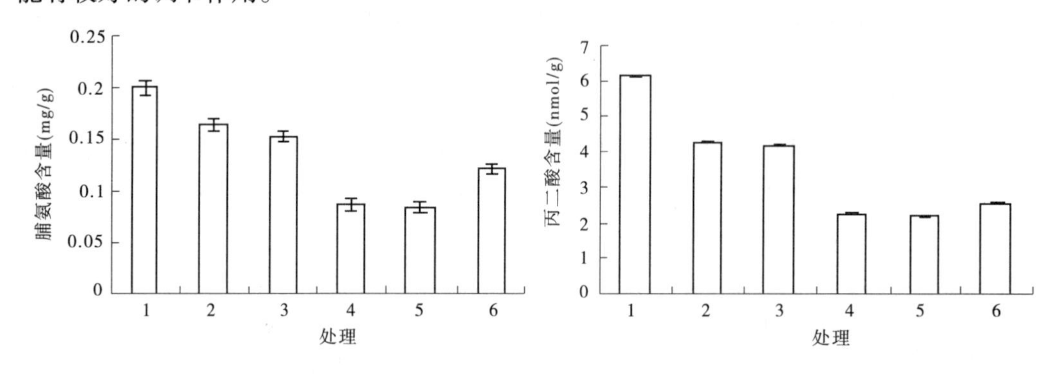

图 5-5 不同处理对小麦幼苗叶片脯氨酸含量的影响

图 5-6 不同处理对小麦幼苗叶片丙二醛含量的影响

5.2.7 各指标间的相关性分析

由表 5-1 可以看出,土壤含水量和叶片相对含水量呈极显著性正相关,与叶绿素含量有显著性正相关,但与可溶性糖含量、脯氨酸含量、丙二醛含量有极显著性负相关,叶片相对含水量与叶绿素含量呈显著性正相关,但与可溶性糖含量、脯氨酸含量、丙二醛含量有极显著性负相关。叶绿素含量与可溶性糖含量有显著性负相关,但与丙二醛含量、脯氨酸含量相关性不明显。可溶性糖含量与脯氨酸含量、丙二醛含量有极显著性正相关。脯氨酸含量与丙二醛含量有极显著性正相关。

表 5-1 各指标间的相关性分析

指标	土壤含水量(%)	叶片含水量(%)	叶绿素含量(mg/g)	可溶性糖含量(mg/g)	脯氨酸含量(mg/g)
叶片相对含水量(%)	0.948**				
叶绿素含量(mg/g)	0.750*	0.818*			
可溶性糖含量(mg/g)	-0.949**	-0.990**	-0.854*		
脯氨酸含量(mg/g)	-0.962**	-0.967**	-0.714	0.936**	
丙二醛含量(nmol/g)	-0.924**	-0.976**	-0.688	0.955**	0.969**

5.2.8 讨论

干旱胁迫对作物的影响是多方面的。叶片相对含水量是反映植物水分状况的一个参数,通常指植物叶片含水量占饱和含水量的百分数,反映植物体内水分亏缺的程度,能较好地反映细胞的水分生理状态。在干旱胁迫时,植物常表现水势降低、叶片相对含水量减少。试验表明,随着土壤水分的降低,土壤的水势不断降低。根据水分运动的机理,水分的流通是通过土壤—植物—大气(SPAC)途径沿着水势梯度从高到低的方向进行的,植物只有降低水势,才能从土壤中吸收水分,因而叶片的水势随着土壤水分含量的减少而降低,植物的相对含水量不断减少。同时,水分胁迫下植物体内能够积累可溶性糖、脯氨酸等物质,调节渗透压,减轻水分亏缺(1 - 叶片相对含水量)带来的伤害,其含量与抗旱性呈正相关。叶绿素是绿色植物进行光合作用的主要色素,叶绿素的含量与组成同植物的光合作用关系密切,水分胁迫对叶绿素含量具有一定的影响,从而影响到植物体生长。另外,植物细胞内膜系统中,各细胞器都有一定的膜结构,膜的作用一方面是区域化作用,保证生化反应能在不同的细胞器内进行,另一方面是使膜内物质相对浓缩,保证反应在高浓度中进行。而膜上脂质过氧化的产物为丙二醛,丙二醛的积累表明其过氧化加剧,丙二醛又能与蛋白质等结合交联使酶失活。因此,测定丙二醛的积累可在一定程度上了解膜脂过氧化的程度,从而了解其受破坏的程度。植物体内丙二醛越多,说明过氧化作用越强,植物体造成伤害的程度越高。本试验结果表明,不同处理的保水措施都能显著的提高小麦幼苗叶片相对含水量、叶绿素含量,显著的降低小麦幼苗叶片可溶性糖含量、脯氨酸含量、丙二醛含量,能缓和水分胁迫带来的不利影响,且与单独使用保水剂和单独使用地膜覆盖处理相比,保水剂与地膜覆盖复合应用处理的效果较好,在两个不同的保水剂使用量的处理中,以高保水剂量的处理效果最为明显,抗旱性能最好。本试验结果还表明,土壤含水量与叶片相对含水量之间呈极显著正相关,表明由不同保水措施所吸持的水分可由小麦幼苗根系吸收,即为有效水。另外,叶片相对含水量与叶绿素含量呈显著性正相关,与可溶性糖含量、脯氨酸含量、丙二醛含量呈极显著性负相关,可溶性糖含量与脯氨酸含量、丙二醛含量,脯氨酸含量与丙二醛含量也呈极显著性相关。因此可以认为:不同保水措施的施用能增加小麦幼苗的抗旱性是由于土壤含水量和叶片相对含水量的增加,而引起叶绿素含量、可溶性糖含量、脯氨酸含量、丙二醛含量的变化,从而缓和由水分胁迫带来的不利影响。同时，与单独使用保水剂和单独使用地膜覆盖处理相比，保水剂与地膜覆盖复合应用处理的效果较好，在两个不同的保水剂使用量的处理中，以高保水剂量的效果最为明显，抗旱性能最为显著。可见，保水剂与地膜覆盖复合应用可作为一种缓解干旱的有效方法在干旱、半干旱地区推广应用。

5.3 不同水分条件保水剂对小麦产量和水分利用的影响

试验设不灌水、补灌一水、补灌二水三种水分条件，保水剂处理设置 7 个处理，即处理 1，0 kg/hm^2（对照）；处理 2，15 kg/hm^2；处理 3，30 kg/hm^2；处理 4，45 kg/hm^2；处理 5，60 kg/hm^2；处理 6，75 kg/hm^2；处理 7，90 kg/hm^2，3 次重复，随机排列。补充灌水时间为拔节期和灌浆期，补灌水量为 450 m^3/(hm^2·次)。

播种小麦品种为豫麦 18－64，播种量为 135 kg/hm^2，播期为 10 月 20 日，统一播种，统一管理。11 月 15 日选定小麦定苗样段，分析小麦的生长发育特征。试验用肥料采用过磷酸钙（含 P_2O_5，12%）、尿素（含 N 46%）、硫酸钾（含 K_2O 60%）。氮、磷、钾配比为 N 180 kg/hm^2、P 120 kg/hm^2、K 120 kg/hm^2，磷肥和钾肥及 50% 的氮肥作底肥一次性施入，50% 的氮肥作追肥在拔节期前追施。试验用保水剂为河南省农业科学院研制的营养型抗旱保水剂（简称保水剂，下同），使用方法为条施。

5.3.1 对小麦产量的影响

由表 5-2 可知，施用保水剂处理比对照有明显的增产效果。不灌水条件下，施用保水剂的处理分别比对照增产 8.42%～22.71%，以施用 60 kg/hm^2 处理最好，其次为 45 kg/hm^{2}处理，二者增产幅度分别达 19.74% 和 22.71%（见表 5-2）。

表 5-2 不同补水条件下保水剂对小麦产量的影响

处理	不灌水		灌一水			灌二水			
	产量(kg/hm^2)	比对照增产(%)	产量(kg/hm^2)	比对照增产(%)	比不灌水增产(%)	产量(kg/hm^2)	比对照增产(%)	比不灌水增产(%)	比灌一水增产(%)
1	2 583.0		2 761.5		6.91	3 058.5		18.41	10.76
2	2 800.5	8.42	3 061.5	10.86	9.32	3 388.5	10.79	21.00	10.68
3	2 935.5	13.65	3 207.0	16.13	9.25	3 544.5	15.89	20.75	10.52
4	3 093.0	19.74	3 310.5	19.88	7.03	3 594.0	17.51	16.20	8.56
5	3 169.5	22.71	3 240.0	17.33	2.22	3 570.0	16.72	12.64	10.19
6	2 989.5	15.74	3 196.5	15.75	6.92	3 601.5	17.75	20.47	12.67
7	2 973.0	15.10	3 078.0	11.46	3.53	3 621.0	18.39	21.80	17.64

灌一水时，施用保水剂处理分别比对照增产 10.86%～19.88%，以施用 45 kg/hm^2 处理最好，增产幅度达 19.88%（见表 5-2）；其次为 30 kg/hm^2、60 kg/hm^2 和 75 kg/hm^2 三个处理，增产幅度分别为 16.13%、17.33% 和 15.75%；与相应不灌水处理相比，分别增产 2.22%～9.32%，与不灌水保水剂相应处理增产幅度相比，其增产幅度呈相反的增势。

灌二水时，施用保水剂处理分别比对照增产 10.79% ~18.39%，保水剂处理间差异性减小(见表 5-2)；与不灌水相应处理相比，分别增产 12.64% ~21.80%；与灌一水相应处理相比，分别增产 8.56% ~17.64%。

上述分析结果表明，保水剂的增产效应在水分缺乏时显著，而在水分充分时增幅降低。

5.3.2 不同处理对小麦性状的影响

从表 5-3 可以看出，不同水分条件下保水剂处理对小麦性状的影响具有不同的表现特征。在不灌水条件下，施用保水剂的处理小麦穗长、穗粒数均有显著提高，其中穗长增长 1.34 ~2.10 cm，以 30 kg/hm^2 处理增长最长；穗粒数平均增加 9.4 ~16.5 粒，以 45 kg/hm^{2}处理增加最多；小麦株高除 15 kg/hm^2 处理外，均明显增高；千粒重除 45 kg/hm^2、60 kg/hm^2 提高外，其他均有所降低。

表 5-3 不同水分条件下保水剂对小麦性状的影响

水分条件	项目	1	2	3	4	5	6	7
不灌水	株高(cm)	59.8	58.2	63.0	66.5	63.2	67.0	62.9
	穗长(cm)	6.46	8.46	8.56	8.22	7.80	8.43	8.14
	穗粒数(粒)	17.2	30.0	28.2	33.7	28.6	29.6	26.6
	千粒重(g)	38.50	37.99	38.01	39.18	38.60	37.74	37.30
灌一水	株高(cm)	61.4	62.6	61.2	59.2	58.2	65.4	59.0
	穗长(cm)	8.34	8.30	8.22	8.22	8.14	8.46	8.28
	穗粒数(粒)	26.8	28.6	27.2	28.5	25.2	35.6	31.6
	千粒重(g)	42.31	39.83	39.32	42.65	40.63	39.15	42.30
灌二水	株高(cm)	58.0	58.4	63.0	59.9	57.6	65.3	54.6
	穗长(cm)	8.56	7.76	8.24	8.00	7.78	8.58	7.72
	穗粒数(粒)	34.4	30.6	33.4	27.0	25.0	38.2	30.0
	千粒重(g)	41.70	42.98	37.03	41.51	41.78	39.15	37.53

补灌一水情况下，施用保水剂的处理千粒重除 60 kg/hm^2 处理提高外，其他均有所降低；小麦穗长除 75 kg/hm^2 处理增长外，其他均有所缩短；穗粒数除 30 kg/hm^2 减少外，其他均有所增加；株高除 15 kg/hm^2 处理外，均明显降低。

补灌二水时，施用保水剂处理株高除 60 kg/hm^2 处理外，均明显增高；千粒重除 30 kg/hm^2、75 kg/hm^2 处理提高外，其他均有所降低；小麦穗长除 75 kg/hm^2 处理增长外，其他均有所缩短；穗粒数除 75 kg/hm^2 处理增加外，其他均有所减少。

上述分析表明，保水剂的使用可以增加小麦穗长和穗粒数、提高小麦籽粒千粒重，从而提高小麦的产量，但过多的水分反而影响保水剂的使用效果。

5.3.3 不同处理对水分利用的影响

由表 5-4 可知，不灌水时，保水剂处理的降水利用效率比对照均有所提高，分别增加 1.11 ~2.99 kg/(mm · hm^2)，并以 60 kg/hm^2 处理增幅最大，提高 2.99 kg/(mm · hm^2)；

其次是 45 kg/hm² 处理，增加 2.60 kg/(mm·hm²)。

补灌一水时，保水剂处理的灌水利用效率分别比对照增加 0.063～0.206 kg/m³，并以 30 kg/hm² 处理最高，为 0.206 kg/m³；其次是 15 kg/hm² 处理，提高 0.183 kg/m³。60 kg/hm² 和 90 kg/hm² 处理略有降低。

补灌二水时，保水剂处理的灌水利用效率分别增加 0.029～0.192 kg/m³，并以 90 kg/hm² 处理提高最多，增加 0.192 kg/m³；其次是 5 kg/hm² 处理，增加 0.152 kg/m³；60 kg/hm² 处理略有降低。相对于补灌一水相应处理灌水利用效率分别增加 0.073～0.487 kg/m³，仍然以 90 kg/hm² 处理提高幅度最大，其次是 60 kg/hm² 处理，分别提高 0.487 kg/m³ 和 0.288 kg/m³。

以上水分利用分析结果表明，保水剂在水分缺乏时对提高降水利用效率十分有效，合理补充灌水有利于提高灌水利用效率，而过多的水分补充灌水利用效率增幅降低。

表 5-4　不同水分条件保水剂对水分利用率的影响

水分条件	项目	1	2	3	4	5	6	7
不灌水	产量(kg/hm²)	2 583.0	2 800.5	2 935.5	3 093.0	3 169.5	2 989.5	2 973.0
	降水利用率(kg/(mm·hm²))	13.15	14.26	14.95	15.75	16.14	15.22	15.14
	比 CK 增减(kg/(mm·hm²))		1.11	1.80	2.60	2.99	2.07	1.99
灌一水	产量(kg/hm²)	2 761.5	3 061.5	3 207.0	3 310.5	3 240.0	3 196.5	3 078.0
	灌水利用率(kg/m³)	0.397	0.580	0.603	0.483	0.157	0.460	0.233
	比 CK 增减(kg/m³)		0.183	0.206	0.086	-0.240	0.063	-0.164
灌二水	产量(kg/hm²)	3 058.5	3 388.5	3 544.5	3 594.0	3 570.0	3 601.5	3 621.0
	灌水利用率(kg/m³)	0.528	0.653	0.677	0.557	0.445	0.680	0.720
	比 CK 增减(kg/m³)		0.125	0.149	0.029	-0.083	0.152	0.192
	比灌一水增减(kg/m³)	0.132	0.073	0.073	0.073	0.288	0.220	0.487

总之，保水剂的使用可以增加小麦穗长和穗粒数、提高小麦籽粒千粒重，从而提高小麦的产量，但过多的水分反而影响保水剂的使用效果。施用保水剂处理均比不施保水剂处理有明显的增产效应。不灌水时，以施 45～60 kg/hm² 最好，增幅 19.75%～22.71%；补灌一水时，也以施 45～60 kg/hm² 最好，增幅 17.32%～19.88%；补灌二水时，施 30～90 kg/hm² 之间差异性较小，说明保水剂的增产效应在水分缺乏时增产效应显著，而在水分充分时增幅降低。保水剂在水分缺乏时对提高降水水分利用效率十分有效，并以 45～60 kg/hm² 处理最好，分别提高 2.60～2.99 kg/(mm·hm²)。不同补充灌水次数试验表明，合理补灌有利于提高灌溉水水分利用效率，但保水剂最佳的使用水分条件尚待进一步研究。

5.4　小麦保水剂最佳用量研究

试验设置处理 1，0；处理 2，15 kg/hm²；处理 3，22.5 kg/hm²；处理 4，30 kg/hm²；处理 5，37.5 kg/hm²；处理 6，45 kg/hm²；处理 7，52.5 kg/hm²；处理 8，60 kg/hm²；处理 9，67.5

kg/hm^2；处理10，75 kg/hm^2；处理11，82.5 kg/hm^2；处理12，90 kg/hm，共12个处理，重复3次，随机排列，小麦品种采用豫麦18－64，播种量为135 kg/hm^2，播期为10月15～20日，统一播种，统一管理。处理周围设1.5 m宽保护行；11月15日选定小麦定苗样段，分析小麦株高、分蘖、成穗、穗长、穗粒数等生长发育特征。试验用肥料采用过磷酸钙（含$P_2O_5$12%）、尿素（含N 46%）、硫酸钾（含K_2O60%），氮、磷、钾配比为N 180 kg/hm^2、P 120 kg/hm^2、K 120 kg/hm^2，磷肥和钾肥及50%的氮肥作底肥一次性施入，50%的氮肥作追肥在拔节期前追施。

5.4.1 不同保水剂处理小麦发育性状分析

从表5-5可以看出，不同保水剂施用量处理的穗长、穗粒数、亩穗数和千粒重均比不施处理有所提高，穗长以施保水剂45 kg/hm^{2}处理最长，其次为82.5 kg/hm^{2}处理和67.5 kg/hm^{2}处理；穗粒数则以施保水剂52.5 kg/hm^{2}处理最多，其次是45 kg/hm^{2}处理和37.5 kg/hm^{2}处理；亩穗数以施保水剂60 kg/hm^{2}最多，其次是67.5 kg/hm^{2}处理和82.5 kg/hm^{2}处理；千粒重则以67.5 kg/hm^{2}处理最高，其次是82.5 kg/hm^{2}处理和60 kg/hm^{2}处理。说明保水剂在37.5～82.5 kg/hm^{2}处理之间，保水剂对小麦发育性状具有积极的作用。

表5-5 不同保水剂施用量小麦的生长发育特征及对产量的影响

处理	株高（cm）	穗长（cm）	穗粒数（粒）	亩穗数（万穗）	千粒重（g）	株高（cm）	小区产量（kg/18 m^2）	平均产量（kg/hm^2）	比CK增产（%）
1	73.6	7.24	32.5	33.7	36.64	73.6	0.841	4 206.0	
2	69.3	7.94	34.8	32.3	38.96	69.3	0.905	4 527.0	7.62
3	72.5	7.49	34.2	36.7	38.3	72.5	0.920	4 599.0	9.32
4	72.3	7.66	34.4	35	39.32	72.3	0.952	4 761.0	13.20
5	72	7.76	37	34.7	38.8	72	0.983	4 914.0	16.81
6	73.3	8.51	37.8	37.3	37.7	73.3	1.054	5 268.0	25.25
7	72.7	7.76	38	39.3	39.24	72.7	1.125	5 626.5	33.77
8	68.1	7.39	33.6	46.7	39.86	68.1	1.135	5 673.0	34.88
9	69.1	8.07	33.2	44	41.46	69.1	1.148	5 742.0	36.50
10	65.5	7.66	32.5	40.3	39.3	65.5	1.024	5 119.5	21.70
11	65.9	8.12	32.7	40.7	40.92	65.9	1.065	5 322.0	26.54
12	67.2	7.95	35.4	37	39.6	67.2	1.022	5 107.5	21.43

5.4.2 不同保水剂施用对小麦增产效应的影响

由表5-5和图5-7的增产趋势分析表明，采用不同保水剂施用量及补给量的处理均较对照有明显增产效应，其增产幅度达7.62%～36.50%，关键是各个保水剂处理穗长、穗粒数和千粒重均有不同程度的增加，并以亩施用抗旱保水剂52.5～67.5 kg/hm^{2}处理增产效果最佳。

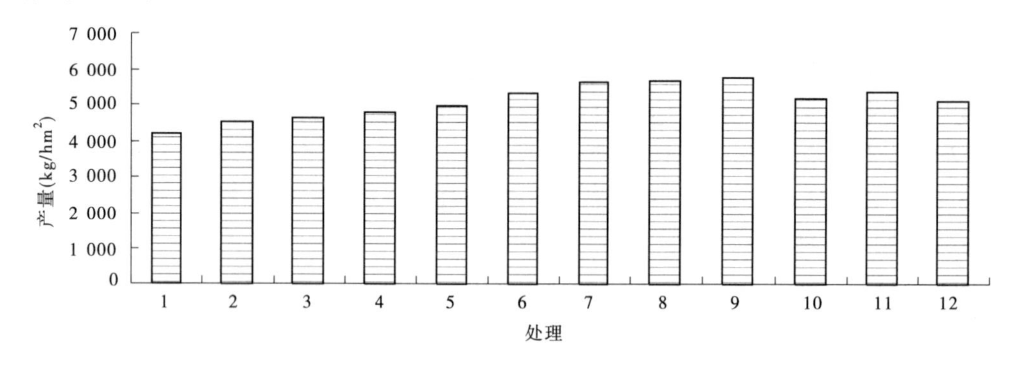

图 5-7 不同保水剂用量小麦增产趋势分析

方差分析结果表明,不同处理间达到显著差异水平(见表 5-6),显著性差异分析表明,各使用保水剂处理与对照相比,均达到了 5% 的显著水平;各保水剂处理之间表现出不同的显著性水平,其中处理 6 ~ 处理 12 等 7 个处理和处理 2 ~ 处理 5 等 4 个处理相互之间在 1% 显著水平上无差异,但两组之间与对照相比有明显不同,其中处理 6 ~ 处理 12 与对照相比则达到 1% 的显著水平,处理 2 ~ 处理 5 与对照之间差异不显著(见表 5-7)。

表 5-6 方差分析表

变异来源	自由度	平方和	均方	*F*
区组间	2	0.075	0.037	1.485
处理间	11	0.822	0.075	2.966*
误差	22	0.554	0.025	
总变异	35	1.450		
$F_{0.1}=1.90$	$F_{0.05}=2.30$	$F_{0.01}=3.26$		

表 5-7 差异显著性比较

处理	平均	5%	1%
9	1.15	a	A
8	1.13	a	A
7	1.13	a	A
11	1.06	a	A
6	1.05	a	A
10	1.02	a	A
12	1.02	a	A
5	0.98	a	AB
4	0.95	a	AB
3	0.92	a	AB
2	0.91	a	AB
1	0.56	b	B

5.4.3 保水剂处理对降水利用率的影响

通过对比分析可以看出(见表5-8),不同营养型抗旱保水剂施用量处理均比对照的降水利用效率有所提高,分别增加0.08~0.36 kg/mm,并以52.5~67.5 kg/hm^2保水剂用量降水利用效率提高最大,增加0.34~0.36 kg/mm。

表5-8 不同保水剂施用量降水相对利用率和利用效率分析

处理	1	2	3	4	5	6	7	8	9	10	11	12
产量(kg/hm^2)	4 206.0	4 527.0	4 599.0	4 761.0	4 914.0	5 268.0	5 626.5	5 673.0	5 742.0	5 119.5	5 322.0	5 107.5
利用效率(kg/(mm·hm^2))	14.9	16.1	16.4	17.0	17.4	18.8	20.0	20.1	20.4	18.2	18.9	18.2
较CK增加(kg/(mm·hm^2))		1.2	1.4	2.0	2.6	3.8	5.1	5.3	5.4	3.3	3.9	3.2

5.4.4 不同保水剂处理对土壤水分含量的影响

从表5-9、图5-8、图5-9可以看出,不同保水剂施用量处理的土壤含水量的变化比较复杂,一方面受保水剂用量不同,不同土壤层次的土壤含水量表现不同的特征,0~20 cm、80~100 cm层次施保水剂处理的土壤含水量均高于对照,20~40 cm、40~60 cm则比对照有所提高或相近,60~80 cm土壤含水量的变化较为复杂(见图5-8),可能与作物产量的提高有关;另一方面受作物产量的影响,在相同层次不同保水剂施用量土壤水分含量均表现出随作物产量的提高土壤含水量降低,这是作物产量增加耗水量增加的结果(见图5-9)。从以上分析表明保水剂的施用可以明显提高土壤的水分含量。

表5-9 小麦收获时不同保水剂处理土壤层次含水量的分布特征 (%)

层次(cm)	1	2	3	4	5	6	7	8	9	10	11	12
0~20	13.5	14.2	14.1	14.5	14.1	13.9	13.8	13.6	13.8	13.8	14.1	14.4
20~40	13.4	14.0	13.8	14.2	13.9	13.6	13.3	13.1	13.4	13.5	13.5	13.6
40~60	12.7	12.8	12.8	13.8	13.6	12.8	12.8	12.7	12.9	14.1	14.3	14.6
60~80	12.6	12.4	12.6	13.2	12.9	12.5	12.1	11.9	12.4	12.9	12.9	13.1
80~100	11.4	13.4	14.9	15.8	14.6	13.9	13.1	11.6	13.2	12.4	12.6	12.9

总之,在施用保水剂37.5~82.5 kg/hm^2,保水剂对小麦发育性状具有显著作用,并以施用抗旱保水剂52.5~67.5 kg/hm^2处理增产效果最佳,增产幅度达33.77%~36.50%。施用保水剂可以明显地提高降水利用效率,并以52.5~67.5 kg/hm^2保水剂用量降水利用效率提高最大,增加0.34~0.36 kg/mm,并明显提高土壤耕层的水分含量,与对照相比,土壤含水量提高0.3%~1.0%。

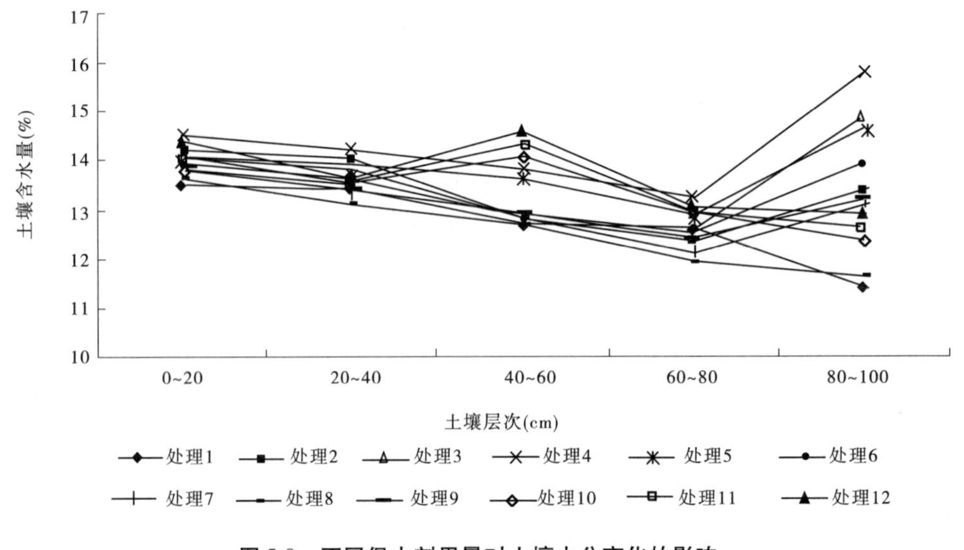

图 5-8　不同保水剂用量对土壤水分变化的影响

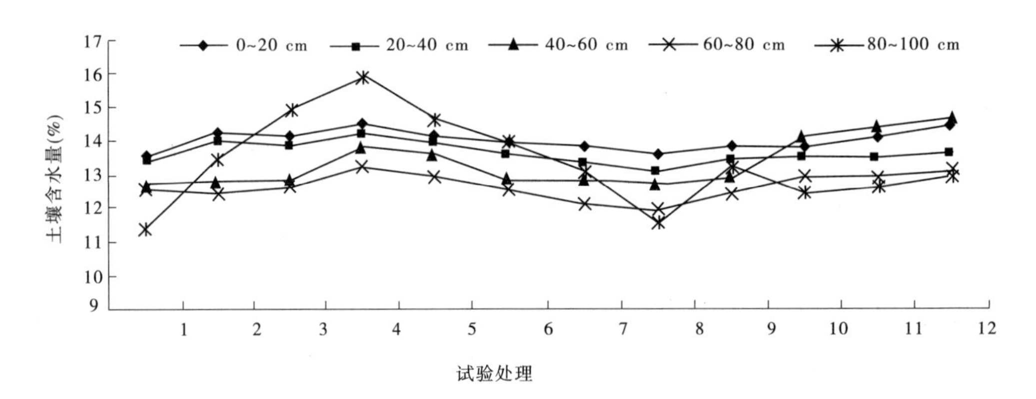

图 5-9　不同保水剂用量对同一层次土壤水分变化的影响

5.5　保水剂穴施对红薯的增产效应

营养型抗旱保水剂试验设对照、保水剂和保水剂 + 微肥三个处理，各 3 次重复，随机排列。试验用保水剂为河南省农科院研制的营养型抗旱保水剂，使用方法为穴施，保水剂用量为 60 kg/hm^2。

不同保水剂不同红薯品种增产效应试验设营养型抗旱保水剂、营养型抗旱保水球、高能抗旱保水剂、枝改性保水剂、进口保水剂和对照等 6 个处理，各 3 次重复，随机排列。使用方法为穴施，保水剂用量均为 60 kg/hm^2。

试验肥料氮、磷配比为 N 180 kg/hm^2、P 90 kg/hm^2，磷肥和氮肥作底肥一次性施入。

试验用红薯种分别为脱毒徐薯 18 和豫薯 13。

5.5.1 营养型抗旱保水剂对红薯增产效应的影响

从表5-10可以看出,营养型抗旱保水剂、营养型抗旱保水剂+多元微肥两个处理均有明显的增产效果,实测产量结果表明,营养型抗旱保水剂和营养型抗旱保水剂+多元微肥处理分别比对照增产14.07%和23.74%,主要是单株重、单块重均有不同程度的增加。而且田间调查表明,营养型抗旱保水剂和营养型抗旱保水剂+多元微肥对红薯黑斑病等病害具有一定的防治效果,营养型抗旱保水剂处理的坏红薯减轻83.6%,营养型抗旱保水剂+多元微肥处理坏红薯减轻90.7%。说明抗旱保水剂与多元微肥的复合施用为解决红薯的病害问题提供了有效的途径,但其机理和效果尚待进一步的研究。

表5-10 2001年抗旱保水剂穴施对红薯产量的影响

项目	CK		抗旱保墒剂		抗旱保墒剂+多元微肥	
	单株重(kg)	块重(kg)	单株重(kg)	块重(kg)	单株重(kg)	块重(kg)
1	0.70	0.23	0.80	0.80	0.85	0.43
2	0.70	0.23	0.70	0.18	0.92	0.41
3	1.06	0.21	1.04	0.26	1.21	0.30
4	1.02	0.20	1.04	0.26	1.24	0.31
5	1.04	0.21	1.17	0.59	1.12	0.56
6	0.85	0.85	1.17	0.59	1.32	0.44
7	1.25	0.42	0.65	0.33	0.55	0.28
8	0.85	0.17	1.47	0.29	1.85	0.46
9	0.49	0.25	1.10	0.37	1.40	0.47
10	0.89	0.22	0.98	0.33	1.10	0.37
11	0.54	0.18	0.68	0.34	0.75	0.25
12	0.76	0.38	0.68	0.34	0.75	0.38
13	0.32	0.16	0.85	0.28	1.05	0.35
14	0.70	0.23	0.30	0.30	0.40	0.40
15	0.43	0.22	0.75	0.38	0.80	0.40
合计	11.60	4.16	13.38	5.64	15.31	5.81
平均	0.77	0.24	0.89	0.33	1.02	0.39
产量(kg/hm^2)	28 950		33 023		35 820	
比CK增产(%)			14.07		23.74	

5.5.2 不同保水剂对不同红薯品种的增产效应分析

在前期试验的基础上,我们进一步安排了不同保水剂、不同红薯品种的增产效应试验,从表5-11可以看出,不同保水剂对红薯具有明显的增产效应,其中徐薯18以进口保水剂增产幅度最大,为21.91%;其次是营养型抗旱保水球,增产20.26%,营养型抗旱保水剂和高能抗旱保水剂相近，分别增产14.22%和13.12%，枝改性保水剂仅增产5.44%。

表5-11　不同红薯品种抗旱保水剂增产效应研究

处理	营养型抗旱保水球	营养型抗旱保水剂	高能抗旱保水剂	进口保水剂（美国）	枝改性保水剂	对照
徐薯18（kg/hm²）	26 603.55	25 267.2	25 024.35	26 967.9	23 323.65	22 120.95
比对照增产（kg/hm²）	4 482.6	3 146.25	2 903.4	4 846.95	1 202.7	
比对照±（%）	20.26	14.22	13.12	21.91	5.44	
豫薯13（kg/hm²）	27 696.75	26 579.25	27 210.9	28 425.6	26 239.05	25 510.2
比对照增产（kg/hm²）	2 186.55	1 069.05	1 700.7	2 915.4	728.85	
比对照±（%）	8.57	4.19	6.67	11.43	2.86	

豫薯13以进口保水剂增产幅度最大，为11.43%；其次为营养型抗旱保水球，增产8.57%，高能抗旱保水剂增产6.67%，营养型抗旱保水剂和枝改性保水剂仅分别增产4.19%和2.86%。与徐薯18相比，虽然保水剂处理的增产效应是一致的，但其营养型抗旱保水剂处理没有高能抗旱保水剂处理高，说明不同的保水剂对不同耐旱性品种的适应性有一定的差异，尚有待进一步深化研究。

经过方差分析表明，处理间达到显著性差异水平（见表5-12）；差异显著性分析表明不同保水剂品种处理间与对照相比，均达到了5%的显著水平，只有处理5不显著，而处理4则达到了1%的极显著水平（见表5-13）。

表5-12　方差分析

变异来源	自由度	平方和	均方	F
品种间	1	56 527.786	56 527.786	29.095
处理间	5	92 747.521	18 549.504	9.547*
误差	5	9 714.490	1 942.898	
总变异	11	158 989.797		

$F_{0.1}=3.45$　$F_{0.05}=5.05$　$F_{0.01}=10.97$

表5-13　差异显著性比较

处理	平均	5%	1%
枝改性保水剂	1 846.45	a	A
营养型抗旱保水剂	1 810.01	ab	AB
高能抗旱保水剂	1 741.17	ab	AB
营养型抗旱保水剂	1 728.21	b	AB
进口保水剂	1 652.09	bc	B
对照	1 587.70	c	B

总之,保水剂施用对红薯增产具有明显的效果,主要是单株重、单块重均有不同程度的增加,与对照相比分别增产 14.07% 和 23.74%。同时,对红薯黑斑病等病害有良好的防治效果,但其机理有待于进一步的深化研究。不同保水剂不同红薯品种试验进一步表明,保水剂穴施红薯增产效果明显。其中徐薯 18 表现为进口保水剂 > 营养型抗旱保水球 > 营养型抗旱保水剂 > 高能抗旱保水剂 > 枝改性保水剂 > 对照,其增产幅度为 5.44% ~ 21.91%;豫薯 13 则表现为进口保水剂 > 营养型抗旱保水球 > 高能抗旱保水剂 > 营养型抗旱保水剂 > 枝改性保水剂 > 对照,其增产幅度为 2.86% ~11.43%。二者相比,同等措施下徐薯 18 比豫薯 13 增产更加显著,说明不同的保水剂对不同耐旱性品种的适应性有一定的差异性,但其机理尚有待进一步深化研究。

5.6 不同保水剂应用对玉米产量的影响

试验设 7 个处理,即处理 1,对照;处理 2,营养型抗旱保水剂 45 kg/hm^2;处理 3,营养型抗旱保水剂 60 kg/hm^2;处理 4,博亚高能抗旱保水剂 45 kg/hm^2;处理 5,博亚高能抗旱保水剂 60 kg/hm^2;处理 6,全益保水素 45 kg/hm^2;处理 7,全益保水素 60 kg/hm^2。3 次重复,随机排列。

玉米品种采用豫玉 22,播种量为 30 kg/hm^2,播期为 5 月 28 日,统一管理。处理周围设 2 m 宽保护行;试验只采取氮素追肥,追肥量为 225 kg/hm^2 尿素,追肥期为玉米大喇叭口期,遇旱补灌一水 300 m^3/hm^2(补灌时间为追肥后)。

5.6.1 不同保水剂对玉米生育性状的影响

从表 5-14 可以看出,玉米株高从整体上以降低为主;成穗穗位则表现不同的特征,营养型抗旱保水剂处理(处理 2、处理 3)穗位降低;博亚高能抗旱保水剂处理 5 穗位降低,处理 4 穗位升高;全益保水素处理(处理 6、处理 7)穗位整体升高。

表 5-14 不同保水剂对玉米发育性状的影响

处理	株高(cm)	穗位	穗长(cm)	百粒重(g)	单穗重(g)
1	268.82	96.78	19.70	25.37	51.62
2	259.24	96.52	21.00	33.96	51.85
3	261.93	95.52	21.78	34.10	52.39
4	258.95	99.44	23.32	32.58	51.79
5	244.60	95.08	21.16	33.41	52.92
6	268.90	107.20	20.78	31.25	53.78
7	258.12	101.22	22.04	32.45	53.76

玉米穗长增加明显,平均增幅为 1.08 ~3.62 cm。其中以处理 4 增加最多,增长 3.62 cm,其次为处理 7 和处理 3,分别增长 2.34 cm 和 2.08 cm。就不同保水剂类型而言,博亚

高能抗旱保水剂 > 全益保水素 > 营养型抗旱保水剂。

玉米百粒重提高显著,平均增加 5.88 g 和 8.73 g。其中以处理 3 提高最显著,其次为处理 2 和处理 5,分别提高 8.59 g 和 8.04 g。就不同保水剂类型而言,以营养型抗旱保水剂提高最显著,即营养型抗旱保水剂 > 博亚高能抗旱保水剂 > 全益保水素 。

玉米单穗重也有不同程度的提高,平均增加 0.17 ~ 2.16 g。其中以处理 6 和处理 5 提高最多,分别提高 2.14 ~ 2.16 g。不同保水剂类型之间以全益保水素 > 博亚高能抗旱保水剂 > 营养型抗旱保水剂。

5.6.2 不同保水剂对玉米产量的影响

从表 5-15 可以看出,不同保水材料处理比对照有不同程度的增产效应,增产幅度分别为 1.88% ~7.51% ,其中处理 3 增产最明显,增产幅度为 7.51% ;其次是处理 5,增产幅度为 5.01% ;增产幅度最低的是处理 6,增产幅度仅 1.88% 。不同保水剂类型之间以营养型抗旱保水剂提高最显著,其次为博亚高能抗旱保水剂,即营养型抗旱保水剂 > 博亚高能抗旱保水剂 > 全益保水素。

表 5-15 不同保水剂对玉米增产效应的影响

处理	小区产量(kg)				单位产量 (kg/hm^2)	比对照增产 (%)	单位净效益 (元/hm^2)
	Ⅰ	Ⅱ	Ⅲ	平均(kg)			
1	2.50	2.80	2.70	2.67	7 407		
2	2.70	3.20	2.45	2.78	7 731	4.38	421.8
3	2.85	2.65	3.10	2.87	7 963.5	7.51	722.7
4	2.50	2.80	2.90	2.73	7 593	2.51	241.2
5	2.80	2.70	2.90	2.80	7 777.5	5.01	481.95
6	2.55	3.00	2.60	2.72	7 546.5	1.88	181.05
7	2.65	2.50	3.10	2.75	7 639.5	3.13	301.5

5.6.3 不同保水剂对土壤水分含量的影响

从表 5-16 可以看出,不同处理间耕层的土壤水分含量有一定的差异性,保水剂处理对提高土壤耕层含水量具有积极的效果,不同处理宽、窄行分别比对照提高 0.4% ~ 1.1% 和 1.8% ~5.2% 。

同时,从播种到收获不同土壤层次土壤含水量的变化还可以看出(见表 5-16),使用保水剂处理对提高亚耕层以下土壤层次的含水量具有积极的效果。

总之,不同化学节水产品应用对改善玉米发育性状具有积极效果,其中穗长为博亚高能抗旱保水剂 > 全益保水素 > 营养型抗旱保水剂,单穗重为全益保水素 > 博亚高能抗旱保水剂 > 营养型抗旱保水剂,百粒重为营养型抗旱保水剂 > 博亚高能抗旱保水剂 > 全益保水素。从而影响经济产量,不同化学节水产品应用玉米分别增产 1.88% ~7.51% 。不同保水剂类型之间以营养型抗旱保水剂提高最显著,其次为博亚高能抗旱保水剂,即营养型抗旱保水剂 > 博亚高能抗旱保水剂 > 全益保水素。同时,施用保水剂有利于提高土壤的含水量,试验表明不同保水剂处理宽、窄行分别比对照提高0.4% ~1.1%和1.8% ~5.2%。

表 5-16 土壤含水量的变化特征

播种时		收获时		处理	宽行(%)	窄行(%)
层次(cm)	含水量(%)	层次(cm)	含水量(%)	1	26.9	23.4
0 ~ 10	19.6	0 ~ 10	24.30	2	28.0	27.1
10 ~ 20	21.2	10 ~ 20	27.08	3	27.4	25.2
20 ~ 30	18.8	20 ~ 40	28.20	4	27.4	23.4
30 ~ 40	11.2	40 ~ 60	29.23	5	27.4	28.6
40 ~ 50	4.8	60 ~ 70	28.67	6	27.6	25.3
		70 ~ 80	33.45	7	27.3	26.8

5.7 保水剂及秸秆覆盖对玉米产量和水分利用的影响

试验设13个处理,即处理1,覆盖麦秸3 000 kg/hm^2;处理2,覆盖麦秸6 000 kg/hm^2;处理3,覆盖麦秸9 000 kg/hm^2;处理4,营养型抗旱保水剂45 kg/hm^2;处理5,营养型抗旱保水剂60 kg/hm^2;处理6,营养型抗旱保水剂 + 秸秆覆盖—营养型抗旱保水剂45 kg/hm^{2}和覆盖麦秸3 000 kg/hm^2;处理7,营养型抗旱保水剂 + 秸秆覆盖—营养型抗旱保水剂45 kg/hm^2 和覆盖麦秸6 000 kg/hm^2;处理8,营养型抗旱保水剂 + 秸秆覆盖—营养型抗旱保水剂45 kg/hm^2 和覆盖麦秸9 000 kg/hm^2;处理9,保水剂45 kg/hm^2;处理10,抗旱保水剂60 kg/hm^2;处理11,保水素45 kg/hm^2;处理12,保水素60 kg/hm^2;处理13,对照。3次重复,拉丁方排列。

玉米采用稀植型品种豫玉22,播种量为30 kg/hm^2,播期为5月28日,统一管理。处理周围设2 m宽保护行;试验采用小麦/玉米两熟制的种植方式,底肥只在小麦播种时施用,氮、磷比例为12.5∶8,小麦生育期氮素追肥,追肥量为187.5 kg/hm^2 尿素,玉米生育期,追肥期为玉米大喇叭口期,追肥量为225 kg/hm^2 尿素;作物遇旱补灌一水450 m^3/hm^2(补灌时间为追肥后)。

土壤含水量的测定采用FDR土壤水分测定仪测定,土壤养分的测定:土壤有机质采用重铬酸钾 - 硫酸消化法,土壤全氮采用重铬酸钾 - 硫酸消化蒸馏法,有效磷采用碳酸氢钠浸提 - 钼锑抗比色法,速效钾采用醋酸铵浸提 - 火焰光度法,CEC采用醋酸铵 - EDTA交换法。

5.7.1 不同技术措施对玉米生育性状的影响

从表5-17可以看出,植株高度没有明显的影响,成穗穗位则有明显的提高,特别是营养型抗旱保水剂+秸秆覆盖复合处理(处理7、处理8)最为显著;保水素45 kg/hm²(处理11)穗位则有所降低。总穗长也表现出明显的增长,平均增长0.2~4.28 cm,只有处理1降低0.2 cm;有效穗长均有明显增加,平均增加1.21~2.88 cm,其中以复合处理增长最多,化学节水产品处理表现为营养型抗旱保水剂>保水剂>保水素。百粒重较对照均有所提高,提高幅度为0.07~3.16 g,其中以处理4增加最多,为3.16 g;处理9提高最少,仅0.07 g。

以上分析表明,不同技术措施对改善玉米生育性状具有积极的效果,对实现玉米的高产高效和降水利用率的提高十分有利。

表5-17 不同技术措施对玉米发育性状及产量的影响

处理	株高(cm)	穗位(cm)	总穗长(cm)	有效穗长(cm)	百粒重(g)	单位产量(kg/hm²)	比对照增产(%)
1	270.30	96.10	21.26	20.78	33.23	7 870.5	8.97
2	266.00	93.96	22.48	21.01	34.35	7 963.5	10.25
3	269.70	97.70	21.66	21.42	33.26	8 101.5	12.18
4	267.20	95.00	21.62	21.22	35.84	8 055.0	11.53
5	264.60	97.76	22.30	21.69	33.88	8 241.0	14.10
6	269.00	98.98	22.46	22.11	32.94	8 334.0	15.38
7	275.30	102.92	22.52	22.23	32.96	8 518.5	17.94
8	261.00	105.80	22.78	22.45	33.85	8 703.0	20.51
9	272.25	103.16	22.64	21.36	32.75	7 777.5	7.69
10	274.62	103.34	22.84	21.40	32.83	7 963.5	10.25
11	260.60	82.22	25.74	21.28	33.05	7 360.5	1.92
12	258.00	91.50	24.34	21.36	34.53	7 546.5	4.48
13	270.00	86.30	21.46	19.57	32.68	7 222.5	

5.7.2 不同技术措施对玉米产量的影响

从表5-17可以看出,不同技术措施对提高玉米产量具有积极效果,与对照相比,平均增产幅度为1.92%~20.51%。其中以处理8增产效果最显著,增幅为20.51%;其次是处理7、处理6、处理5,分别增产17.94%、15.38%和14.10%。

化学节水技术产品之间相比,营养型抗旱保水剂的所有处理(处理4、处理5)增产效果最显著,分别增产11.53%和14.10%,复合处理(营养型抗旱保水剂+秸秆覆盖)增产效果更加显著,平均增产幅度达15.38%~20.51%;其次是保水剂处理(处理9、处理10),分别增产7.69%~10.25%;保水素处理(处理11、处理12)的增产效果最差,分别增产1.92%和4.48%。

5.7.3 不同技术措施对土壤含水量的影响

由于玉米生长正处于全年的降水高峰,2002~2004年又是丰水年份,在固定时段内土壤含水量的测定表明,玉米宽行和窄行的土壤含水量均无明显差异。

但从初始土壤含水量和玉米收获时土壤含水量来看，不同技术措施对提高土壤含水量具有不同程度的积极效果。从土壤剖面看，不同技术措施对提高亚表层以下层次的土壤含水量有积极效果（见表5-18），只有处理6和处理9没有提高；从不同处理耕层土壤水分含量来看（见5-19），不同技术措施对提高土壤耕层含水量有积极效果，分别提高0.05～3.10个百分点，其中以营养型抗旱保水剂60 kg/hm²（处理5），提高3.10个百分点；其次是营养型抗旱保水剂＋秸秆覆盖9 000 kg/hm²（处理8），提高2.85个百分点。化学节水产品处理以营养型抗旱保水剂＞保水素＞保水剂。

表5-18　不同层次土壤含水量

播种时		收获时	
层次（cm）	含水量（%）	层次（cm）	含水量（%）
0～10	16.7	0～10	24.3
10～20	19.1	10～20	26.4
20～30	18.6	20～40	27.6
30～40	16.2	40～60	29.3
40～50	20.9	60～70	29.3
		70～80	35.2

表5-19　不同处理耕层土壤含水量

处理	含水量（%）	处理	含水量（%）
1	25.8	8	26.0
2	24.6	9	22.6
3	25.3	10	24.1
4	25.1	11	23.2
5	26.2	12	24.6
6	22.7	13	23.1
7	24.8		

6.7.4　不同技术措施对降水利用效率的影响

从表5-20可以看出，不同技术措施对提高降水利用效率具有积极效果，分别提高0.45～3.60 kg/（mm·hm²）。其中以处理8最高，达到3.6 kg/（mm·hm²）；其次是处理7和处理6，分别达到3.15 kg/（mm·hm²）和2.70 kg/（mm·hm²）。这3个处理都是抗旱保水剂＋秸秆覆盖综合措施的处理，说明合理的技术集成是提高降水利用率和利用效率的最佳途径。化学节水技术产品间以营养型抗旱保水剂处理的效果最好，提高1.95～2.40 kg/（mm·hm²）；其次为保水剂，提高1.35～1.80 kg/（mm·hm²）；保水素是最差的，仅提高 0.45 ~0.90 kg/(mm·hm²)，是所有技术措施中最低的。

表 5-20　不同技术措施对降水利用效率的影响

处理	1	2	3	4	5	6	7	8	9	10	11	12	13
产量 (kg/hm²)	7 870.5	7 963.5	8 101.5	8 055	8 241	8 334	8 518.5	8 703	7 777.5	7 963.5	7 360.5	7 546.5	7 222.5
利用率 (kg/(mm·hm²))	18.45	18.60	18.90	18.75	19.20	19.50	19.95	20.40	18.15	18.60	17.25	17.70	16.80
比对照 (kg/(mm·hm²))	1.65	1.80	2.10	1.95	2.40	2.70	3.15	3.60	1.35	1.80	0.45	0.90	

5.7.5　不同技术措施对土壤耕层养分的影响

从表 5-21 可以看出，不同技术措施对提高土壤耕层养分具有不同的特征，与基础样相比，全氮略有上升(0.01 ~0.06 g/kg)，有效磷有明显上升(1.63 ~5.64 mg/kg)，速效钾则表现在高秸秆覆盖量时略有上升，其他均有不同程度的下降，但秸秆覆盖处理降幅较小，其他降低幅度大；有机质均表现为秸秆覆盖和相关的复合处理上升(0.2 ~0.9 g/kg)，其他均有不同程度的下降。这种变化特征与长期定位观测结果相一致。

表 5-21　不同技术措施对土壤耕层养分的影响

处理	1	2	3	4	5	6	7	8	9	10	11	12	13
有机质 (g/kg)	12.6	13.2	12.8	11.8	11.6	12.5	12.8	12.6	11.9	11.7	11.9	12.1	12.2
N (g/kg)	0.83	0.84	0.84	0.85	0.82	0.85	0.86	0.86	0.82	0.81	0.83	0.82	0.84
P_2O_5 (mg/kg)	8.56	8.63	8.72	9.24	9.23	10.41	12.30	15.46	8.72	8.64	9.24	8.79	8.29
K_2O (mg/kg)	112.3	113.6	118.7	109.4	107.2	112.7	113.4	118.9	110.9	110.9	111.8	111.2	110.2

总之，保水剂应用和秸秆覆盖相结合对改善玉米生育性状具有积极的效果，玉米有效穗长平均增加 1.21 ~2.88 cm；百粒重较对照均提高 0.07 ~3.16 g；单穗重增加 1.18 ~4.64 g。从而实现节水增效，与对照相比，平均增产幅度为 1.92% ~20.51%。其中以秸秆覆盖 + 营养型抗旱保水剂复合增产效果最显著，增产 15.38% ~20.51%；其次为营养型抗旱保水剂处理，增产 11.53% ~14.10%。降水利用效率分别提高 0.45 ~3.60 kg/(mm·hm²)。其中以复合处理最好，提高 2.70 ~3.60 kg/(mm·hm²)，说明合理的技术集成对提高降水利用的最佳途径。同时，明显提高了土壤蓄水能力和土壤养分状况，土壤含水量提高 1.70 ~3.10 个百分点，合理秸秆覆盖可以提高土壤耕层的氮、磷、钾和有机

质含量，否则将导致有效钾和有机质含量的降低。

5.8 保水剂与秸秆覆盖对小麦－玉米产量和水分利用的影响

试验设秸秆覆盖、保水剂与不同补灌量相结合，3 种条件 5 个处理：处理 1，对照；处理 2，拔节孕穗期各灌 300 m^3/hm^2；处理 3，拔节孕穗期各灌 600 m^3/hm^2；处理 4，拔节孕穗期各灌 900 m^3/hm^2；处理 5，拔节孕穗期各灌 1 200 m^3/hm^2。随机区组设计，小区面积 $3\ m \times 5\ m = 15\ m^2$，3 次重复。供试小麦品种为周麦 18，单位播种量为 120 kg/hm^2。试验用保水剂为本单位研制的营养型抗旱保水剂，单位用量为 45 kg/hm^2；秸秆还田量为 6 000 kg/hm^2。试验所用氮肥为尿素，含氮 46%；磷肥为一铵，含氮 11%，含 P_2O_5 44%；钾肥为氯化钾，含 K_2O 60%。统一管理，统一进行除草剂、纹枯病、条锈病、红蜘蛛和麦健等化控技术应用与管理。

5.8.1 对群体动态变化的影响

从表 5-22 可以看出，在秸秆覆盖和保水剂施用条件下，不同水分条件在不同生育期的群体变化具有不同的特征。特别是拔节期进行补灌后各水分处理的总群体均高于对照，但孕穗期灌水后，适度灌水有益群体发育（处理 2、处理 3、处理 4），而过度灌水（处理 5）群体反而降低；成熟期各水分处理的成穗数量均高于对照。

表 5-22 不同生育期群体动态变化特征 （单位：万头/hm^2）

日期（月-日）	11-10	12-13	02-19	03-21	04-24	05-09	05-26
处理 1	430	650	1 480	1 430	750	575	560
处理 2	475	735	1 480	1 500	800	590	570
处理 3	400	660	1 500	1 515	825	590	580
处理 4	385	680	1 470	1 450	790	600	600
处理 5	400	980	1 600	1 450	745	575	570

5.8.2 对小麦生长发育的影响

从表 5-23 可以看出，株高除处理 4 以外，均有所增高；穗长变化的比较复杂，但总体呈缩短趋势，主要是对照穗长而稀，部分不孕穗长所致；穗粒数均有所提高，分别提高 0.60～2.95 粒；千粒重处理 4、处理 5 降低，处理 2、处理 3 分别提高 0.5～0.8 g。

5.8.3 对小麦产量的影响

从表 5-23 和图 5-10 可以看出，合理的灌水对小麦增产具有积极效果，并以处理 3 增产效果最佳，增产 11.83%，其次为处理 4。但过多的灌水反而影响小麦的产量，处理 5 减产 1%。以上分析表明，小麦生育期所需的水量是有规律可循的，为今后小麦的节水灌溉提供了科学依据。

表 5-23　不同处理对小麦成产三要素和产量变化的影响

项目	株高（cm）	穗长（cm）	穗粒数（粒）	千粒重（g）	产量（kg/hm²）	比对照（%）
处理 1	73.2	8.0	32.05	40.8	7 138.0	
处理 2	74.0	7.5	32.90	41.3	7 315.7	2.49
处理 3	74.0	7.4	32.65	41.6	7 982.4	11.83
处理 4	69.8	8.0	35.00	39.8	7 671.3	7.47
处理 5	73.7	7.8	33.05	40.6	7 066.8	-1.00

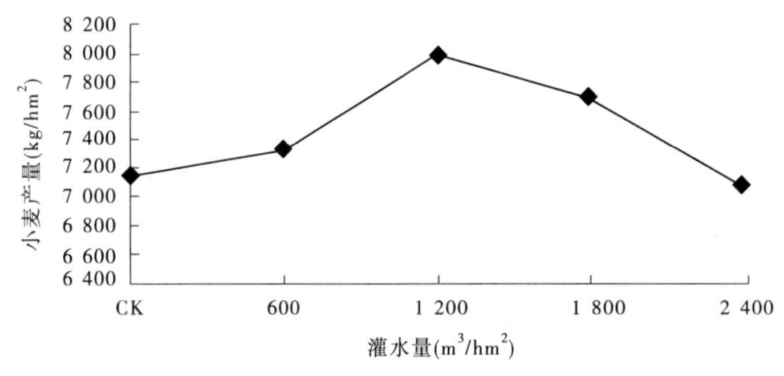

图 5-10　不同灌水对小麦产量的影响

5.8.4　对玉米生长发育性状和产量的影响

从表 5-23 可以看出，不同处理秋季种植的玉米在不进行补充灌溉的情况下，玉米产量有一定的差异性。在同等条件下，夏季小麦灌水处理种植玉米分别比对照增产 7.31% ~16.15%，其中处理 4 增产效果最佳，增产 16.15%，其次为处理 5，增产 16.15%。

5.8.5　对夏秋两季作物产量的累加效应

将夏秋两季粮食产量累加，结果发现在适量灌水的情况下，对粮食全年增产增收具有明显的效果（见表 5-24）。全年增产效果最好的是处理 3 和处理 4，分别增产 11.68% 和 11.84%。

表 5-24　不同处理对玉米生长发育性状和产量的影响

项目	株高（cm）	穗位（cm）	穗长（cm）	玉米产量（kg/hm²）	比对照（%）	小麦玉米总产（kg/hm²）	比对照（%）
处理 1	244.4	96.8	18.24	7 222.2		14360.2	
处理 2	249.4	108.7	16.36	7 750.0	7.31	15 065.7	4.91
处理 3	253.0	103.4	16.50	8 055.6	11.54	16 038.0	11.68
处理 4	208.8	92.0	17.00	8 388.9	16.15	16 060.2	11.84
处理 5	253.8	102.0	17.08	8 333.3	15.38	15 400.1	7.24

通过夏秋两季作物产量的分析表明，在河南省中产灌区节水、丰产、高效的小麦－玉米两熟制最佳的灌溉量是1 200～1 800 m^3/hm^2。

5.8.6 对土壤水分的影响

从表5-25和图5-11可以看出，不同处理的土壤水分含量有显著的差异。对照各层次的土壤水分含量在小麦和玉米收获后都低于其他不同处理层次的土壤水分含量，因为仅靠自然降水对其水分的补充是不够的。同时，由于小麦产出量的不同，各处理并不因为补充灌水量大，土壤含水量就大，但适量灌水对土壤含水量的补偿效应是十分显著的，特别是在小麦收获后和玉米收获后的两次观测，处理3、4、5三个处理在60 cm以下层次表现的比较明显。总之，不同时期不同处理次含水量的变化动态表明，适量补充灌水和秸秆覆盖与保水剂相结合有利于改善和补偿土壤水分，维持小麦－玉米两熟制作物产量的稳定与提高。

表5-25 不同处理对不同层次土壤水分变化的影响 (%)

时期	层次(cm)	处理1	处理2	处理3	处理4	处理5
基础样品	0～20	14.53	15.08	13.65	14.92	14.67
	20～40	14.62	14.71	15.53	15.15	14.84
	40～60	15.41	15.81	15.92	15.04	15.32
	60～80	15.23	15.90	16.03	15.91	15.68
	80～100	16.84	16.58	16.88	16.52	16.97
	100～120	16.98	17.03	17.21	17.01	17.43
小麦收获后	0～20	13.84	14.20	14.63	14.91	15.13
	20～40	9.52	11.54	12.41	12.48	12.98
	40～60	9.59	10.86	11.71	10.93	10.07
	60～80	11.19	12.49	12.03	14.24	12.21
	80～100	11.79	12.36	12.52	14.90	14.18
	100～120	12.36	12.75	13.93	14.90	13.77
玉米收获后	0～20	19.15	19.89	20.08	19.48	19.35
	20～40	17.80	18.76	19.91	20.94	18.39
	40～60	17.53	19.67	19.89	20.82	19.15
	60～80	17.58	19.75	19.93	20.92	21.14
	80～100	19.40	20.10	20.41	21.85	21.19
	100～120	19.02	20.17	20.37	21.00	20.22

从表5-24和图5-12可以看出，不同时期不同处理的土壤水分含量一般以底层最高，20～60 cm深处有一水分凹槽，这是作物生长水分需求较大，土壤水分短期匮缺所致，与长期定位研究结果一致。但小麦收获后由于一场降水，导致表层最高，同时也说明由于小麦生长发育的需要，灌水量小或不及时，作物生长吸取土壤水分的量较大，导致土壤水分补偿不及时，并影响夏季作物的生长。小麦收获后，表层和20～40 cm两层各处理的土壤

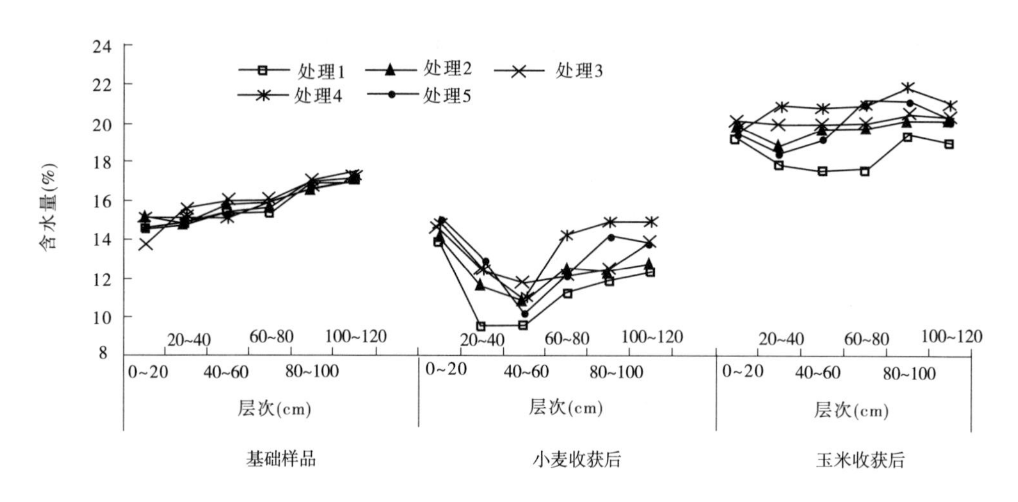

图 5-11　不同处理不同层次土壤水分的变化特征

含水量均为处理 5 > 处理 4 > 处理 3 > 处理 2 > 处理 1,40 ~ 60 cm 各处理的土壤含水量为处理 3 > 处理 4 > 处理 2 > 处理 5 > 处理 1,60 ~ 80 cm 各处理的土壤含水量均为处理 4 > 处理 2 > 处理 5 > 处理 3 > 处理 1,80 ~ 100 cm 各处理的土壤含水量均为处理 4 > 处理 5 > 处理 3 > 处理 2 > 处理 1,100 ~ 120 cm 各处理的土壤含水量则为处理 4 > 处理 3 > 处理 5 > 处理 2 > 处理 1。总之,小麦收获后,由于补充灌水对土壤水分的补偿效应,各灌水处理的土壤含水量明显高于对照。

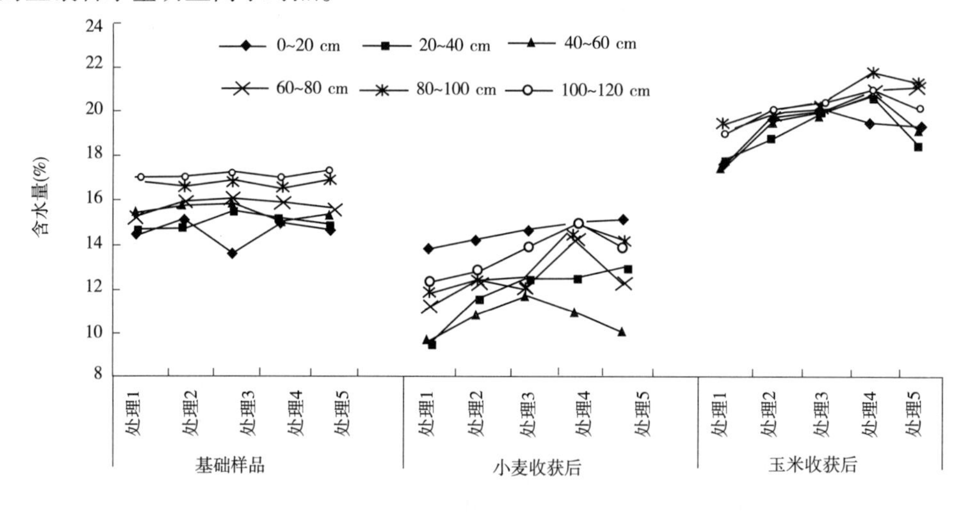

图 5-12　不同处理不同时期土壤含水量的变化特征

玉米收获后,表层各处理的土壤含水量为处理 3 > 处理 2 > 处理 4 > 处理 5 > 处理 1, 20 ~ 40 cm 和 40 ~ 60 cm 两层各处理的土壤含水量均为处理 4 > 处理 3 > 处理 2 > 处理 5 > 处理 1, 60 ~ 80 cm 各处理的土壤含水量均为处理 5 > 处理 3 > 处理 4 > 处理 2 > 处理 1,80 ~ 100 cm 和 100 ~ 120 cm 两层各处理的土壤含水量均为处理 4 > 处理 5 > 处理 3 > 处理 2 > 处理 1。总之,由于秋季耗水作物玉米对水分的需求平衡,玉米收获后,各灌水处理的土壤含水量仍然明显高于对照,说明小麦生长季节的补充灌水对土壤水分的补偿效应有影响全年作物生长的趋势。

5.8.7 对土壤养分的影响

从表5-26可以看出,与播种前相比,一年后各处理的有效态养分和有机质含量呈总体下降趋势。其中速效氮表现为处理3、处理4、处理5下降,处理1、处理2持平;速效钾表现为处理2、处理3下降,处理1、处理4、处理5下降;有效磷和有机质则为整体下降。这一分析结果说明秋季种植玉米应适当追施或底施少量磷肥,同时加大夏季作物秸秆的还田力度,不断提高土壤有机质,增强高产稳产的水平。

表5-26 不同处理对土壤养分的影响

时间	处理	速效氮(mg/kg)	有效磷(mg/kg)	速效钾(mg/kg)	有机质(g/kg)
播种前	1	98.8	8.89	86.3	2.63
	2	86.5	8.81	84.7	2.28
	3	90.5	8.74	89.8	2.25
	4	86.5	8.80	84.9	2.38
	5	90.6	8.90	88.6	3.01
秋收后	1	98.8	6.46	95.5	2.40
	2	86.5	8.20	82.9	2.16
	3	89.0	6.02	84.4	2.22
	4	80.0	8.61	89.8	2.23
	5	89.7	7.94	90.5	2.26

总之,保水剂与秸秆覆盖相结合条件下,适度灌水有益群体发育,而过度灌水(处理5)群体反而降低,特别是拔节期补灌;成熟期灌水处理的成穗数量高于对照。株高有所增高;穗形表现为密而短,对照则稀而长;穗粒数分别提高0.6~2.95粒;千粒重高灌水降低,低灌水提高。从而促进小麦增产,以处理3增产效果最佳,增产11.83%。但过多灌水反而影响小麦产量,处理5减产1%,并影响到玉米产量,小麦灌水处理种植玉米分别比对照增产7.31%~16.15%,其中处理4增产效果最佳,增产16.15%。在河南省中产灌区节水、丰产、高效的小麦-玉米两熟制最佳的灌溉量是1 200~1 800 m^3/hm^2。为小麦-玉米两熟制周年需水、节灌提供了科学依据。同时,土壤含水量的变化动态表明,秸秆覆盖与保水剂相结合适量补充灌水有利于改善和补偿土壤水分,而且小麦季节补灌对土壤水分的补偿效应有影响全年作物生长的趋势。有待于进一步深化研究。

5.9 极端年份大田条件下保水剂对小麦产量和发育的影响

根据2008~2009年“郑州市旱作节水小麦生产千亩示范方和万亩示范田建设方案”,我们分别在荥阳市贾峪镇楼李村和新郑市建立了500亩示范方。自2008年10月冬小麦播种到2009年6月,对示范区的冬小麦返青期(极度干旱)小麦长势和收获期的考种进行调查、测定与分析。

5.9.1 营养型抗旱保水剂对冬小麦返青期生长影响

由于从2008年10月冬小麦播种到2009年2月,有效降水较少,加之耕翻地后没有进行有效的镇压,因此周围小麦受旱较为严重,但与示范区冬小麦相比,施用保水剂后小麦长势基本结果如下(保水剂用量为15 kg/hm^2,拌土撒施后翻耕)。

5.9.1.1 保水剂对土壤水分的影响

从图5-13中可以看出,保水剂施用后明显提高了土壤各层次的含水量,对20~30 cm的土壤水分的提高最显著。在未施保水剂的对照处理显示,10~20 cm的土壤水分相对于其他层次含量最低,说明因表层疏松导致下层水分易流失到空气中而损失。同样种植品质9023的保水剂处理,在前茬是玉米地的土壤水分表层与前茬是花生的处理相当,但20 cm以下明显高于前茬是花生的处理,说明玉米根系+保水剂的双重作用对于提高整个土体的土壤水分是有利的。而作为抗旱品种的矮抗58在20~30 cm深度的水分最高,说明与其根系有关。

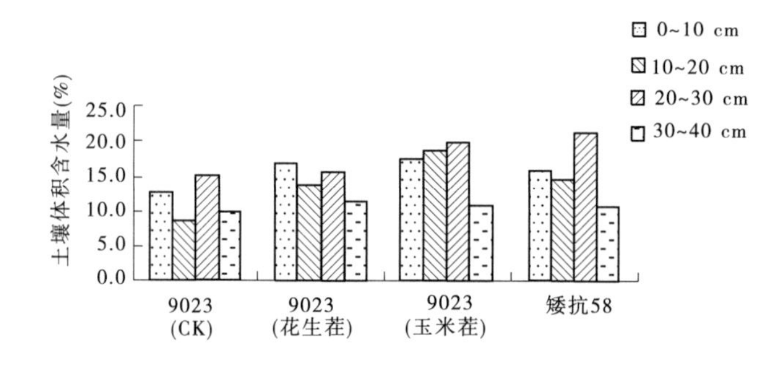

图5-13 不同层次土壤含水量

5.9.1.2 保水剂对冬小麦分蘖、植株及根系的影响

保水剂对冬小麦分蘖、植株及根系生长产生重要影响。从表5-27中可以看出,与对照相比,因为从小麦播种到返青期有效降水很少,而保水可将仅有的降水保存于土壤中,所以保水剂明显提高了麦苗的分蘖数,而对照与前茬为花生的处理由于土壤疏松而容易跑墒,所以分蘖率较其他处理明显要低,矮抗58的分蘖数是对照的9倍多。

表5-27 保水剂对冬小麦分蘖、植株及根系的影响

处理	分蘖(个)	株高(cm)	根长(cm)	根上部分重(g)	根系重(g)	根冠比
9023(CK)	28.5	12.802	9.54	2.9	0.3	0.07
9023(花生茬)	52.5	21.28	10.88	4.9	0.4	0.08
9023(玉米茬)	179.0	19.64	17.12	8.8	0.8	0.09
矮抗58	231.0	15.28	17.54	5.8	0.6	0.10

同时，保水剂对冬小麦的株高和根系也产生重要影响。从表5-27中可以看出，同一品中的冬小麦施用保水剂后明显提高了植株的高度，平均提高了59.8%，根系也都比对照长。除矮抗58，保水剂不但增加了植株与根系的长度，而且提高了根的重量，进而提高了根的密度，有利于根对水分养分的吸收和利用，对于小麦的生长十分有利。而作为抗旱品质的矮抗58，其株高较9023品种短4 cm左右，稍比对照长(2.5 cm左右)，但其根系最长，而且根系重量也稍大，说明保水剂对于抗旱品种生长有促进作用。从各处理的根冠比来看，对照根冠比最低，抗旱品种最高，花生茬9023比玉米茬要小，说明保水剂促进了小麦根系的生长，提高根系吸收养分、水分的能力，从而抵御外界的干旱所带来的伤害，尤其促进了抗旱品种的生长。

5.9.2 保水剂对冬小麦成产因素及产量的影响

收获后，通过对荥阳贾峪镇楼李村保水剂不同施用量和灌水次数进行对比大田，可以看出(见表5-28)，对于郑麦9023来说，施用二袋保水剂+浇二水的效果非常显著，其中每公顷穗数、穗粒数及产量都明显增加，增加幅度比施两袋保水剂+浇二水分别为42.6%、16.6%和66.3%。而施一袋保水剂+浇二水与施一袋保水剂+浇一水相比，其每公顷穗数、穗粒数及产量也明显增加，增加幅度分别为19.3%、17.7%和40.4%。一袋保水剂浇一水与一袋保水剂没浇水相比，亩穗数与产量分别增加57.6%和55.9%。郑麦9023的一袋保水剂没浇水与矮抗58的一袋保水剂没浇水相比，除穗粒数外，亩穗数和产量都比矮抗58低，其中，亩穗数是矮抗58的1/2左右，产量为矮抗58的3/4左右。除郑麦9023的一袋保水剂没浇水的每公顷穗数外，其他处理的每公顷穗数、穗粒数及产量都高于对照(没施保水剂不浇水)。

表5-28 保水剂效果试验对比(贾峪镇楼李村)

处理	品种	穗数 (万穗/hm^2)	穗粒数 (粒)	千粒重 (g)	八五折后产量 (kg/hm^2)
二袋保水剂浇二水	郑麦9023	502.5	51.2	42	9 184.5
一袋保水剂浇二水	郑麦9023	352.5	43.9	42	5 524.5
一袋保水剂浇一水	郑麦9023	295.5	37.3	42	3 934.5
一袋保水剂没浇水	郑麦9023	187.5	37.7	42	2 523
一袋保水剂没浇水	矮抗58	381	24.7	42	3 195
没施保水剂没浇水	郑麦9023	205.5	28.4	42	2 083.5

从整体来看，除千粒重外，其大小顺序基本为两袋保水剂浇二水>一袋保水剂浇二水>一袋保水剂浇一水>一袋保水剂没浇水。说明施用保水剂量多和灌水量大有利于小麦的成产因素和产量的增加；一袋保水剂+浇水和浇水量大的可以明显提高每公顷穗数、穗粒数和产量；仅施保水剂二而不进行灌水的处理效果最差；矮抗58与郑麦9023相比，施用保水剂而不浇水处理，抗旱品种有利于提高小麦穗粒数和产量。

通过以上分析可以看出：

(1)保水剂有效地提高了土壤水分，将仅有的降水保存下来，促进了小麦的生长，提高了根系生长与分布、植株的生长及分蘖数，对于抵御大旱年小麦的大幅度减产起到一定的推动作用。但应指出的是，在施用保水剂时要考虑冬小麦的前茬问题，播种后适当镇压和秸秆覆盖，有利于提高土壤商情，促进作物根系发育，提高冬小麦的成活率。而对于抗旱的品种应合理施用保水剂，以促进品质和保水剂的双重优势。

(2)保水剂对小麦成产因子影响显著。15 kg/hm^2 保水剂 + 浇水和浇水量大可以明显提高亩穗数、穗粒数和产量；仅施保水剂而不进行灌水的处理效果最差；矮抗 58 与郑麦 9023 相比，施用保水剂而不进行浇水，抗旱品种有利于提高小麦穗粒数和产量。

(3)施用保水剂后促进了苗期冬小麦的生长，提高了冬小麦的穗数、穗粒数及产量，施用保水剂并进行灌水可以明显提高小麦的产量。在荥阳贾峪镇楼李村，在施用保水剂而不进行灌水的条件下，种植矮抗 58 是郑麦 9023 产量的 1.5 倍。因此，应用保水剂可以促进冬小麦的生长和提高旱区冬小麦产量，保障地区粮食安全及农业可持续发展。

5.10 结果与讨论

(1)施用抗旱保水剂及与传统节水保水技术相结合，对提高土壤蓄水能力具有积极作用。

试验表明，营养型抗旱保水剂可以提高土壤含水量 2.00 ~ 3.10 个百分点，并以施 45 ~ 60 kg/hm^2 效果最佳；营养型抗旱保水剂 + 秸秆覆盖 6 000 kg/hm^2 处理和营养型抗旱保水剂 + 秸秆覆盖 9 000 kg/hm^2 处理土壤含水量分别提高 1.70 个百分点和 2.85 个百分点。玉米地宽、窄行不同保水剂处理土壤含水量则分别比对照提高 0.4 ~ 1.1 个百分点和 1.8 ~ 5.2 个百分点。

(2)施用抗旱保水剂及与传统节水保水技术相结合，对改善小麦、玉米、红薯等旱地优势作物的发育性状具有积极效果。

试验表明抗旱保水集雨秸秆覆盖相结合玉米穗长平均增长 0.2 ~ 4.28 cm，百粒重较对照提高 0.07 ~ 3.16 g，单穗重增加 1.18 ~ 4.64 g。

施用 37.5 ~ 82.5 kg/hm^2 营养型抗旱保水球用量范围对小麦千粒重、穗长、穗粒数等具有明显的积极效果，不同水分条件保水剂用量试验证明小麦以施 45 ~ 60 kg/hm^2 处理对小麦的千粒重、穗长、穗粒数增加效果最好，而且通过合理补充灌溉有利于小麦的生长发育。

施用营养型抗旱保水球对小麦千粒重、穗长、穗粒数等发育性状的影响也表现出同样的效果，并以施 60 ~ 120 kg/hm^2 为宜。

同时试验表明，抗旱保水剂和抗旱保水剂 + 多元微肥穴施对红薯单株重、单块重的增加具有积极效果，营养型抗旱保水剂处理单株重、块重分别增加 0.12 kg 和 0.09 kg；营养型抗旱保水剂 + 多元微肥处理单株重、块重分别增加 0.19 kg 和 0.15 kg。

(3)施用抗旱保水剂及与传统节水保水技术相结合，对小麦、玉米、红薯等作物具有显著的增产效果。

试验表明，营养型抗旱保水剂 + 秸秆覆盖玉米平均增产幅度为 15.38% ~ 20.51%，施用45～60 kg/hm^2 营养型抗旱保水剂玉米平均增加11.53%～14.10%，明显高于博亚高能抗旱保水剂和全益保水素处理。

不同水分条件不同保水剂用量表明，施用抗旱保水剂的处理均比对照有明显的增产效应，在不灌水时以施45～60 kg/hm^2 最好，增幅达19.75%～22.75%；补灌一水时也以施45～60 kg/hm^2 最好，增幅达17.32%～19.86%；补灌二水时施30～90 kg/hm^2 处理之间差异性较小，说明抗旱保水剂的增产效应在水分缺乏时增产显著，而在水分较充分时增产幅度降低。

营养型抗旱保水球在不灌水和补灌一水的情况下，均以施60～120 kg/hm^2 处理小麦增产效果最佳。

保水剂穴施红薯与对照相比分别增产14.07%和23.74%，同时，对红薯黑斑病等病害有良好的防治效果，但其机理有待于进一步的深化研究。

不同保水剂不同红薯品种试验表明保水剂穴施对红薯增产效果明显，其中徐薯18表现为进口保水剂>营养型抗旱保水球>营养型抗旱保水剂>博亚高能抗旱保水剂>枝改性保水剂>对照，其增产幅度为5.44%～21.91%；豫薯13则表现为进口保水剂>营养型抗旱保水球>博亚高能抗旱保水剂>营养型抗旱保水剂>枝改性保水剂>对照，其增产幅度为2.86%～11.43%。二者相比，同等措施下徐薯18比豫薯13增产更加显著，说明不同的保水剂对不同耐旱性品种的适应性有一定的差异性，但其机理尚有待进一步深化研究。

(4)施用抗旱保水剂及与传统节水保水技术相结合，对提高降水利用率和灌溉水利用效率具有积极效果。

试验表明，抗旱保水剂与秸秆覆盖等传统技术相结合是提高降水利用率和利用效率的最佳途径，夏玉米抗旱保水剂与秸秆覆盖相结合处理降水利用效率提高2.70～3.60 kg/(mm·hm^2)。施45～60 kg/hm^2 营养型抗旱保水剂处理夏玉米降水利用效率提高1.95～2.40(kg/mm·hm^2)，明显高于博亚高能抗旱保水剂和全益保水素处理。不同水分条件不同保水剂用量试验进一步证明，抗旱保水剂在水分缺乏时对提高降水水分利用效率十分有效，并以施45～60 kg/hm^2 保水剂处理最好，分别提高2.595～2.985 kg/(mm·hm^2)；而合理的补充灌水有利于提高灌溉水水分利用效率。合理使用营养型抗旱保水球也可以显著提高降水利用效率，试验表明，保水球处理降水利用效率分别增加0.60～3.90 kg/(mm·hm^2)，并以施120 kg/hm^2 效果最显著。

5.11 保水剂的应用方法

5.11.1 直接施入土壤

直接施入土壤包括地面散施、穴施、沟(条)施，也可以直接稀释喷施于地面。地面散施适宜于各种作物，但受直接保水效果的影响，小麦、玉米、大豆等作物建议散施量在45～60 kg/hm^2，林木育苗、铺设草坪等建议使用60～90 kg/hm^2，蔬菜育苗建议使用45～75 kg/hm^2。

沟(条)施适宜于条带状种植的农林果菜等,如玉米、棉花、大豆、芝麻施 45 ~ 60 kg/hm^2,瓜菜使用 60 ~ 90 kg/hm^2,果树每棵使用 30 ~ 40 g,果苗每棵 20 g 左右。

穴施适宜于穴播、坑栽的花生、红薯、烟叶、果木等作物和林木,其中红薯用量为 30 ~ 60 kg/hm^2(每棵 0.8 ~ 1.5 g),烟叶用量为 15 kg/hm^2(每棵 1 g),花生 45 ~ 75 kg/hm^2(每穴 0.3 ~ 0.5 g),树木移栽每棵 20 ~ 40 g(苗小量少)。

地面喷施适宜于大田作物,关键是将浓度稀释好,为 0.3% ~ 0.5%,像喷洒农药一样,喷施于地面形成一减蒸膜,但不能受到干扰,一旦破坏,效能消失。

5.11.2 拌种

利用保水剂拌种的作物有很多,常用保水剂拌种的作物有小麦、玉米、花生、大豆、高粱等,颗粒较小的油菜、芝麻等也用保水剂拌种,但受颗粒、品种性能的影响,作物拌种的浓度视天气而定,特别是棉花种子在低温、潮湿的情况下容易损伤,不易发芽或损伤芽苗。保水剂拌种最大的优点在于提高出苗率和存活率,点种的作物可以采用 1% ~ 2% 的稀释浓度拌种,机播或耧播的作物可采用 0.5% ~ 1% 的稀释浓度。总之一句话,拌种应稀释到种子不黏结为佳。种子拌好后及时晾晒,一旦松散(30 ~ 60 min 即可),即可播种。

5.11.3 蘸根

蘸根适宜于移栽的粮、菜、果木、花卉等,菜类因苗小根弱,蘸根浓度最好为 1% ~ 3%,果木、花卉蘸根浓度可适当提高到 5%,烟叶、红薯 2% ~ 3%。

第6章 不同作物高效用水技术

土壤水是作物吸水的唯一直接供给源,降水要转化为土壤水后才能被作物吸收利用,所以了解土壤水的特征及其动态变化规律,是不同农作物栽培采取防旱抗旱措施的主要依据。

土壤水分的四个特性——渗透特性、持水性、移动性与有效性与农作物生长有关。这些特性和土壤母质的性质有密切关系,黄土和黄土性土壤的共同特点是土层深厚,质地多为中壤,结构疏松,空隙度大,有利于水分的渗透、蓄持和作物根系发展,是一个有利于作物生长的土壤生态环境。

一般用田间持水量来表示土壤的持水性质,黄土和黄土性土壤的田间持水量一般为干土重的19% ~22%,其中低容重土层(包括耕层和部分母质层)可达到23% ~25%,每米土层的持水能力为250 ~300 mm,如果以根吸水层为2 m深计算,则土壤能保持500 ~600 mm的水分,大约相当于本区全年的降水量。

黄土丘陵区的土壤为褐土、浅黄色,群众称为立黄土,其主要特性是土层发育良好,层次分明,有较厚的熟化层,有机质含量1%左右,土体构型上虚下实,耕性良好,淀积层黏化现象明显,土体中有假菌丝体状的碳酸盐新生体出现,土壤呈微碱性,pH7.0 ~8.0。主要土壤水分物理性质:①蓄水保水能力强。据测定,在0 ~200 cm土层内,容重变化在1.19 ~1.68 g/cm^3,平均1.51 g/cm^3,凋萎湿度、田间持水量的平均值分别为7.8%和24.4%,有效水范围为12.7 % ~19.5%,土壤湿度为田间持水量时,0 ~20 cm土层的总持水量747.9 mm,其中有效水分的含量为500.7 mm,易效水为260.8 mm,分别相当于当地多年平均降水量的77.8%和40.5%。②土壤结构良好,孔隙发达。0 ~200 cm土层内孔隙度为37% ~55%,平均44%,其中耕层0 ~20 cm的孔隙度为51% ~55%。在田间持水量湿度下,0 ~200 cm土层的充气孔隙率平均为7.7%,其中0 ~90 cm土层的充气孔隙率在5%以上,0 ~40 cm土层在12%以上。由此可见,黄土性母质发育的土壤具有良好的水分物理性质和蓄水保墒性能,只要采取合理的种植制度和耕作措施,蓄住天上水,对缓和季节性干旱具有重要作用。

6.1 农田土壤水分动态变化规律

6.1.1 裸地土壤水分的季节变化

裸地,即长期休闲地,其土壤水分随着天气气候的季节性变化而呈周期性的变化。根据定位观测资料,豫西黄土丘陵区的土壤水分变化大致可分为土壤蓄墒阶段、土壤水分相对稳定阶段和土壤水分蒸发失墒阶段三个阶段。

(1)土壤蓄墒阶段。该阶段从7月中旬开始,到10月底结束,包括整个雨季。阶段降水量多于同期土壤蒸发量,土壤储水量逐渐增多。从1992 ~1995年观测资料平均值看,0 ~200 cm 土层的储水量,从雨季前 7 月上旬的 411.8 mm 到雨季结束后的 10 月下旬,增加到 526.8 mm,约占田间持水量的 70.4%,土层的储水量增加了 115.0 mm,平均每天增加 1.02 mm。

(2)土壤水分相对稳定阶段。该阶段紧接在雨季蓄墒阶段之后至土壤返浆期结束,期间长达 5 个月左右。该阶段降水量虽少,但由于气温低,土壤长期处于冻结状态,土壤水变为固态水,呈水晶存在于土体中,蒸发失水很少,土壤水分相对稳定。从定位观测结果看,该阶段的降水量为 99.3 mm ,0 ~20 cm 土层的储水量,从阶段初的 526.8 mm 下降到阶段末的 493.3 mm,保持在 500 mm 左右的水平。阶段内 0 ~200 cm 土层的总失水量为 33.5 mm,日平均失水量仅 0.22 mm。日平均土壤蒸发量为 0.88 mm。

(3)土壤水分蒸发失墒阶段。该阶段从土壤季节性冻层化通时开始,至雨季前结束,大致从 3 月上旬开始到 7 月上旬结束,前后共 4 个多月。该阶段的降水量虽有所增多,但由于气温急剧上升,风多风大,空气相对湿度低,土壤蒸发强烈,土壤大量失水,至本阶段结束,土壤储水降至全年的最低点。据定位观测结果,该阶段的平均降水量为 216.0 mm,3 年平均 0 ~200 cm 土层的储水量,阶段初为 493.3 mm,阶段末降为 411.8 mm,失水量为 81.5 mm,日均失水量为 0.63 mm,阶段平均土壤蒸发量为 2.88 mm。

6.1.2 裸地土壤水分的垂直变化

在豫西黄土丘陵地区,由于降水量小于潜在蒸发量,土壤湿度经常处于亏缺状态,致使裸地土壤水分消耗的主要方式是物理蒸发,同时由于试区地下水位在 80 m 以下,所以土壤中的水分主要来源于降水。根据各层土壤湿度变化的快慢、变化幅度的大小,可将土壤水分的垂直变化划分为以下 5 层:

(1)土壤水分速变层。在 0 ~30 cm 耕层,土壤结构良好,孔隙度大,接纳雨水的能力强。便在天气—气候因素的直接影响下,土壤湿度变化快,变化幅度大,尤其是表层 0 ~10 cm,雨后可达饱和持水量,干旱时可降至凋萎湿度以下。根据实测值计算,含水率变动在 9% ~20% ,平均 15.0% ,该层土壤水分变异系数为 13.3% ,变异标准差为 2.76。

(2)土壤水分活跃层。在 30 ~90 cm 土层内水分变化的程度虽小于速变层,但仍随季节干湿的变化而变化,土壤含水率变化的范围仍较大,在 11.4% ~19.5% ,高低差距为 8.1 个百分点,变异标准为 1.82,变异系数为 11.6% ,均小于上一层。

(3)土壤水分次活跃层。在 90 ~120 cm 土层间水分变化虽仍有季节性变动,但幅度减小。土层含水率变动在 14.3% ~18.9% 。差距减小至 4.6 个百分点,变异标准差为 1.38,变异系数降至 10% 以下,为 8.9% 。

(4)土壤水分过渡层。在 120 ~180 cm 土层间,土壤水分处于变化的中间过渡层。这一层土壤水分的季节性变化骤趋下降,含水率变动在 15% ~18% ,变异标准差小于 1,为 0.9,水分变异系数降至 5.7% ,比上一层减少 3.2 个百分点。

(5)土壤水分相对稳定层。在 180 cm 以下的土层,水分变化已很小,除特别干旱年份外,年内季节性变化已不明显,全年土层含水率稳定在 15.5% ~17.5% 。变异系数降至 4% 左右,变异标准差仅 0.6 上下。这一层的土壤水分基本不受短时间降水或干旱的影响。

6.2 作物田土壤水分动态规律

农田种植作物后，由于受土壤蒸发和作物蒸腾的双重影响，土壤水分消耗量远比裸地大得多，尤其在作物生长盛期会引起深层土壤强烈干燥，而且由于各种作物生长发育节律和各发育阶段消耗水分的强度不同，在相同土壤气候条件下，不同作物田的土壤水分状况差异很大。

6.2.1 冬小麦田土壤水分动态规律

6.2.1.1 冬小麦田土壤水分季节变化规律

根据冬小麦田土壤水分季节变化特点，大致可以划分为5个阶段。

(1)冬前土壤水分少量蒸散阶段。冬小麦冬前苗期正是雨季过后土壤储水较多的时期，0～200 cm土层的土壤含水率维持在16%上下。由于冬小麦苗小，蒸腾耗水较少，而且气温逐渐下降，土壤蒸发失水量不多，阶段平均日耗水量为0.73～0.98 mm，阶段总耗水量79.2 mm。但阶段降水量80 mm左右，故土壤储水消耗不多，0～200 cm土层储水量保持在490～500 mm。

(2)冬季土壤水分稳定阶段。进入12月下旬以来，由于地面冻结，冬小麦地上部已停止生长，因此土壤水分耗损量很少，日均耗水仅0.26 mm，阶段总耗水15 mm上下，阶段降水20 mm左右，土壤水分收支基本平衡，故土壤水分比较稳定。土壤含水率在15%～18%。0～100 cm土层储水250～260 mm，100～200 cm土层储水240～250 mm。

(3)早春土壤水分缓慢散失阶段。进入2月中旬以后，气温迅速回升，冬小麦开始起身拔节，麦田耗水日渐增加，日均耗水增于1.30 mm。2月10日至3月10日土壤失水32.8 mm，而同期降水量仅20 mm左右，土壤水分入不敷出，土壤含水率降至15%左右。

(4)春末夏初土壤水分急剧下降阶段。从3月中旬开始，麦田土壤含水量明显下降，到4月底，0～200 cm土层的储水量由阶段初的480 mm下降到430 mm，日均耗水3.4 mm。进入5月份以后，虽然日均耗水量降为2.65 mm，但0～200 cm土层的储水量却继续减少，到小麦成熟时降到331.4 mm，为全年的最低点。

(5)麦田土壤水分恢复阶段。6月下旬以后，本区进入雨季，降水量明显增多，特别是7～9月，降水量高达340 mm，占全年降水量的53.5%。土壤水分处于恢复阶段。到9月下旬，0～20 cm土层的储水量，从331 mm恢复到470.6～510.8 mm，净增140 mm，日均恢复量1.25 mm。

6.2.1.2 冬小麦田土壤水分垂直变化

冬小麦对土壤水分的利用是由于根系向土壤深层扩展的结果。冬小麦生育前期主要消耗土壤上层的水分，冬前对0～50 cm土层的水分有强烈利用。返青以后，利用层逐渐加厚，到成熟时0～20 cm土层的湿曲线较播前发生了明显的变化。根据不同土层土壤含水率周年变化情况，麦田土壤水分垂直变化大致可分为5层。

(1)土壤水分速变层。在0～20 cm土层，是土壤水分收支的最表层，受天气—气候的影响较大，土壤水分变化急剧，大雨过后，土壤含水量可大于田间持水量；久旱不雨，又可降至凋萎温度以下。据田间实测资料计算分析，该层年平均土壤含水率变化在9.6%～19.2%，标准差为2.62，变异系数为17.6%。

（2）土壤水分活跃层。麦田20～50 cm土层，是小麦根系的主要分布层和供水层，其土壤水分状况受天气—气候的影响减小，受小麦耗水的影响较大。季节变化明显。从田间实测资料分析，该层土壤水分变化比速变层慢，变化幅度也小于速变层。该层土壤含水率变化在10.7%～18.5%。标准差为2.26，变异系数为15.7%。

（3）土壤水分次活跃层。在50～100 cm土层，土壤水分受天气—气候因素的影响较小，季节变化幅度有所减小，但在小麦拔节—抽穗期以后，受小麦蒸腾耗水的影响，土壤水分明显下降，到小麦成熟时，该层土壤水分降至难效水范围。据田间实测资料统计分析，该层土壤含水率变化在10.9%～18.7%，变异系数为13.1 %，标准差为1.99。

（4）土壤水分过渡层。在100～160 cm土层，土壤水分受天气—气候因素的影响很小，季节变化已不明显，在小麦抽穗前，该层土壤水分维持在15.4%～16.3%，到灌浆以后才有所减少（降至13%左右）。该层土壤水分变异系数为9.7%，标准差为1.47。

（5）土壤水分相对稳定层。在160 cm以下土层，土壤水分的季节变化几乎消失，全生育期土壤含水率保持在14.0%～16.4%，变异系数降至6.5%，标准差降至1.01。

6.2.2 夏玉米田土壤水分动态规律

6.2.2.1 夏玉米田土壤水分季节变化规律

豫西的夏玉米一般在小麦收后播种，9月20日前后成熟，其间正处于本区雨季。由于夏玉米生长期的大量耗水与高温季节的地面蒸发作用，致使夏玉米田间土壤水分在雨季得不到充分的恢复。根据试验年份夏玉米田间土壤水分的季节变化特征，可以分为以下4个阶段：

（1）土壤增墒阶段。本阶段从6月中旬至7月中旬，此时夏玉米处于苗期，耗水量很少，而降水量明显增多，阶段降水量大于阶段土壤失水量，土壤含水量增加。据田间定位测定，0～200 cm土层储水量增至490 mm，比阶段初增加91.0 mm，平均每天增加3.03 mm。

（2）土壤水分损耗阶段。本阶段从7月中旬到8月中旬，正是本区高温多雨的季节，夏玉米也正值大喇叭口期与抽穗阶段，是需水临界期，耗水强度很大，阶段降水不能满足玉米阶段耗水，还要消耗一部分土壤储水。在试验年份内，该阶段0～200 cm土层土壤储水量降到405.0 mm，比上阶段末减少85.3 mm，平均每天失水2.8 mm。

（3）土壤水分相对稳定阶段。8月中旬以后，夏玉米进入成熟期，耗水量减少。与此同时，降水量也明显减少，9月中、下旬的耗水与同期降水量基本持平，0～200 cm土层的土壤储水量相对稳定并略有增加，平均每天增加0.25 mm。

（4）土壤水分缓慢消耗阶段。9月上旬以后，夏玉米进入成熟期，耗水量减少。同时，降水量也明显减少，9月上、中旬的降水量略少于夏玉米同期耗水量，0～20 cm土层的土壤储水量缓慢减少，平均每天减少0.76 mm。

6.2.2.2 夏玉米田土壤水分垂直变化

根据土壤垂直剖面内各土层的土壤水分活跃程度，可将夏玉米田0～200 cm土层分为4层：

(1)土壤水分速变层。该层从地面向下至20 cm深。由于该层直接受天气—气候因素变化的影响大,土壤水分变化快,变化幅度大。尤其是0~10 cm表层,在雨后可达饱和持水量,而干旱时又可降到凋萎湿度以下。该层土壤水分测值的标准差为3.47,变异系数为27.3%。

(2)土壤水分活跃层。20~50 cm土层,土壤水分受天气—气候因素变化的影响虽比速变层小,但该层是夏玉米根系的主根分布层。因此,它的水分状况既受天气—气候因素的影响,也受夏玉米耗水的影响,土壤水分变化仍比较活跃,土壤湿度变化范围也比较大,季节性干湿变化明显。该层土壤水分测值的标准差为3.3,变异系数为23.7%。

(3)土壤水分次活跃层。50~100 cm土层为次活跃层,其土壤水分受天气—气候因素的影响都较小,变化速度慢,变化幅度明显减小。该层土壤水分测值的标准差为1.71,变异系数为13.4%。

(4)土壤水分相对稳定层。100~200 cm土层的土壤水分受天气—气候因素的影响很小,也很少被夏玉米吸收利用,故土壤水分相对稳定,土壤水分测值的标准差为1.33,变异系数为9.5%。

6.2.3 春甘薯田土壤水分动态规律

6.2.3.1 春甘薯田土壤水分季节变化

春甘薯从定植大田到收获约200 d,其间经春、夏、秋三季,春甘薯田土壤水分的季节变化特征大致可分为以下4个阶段:

(1)土壤水分稳定褐墒期。从4月中旬到5月下旬,春甘薯处于苗期,耗水强度较小,而且同期有74.1 mm的降水补充,故土壤水分较为稳定。0~20 cm土层的土壤含水率变化在15.9%~18.0%,土壤储水量维持在476.4~473.0 mm。

(2)土壤水分快速散失黄墒期。从5月下旬到7月下旬,气温高,春甘薯地上部生长旺盛并开始坐薯,生理生态耗水强度大,日耗水3.8~4.3 mm,而同期日平均降水量仅3.5~3.8 mm,入不敷出,故土壤失水快,失水量多。据田间隔实测结果,该阶段0~200 cm土层土壤含水率变化在15.9%~13.8%,储水量由473.0 mm下降到423.2 mm,减少50 mm。

(3)土壤干旱灰墒期。从7月下旬到9月上旬,春甘薯地上地下处于旺盛生长期,叶面积达到全生育期的最大值,蒸腾耗水强度大,阶段耗水量大于同期降水量,土壤继续失水。0~200 cm土层的土壤含水率下降到13.4%~11.6%,土壤储水量由上阶段末的423.2 mm减少到367.0 mm,下降到全生育期的最低值。

(4)土壤水分缓慢恢复期。从9月中旬以后,气温逐渐下降,春甘薯地上部停止生长,地下薯块膨大的速率也减小,蒸腾耗水明显减少。据测定,从9月中旬到收获,田间耗水强度降至0.98~0.32 mm,同期日均降水量为1.57~1.20 mm,0~200 cm土层的土壤含水率由13.3%上升到15.0%,储水量由367.0 mm上升到409.0 mm。此后直到第二年的4月上旬,甘薯田土壤水分都在缓慢的恢复中。

6.2.3.2 春甘薯田土壤水分垂直变化

春甘薯圆棵期以前主要消耗0~100 cm土层的水分,尤其对0~80 cm土层的水分有强烈的吸收利用；春薯封垄以后，利用层逐渐加厚，至旺长期末，利用层深度达到 180 ~ 200 cm，土壤湿度曲线明显地向左移动，表明春甘薯从封垄到旺长期耗水量很大，除消耗掉该阶段的降水外，还从 0 ~ 200 cm 土层吸收利用了大量土壤储水，致使土壤通层干燥，到春甘薯生育后期，土壤水分才有所恢复。根据春甘薯田不同土层土壤湿度的变化特征，大致可分为以下 5 层：

（1）土壤水分剧烈变化层。0 ~ 20 cm 土层，尤其是 0 ~ 10 cm 土层受天气—气候因素的影响较大，土壤含水率变化剧烈，大雨过后土壤含水量立刻升高；雨过天晴，经风吹日晒，又会很快变干。据田间实测资料统计分析，该层土壤含水率变化在 9.9% ~ 20.4%，变异系数较大，为 28.0%，标准差为 3.7。

（2）土壤水分活跃层。20 ~ 50 cm 土层是甘薯根系的主要的分布层，受甘薯蒸腾耗水少季节性气候变化的影响，该层土壤水分季节变化明显，变化幅度也较大。据实测结果，该层土壤含水率变化在 9.8% ~ 18.9%，变异系数为 25.7%，标准差 3.3。

（3）土壤水分次活跃层。50 ~ 100 cm 土层的土壤水分状况受甘薯耗水和气候因素变化的影响较小，其变化幅度明显减小。据实测结果，该层土壤水分变化幅度为 10.6% ~ 18.0%，变异系数为 22.4%，标准差为 2.9。

（4）土壤水分过渡层。100 ~ 160 cm 土层的土壤水分受甘薯耗水和气候因素变化的影响很小，其变化幅度小，变化速度慢，季节变化已不明显。据实测结果，该层土壤水分的变化范围为 13.3% ~ 17.5%，变异系数为 11.2%，标准差为 1.62。

（5）土壤水分稳定层。160 cm 以下土层的土壤水分变化很小，比较稳定。据实测结果，该层土壤水分变化范围为 14.6% ~ 16.7%，变异系数减小为 7.1%，标准差为 1.1。

6.3 农田水分盈亏

根据多年、多点定位试验观测的结果，旱作农田土壤水分的变化特征表现为：

（1）0 ~ 10 cm 层次的土壤水分受气候、作物生长及灌溉的影响变化幅度最剧烈。一般在小麦、玉米收获期出现土壤水分亏缺，在秋播和夏播时节土壤含水量较低，需要趁墒播种、坐水种或补墒播种。

（2）10 ~ 60 cm 的土壤水分受作物生产的影响明显，并表现为几个明显的变化阶段：①11 月至次年 6 月土壤水分从盈余到亏缺变化阶段。从 11 月到第二年的 6 月逐渐降低，并达到最低，农田土壤水分从略有盈余到平衡再到亏缺的变化，其出现亏缺的时期因降水年型有很大的不同。小麦农田土壤水分临界值在一般年份在 3 月中上旬；在极端旱年，如 2009 年提前 20 ~ 35 d，小麦补充灌溉也要提前相同时间。②6 月中旬至 8 月底为农田土壤水分快速补偿期，土壤水分处于盈余阶段，在此阶段采用土壤增容扩蓄技术有利于提高土壤水分含量，增加季节雨水调控能力。丰水年会一直持续到玉米收获后，9 月 20 日前后秋季收获时期只有在丰水年时，其土壤水分含量较高，一般均为一年内的第二个低谷期，且在贫水年时达到极低（土壤含水量 < 10%），农田土壤水分也容易出现亏缺。③10 ~ 11 月土壤水分变化相对平稳，土壤水分略有盈余。④该土体层次是最易发生土壤干层的层次，受补充灌溉田间和降水年际变化的影响，年际、月际、旬际和不同作物生育期

的农田土壤含水量变异性很大，但在贫水年其含水量相对较低。

(3)60～100 cm 土层在降水相对贫乏的年份，土壤含水量降低明显，极端年份也会出现亏缺的现象，平水年变化较小，丰水年基本没有变化。

(4)100 cm 以下土层的土壤含水量变化很小。

总之，通过长期多点定位试验观测研究表明，旱作区农田土壤水分发生亏缺的时期均为农作物生长的关键时期，为保证农作物的抗旱节水增效，必须采取减灾、增容扩蓄和高效用水的技术与产品，实现旱地抗旱节水增效栽培，推进粮食安全、水土资源安全和生态安全的进程。

6.4 旱作小麦高效用水技术

干旱和水分供给限制是影响旱作小麦产量的一个主要因素，因地制宜地采取措施最大限度地发挥有限水资源的增产作用，提高当地旱作小麦单产，成为旱作区农业生产中的重要研究课题之一。由于其生育期长、阶段耗水量差异明显、品种间差异较大、年内年际降水分配变化多样，因此以提高水分利用率和单位土地作物产出率为目标，开展品种筛选、抗旱作物品种配置、关键生育期补充灌溉、地面覆盖、化学节水技术产品应用等一系列研究，对提高降水利用率和土地产出率起到了积极作用。

6.4.1 旱地小麦生产存在的主要问题

6.4.1.1 轻视农家肥的使用

在当前简约农业的大背景下，农民普遍重视氮磷或氮磷钾复合肥，而忽视有机肥或农家肥的使用，造成土壤蓄水量降低，抗蒸发能力差，抗大旱和连续旱能力降低。

要解决这个问题，应重视施用有机肥（农家肥），采用有机无机相结合，施足底肥，配方施肥，巧施追肥。或采用秸秆还田（必须结合深翻和镇压）加氮磷钾复合肥（12－6－6），从而改善土壤养分结构，促进土壤结构的改善和蓄水量的提高。

旱地小麦要不要实行玉米秸秆还田，一定要因地制宜，因天气而宜。土层薄、肥力低的旱薄地不宜秸秆直接还田；土层厚、肥力高的旱肥地在多雨年份适合秸秆还田，但一定要深耕细耙，保证良好整地质量。

增施有机肥料是改善土壤结构、以肥调水、提高土壤蓄水能力的最有效措施。底肥要求每亩施有机肥（畜禽粪、秸秆沤肥）2 000 kg 以上，配合优质氮磷钾复合肥 40～50 kg，并加适量硫酸锌。采用高效浓缩有机肥作底肥，每亩用量 100～200 kg 为宜。

旱薄地应采取“一炮轰”施肥法，将有机肥和化肥（复合肥）全部用做底肥。在某些底墒充足又播种较早的旱肥地，为了防止底肥过多而造成冬前麦苗旺长，消耗过多土壤水分，也可以适当减少氮用量，拿出 1/3 氮肥在来年早春作追肥，但追肥期要早，追肥后遇雨发挥肥效。早春追施也可以施用硝酸磷肥，用耧穿入土中，肥效较好。

6.4.1.2 耕作措施不妥

据调查，很多区域农民采用旋耕犁进行耕作播种，播种后未进行镇压，造成虚土层过厚。在寒、旱气候条件下，土壤水分大量蒸发损失，加重了小麦旱情和冻害，缺苗断垄现象比较普遍。

要解决这个问题,首先要采取精耕细作、蓄水保墒的耕作措施。旱地耕作技术的主攻目标是"蓄住天上水,保住土中墒"。可以根据不同轮作方式采取不同的耕作措施:①一年一季晒旱麦田,要在伏前撒施有机粗肥,并加施磷肥,然后深耕(30 cm 以上),接纳伏天降雨,以后遇雨即耙,待到10月初,结合撒施化肥(尿素)精细耙地保墒,以待播种。②一年二熟麦田,在前茬作物(玉米、大豆、谷子等)收获后要立即耙地,保住土壤水分。进入10月如果天有降雨,土墒较好,可结合施底肥及时进行耕翻,并用钉齿耙精细耙地,达到上虚下实,按时播种。如果9月底10月初没有降水,土墒中等,可以采取浅耕细耙,保住土墒。如果采用旋耕,必须在旋耕之后用钉齿耙或石滚进行镇压,达到耕层紧实度适中,利于播种出苗,切忌旋耕后立即播种。在旱肥地实行秸秆还田,一定要配合深耕细耙。

6.4.1.3 品种选择不当

从目前郑州市多数旱地小麦旱情来看,选用耐旱的品种,如矮抗58,无论施用保水剂与否,其抗旱性能均十分明显。而郑麦9023在旱情和冬寒双重因素影响下,苗情不十分乐观。因此,在旱地选择种植耐旱小麦品种,是保证丰产丰收的重要措施之一。

一般耐旱小麦品种冬前苗小敦壮,根系发达,下扎较深,次生根较多;植株较高,茎秆偏细而韧性较好,穗下节较长,叶片细长较小,遇旱卷曲,遇雨很快恢复原形。成穗较多,穗码偏稀,籽粒中等。选用旱地小麦品种要因地而异,对一些土层较薄、肥力偏低的旱薄地,要选用偏冬性分蘖多、穗多而穗小、茎秆较高、抗旱力强的品种,如本省的洛旱1号、郑旱1号等,对于土层深厚、肥力较高的旱肥地,应选择比较耐旱、增产潜力较大的品种,如洛旱2号、洛旱6号、郑麦9694、衡观35、矮抗58等,这些品种在丰水年或平水年的旱肥地上小麦亩产可达400~500 kg。如新郑的辛店、小乔,新密的曲梁,巩义的鲁庄等地都可选用旱肥地品种。

6.4.1.4 田间管理粗放

管理粗放也是目前旱地小麦生产中存在的突出问题之一。

旱地小麦田间管理,重点是保墒防旱。秋冬季和早春是土壤蒸发的高峰,在小麦出苗后要及早管理,遇雨划锄,保持表土疏松,切断土壤毛管,减少土壤蒸发。小麦返青后,气温升高,蒸发加强,应当先镇压,然后划锄,达到提墒保墒效果。旱肥地小麦返青期可追施尿素、二铵、硝酸磷肥,用耧穿入土中,然后镇压提墒,促进肥效发挥。为了最大限度地减少小麦田裸露土壤的水分蒸发,在小麦4叶或返青之后,可用整株玉米秸秆顺麦行铺于行间,覆盖裸露土壤,能够大大减少土壤水分蒸发,雨后保蓄水分,防止径流。待到小麦收后,玉米秆已腐烂,可作下季肥料。到3月随气温升高,病虫害开始危害,尤其是红蜘蛛、蚜虫常有发生,要尽早喷药防治。拔节抽穗后,可多次叶面喷洒磷酸二氢钾或黄腐酸等,以延缓叶片衰老,增加粒重。

6.4.2 小麦丰产栽培技术

6.4.2.1 抗旱节水优质品种的筛选

根据河南省旱地农业的生产实际和小麦品种区试的情况,在成功应用与推广郑州9023和新麦11等抗旱节水丰产优质小麦品种的基础上,我们选定以豫麦2号对照,包括新麦12号、新麦13、新麦9408、济麦2号、洛旱2号、洛阳9505、偃展4110、开麦18号、周麦18等10个品种在内的抗旱节水品种筛选，试验安排在国家863节水农业中心示范区——河南辉县张村乡山前村进行，供试土壤为黏壤质褐土，土壤基础肥力状况表现为有机质21.5 g/kg，全氮1.27 g/kg，全磷0.69 g/kg，全钾17.5 g/kg，速效氮64.2 mg/kg，有效磷21.2 mg/kg，速效钾194.0 mg/kg，pH值7.15。施肥采用亩施纯氮10 kg、纯五氧化二磷5 kg，一次底施，生育期间不再追肥的施肥方式；试验采用随机区组设计，重复3次，小区面积为3 m×4 m = 12 m^2。分别于小麦返青期和孕穗期各补灌一水，灌水定额为40 m^3。小麦播种行距为20 cm，以品种千粒重和出苗率，亩18万基本苗确定不同品种播种量，开沟摆播。在小麦生育期间定期记载生育期群体动态。

试验结果表明，开麦18、周麦18和洛阳9505的产量较好，分别比对照品种豫麦2号增产13.7%、11.7%和9.6%（见表6-1），品种间差异达极显著水平（$F_1 = 8.092^{**}$，$F_{0.05} = 2.46$，$F_{0.01} = 3.60$），差异性比较结果表明，开麦18、周麦18、洛阳9505的三个品种间的差异不显著，与其他7个品种达5%差异性显著水平，与新麦12号、济麦2号、偃展4110等品种未达1%差异极显著水平，说明在当地农业生产中，应优先推广利用开麦18、周麦18和洛阳9505等品种，新麦12号、济麦2号、偃展4110等品种也表现出一定的适应性，可作为备选品种进行生产利用。这主要是不同品种的性状差异所决定的，洛阳9505、偃展4110和开麦18表现出大分蘖多、有效分蘖多、成穗多、千粒重较高的特点，而偃展4110和洛阳9505的穗粒数在供试品种中最少，说明这两个品种的结实性较差，要提高该品种的产量和潜力，在于促进穗分化，提高籽粒发育。周麦18、济麦2和开麦18的千粒重和穗长均居10个供试品种的前三位，说明该3个品种的灌浆速度较快，具有大粒的特点，针对济麦2号亩成穗偏低的特点，可以适当增加播量和加强冬前管理，促进冬前分蘖和大分蘖发育的措施，发挥增产潜力。

表6-1　不同小麦品种的产量结果

品种	株高（cm）	穗长（cm）	亩穗数（万穗）	穗粒数（粒）	千粒重（g）	单株成穗（个）	产量（kg/hm^2）	较CK减（%）
新麦12号	66.4	7.4	37.3	34.3	38.2	2.3	6 150.0	5.7
新麦13号	66.8	7.3	32.2	29.9	41.3	1.8	5 650.5	-2.8
新麦9408	63.2	7.5	31.1	37.5	39.3	2.0	5 599.5	-5.3
济麦2号	74.5	8.7	29.4	33.3	44.7	1.6	6 124.5	5.3
洛旱2号	74.0	7.7	36.2	35.2	35.4	2.2	5 605.5	-3.6
洛阳9505	71.8	6.6	46.0	28.6	40.4	2.8	6 375.0	9.6
偃展4110	67.9	7.7	44.7	25.2	39.9	2.5	6 103.5	4.9
开麦18	71.4	9.3	39.1	35.1	41.6	2.3	6 627.0	13.7
周麦18	69.8	7.9	33.6	33.5	47.8	1.8	6 496.5	11.7
豫麦2号（CK）	67.2	7.3	35.8	35.7	36.3	2.1	5 815.5	

6.4.2.2 地面覆盖对小麦产量和水分利用的影响

研究表明,在干旱、半干旱地区的降水中有 70% ~80% 以径流和蒸发的形式损失掉,仅有 20% ~30% 为作物所利用;即使是半湿润易旱区的降水也有 60% 以径流和蒸发的形式被浪费、损失。而地面覆盖具有增加土壤蓄水、减少无效蒸发、延长水分积蓄时间、提高土壤有机质等多种功效,是提高降水资源利用率的有效途径之一。

针对旱作区生产条件差,基础设施薄弱,依靠农民自身进行大规模农田水利基础设施建设存在一定困难的实际情况,研究通过农艺措施,减少土壤水分蒸发,增加天然降水的有效利用,改善农作物的水分供应及有效利用。以常规种植为对照(CK),试验设置不同秸秆覆盖用量 3 000 kg/hm²(F1)、6 000 kg/hm²(F2)、9 000 kg/hm²(F3)、12 000 kg/hm²(F4)及地膜覆盖(F5)共 6 个处理,结果表明,秸秆覆盖和地膜覆盖处理可明显提高冬小麦的分蘖数量,秸秆覆盖 400 ~800 kg/亩小麦冬前分蘖可提高 11.7 万 ~13.1 万株/亩,为提高小麦成穗数和成穗率打下了基础。对土壤水分的影响表现为 4 月以前对 0 ~10 cm、10 ~20 cm 土层的土壤水分有不同程度的增加和 4 月以后的差异不大等两个不同的阶段(见表 6-2)。

表 6-2 小麦覆盖试验 FDR 水分测定结果 (%)

日期	处理深度(cm)	常规种植(CK)	秸秆覆盖				地膜覆盖
			200 kg/亩	400 kg/亩	600 kg/亩	800 kg/亩	
2004-02-12	0 ~6	13.1	21	18.1	16.9	13.4	34.3
	6 ~16	27.4	29.8	31	30	33.6	28.6
2004-02-22	0 ~6	27.7	30.5	28.3	28.5	30.9	29.3
	6 ~16	31.7	35.5	30.5	32.4	36.4	36.8
2004-03-02	0 ~6	23.6	18.4	21.3	19.5	20	21.1
	6 ~16	21.2	28.8	29.3	32.9	31.7	26.9
2004-03-12	0 ~6	16.8	15.3	15	13.8	12.1	17
	6 ~16	26	28.1	25.3	26.9	31	22.4
2004-03-25	0 ~6	32.8	32.1	30.2	30.6	29.3	28.9
	6 ~16	33.6	34.3	34	37.9	36.8	34.8
2004-04-05	0 ~6	23.3	23.9	25.9	24.3	24.8	23.9
	6 ~16	31.4	28.8	29.8	26.7	29.8	24.1
2004-04-20	0 ~6	11.6	12	14.8	14.4	15.1	13
	6 ~16	16.3	20	17.9	21.2	20.9	17.4
2004-05-10	0 ~6	23.8	22.3	18.1	23.4	22.2	23.2
	6 ~16	30.2	28.1	31.4	30	35.2	33.1
2004-05-25	0 ~6	16.4	19.7	18.6	18.9	17.2	20.3
	6 ~16	28.1	27.4	30.2	24.8	22.1	26.7

与对照相比,覆盖处理均有不同程度的增产效果,增幅为8.7%～19.7%。其中地膜覆盖处理达397.4 kg/亩,增产19.7%。不同秸秆覆盖量以600 kg/亩最好,产量达387.6 kg/亩,增产16.3%,其他覆盖量增幅为8.7%～12.5%(见表6-3)。通过差异性检验,以地膜覆盖和秸秆覆盖量400～600 kg/亩为适宜。降水利用存在与产量增加有着同样的变化趋势,相对降水利用率分别提高0.16～0.40 kg/mm。

表6-3 不同地面覆盖措施对冬小麦的影响效应分析

覆盖措施	Ⅰ	Ⅱ	Ⅲ	小区产量(kg)	亩产量(kg/亩)	较CK增减(%)	降水利用(kg/mm)	株高(cm)	穗粒数(粒)	亩穗数(万穗)	千粒重(g)
CK	6.06	6.07	5.87	6.00	333.3		2.08	69.5	36.5	23.5	39.13
F1	6.65	5.89	7.01	6.52	362.0	8.7	2.26	69.0	37.3	24.2	38.10
F2	6.53	6.62	7.11	6.75	375.2	12.5	2.34	67.9	39.4	25.6	39.60
F3	7.18	6.54	7.21	6.98	387.6	16.3	2.42	66.2	39.8	26.7	38.90
F4	6.53	6.90	6.46	6.63	368.3	10.5	2.30	66.1	39.9	24.7	40.70
F5	7.27	7.00	7.19	7.15	397.4	19.7	2.48	76.0	41.1	27.4	39.06

从考种结果看,地膜覆盖小麦株高76.0 cm,比对照增加6.5 cm,亩穗数、穗粒数分别为27.4万穗/亩、41.1粒/穗,比对照增加3.9万穗/亩、4.6粒/穗,说明地膜覆盖处理在增加有效积温的同时,可以提高成穗率和促进穗分化,对小麦籽粒形成和穗发育有较好作用。秸秆覆盖增产主要表现在增加穗粒数。但从田间试验观察看,地膜覆盖在提高小麦植株发育,有效增加小麦株高的同时,有导致小麦后期倒伏的因素。

从后茬玉米产量的观察来看,秸秆覆盖处理的玉米产量与CK处理比较,亩增产35～51.6 kg,增幅为7.1%～13.9%,增长幅度有随秸秆覆盖量增加而增加的趋势,塑料地膜覆盖处理与CK处理比较增幅为7.8%。基于试验结果,在旱作农业生产中大面积推广了秸秆还田技术的应用范围,并且明确了适宜的秸秆还田数量、方式及配套的水肥管理措施,收到良好效果。

6.4.2.3 关键生育期补充灌水小麦增产效应分析

小麦从播种到收获要经过播种、苗期、分蘖、越冬、返青、拔节、孕穗、扬花、灌浆、成熟等历时8个月的生长时期,哪一个时期灌水水分利用效率最佳、小麦籽实产量更高,从而使旱作区有限的水资源发挥更大的经济效益和生态效益,前人在关键生育期补充灌溉、灌溉量、补灌方式等方面做了很多有益的探索,而对全生育期不同生育期灌溉量对小麦产量和水分利用效率的研究十分有限。

根据河南省小麦生长的特点和旱作区的实际及863节水农业研究的需要,我们在豫西丘陵岗旱地开展了小麦生育期补充灌溉增产效应及对水分利用影响的试验研究。试验结果表明,不同生育期补充灌溉对小麦增产和水分利用效率均具有明显的效果(见表6-4),在单生育期补充灌水中以拔节期补充灌水增产效果最好,拔节期补充灌水300

m^3/hm^2、450 m^3/hm^2、600 m^3/hm^2 与对照相比分别增产 13.42%、16.25% 和 25.13%；孕穗期补充灌水在达到一定灌水量时增产显著，其补充灌水 600 m^3/hm^2 时增产幅度达到 24.18%，仅次于拔节期补充灌水 600 m^3/hm^2 处理；灌浆期与返青期相比，后期补充灌水的增产效应更好一些。在返青期＋孕穗期、返青期＋灌浆期和拔节期＋孕穗期、拔节期＋灌浆期四个复合处理中，也以拔节期的复合处理增产效果最佳，并以拔节期＋灌浆期增产效果最好，小麦增产幅度达到 19.05%，其次是拔节期＋孕穗期处理，增幅达到 13.42%，返青期＋孕穗期、返青期＋灌浆期两个处理的增产幅度分别为 12.69% 和 4.40%。灌溉水利用效率存在同样的变化趋势。由此可见，合理的补充灌溉对旱地小麦增产和灌水利用具有积极的影响。其根本的原因在于合理地进行补充灌溉有利于提高小麦的千粒重（2.0～9.6 g）、穗粒数（0.8～9.3 粒）及穗长（0.1～0.5 cm）。因此，在合理集雨情况下，小麦集雨补灌以拔节期为最佳；或采用拔节期和灌浆期相结合的方式进行补灌对提高旱作小麦产量和灌水利用效率具有显著效果。

表 6-4　不同小麦生育期补充灌水的增产效果

处理	平均产量（kg/hm^2）	比对照增产（%）	株高（cm）	穗长（cm）	穗粒数（粒）	千粒重（g）	灌水利用效率（$kg/(mm \cdot hm^2)$）
对照	4 125.0		81.0	9.0	33.3	33.0	
返青期 20 m^3	4 378.5	6.15	84.0	9.1	41.8	38.8	8.45
拔节期 20 m^3	4 678.5	13.42	85.4	9.5	36.7	36.8	18.45
孕穗期 20 m^3	4 227.0	2.47	79.8	9.3	35.7	35.0	3.40
灌浆期 20 m^3	4 348.5	5.42	81.6	9.2	42.6	37.8	7.45
返青期＋孕穗期各 20 m^3	4 648.5	12.69	79.0	9.1	34.1	38.2	8.73
拔节期＋孕穗期各 20 m^3	4 678.5	13.42	81.2	8.7	37.0	38.2	9.23
返青期＋灌浆期各 20 m^3	4 306.5	4.40	86.0	9.2	40.9	35.6	3.03
拔节期＋灌浆期各 20 m^3	4 911.0	19.05	86.6	8.9	38.5	36.0	13.10
返青期 40 m^3	4 438.5	7.60	85.0	9.6	37.0	33.0	5.23
拔节期 40 m^3	5 161.5	25.13	85.2	8.9	39.9	40.0	17.28
孕穗期 40 m^3	5 122.5	24.18	82.8	9.0	36.0	42.6	16.63
灌浆期 40 m^3	4 582.5	11.09	79.8	8.9	40.5	38.8	7.63
拔节期 30 m^3	4 795.5	16.25	87.0	9.0	40.1	38.8	14.90

6.4.2.4　化学节水技术产品对小麦产量和降水利用的影响

利用抗旱保水剂和种子包衣剂提高旱地小麦的出苗率、存活率和降水利用率是当前旱作节水技术研究的内容之一。试验研究证明，合理使用保水剂和种子包衣剂对提高农作物产量和降水利用具有积极影响，特别是与传统抗旱节水技术的结合效果更加显著。因此，借助国家 863 节水农业项目，我们系统地开展了不同水分条件下保水剂增产效应研究，为保水剂在旱地小麦上的合理利用提供了科学依据。

试验设不灌水、补灌一水、补灌二水三种水分条件，保水剂处理设 0、15 kg/hm^2、30 kg/hm^2、45 kg/hm^2、60 kg/hm^2、75 kg/hm^2、90 kg/hm^2 等 7 个用量处理，各 3 次重复，随机排列。补充灌水时间为拔节期和灌浆期，补灌水量分别为 450 m^3/(hm^2 · 次)。小麦品种采用豫麦 18 ~ 64，氮磷钾配比为 N12P8K8，磷肥和钾肥及 50% 的氮肥作底肥一次性施入，50% 的氮肥作追肥在拔节期前追施。试验用保水剂为河南省农科院研制的营养型抗旱保水剂，使用方法为条施。试验结果表明，施用抗旱保水剂的处理均比不施用抗旱保水剂的处理有明显的增产效应。不灌水处理，施用抗旱保水剂的处理分别比不施抗旱保水剂处理增产 8.42% ~22.75%，各抗旱保水剂处理间以亩施用 60 kg/hm^2 处理为最好，其次为 45 kg/hm^2 处理，二者增产幅度分别达 19.75% 和 22.75%（见表 6-5）。灌一水时，施用抗旱保水剂处理分别比不施抗旱保水剂处理增产 10.86% ~19.86%，各抗旱保水剂处理间以亩施用 45 kg/hm^2 为最好，增产幅度达到 19.86%；与相应不灌水处理相比，分别增产 2.21% ~9.35%，与各保水剂处理增产幅度相比，其增产幅度呈相反的增势。灌二水时，施用抗旱保水剂处理分别比不施抗旱保水剂处理增产 10.79% ~18.42%，各抗旱保水剂处理间在施用 30 ~ 90 kg/hm^2 差异性较小；与相应不灌水处理相比，分别增产 12.62% ~21.84%；与相应灌一水处理相比，分别增产 8.56% ~17.65%。从其不同水分处理结果分析，我们可以看出，抗旱保水剂的增产效应在水分缺乏时增产显著，而在水分较充分时增产幅度降低。

表 6-5　抗旱保水剂不同补水条件的增产效应

处理	不灌水		灌一水			灌二水			
	产量（kg/hm^2）	比对照增产（%）	产量（kg/hm^2）	比对照增产（%）	比不灌水增产（%）	产量（kg/hm^2）	比对照增产（%）	比不灌水增产（%）	比灌一水增产（%）
1	2 583.0		2 761.5		6.94	3 058.5		18.43	10.74
2	2 800.5	8.42	3 061.5	10.86	9.35	3 388.5	10.79	21.01	10.67
3	2 935.5	13.65	3 207.0	16.11	9.26	3 544.5	15.91	20.78	10.55
4	3 093.0	19.75	3 310.5	19.86	7.03	3 594.0	17.49	16.20	8.56
5	3 169.5	22.75	3 240.0	17.32	2.21	3 570.0	16.73	12.62	10.19
6	2 989.5	15.78	3 196.5	15.75	6.91	3 601.5	17.77	20.46	12.67
7	2 973.0	15.10	3 078.0	11.47	3.56	3 621.0	18.42	21.84	17.65

从不同水分条件不同保水剂处理对小麦发育性状的影响不难看出，小麦增产的关键在于保水剂的使用，可以增加小麦穗长和穗粒数、提高小麦籽粒千粒重（见表 6-6），从而提高小麦的产量，但过多的水分反而影响保水剂的使用效果。水分利用率和降水利用效率的分析进一步证明，合理的水分条件和保水剂利用对提高小麦产量与水分利用的影响效果（见表 6-7）。因此，在旱作小麦栽培中合理地使用保水剂对改善小麦生长发育性状、提高产量和降水利用具有积极的效果，合理的补充灌溉则更有利于提高水分利用效率。

表 6-6　不同水分条件保水剂处理对小麦发育性状的影响

处理		1	2	3	4	5	6	7
不灌水	株高(cm)	59.8	58.2	63.0	66.5	63.2	67.0	62.9
	穗长(cm)	6.46	8.46	8.56	8.22	7.80	8.43	8.14
	穗粒数(粒)	17.2	30.0	28.2	33.7	28.6	29.6	26.6
	千粒重(g)	38.50	37.99	38.01	39.18	38.60	37.74	37.30
灌一水	株高(cm)	61.4	62.6	61.2	59.2	58.2	65.4	59.0
	穗长(cm)	8.34	8.30	8.22	8.22	8.14	8.46	8.28
	穗粒数(粒)	26.8	28.6	27.2	28.5	25.2	35.6	31.6
	千粒重(g)	42.31	39.83	39.32	42.65	40.63	39.15	42.30
灌二水	株高(cm)	58.0	58.4	63.0	59.9	57.6	65.3	54.6
	穗长(cm)	8.56	7.76	8.24	8.00	7.78	8.58	7.72
	穗粒数(粒)	34.4	30.6	33.4	27.0	25.0	38.2	30.0
	千粒重(g)	41.70	42.98	37.03	41.51	41.78	39.15	37.53

表 6-7　不同水分条件保水剂降水和灌水相对利用效率分析

处理		1	2	3	4	5	6	7
不灌水	产量(kg/hm^2)	2 583.0	2 800.5	2 935.5	3 093.0	3 169.5	2 989.5	2 973.0
	降水利用率(kg/mm)	0.806	0.874	0.916	0.965	0.989	0.933	0.928
	比 CK 增减(kg/mm)		0.064	0.106	0.155	0.179	0.123	0.118
灌一水	产量(kg/hm^2)	2 761.5	3 061.5	3 207.0	3 310.5	3 240.0	3 196.5	3 078.0
	水分利用率(kg/m^3)	0.397	0.580	0.603	0.483	0.157	0.460	0.233
	比 CK 增减(kg/m^3)		0.183	0.206	0.086	-0.240	0.063	-0.164
灌二水	产量(kg/hm^2)	3 058.5	3 388.5	3 544.5	3 594.0	3 570.0	3 601.5	3 621.0
	水分利用率(kg/m^3)	0.528	0.653	0.677	0.557	0.445	0.680	0.720
	比 CK 增减(kg/m^3)		0.125	0.149	0.029	-0.083	-0.152	0.192
	比灌一水增减(kg/m^3)	0.132	0.073	0.073	0.073	0.288	0.220	0.487

6.4.2.5　水肥耦合对小麦增产效应的影响

试验设补充灌水和不灌水两种水分条件，肥料处理设 CK、N_1、N_2、P_1、P_2、N_1P_1、N_1P_2、N_2P_1、N_2P_2、N_1P_1K 10 个处理（N_1、N_2 分别表示施用纯氮 150 kg/hm^2 和 300 kg/hm^2，P_1、P_2 分别表示施用 P_2O_5 150 kg/hm^2 和 300 kg/hm^2，K 表示施用 K_2O 120 kg/hm^2，下同），3 次重复，拉丁方排列；补充灌水时间为拔节期和灌浆期，补灌水源为水池（窖）收集的降水，灌水量分别为 600 m^3/hm^2 和 450 m^3/hm^2。小麦品种采用豫麦 34，播种量为 135 kg/hm^2，播

期为10月20～25日，试验用肥料采用过磷酸钙（含 P_2O_5 12%）、尿素（含N 46%）、硫酸钾（含 K_2O 60%）。

1）不同施肥处理对小麦生育性状的影响

从表6-8可以看出，不同水肥条件下小麦的生长发育性状具有明显的差异。在不灌水条件下，施肥处理较对照植株增高0.7～10.8 cm，穗长增长0.5～3.0 cm，小穗数增多1.1～5.4个，不孕穗减少0.6～1.8个，千粒重提高2.7～9.4 g。补充灌水条件下，施肥处理较对照植株增高0.2～6.1 cm，穗长增长0.2～2.2 cm，小穗数增多0.2～1.3个，不孕穗减少0.2～1.6个，千粒重提高2.0～7.3 g。

表6-8 不同水肥处理对小麦生育性状的影响

水分条件	处理	株高(cm)	穗长(cm)	小穗数(个)	不孕穗(个)	千粒重(g)
不灌水	CK	41.7	4.2	11.2	3.9	29.3
	P_1	48.2	4.9	12.3	3.3	36.0
	P_2	45.2	6.3	14.0	2.5	36.0
	N_1	44.5	5.5	14.5	2.7	32.0
	N_1P_1	49.2	7.1	15.4	2.1	37.3
	N_1P_2	46.3	6.5	14.6	3.6	38.7
	N_2	42.4	4.7	13.1	3.0	34.7
	N_2P_1	49.6	7.2	16.6	2.6	36.3
	N_2P_2	42.7	6.4	15.8	3.0	38.0
	N_1P_1K	52.5	6.5	15.2	2.3	37.7
灌水	CK	46.0	5.3	14.2	3.3	30.7
	P_1	46.2	6.4	14.4	3.0	33.0
	P_2	50.5	5.9	14.4	3.0	34.3
	N_1	54.5	6.1	14.3	2.9	32.7
	N_1P_1	50.5	7.2	15.8	2.4	37.0
	N_1P_2	44.8	5.5	14.2	2.7	35.3
	N_2	45.5	5.5	13.9	3.1	35.0
	N_2P_1	50.4	7.4	16.7	1.7	35.3
	N_2P_2	52.1	7.5	16.3	2.1	37.3
	N_1P_1K	50.4	7.0	15.2	2.8	38.0

补充灌水与不灌水相比，总体上植株增高2.86 cm，穗长增长0.45 cm，小穗数增多0.67个，不孕穗减少0.28个。但千粒重却没有提高，反而降低了0.74 g，可能是每公顷总穗数增加的缘故。株高、穗长、千粒重均有显著提高的相应处理只有 N_1、N_2、N_2P_2 和CK。

不同肥料之间相比，在同等氮素水平下，不灌水处理随施磷量的增加千粒重增加；而补充灌水处理只有 N_2 水平随施磷量的增加千粒重增加，穗长增加；N_1 水平下表现较为复杂。在同等磷素水平下，基本上均表现为随施氮量的提高穗长增加，小穗数增加，不孕穗降低，千粒重降低，可能是每公顷总穗数增加的缘故。

2）不同水分处理对小麦产量的影响

从表6-9可以看出，补充灌水和不灌水条件下的各施肥处理均比对照增产明显，其中不灌水施肥处理较对照增产 34.2% ~152.3%，补充灌水施肥处理增产 39.2% ~142.6%。差异性均达到极显著水平。

补充灌水与不灌水各处理相比，均有明显增产效应，增幅达21.0% ~40.2%，说明在旱地农业生产条件下，发展合理集雨补灌对农作物增产具有的积极效应。

表 6-9 不同水肥条件对小麦产量影响 （单位：kg/hm^2）

处理		CK	P_1	P_2	N_1	N_1P_1	N_1P_2	N_2	N_2P_1	N_2P_2	N_1P_1K
不灌水	Ⅰ	1 428	2 124	2 136	2 532	3 466.5	3 960	2 506.5	3 475.5	3 321	3 742.5
	Ⅱ	1 585.5	2 073	2 175	2 724	3 562.5	3 841.5	2 505	3 597	3 658.5	3 849
	Ⅲ	1 695	2 119.5	2 236.5	2 584.5	3 514.5	4 077	2 584.5	3 819	3 733.5	3 880.5
	平均	1 569	2 106	2 182.5	2 613	3 514.5	3 960	2 532	3 630	3 571.5	3 823.5
	比 CK 增产（%）		34.2	39.1	66.6	123.9	152.3	61.4	131.4	127.6	143.7
灌水	Ⅰ	2 041.5	2 929.5	3 186	3 634.5	4 780.5	4 422	3 681	4 551	4 450.5	5 161.5
	Ⅱ	2 082	2 892	2 758.5	3 694.5	4 827	4 894.5	3 630	4 380	4 326	4 620
	Ⅲ	1 965	2 652	2 695.5	3 568.5	4 590	4 492.5	3 342	4 245	4 399.5	4 984.5
	平均	2 029.5	2 824.5	2 880	3 631.5	4 732.5	4 602	3 550.5	4 392	4 392	4 921.5
	比 CK 增产（%）		39.2	41.9	79.0	133.3	126.9	75.0	116.5	116.5	142.6

3）不同肥料处理对小麦产量的影响

不同肥料配比表明，在同等磷素肥料下，补充灌水和补灌水两种水分条件在过多的氮素肥料使用量时，增产幅度不明显（见图 6-1）。在不灌水条件下，施 P_2O_5 150 kg/hm^2 时小麦产量随施氮量的增加而增加，但氮素增效效果不同，其中施 N 150 kg/hm^2，1 kg N 增产小麦 13 kg，施 N 300 kg/hm^2，1 kg N 仅增产小麦 6.9 kg；而配施 P_2O_5 300 kg/hm^2，施 N 150 kg/hm^2，1 kg N 增产小麦 15.9 kg，施 N 300 kg/hm^2，1 kg N 也只增产小麦 6.7 kg。同样，补充灌水条件下，施 P_2O_5 150 kg/hm^2 时，施 N 150 kg/hm^2，1 kg N 增产小麦 18.0 kg，施 300 kg N/hm^2，1 kg N 仅增产小麦 7.9 kg；而配施 P_2O_5 300 kg/hm^2，施 N 150 kg/hm^2，1 kgN 增产小麦 17.2 kg，施 N 300 kg/hm^2，1 kg N 也只增产小麦 7.9 kg。由此可见，以 N_1P_1 和 N_1P_2 两处理较好，并以 N_1P_1 的氮肥利用效果最好。因此，合理地利用氮肥是提高肥料利用效益的关键。

同等氮素条件下，补充灌水和补灌水两种水分条件磷素肥料的不同配比表现不同的特征（见图 6-2）。在不灌水条件下，施 N 150 kg/hm^2 时随施磷量的增加小麦产量增加，但 1 kg P_2O_5 的增产效应不同，施 P_2O_5 150 kg/hm^2，1 kg P_2O_5 增产小麦 13.0 kg；施 P_2O_5 300 kg/hm^2，1 kg P_2O_5 仅增产小麦 8.0 kg。配施 N 300 kg/hm^2 时磷肥增产效应则表现为施 P_2O_5 150 kg/hm^2，1 kg P_2O_5 增产小麦 13.7 kg；施 P_2O_5 300 kg/hm^2，1 kg P_2O_5 仅增产小麦 6.7 kg。而补充灌水条件下，配施氮肥的增产效应存在同样趋势，其中配施 N 150 kg/hm^2，施 P_2O_5 150 kg/hm^2，1 kg P_2O_5 增产小麦 18.0 kg；施 P_2O_5 300 kg/hm^2，1 kg P_2O_5 增产小麦 8.6 kg。而配施 N 300 kg/hm^2 时，施 P_2O_5 150 kg/hm^2，1 kg P_2O_5 增产小麦 15.8 kg；施

P_2O_5 300 kg/hm², 1 kg P_2O_5 增产小麦 7.9 kg。由此可见，以 P_1N_1 和 P_2N_2 两处理较好，并以 P_1N_1 的磷肥利用效果最好。

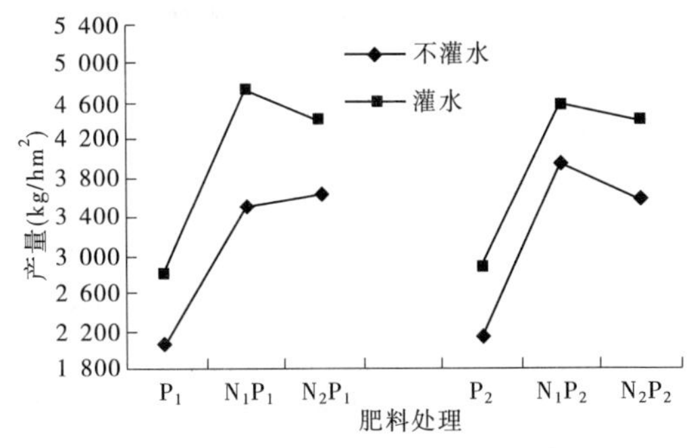

图 6-1　同等磷素水平下氮素的增产效应

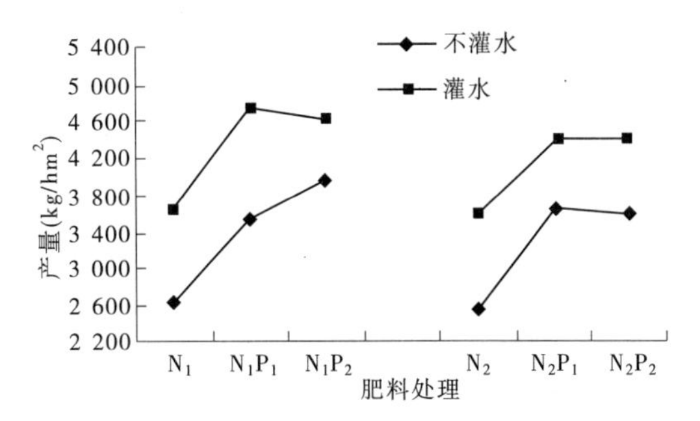

图 6-2　同等氮素下磷素的增产效应

钾素营养的增产效应，在 N 150 kg/hm² 和 P_2O_5 150 kg/hm² 的基础上，补充灌水和不灌水条件下，1 kg K_2O 的小麦增产效率分别为 2.1 kg 和 1.6 kg。说明研究区域旱耕地的钾素营养相对较富裕，在合理氮磷配比情况下，可以不施钾或少施钾提高肥料的利用效益。

综上所述，补充灌水和不灌水两种水分条件下，P_1N_1 处理的肥料利用效果较好。而且以适当进行补灌效果最佳。这与合理施肥提高作物的抗旱性能有关。

4）不同肥料配比对灌溉水利用效率的影响

不同肥料配比对灌溉水利用效率具有显著影响（见表 6-10），不同肥料配比的灌溉水利用效率分别比对照提高 2.55 ~ 10.80 kg/(m³ · hm²)，并以 N_1P_1 最高，为 17.4 kg/(m³ · hm²)；其次为 N_1P_1K。这与产量分析的基本一致。因此，水肥耦合对提高灌溉水的利用效率具有重要作用。

表 6-10　不同肥料配比对灌溉水利用率的影响

项目	CK	P_1	P_2	N_1	N_1P_1	N_1P_2	N_2	N_2P_1	N_2P_2	N_1P_1K
不灌水(kg/hm²)	1 569	2 106	2 182.5	2 613	3 514.5	3 960	2 532	3 630	3 571.5	3 823.5
灌水(kg/hm²)	2 029.5	2 824.5	2 880	3 631.5	4 732.5	4 602	3 550.5	4 392	4 392	4 921.5
利用率(kg/(m³ · hm²))	6.60	10.20	9.90	14.55	17.40	9.15	14.55	10.95	11.70	15.75
比 CK 增减(kg/(m³ · hm²))		3.60	3.30	7.95	10.80	2.55	7.95	4.35	5.10	9.15

以上分析表明：①不同肥料配比均可以提高小麦的株高、穗数、穗长和千粒重，降低不孕穗数量。补充灌溉较不灌水可以提高小麦的株高、穗数、穗长和降低不孕穗数量，但千粒重有所降低，可能与穗数增加有关。②与对照相比，不灌水施肥处理较对照增产 34.2% ~ 152.3%，灌水施肥处理增产 39.2% ~ 142.6%，差异性显著。灌水与不灌水各处理相比，增产效应明显，增产幅度达 21.0% ~ 40.2%。因此，应发展合理的旱作区集雨补灌节水农业，提高单位产出效益。③合理施肥可以明显提高旱地小麦肥料利用效率，两

种水分条件下均以 N_1P_1 最好。其中不灌水条件 1 kg N 小麦生产率为 13 kg,而相应对照(N_1)只有 7 kg;补充灌水 1 kg N 小麦生产率为 18 kg,而相应对照(N_1)只有 10.7 kg。而高氮情况下,氮肥生产率明显降低,补充灌水和不灌水 N_2 水平下 1 kg N 小麦生产率分别为7.9 kg 和6.9 kg。磷肥使用趋势相同。因此,合理肥料配比是提高肥料利用效益和作物抗旱性的关键所在。④不同肥料配比补充灌溉的水分利用效率分析表明,施肥处理比对照提高 2.55~10.80 kg/(m^3·hm^2),并以 N_1P_1 最高,为 17.40 kg/(m^3·hm^2)。

6.4.3 旱作小麦高效栽培综合技术体系

通过现代节水技术、传统节水技术和抗旱节水品种的筛选与应用,经过提炼、集成、应用和成熟,形成了具有区域特色的保水、减蒸发、增容为一体的农田抗旱节水机制和旱作小麦高效栽培综合应用技术体系,该技术体系将地面覆盖、品种、补水灌溉、水肥耦合和保水剂应用等有机地结合在一起,形成了地膜+品种+保水剂+平衡施肥+农田管理、地面覆盖+品种+补充灌水+水肥耦合+农田综合管理等旱地小麦高效栽培技术模式。以化学节水+地膜覆盖+优良品种+补充灌溉+农田综合管理高效栽培技术为例,通过技术应用和示范,采用该技术正常年份不补充灌水时,产量 5 250 kg/hm^2 以上,拔节期补灌一水 600 m^3,产量达到 6 000 kg/hm^2 以上;轻度缺水年份不补充灌水时,产量 4 500 kg/hm^2 以上,拔节期补灌一水 600 m^3,产量达到 5 250 kg/hm^2 以上;丰水年份产量达到 6 000~6 750 kg/hm^2。比传统栽培增产 750~1 500 kg/hm^2 以上。

以保水剂+覆盖+补充灌溉增产效应试验研究为例,试验安排在相对缺水的许昌县寇庄,基础土壤肥力为壤质潮土,主要耕作制为小麦-玉米、小麦-棉花、小麦-大豆,土壤耕层有机质为 11.3 g/kg、碱解氮 98.6 mg/kg、有效磷 21.4 mg/kg。试验用小麦品种为周麦 18,灌水设置全生育期不灌水(CK)、40 m^3、80 m^3、120 m^3 和 160 m^3 等 5 个水平,灌水时期为拔节和孕穗期分两次进行。试验结果见表 6-11。

表 6-11 全生育期不同补灌量对小麦发育性状及产量的影响

处理	基本苗(株)	分蘖数(个/株)	返青群体(万/hm^2)	成穗数(万穗/hm^2)	株高(cm)	穗长(cm)	千粒重(g)	穗粒数(粒)	穗重(g)	产量(kg/hm^2)	较 CK 增减(%)
CK	86	1.51	1 560.0	560.0	73.2	8	40.8	34.55	1.42	7 049.1	
40 m^3	95	1.55	1 480.0	570.0	74.0	7.5	41.3	31.90	1.25	7 315.7	3.78
80 m^3	80	1.65	1 500.0	580.0	74.0	7.4	41.6	31.15	1.28	7 982.4	13.24
120 m^3	77	1.77	1 470.0	600.0	69.8	8	39.8	35.00	1.41	7 760.2	10.09
160 m^3	80	2.45	1 600.0	570.0	73.7	7.8	40.6	33.05	1.27	7 351.3	4.29

6.4.4 春季麦田管理技术

春季麦田管理是小麦丰产的关键,对于麦苗长势弱、群体偏小的麦田应及时补水和追肥,对于旺长、群体过大的麦田应深断根,控制旺长,变旺苗为壮苗,同时要除草和防治纹枯病。

6.4.4.1 适时划锄、镇压

划锄不但具有良好的保墒、增温、灭草等效果,还具有促弱苗转壮、壮苗稳健生长等作

用。各类麦田都应锄地。划锄时要注意因地因苗制宜。对晚茬麦田,划锄要浅,防止伤根和坷垃压苗。尤其是对“土里捂”麦田,更要在早春趁墒及早浅划锄,以防止土壤板结,影响小麦出苗;对于旺苗和徒长麦田,应进行深锄断根,控制地上部生长,变旺苗为壮苗;对盐碱地麦田,要在“顶凌期”和雨后及时划锄,以抑制返盐,减少死苗。划锄要注意质量,做到划细、划匀、划平、划透,不留坷垃,不压麦苗。

春季镇压可压碎坷垃,破除板结,弥封裂缝,使经过冬季冻融疏松了的土壤表土沉实,使土壤与根系密接,有利于养分、水分的吸收利用,减少水分蒸发。因此,对整地粗放、坷垃多板结的麦田,可在早春土壤化冻后进行镇压,减少水分蒸发和避免冷空气侵入分蘖节附近冻伤麦苗;对没有水浇条件的旱地麦田,若土壤疏松或板结时应及时镇压,以促使土壤下层水分向上移动,起到提墒、保墒、抗旱作用;对旺长麦田在起身期镇压,可抑制地上部生长,起控旺转壮作用。镇压时要注意压干不压湿、不压冻、不压盐碱地。另外,镇压要和划锄结合起来,一般是先压后锄,以达到上松下实、提墒保墒增温的作用。

6.4.4.2 合理补充灌溉,提高水分利用效率

根据小麦生长发育的特点,春季麦田管理要重点搞好返青、起身、拔节期的肥水管理,在水分条件许可的旱作小麦应根据墒情预报、小麦苗情和土壤水分变化特征,科学合理地进行补充灌溉,并配施小麦追肥,提高有限水资源的利用效率,为小麦丰产丰收打下良好的基础。

6.4.4.3 分类管理,科学施肥

施肥要分类进行,对底肥充足的一类苗,返青期以控为主,于拔节期亩施标准氮肥10~15 kg。若群体过大,要在3月底4月初喷施15%多效唑可湿粉(40~50 g/亩),防止后期倒伏。对群体适中、个体健壮的二类麦田,应在起身期亩施标准氮肥15 kg。对于晚茬麦田,春季管理应以促为主。在墒情适宜条件下,应在搞好划锄的情况下,因苗进行肥水管理。在浇返青水的同时亩施标准氮肥10 kg左右,拔节期追施15 kg。

(1)对于苗量较少、个体较弱的麦田,尤其是没施基肥或施肥不足麦田,应在小麦返青期趁墒开沟追施氮肥,追肥量可占总施肥量的20%~30%,拔节期前后结合浇水追施氮肥,追肥量可占总施肥量的30%~50%。

(2)对于冬前苗量较足的晚茬麦田,若播种时没施基肥或施肥不足,则应在返青期追施和拔节前后追施氮肥;若施肥较足、土壤肥力较高时,则可在起身至拔节期追肥。

(3)对于“土里捂“或“一根针”麦田,在早春及早浅划锄、保证苗齐苗全的前提下,应在起身期前后结合浇水施肥,追肥量可占总施肥量的50%~60%。

6.4.4.4 加强病虫防治

春季是防治小麦病虫害的关键时期。各地要密切注意病虫发生动态,加强预测预报,备好药械,及时组织防治。当前部分麦田已有红蜘蛛、蚜虫、纹枯病、白粉病发生,应及早查清病情、虫情,把病虫消灭在点片发生阶段。3月上旬是防治纹枯病的适宜时期,对于病株率在15%以上的麦田,用12.5%的禾果利或15%的粉锈宁进行防治。3月下旬用40%的乐斯本、4.5%的高效氯氰菊酯、15%的粉锈宁,防治红蜘蛛、蚜虫、白粉病。4月底正值蚜虫迁飞高峰,可用10%的一遍净(吡虫啉)防治。

6.4.4.5 冬季受冻害麦田的管理

根据小麦受冻后的植株症状表现可将冻害分为两类:第一类是严重冻害,即主茎和大分蘖冻死,心叶干枯,一般发生在已拔节的麦田。一般是播种早、春性强的品种。第二类是一般冻害,症状表现为叶片黄白干枯,但主茎和大蘖都没有冻死。第一类冻害会影响产量,第二类冻害对产量基本没有影响。

如果发生了小麦冻害,可以看到,在一株小麦中,冻死的单茎是主茎和大分蘖,而小分蘖还是青绿的,在大分蘖的基部还有刚刚冒出的小分蘖的蘖芽,经过肥水促进,这些小分蘖和蘖芽可以成为能够成穗的有效分蘖。因此,不要轻易毁掉冻害麦田改种其他作物。应采取的补救措施如下:

(1)及时追施氮素化肥,促进小分蘖迅速生长。分两次追肥。第一次在田间解冻后即追施速效氮肥,每亩施尿素 15 kg,要求开沟施入,以提高肥效;缺墒麦田浇水施用;磷素有促进分蘖和根系发育的作用,缺磷的地块可以尿素和磷酸二铵混合施用。第二次在小麦拔节期,结合浇水施拔节肥,每亩用 10 ~ 15 kg 尿素。

一般受冻麦田,仅叶片冻枯,没有死蘖现象,早春应划锄,提高地温,促进麦苗返青,在起身期追肥浇水,提高分蘖成穗率。

(2)加强中后期肥水管理,防止早衰。受冻麦田由于植株体的养分消耗较多,后期容易发生早衰,在春季第一次追肥的基础上,应看麦苗生长发育状况,依其需要,在拔节期或挑旗期适量追肥,促进穗大粒多,提高粒重。

6.4.4.6 早春冻害(倒春寒)预防与管理

早春冻害(倒春寒)是指小麦返青至拔节这段时期,因寒潮到来降温,地表温度降到 0 ℃以下,发生的霜冻危害。因为此时气候已逐渐转暖,又突然来寒潮,故也称为倒春寒。在 3、4 月,小麦已完成了春化阶段发育,抗寒力显著降低,通过光照阶段后开始拔节,完全失去抗御 0 ℃以下低温的能力,当寒潮来临时,地表层温度骤降到 0 ℃以下,便会发生早春冻害。

发生早春冻害的麦田,幼穗受冻程度根据其发育进程有所不同,一般来说,已进入雌雄蕊分化期(拔节期)的易全穗受冻,幼穗萎缩变形,最后干枯;而处在小花分化期或二棱期(起身期)的幼穗,受冻后仍呈透明晶体状,未被全部冻死,以后抽出的麦穗会减少穗粒数,降低产量。

早春(倒春寒)冻害的预防和补救措施如下:

(1)对生长过旺麦田适度抑制生长,主要措施是早春镇压、起身期喷施壮丰安。

(2)灌水防早春冻害。由于水的热容量比空气和土壤热容量大,早春寒流到来之前浇水能使近地层空气中水汽增多,发生凝结时放出潜热,减小地面温度的变幅。同时,灌水后土壤水分增加,土壤导热能力增强,使土壤温度增高。

(3)早春冻害后的补救措施是补肥与浇水。小麦早春受冻后应立即施速效氮肥和浇水,氮素和水分的耦合作用会促进小麦早分蘖、小蘖赶大蘖,提高分蘖成穗率,减轻冻害的损失。

6.4.4.7 严禁早春放牧啃青

早春麦田放牧啃青会造成小麦大幅减产。啃青一是易将苗拔出或半拔出,造成死苗或加重早春冻害；二是小麦早春缓慢生长，啃青吃掉麦叶，缩小了叶面积，减弱了光合作用，不利于有机养分的制造和运输；三是啃青后造成伤口，除易受冻外，病害极易侵入，会加重病害危害；四是啃青后亩穗数大量减少，而且茎秆细弱，成熟期推迟，穗粒数和千粒重明显下降，减产明显。因此，各地要采取有效措施，加强看管监督，严禁畜禽到麦田啃青。

6.4.5 小麦节水、丰产、高效栽培技术规程

通过小麦高效用水关键技术的研究与应用，研究提炼出旱作区节水丰产高效栽培技术规程。

6.4.5.1 整地施肥

上茬作物收获后，要及时灭茬保墒，深耕 20 ~ 25 cm，耕后耙细、耙实，整平做畦，畦田采用小畦、短畦。施足底肥，在秸秆还田的基础上，根据地力状况，每亩施用纯氮 8 ~ 12 kg、P_2O_5 6 ~ 8 kg、K_2O 6 ~ 8 kg。

6.4.5.2 播种技术

1）选择优良品种

选用抗倒伏、抗病、抗逆性强，成熟期适中的抗旱、节水、丰产品种，如周麦 18、郑麦 9023、矮抗 58、开麦 18、豫麦 2 号、洛麦 3 号、洛麦 8 号等。根据地力情况和地形特点，在高肥力地块优先选择周麦 18、开麦 18 和济麦 2 号，在中低肥力地块优先选择洛旱 2 号、新麦 12、洛阳 9505、郑州 9023 或石家庄 8 号；平原旱地可选用周麦 18、开麦 18、济麦 2 号、新麦 12、洛阳 9505、郑州 9023 或石家庄 8 号等品种，在丘陵旱地和山地旱地可优先选用洛旱 2 号、洛阳 9505、郑州 9023、济麦 2 号或石家庄 8 号等品种。

2）适墒、适期、精量匀播

适墒、适期、精量匀播与机播播种技术相结合能够培育冬前壮苗，奠定小麦丰收的基础。适墒播种是小麦一播全苗的基础，墒情不足易造成缺苗断垄。适期和精播匀播是苗壮的基础，早播小麦生长过旺，易遭受低温冻害；晚播不利于小麦壮苗。在目前秸秆还田的情况下，小麦播种应适当加大播量的 25% ~ 30%。

3）播种后适当镇压

机播带环形镇压器连接作业工效高，效果好，播种后镇压能增加土壤紧实度，连接土壤毛细管，促使土壤上下水分上升，提高土壤保墒能力，同时促使种子与水肥一体，促根壮苗。

6.4.5.3 水肥耦合技术

小麦播种时底肥配比为 N 180 kg/hm^2、P 90 kg/hm^2，氮素肥料 60% ~ 70% 作底肥，其他作追肥，追肥最佳时期为拔节期后 5 ~ 10 d；农家肥 15 000 ~ 22 500 kg/hm^2，农家肥和磷肥均作底肥一次施入。补灌在追肥后，小麦的最佳灌溉时间为拔节期前后（4 月 1 日前后），灌溉水量为 450 ~ 600 m^3/hm^2，最好采用小畦灌溉或微灌。

6.4.5.4 播种密度

根据小麦生长特性和千粒重等情况，确定不同小麦品种的播种量，小麦播种量为 112.5 ~ 115 kg/hm^2；原则上每公顷基本苗应保持在 225 万 ~ 270 万株。

6.4.5.5 秸秆覆盖和化学节水技术的应用

秸秆覆盖量为 6 000 kg/hm^2，抗旱保水剂小麦条施为 15 ~ 60 kg/hm^2。同时，在播种

时均可采用抗旱保水剂拌种(1% ~2%稀释)和条施相结合的办法,以达到提高出苗率和促根壮苗的目的。

6.4.5.6 田间管理技术

根据不同小麦品种生长状况,适时防治病虫害、中耕除草,减少土壤蒸发和病害损失,提高水分利用效率。如粉锈病防治、蚜虫等病虫害的防治。

6.5 旱作玉米高效用水技术及模式

6.5.1 玉米生产存在的主要问题

6.5.1.1 土壤理化性状差,耕作技术落后

土壤耕层浅是目前生产中存在的普遍问题,特别是旋耕地,耕层仅 15 cm 左右,多数耕层少于 20 cm,造成土壤容重偏高,平均 1.4 ~1.6 g/cm^3,根系分布浅,土壤渗水性差,储水能力低,土壤肥力低,养分严重失衡,氮素含量高,磷、钾及微量元素含量低。

6.5.1.2 夏玉米播种质量差,缺苗断垄严重

机械收麦、玉米机械播种大面积应用后,玉米播种质量明显下降,平均缺苗率 10% ~20%,整齐度下降 25%。主要是机械收麦后残茬影响播种质量,免耕机播深浅不一。同时,播种时期墒情相对较差。

6.5.1.3 水肥投入不合理,肥料利用率低

目前玉米施肥以氮肥为主,磷钾及微肥施用少,施入养分不平衡。氮肥利用率低,部分地区引起土壤环境和水环境污染。靠天思想严重,往往造成关键生育期补充灌水不及时。同时,水肥配合差也是造成水肥利用率低的重要原因。

6.5.1.4 管理粗放,成本高,效益低

传统的精耕细作管理逐渐丧失,而新型的现代玉米生产技术体系尚未建立。玉米管理粗放,分次施肥变成了"一炮轰",化肥深施变成了表面撒施,丰产水变成了救命水,定苗晚甚至不定苗。

6.5.1.5 病害和灾害发生频繁,玉米稳产性差

病虫害、旱涝、阴雨寡照、大风、冰雹等灾害时有发生,初夏旱、伏旱、花期阴雨是主要的自然灾害,病虫害发生日趋严重。1986 年全省因旱灾减产 31%,2003 年因花期阴雨减产 37%,2006 年因青枯病造成黄河以南部分地区大面积倒伏,2009 年大雨加上强风导致全省大面积倒伏。

6.5.1.6 收获期偏早

一般比正常成熟期提早收获 7 ~10 d,减产 10% 左右。

6.5.2 夏玉米高产栽培技术

6.5.2.1 品种选择

选用竖叶、紧筹、耐密、抗逆性强、结实性好、增产潜力大的优良品种。如郑单 958、浚单 20、郑单 136、浚单 29 等。

6.5.2.2 **精细播种**

1)播种期

小麦收获后,6 月 1 日至 10 日。

2)播种方式

麦收后抢墒直播,用独脚耧人工播种或用双腿耧机械播种,采用宽窄行种植,宽行行距 80 cm,窄行行距 40 cm,平均株距 22 ~25 cm。

3)播种量

播种量每亩 2.5 ~3 kg。

6.5.2.3 **搞好查苗定苗,合理留苗**

播种出苗后,及时查看出苗情况,对缺苗 1 ~2 株的地方就近留双苗,对连续缺苗的地方,及早补种或补栽。

6.5.3 科学施肥

根据地力状况,按照玉米产量指标确定施肥量,每生产 100 kg 玉米籽粒需要吸收纯氮 2.62 kg、P_2O_5 0.9 kg、K_2O 2.43 kg,N、P_2O_5、K_2O 比例为 2.9∶1∶2.9。考虑目前生产成本和钾肥生产的实际,肥料施用采用分期施肥,满足玉米生长期的养分需求,同时也有利于提高肥料利用率和利用效益。苗期施用提苗肥尿素 5 ~10 kg/亩,锌肥 1 kg/亩;小喇叭口期施入高氮复合肥 40 ~50 kg/亩,抽雄灌浆期追施尿素 10 ~15 kg/亩。化肥一定要深施,最好是开沟施入窄行内。试验表明,肥料深施增产 5% ~13%,氮肥后移增产 5% ~8%。

玉米籽粒的主要成分见表 6-12。

表 6-12 玉米籽粒的主要成分

成分	占百分比(%)	吸收状态	分子	离子
碳(C)	44.43	分子	CO_2	CO_3^{2-}
氢(H)	43.57	分子	H_2O	H^+ OH^-
氧(O)	6.24	分子	O_2	O^{2+}、OH^-、CO_3^-、SO_4^-
氮(N)	1.46	分子	NO_2	NH_4^-、NO_3^-
硅(Si)	1.17			
钾(K)	0.97			K^+
钙(Ca)	0.73			Ca^{2+}
磷(P)	0.20			$H_2PO_4^{3-}$
镁(Mg)	0.18			Mg^{2+}
硫(S)	0.17			$S_2O_4^{2-}$
氯(Cl)	0.14			Cl^-
铁(Fe)	0.08			Fe^{2+}、Fe^{3+}
锰(Mn)				Mn^{2+}
锌(Zn)				Zn^{2+}
硼(B)				BO_3^{2-}
钼(Mo)				MoO_4^{2-}

6.5.4 病虫害防治

6.5.4.1 **化学除草**

播种后喷施40%乙阿合剂,或二甲戊乐灵乳油+都尔乳油兑水50 kg进行封闭式喷雾。玉米出苗后,在5叶前,及时采用玉米田专用除草剂喷雾除草。土壤墒情不足或气温高时加大水量。

6.5.4.2 **苗期害虫**

播后出苗前,及时喷施甲基乙硫磷或辛硫磷乳油,杀死还田麦秸残留的棉铃虫、黏虫和蓟马等虫害;7 d后,喷施氯氰菊酯100 mL/亩和氧化乐果75 mL/亩混剂防治地老虎、黏虫和棉铃虫等害虫;定苗后在喷施一次上述药剂。

6.5.4.3 **穗期害虫**

小喇叭口期用辛硫磷颗粒剂掺细砂,混匀后撒入心叶,每株1.5~2.0 g,或撒施杀螟丹颗粒剂(0.5 kg/亩)防治玉米螟等钻蛀性害虫。

6.5.4.4 **锈病及其他病害防治**

灌浆期,叶面喷施全能80 mL/亩+三唑酮70g/亩+磷酸二氢钾50 g/亩混合剂,防止田间红蜘蛛、锈病、纹枯病的发生和危害。

6.5.5 适时收获

玉米收获过早,籽粒灌浆不充分,导致粒重下降,产量降低。玉米适时收获的标志是玉米植株苞叶由黄变白、变松,籽粒变硬有光泽,穗中部籽粒的灌浆乳线消失,籽粒底部出现黑色层。

玉米灌浆过程中,籽粒顶部的乳浆先转化成淀粉、变硬,随后从籽粒顶部向籽粒基部逐渐转化、变硬,最后全部变硬,形成饱满的籽粒。在逐渐变硬的过程中,籽粒顶部颜色较深、下部颜色浅,两种颜色之间有一个明显的分界线,这个分界线叫籽粒乳线。随着玉米灌浆进行,籽粒乳线从籽粒顶部向下位移,直到最后乳线消失,出现黑色层,玉米才算达到完熟。

目前玉米收获往往存在着收获偏早的问题,早收7~10 d,每亩减产50 kg以上。新乡农技站试验表明,9月10日收获的玉米比9月20日收获的玉米,千粒重降低63 g,每亩减产100.3 kg;比9月25日收获的玉米千粒重降低74 g,每亩减产116.1 kg。实践证明,玉米适当晚收,是一项显著的增产措施,应大力推广应用。

6.5.6 玉米秸秆还田

将已经摘除棒穗的玉米秸秆用机械直接粉碎均匀撒入地面,然后用机械耙切耕翻入土。这种方法较传统的秸秆还田省去割、捆、运、铡、沤、送、撒等多道程序。秸秆粉碎直接还田的技术要求如下:

(1)在玉米摘穗时,最好连玉米苞叶一起摘下,防止因苞叶柔性大,造成不易粉碎的情况。

(2)玉米一经成熟,要及时粉碎还田,一般切碎长度为8~10 cm。

(3)秸秆还田作业后,每亩增施尿素 10 ~ 15 kg,以促进秸秆的腐蚀,防止土壤碳氮比过大,造成土壤缺氮。

(4)粉碎后一定要用重型圆盘耙耙切两遍,以进一步切碎秸秆和玉米茬。耙后要及时深翻,覆盖严密,以免养分散失。耕后耙平,以利播种。

(5)播种与播后处理要及时,播后适时浇水,以加速土壤沉实和秸秆腐解。

6.6 旱作红薯高效用水综合技术及模式

红薯,又称甘薯、番薯、红芋等,为旋花科一年生植物。蔓生草本,长 2 m 以上,平卧地面斜上。具地下块根,块根纺锤形,外皮土黄色或紫红色。叶互生,宽卵形,3 ~5 掌裂。聚伞花序腋生,花苞片小,钻形,萼片长圆形,不等长,花冠钟状,漏斗形,白色至紫红色。蒴果卵形或扁圆形,种子 1 ~4。块根为淀粉原料,可食用、酿酒或作饲料。红薯含有膳食纤维,胡萝卜素,维生素 A、B、C、E,以及钾、铁、铜、硒、钙等,营养价值很高,是世界卫生组织评选出来的“十大最佳蔬菜”的冠军。不同地区人们对它的称呼也不同,河南人称其为红薯,天津人称其为山芋,山东人称其为地瓜,江苏人称其为红薯而徐州地区称其为白芋,四川人称其为红苕,贵州人称其为地萝卜,北京人称其为白薯,江西人称其为番薯,福建人称其为红薯。红薯是高产稳产的一种作物,它具有适应性广、抗逆性强、耐旱耐瘠、病虫害较少等特点,为充分发挥红薯的增产潜力,达到优质高产,特提出红薯高产栽培技术规程。

6.6.1 苗床育苗

催芽育苗是整个反季节栽培的重要环节,育苗时间适当提早,于 2 月中旬把种薯移入保护地苗床育苗。苗床使用双层薄膜保护,种薯整齐排列,盖一层细土后平铺一层地膜,再拱架盖一层薄膜,以提高苗床地温。及时在平铺地膜上打孔引苗,以免晴天高温烧坏嫩苗。苗床第 1 个月每 7 d 喷 1 次水,1 个月后每星期喷 2 次水肥,株高达 15 cm 时每 7 ~10 d剪一批,自第 1 次剪菌开始每星期喷 2 次水肥,浓度适当加大,保证再生幼苗养分供给。

6.6.2 合理施肥

红薯在生长过程中对氮、磷、钾三要素的需求比例一般为 1∶1∶2.5。三要素的功能各不相同,不可相互代替。应根据当地土壤条件、气候状况和不同品种生长的特点,合理施用肥料,达到最佳增产效果。第一重视基肥。以有机肥为主,无机肥为辅。有机肥主要有土杂肥、厩肥、人畜粪,施用方法是分层分期施用,即耕翻和起垄时各占 1/2,将粗肥打底,精肥施面,深浅结合,能有效地满足红薯前、中、后期养分的需要,促进红薯正常生长。氮磷钾三元复合肥 50 kg。第二科学追肥。早施提苗肥、壮苗肥,一般在栽后 7 ~15 d,浇施稀薄人粪尿 2 次,每次根据苗情每亩加尿素 1 ~3 kg。第三重施催薯肥、长薯肥,时间为栽后 50 d 左右,靠垄的一侧破土施肥。还可在红薯垄背裂缝时及时施入裂缝肥,一般浇施人畜粪加适量碳酸氢铵。第四根外追肥。红薯生长后期,叶面喷施 0.2% 的磷酸二氢钾溶液和 0.5% 尿素溶液,每隔 7 ~10 d 喷 1 次,共喷 2 ~4 次。

6.6.3 地膜覆盖

地膜覆盖可以起到增温保墒作用，同时可以改善土壤的理化性质，能增加土壤的昼夜温差，种植红薯一般可采用高垄覆盖双行交错栽插方式，整距 60 cm，覆盖面 50 cm，小行 40 cm，株间交错，株距 33 cm，亩留 4 000 株左右，垄高适中，如栽植期间过于干旱，可采用平盖平栽，以利幼苗生长。

6.6.4 保水剂应用

6.6.4.1 保水剂对红薯单株重和块重具有积极影响

营养型抗旱保水剂、营养型抗旱保水剂 + 多元微肥两个处理与对照相比，单株重、块重均有不同程度的增加，其中营养型抗旱保水剂处理单株重、块重分别增加 0.12 kg 和 0.09 kg，营养型抗旱保水剂 + 多元微肥处理单株重、块重分别增加 0.19 kg 和 0.15 kg。

6.6.4.2 不同保水剂对不同红薯品种具有明显增产效应

不同保水剂、不同红薯品种的增产效应试验，徐薯 18 以进口保水剂增产幅度最大，为 21.91%；其次是营养型抗旱保水球，增产 20.26%，营养型抗旱保水剂和博亚高能抗旱保水剂相近，分别增产14.22% 和 13.12%，枝改性保水剂仅增产 5.44%。

豫薯 13 以进口保水剂增产幅度最大，为 11.43%；其次为营养型抗旱保水球，增产 8.57%，博亚高能抗旱保水剂增产 6.67%，营养型抗旱保水剂和枝改性保水剂仅分别增产 4.19% 和 2.86%。

6.6.5 适时早栽

适时早插，合理密植。4 月中旬是幼苗插植适期，此时常年早春气温回暖基本稳定，栽秧适期是晚霜结束后 10 cm 地温达 15 ℃以上时即可开始栽秧，上年冬或当年初提早翻耕晒白，种植时再起垄整畦。畦带为宽 50 cm，4 月上、中旬根据苗床出苗速度陆续剪苗插植，采用线平插方式，增加薯苗入土节数以提高结薯数。每亩插 3 500 ~ 4 000 株，株距 33 cm左右。插植时间不宜超过 4 月 20 日，否则收获时间推迟，将影响连作晚稻的插秧季节。

适时早栽是红薯增产的关键，在适宜的条件下，栽秧越早，生长期越长，结薯早，结薯多，块根膨大时间长，产量高，品质好；栽秧过晚，生长期缩短，红薯少而小，产量低，品质差。为提高栽秧质量确保苗旺，栽秧时要剔除“老硬苗”和弱病苗，选用壮苗栽插，栽时最好将大小苗进行分级，分别栽插，使其均衡生长，为防治红薯黑斑病，可用 50% 的甲基托布津 1 000 倍液浸秧苗基部 6 ~ 10 cm、10 min。红薯应在保证成活的基础上争取浅栽，栽插深度一般以 5 ~ 6 cm 为宜，栽插时要求封土严密，深浅一致，使叶片露出地面，浇水时不沾泥浆，秧苗露头要直，秧不宜露的过长，以防大风甩苗影响成活。

6.6.6 田间管理

6.6.6.1 扎根缓苗阶段的管理

扎根缓苗阶段是从栽后长出新根到块根开始形成，历时 1 个月左右。红薯定栽后要及时查苗补苗，以保证全苗，栽秧后，如遇大旱，应及时浇缓苗水，以利扎根成活。

6.6.6.2 分枝结薯阶段管理

栽插后 30 ~40 d，随着温度升高，茎叶生长加快，块根继续形成膨大，应及时加强水肥管理，如遇天旱可随水亩追 2.5 ~4 kg 尿素，浇后要及早中耕松土保墒。

6.6.6.3 茎叶盛长块根膨大阶段的管理

7 月上半旬至 8 月下旬，此期茎叶盛长块根膨大，叶面积系数达到最大，一般在这一时期，要做到促中有控、控中有促。此期正值雨季，温度高，植株生长快，为防止徒长，可用 50 mg/kg 的多效唑液在田间均匀喷打，以叶面沾满药液而不流为佳，在此期，地下部块根迅速膨大，如遇伏旱，需浇水，但水量不宜过大，为促进薯块膨大，可亩用膨大素一袋（12 g）兑水 15 kg 隔 7 ~10 d 喷一次，连喷两次。

6.6.6.4 茎叶衰退块根膨大阶段的管理

8 月中下旬后，红薯生长后期，茎叶由缓慢生长直至停滞；养分输向块根，生长中心由地上转到地下，管理上要保护茎叶维持正常生理功能，促进块根迅速膨大。管理措施，保证土壤含水量，以田间最大持水量的 60% ~70%，如天气久旱无雨，土壤干旱，会使茎叶早衰，影响碳水化合物的形成、积累，造成减产，因此要及时浇小水，但在红薯收刨前 20 d 内不宜浇水，若遇秋涝，要及时排水，以防硬心与腐烂，在处暑前后红薯叶进入回秧期。为防止早衰，延长和增强叶中的光合作用，促进薯块肥大，进行叶面喷肥，亩用磷酸二氢钾半斤兑水 30 ~40 kg 进行喷打，每隔 15 d 喷一次，共喷两次，如配合使用膨大素效果更好。

6.6.6.5 摘顶

当红薯主茎长至 50 cm 时，选晴好天气上午摘去顶芽；分枝长至 35 cm 时继续把顶芽摘除。此法可抑制茎蔓徒长，避免养分消耗，促进根块膨大，可增产 20% ~30%。

6.6.6.6 裂缝灌肥

红薯进入块根膨大期，表土层会出现裂缝。此时，每亩用清水粪肥 750 ~1 000 kg，对磷酸二氢钾 500 g（也可用过磷酸钙 5 kg、草木灰 50 kg，分别用水浸泡过滤），混合在粪肥中，早晨或傍晚沿裂缝灌施，灌后用土填塞裂缝，可增产 20% ~30%。

6.6.6.7 喷缩节胺

当红薯秧长至 50 ~60 cm 长时，每亩喷缩节胺 10 mL 或助壮素 20 ~25 mL，能起到控上部促下部、促使块根迅速生长的作用，可增产 15% ~20%。

6.7 谷子高效用水栽培技术及模式

谷子具有很高的营养价值。众所周知，谷子是体弱多病人群、产妇和幼儿的良好滋补食品。随着经济的发展，人们的膳食结构发生了变化，对谷子的需求也越来越大，在国外谷子也被评为“营养之王”而列为保健食品。但是目前谷子的种植面积却越来越少，究其原因，一是谷子的产量较低，二是对土质的要求很严，尤其是谷子怕涝，喜欢岗地和较高的地块，再加上多年来农田中有机肥的施量太少或根本不施，而大量地施用无机化学肥料，有机质含量越来越低，土壤团粒结构受到严重破坏，耕层的板结程度也就越来越甚，因此也就越来越不利于谷子的生长和发育。其实，谷子并非天生就是低产作物，只要能按照谷子的生物学原理进行种植和管理,为它的生长、发育创造和提供良好的条件,满足它的生活要求,就会获得理想的产量。

6.7.1 合理轮作倒茬,减轻病害,提高土壤养分利用率

谷子对茬口反应敏感,有农谚“重茬谷子守着哭”、“三年谷、不如不”形象地说明了重茬谷子的不良后果。重茬谷子病虫害严重,因为白发病等可由土壤传染,大多数钻心虫是在谷茬中越冬。如不倒换茬口,各种病虫尤其是这两种毁灭性病虫,势必为害严重,谷莠子等杂草也将迅速增多,加上谷子根系强大,密度较高,重茬必然连年消耗多量相同的养分,导致某些营养元素缺乏,使苗株早衰、早枯、秕籽率高、产量大降。所以,必须年年倒茬,白发病严重的地块,种谷之后,至少应隔三四年才能再种。谷子较为适宜的前茬依次是:马铃薯、甘薯、小麦、玉米等。种谷子要选择土质疏松,地势平坦,黑土层较厚,排水良好,土壤有机质含量高,合理轮作,上茬没有种过谷子的地块。地块选好后,要细整地,整好地。最好不选择豆茬地块。

6.7.2 精细整地,防旱、保墒、保全苗

谷子属耐旱抗瘠薄植物,对土壤要求不十分严格,除涝洼地、沙土地以外均可种植。整地要求早动手,整地包括浅耕除茬,耕、翻、耙、耢、压等。秋季深耕可以熟化土壤,改良土壤结构,增强保水能力;加深耕层,利于谷子根系下扎,使植株生长健壮,从而提高产量。秋耕要做到早、细、深,一般要求耕深20 cm以上。结合秋耕最好施入基肥,对蓄水保墒有良好作用。“耙耱保墒”是指早春进行“顶凌耙耱”,雨后合墒时也要进行及时耙耱。作用是切断土壤表层毛细管,弥合地表裂缝,减少水分蒸发。“浅犁踏墒”是指播前结合施肥进行浅耕。这次浅耕以早为好,耕后及时进行耙耱保墒,打碎土块,达到踏墒,以防掉根死苗,提高地温。“镇压提墒”是指水分以气态方式散失时所采取的保墒措施,以减少大孔隙,疏松土壤,创造一定紧密度。一是合理使用底肥,以农家肥为主,要亩施优质农家肥2 000~2 500 kg,并与过磷酸钙混合作底肥,结合翻地或起垄时施入土中。二是用好种肥,一般亩施磷酸二铵10 kg、氮肥5 kg作种肥,可促谷苗早生快发,满足谷子生育期对养分的需要。三是追肥,谷子苗高30~50 cm时,根据地力状况,开沟追施化肥,每亩追施氮肥20~25 kg,或追施高氮复合肥40~50 kg。

6.7.3 优选优良品种,适时早播

一是选好抗逆性强、丰产性能好、商品性和营养性均好的优良品质的种子(如冀谷20、谷丰2号、冀优2号、豫谷11、豫谷8号等)。二是搞好种子处理,对谷种进行风筛选、盐水选,清除秕粒、草籽、杂物等,将种子阴干,然后用药剂处理,种子要用清水洗,清除秕粒和种子表面的病菌孢子,用35%瑞毒霉按种子重量的0.3%~0.5%拌种,防治谷子白粉病。用50%多菌灵按种子重量的0.5%拌种,可防治粒黑病,用种子重量的0.1%~0.2%锌硫磷闷种可防治地下害虫。三是适时早播,当气温稳定通过7 ℃时开始播种,主要是抢墒播种,整地要细,踩好格子,覆土均匀一致,播后如遇雨形成硬盖时,用磙子压或其他农具破除硬盖,以利苗全苗壮。四提高播种质量,对底墒较好、表墒较差的地块,推掉

干土，把种子播在湿土上；对土壤墒情较差地块，在播前1～2 d把有机肥闷湿，施入土壤中，借墒播种；幼芽拱土时如出现干旱，压一遍磙子，提墒，确保全苗。总之，要千方百计做到一次播种保全苗。五是合理密植，建立合理的群体结构，一般根据地势和土壤肥力进行合理密植，原则是平地、肥力高的地块，密度大些；坡力、肥力低的地块，密度小些，一般平地、肥力较高地块，亩保苗株数3.5万～4万株，坡地、肥力较差地块，亩保苗3万～3.5万株。种子发芽最低温度7～8 ℃，最适温度12～14 ℃，幼苗不耐低温，因此确定播期要因地制宜。播种方法应采用条播，行距30～45 cm，播种深度为3～4 cm，播后镇压，亩用种0.5 kg左右。也可以采用行距80 cm，大垄双行，亩保苗3万株左右。

6.7.4 定苗

谷子刚出苗时，发现断苗严重，可用温水浸泡种子，然后拌药闷种催芽，待胚芽突破种皮立即播种。谷苗略大，对缺株少的田块可利用雨天移栽。一般谷苗在5片叶左右移栽最易成活。及时间苗、定苗，防止苗荒，播种量过大的田块，应及早间苗、定苗。一般在3～5叶时间苗、定苗较适宜。若幼苗生长较旺，应于午后镇压蹲苗。由于谷子播量大，群体密度高，相互争夺养分，一般要求早间苗，株高4 cm 5叶期就应定苗，株距8～9 cm，留单株，有利于分蘖。

6.7.5 加强管理，减少土壤蒸发，提高降水利用率

一是早压苗，促进根系发育，在幼苗2～5片叶时，用木头磙子压青苗1～2次，以利壮根。二是早间苗、定苗，"谷间寸，如上粪"，当苗高3 cm时开始间苗，即拿上手就间苗，幼苗5～6 cm时进行定苗，草株留苗，拐子苗，不留死簇子。三是中耕除草，谷子的中耕管理大多在幼苗期、拔节期和孕穗期进行，一般2～3次。第一次中耕结合间苗、定苗进行，中耕掌握浅锄、细碎土块、清除杂草的技术。进行第二次中耕在拔节期进行，有灌溉条件的地方应结合追肥灌水进行，中耕要深，同时进行培土。第三次中耕在封行前进行，中耕深度一般以4～5 cm为宜，中耕除松土除草外，同时进行高培土，以促进根系发育，防止倒伏。四是合理灌水。"旱谷涝豆"，谷子是比较耐旱的作物，一般不用灌水，但在拔节孕穗和灌浆期，如遇干旱，应及时灌水，并追施孕穗肥，促大穗，争粒数，增加结实率和千粒重。五是防病治虫，生育期要及时防治黏虫、土蝗、玉米螟，干旱时注意防治红蜘蛛，后期多雨高湿，应及时防治锈病。

6.7.6 懒谷1号简化栽培技术

懒谷1号是河北省农林科学院谷子研究所育成的国内外第一个可以实现简化栽培的谷子新品种。该品种是应用高新技术将从国外引进的抗除草剂基因进行谷子育种，育成的新品种既抗除草剂又抗间苗剂；利用该品种与不抗间苗剂的同型秭妹系按比例配比，通过喷施专用除草剂、间苗剂达到除草和间苗的效果，实现化学间苗、化学除草，并可有效控制和预防恶性杂草谷莠子，解决了几千年来谷子一直依靠人工间苗、人工除草的技术难题。

6.7.6.1 突出特点

通过喷施除草剂和配套的间苗剂(含增效剂——壮谷灵),谷田能够实现化学除草、化学间苗,从而实现免人工除草、人工间苗的良好愿望,并可杀掉间苗前出土的全部恶性谷莠子。谷田苗荒和草荒一般发生在出苗后 10 ~ 25 d 内,应用懒谷 1 号及其配套栽培技术,喷药后自动达到大田生产所需的留苗密度,出苗 25 d 内杂草防效 90% 左右,此后新生的杂草对谷苗已不能形成危害。

6.7.6.2 懒谷 1 号特征特性

幼苗绿色,生育期 87 d,株高 109.3 cm,属中秆型品种。纺锤形穗,松紧适中;穗长 16.7 cm,单穗重 12.3 g,穗粒重 10.4 g,千粒重 2.78 g;出谷率 84.6%,出米率 76.9%;黄谷,米色浅黄,适口性好。该品种抗倒性、抗旱性、耐涝性均为 1 级,抗锈性 2 级,对谷瘟病、纹枯病抗性较强,均为 1 级,抗红叶病、线虫病、白发病。在中国作物学会粟类作物专业委员会举办的"全国第六届优质食用粟品质鉴评会"上评为一级优质米。

6.7.6.3 产量表现

懒谷 1 号 2007 ~ 2009 年在辉县旱作农业基地百亩示范中,平均亩产 312.4 kg。

6.7.6.4 栽培技术要点

1)播前准备

播种前灭除麦茬和杂草,每亩底施农家肥 1 500 kg 左右或氮磷钾复合肥 15 ~ 25 kg,浇地后或雨后播种,保证墒情适宜。

2)播种

夏播适宜播种期 6 月 10 ~ 20 日,适宜行距 35 ~ 40 cm(麦茬太高的地块最好不贴茬播种)。夏播每亩播种量 1 kg,要严格掌握播种量,并保证均匀播种。

3)播后管理

a.配套药剂使用方法

谷田苗荒和草荒一般发生在出苗后 10 ~ 25 d,应用懒谷 1 号配套的专业除草剂、间苗剂,喷药后 7 d 左右自动达到大田生产所需的留苗密度每亩 4 万 ~ 6 万株,25 d 内对 1 年生杂草除草效果 90% 左右,此后新生的杂草对谷苗已不能形成危害,可通过追肥培土措施杀灭。

(1)除草剂——谷友:在播种后、出苗前,每亩用新型谷田除草剂——谷友 100 ~ 120 g,兑水 50 kg 以上,进行芽前处理,均匀喷施于地表。注意要在无风的晴天均匀喷施,不漏喷、不重喷。

(2)间苗剂的增效剂——壮谷灵:在谷苗生长至 4 ~ 5 叶时(10 d 左右),每亩用壮谷灵 80 ~ 100 mL,兑水 30 ~ 40 kg,茎叶处理,均匀喷施。喷施壮谷灵后懒谷 1 号谷田才能显示理想的间苗效果。喷施壮谷灵之前,应仔细观察谷田苗情,根据苗情决定怎么喷施懒谷 1 号配套的壮谷灵。如果因墒情等原因导致出苗不均匀时,苗少的部分则不用壮谷灵。注意要在晴朗无风、12 h 内无雨的条件下喷施,因喷壮谷灵后仍具有除草作用,垄内和垄背都要均匀喷施,并确保不使药剂飘散到其他谷田或其他作物上。喷施壮谷灵后 7 d 左右,杂草和多余谷苗逐渐萎蔫死亡。

b. 田间一般管理

谷苗 8 ~ 9 片叶时,喷施溴氰菊酯防治钻心虫;9 ~ 11 片叶时(或出苗 25 d 左右)每亩追施尿素 20 kg,随后耘地培土,防止肥料流失,促进根生长,防止倒伏,防除新生杂草。及时进行防病治虫等田间管理。要重视耘地培土,该措施十分重要,不能省略。

c. 注意事项

(1)严格按要求的播种量播种,并保证均匀播种。

(2)壮谷灵为懒谷 1 号配套的专用间苗剂增效剂,不能用于其他谷田或其他作物。喷施药械确保清洁,不含其他除草剂和有害成分,喷药后洗净药械。

(3)使用谷友和壮谷灵时,应佩戴面罩、胶手套,切勿吸烟或饮食。注意人畜安全,用药结束后应及时洗刷用具,用肥皂洗手脸。

(4)将懒谷 1 号和谷友、壮谷灵分别存放在阴凉、干燥、密闭处,切勿让儿童触及。若接触皮肤或误服,要用水冲洗、催吐,严重时,及时就医。

(5)严格按规定剂量用药,切勿随意增减用药量。严禁盲目二次用药!

(6)谷苗长至 4 ~ 5 叶时,喷施壮谷灵表现快速高效,叶龄越大,药效趋缓。不喷施壮谷灵,间苗效果甚差。

(7)喷施谷友和壮谷灵时,要在无风的晴天、12 h 内无雨的条件下均匀喷施,保证垄内和垄背都要均匀喷施,不漏喷、不重喷。

6.7.7 豫谷 11 简约栽培技术

6.7.7.1 特征特性

豫谷 11 号幼苗叶色、鞘色均为绿色,田间长势强。株高 104.3 cm,中秆,株形紧凑,茎秆粗壮,弹性好;成穗率高,在留苗 75 万株/hm^2 的情况下,每公顷成穗 69 万穗,成穗率 92.0% ,纺锤大穗,穗松紧适中,穗长 18.4 cm,单穗重 15.1 g,穗粒重 11.6 g,出谷率 82.6%,出米率 76.8%,千粒重达 3.18 g。黄谷黄米,成熟时青枝绿叶。豫谷 11 号 1 级耐涝,2 级抗倒、抗旱性,2 级抗谷锈病、纹枯病,对谷瘟病抗性为 1 级,抗白发病,红叶病、线虫病发病率分别为 0.55% 、1.7% 。该品种成穗率高,株形紧凑,耐涝,抗病性强,熟期适中,增产潜力大,品质优,属于富硒品种。豫谷 11 号在华北夏谷区种植生育期 87 ~ 89 d,属夏谷中熟品种。适合华北夏谷区各省份种植。该品种 2002 ~ 2003 年参加国家谷子品种区域试验(华北夏谷区),两年区域试验试验平均亩产 327.7 kg,较对照豫谷 5 号增产 6.36%,居参试品种第二位;2003 年生产试验亩产 336.2 kg,较对照增产 8.48%,亦居参试品种第二位。

6.7.7.2 品质性状

豫谷 11 号精米率高,粒大饱满,米色鲜黄且一致性好。其米饭适口性好,米粥颜色金黄,黏性大,柔软,有光泽,米饭蒸煮时香味浓郁,冷却后不回生变硬。2004 年,经农业部农产品质量监督检验测试中心(郑州)测试,豫谷 11 号直链淀粉含量 23.0%,粗蛋白质(干基)10.83% ,粗脂肪(干基)2.88%,维生素 B 16.0 mg/kg,胶稠度 102 mm,碱消指数级别 2,锌 20.70 mg/kg,硒 173.78 g/kg。豫谷 11 号富含硒,是一般品种的 2.5 倍。2005 年 3 月在全国第六届优质食用粟评选中,该品种被评为国家一级优质米。

6.7.7.3 栽培技术

1)精细整地

谷种小,幼苗拱土能力弱,种前精细整地,做到平整、上松下实,无根茬和大坷垃。

2)种子处理

晒种、温水(56~57 ℃ 浸10 min)浸种或粉锈宁、甲基托布津药剂拌种,可防治地下虫和苗期病害,使苗齐、苗匀、苗壮。

3)适时播种

5月20日至6月20日,可根据墒情播种。灌溉条件较差的,雨水过后立即趁墒播种,争取一播全苗。

4)早定苗,合理密植

幼苗4~6片叶时及早定苗,确保每公顷75万株左右;晚播、旱薄地,留苗密度可适当增加;水肥条件充裕的地块,可适当减少密度,以提高单株生产力。

5)科学施肥

有机肥配合N、P、K作基肥较好。每公顷施磷肥450~750 kg,抽穗前10 d,每公顷追施尿素225~300 kg,施后浇水,使谷子穗大粒多,奠定丰产基础。

6)加强科学管理

旱地中耕以保墒为主,一般3~5次。苗期多锄,灭草保墒,促根生长下扎;拔节期深锄拉透,断老根,促新根;孕穗期中耕结合培土,促进气生根生长,增加吸收能力,防止后期倒伏。

7)防治虫害

苗期防治地老虎、红蜘蛛、粟芒蝇,抽穗前防治棉尖象甲、钻心虫,灌浆期防治粟穗螟、粟绿蝽等害虫;使用药剂可根据虫害种类单用或复配高效氯氰菊酯、氧化乐果、辛硫磷等。

6.7.8 冀谷20简约栽培技术

6.7.8.1 特征特性

生育期87 d,绿苗,株高121.4 cm,属中秆型品种。在留苗75万株/hm^2的情况下,成穗67万穗,成穗率93.4%;纺锤形穗,穗子偏紧,穗长17.6 cm,单穗重15.4 g,穗粒重13.2 g,出谷率85.7%,出米率78.7%,黄谷黄米,千粒重2.79 g。冀谷20抗旱、抗倒、耐涝性均为1级,对谷锈病、谷瘟病、纹枯病抗性亦为1级,抗红叶病、白发病。

6.7.8.2 栽培要点

1)种子处理

播前用57 ℃左右的温水浸种,预防线虫病发生。

2)播期

冀鲁豫夏谷区适宜播期为6月20~25日,最晚不得晚于6月30日,晋中南、冀东、冀西及冀北丘陵山区应在5月20日左右春播,宁夏南部5月上旬春播。

3)合理密植

夏播留苗67.5万~75.0万株/hm^2,春播留苗密度在52.5万~60.0万株/hm^2。

4)肥水管理

在孕穗期间趁雨或浇水后施尿素300 kg/hm² 左右。

5)加强管理

及时进行间苗、定苗、中耕、培土、锄草、防治病虫害等田间管理工作。

6.7.9 冀优1号简约栽培技术

6.7.9.1 品种特征特性

冀优1号是河北省农科院谷子研究所育成的优质富硒谷子新品种,其特点有:粒大,被评为一级优质米,千粒重3.1 g,米色鲜黄,适口性好。小米含粗蛋白质11.3%,粗脂肪3.66%,直链淀粉16.74%。硒含量高,具有食疗保健作用,经农业部谷物品质监督检测中心检测,冀优1号小米硒含量达180.1 μg/kg,是一般品种的2倍以上。医学研究表明,硒是人体必需的微量元素,对防治大骨节病、克山病和癌症有较好的效果。2001年参加国家级夏谷新品种区域试验,平均亩产351.85 kg,较对照豫谷5号增产5.70%。冀优1号株高110 cm左右,属中秆品种。纺锤形穗,穗长18 cm左右。高抗倒伏,高度耐旱,抗谷锈病、谷瘟病、纹枯病、红叶病和线虫病。夏播生育期84 d左右。春播生育期120 d左右。冀优1号是春播夏播均可的品种,适宜在河北、河南、山东等地种植。

6.7.9.2 栽培技术要点

1)播期

夏播适宜播期6月10~25日,要求行距33~39 cm,亩留苗4.0万~5.0万株。春播适宜播期5月5~25日,行距39 cm,亩留苗4.0万株左右。

2)肥水管理

底肥以农家肥为主,有条件的增施磷钾肥(有效成分各5 kg)。旱地拔节后至抽穗前趁雨亩追施尿素15~20 kg;水浇地孕穗中后期亩追施尿素15 kg。

3)田间管理

及时中耕锄草,及早间苗,拔节后、封垄前注意培土。注意防治钻心虫、灰飞虱和蚜虫,抽穗后防治黏虫和蚜虫。

6.7.10 谷丰2号简易栽培技术

6.7.10.1 品种特征特性

谷丰2号是18B6玉米种子论坛建议栽培技术。1995年以"95307"为母本、"8337"为父本进行有性杂交,经过4个世代的南繁北育和严格鉴定选择育成。幼苗绿色,株高112 cm,纺锤形穗,中紧。穗长18.7 cm,单穗重13.6 g,千粒重3.2 g,出谷率82.4%,籽粒黄色,米黄色,出米率79.1%。小米含粗蛋白12.26%,粗脂肪4.12%,直链淀粉14.48%,胶稠度138 mm,碱消指数2.2。生育期87 d左右,抗倒性2级,耐旱性1级,对谷锈病、谷瘟病、纹枯病抗性较强(均为1级),抗红叶病、线虫病能力强。

6.7.10.2 产量表现

2003~2006年在辉县863节水农业试验基地百亩示范中亩产达到326 kg,2007年在上街10亩示范中亩产达到400 kg以上。

6.7.10.3 **主要栽培技术**

最晚播种日期不得超过6月20日,亩留苗4.5万~5.0万株。播前应药剂拌种预防线虫病和白发病。旱地拔节后至抽穗前趁雨亩追施尿素15~20 kg,水浇地孕穗中后期亩追施尿素15 kg。孕穗至灌浆初期注意防治蚜虫和黏虫。

6.7.11 谷子适宜品种的筛选研究

该试验地前茬作物为冬小麦,小麦收获后底肥按纯氮45 kg/hm^2、纯五氧化二磷60 kg/hm^2、氧化钾60 kg/hm^{2}施用,用旋耕把旋耕后播种谷子,试验采用随机区组设计,重复3次,小区面积为12 m^2(3 m×4 m)。谷子生育期间不再补灌水,拔节—孕穗期追施氮肥一次,追施量按60 kg/hm^{2}进行,在谷子8~9片叶时(7月上、中旬),喷施溴氰菊酯防治钻心虫,在谷子8~9片叶时(7月下旬至8月上旬)防治黏虫。

供试的谷子品种(系)共计10个,具体品种为:豫谷6号、郑9188、冀谷14号、冀谷20号、冀谷Y—61、冀谷01—584、冀优1号、冀优2号、谷丰2号、94076。谷子播种行距为40 cm、定苗株距4 cm,密度为62.5万株/hm^2。

6.7.11.1 **不同谷子品种的产量及考种结果**

从产量结果(见表6-13)看,在参试的10个品种中,谷丰2号、冀优2号、冀谷20三个品种每公顷产量均超过6 000 kg,分别达到6 534 kg、6 168 kg、6 097.5 kg,与对照豫谷6号比较,增幅分别为27.1%、20.0%、18.6%,供试品种的产量结果经方差差异性检验,品种间差异达极显著水平($F_1=21.092^{**}$, $F_{0.05}=5.26$, $F_{0.01}=8.42$),差异性比较结果表明,谷丰2号、冀优2号、冀谷20、冀优1号的四个品种间的差异不显著,与其他6个品种达5%差异性显著水平或1%差异极显著水平,说明在当地农业生产中,应优先推广利用谷丰2号、冀优2号、冀谷20、冀优1号等品种,这一点也从示范应用中得到证明。

表6-13 不同谷子品种的产量结果

供试品种	株高(cm)	穗长(cm)	单穗重(g)	穗粒重(g)	单产(kg/hm^2)	较对照增减(%)
豫谷6号(CK)	124.4	13.3	10.5	8.3	5 140.5	—
郑9188	107.5	14.4	11.3	9.1	5 647.5	9.9
冀谷14号	100.6	12.6	9.6	7.6	4 735.5	-7.9
冀谷20	104.1	15.7	12.8	10.6	6 097.5	18.6
冀谷Y—61	96.8	13.1	9.3	7.5	4 677.0	-9.0
冀谷01—584	103.4	13.2	10.2	8.4	5 211.0	1.4
冀优1号	105.2	16.9	13.3	10.4	5 961.0	16.0
冀优2号	102.6	17.6	14.6	11.7	6 168.0	20.0
谷丰2号	109	18.2	15.9	13.2	6 534.0	27.1
94076	98.8	13.7	10.8	8.5	4 969.5	-3.3

6.7.11.2 不同谷子品种的品质测定结果

通过对不同谷子品种小米主要品质指标的测定(见表6-14),冀优1号、冀优2号、谷丰2号均达到河北省质量技术监督局颁布的优质米标准。在测定的5个品种中,谷丰2号的粗蛋白含量最高,达12.2%,94076的粗脂肪含量、直链淀粉和胶稠度均最高,分别达到4.38%、17.21%、167,冀优2号的VB_1含量最高,达6.24 mg/kg。

表6-14 不同谷子品种的米质测定结果

品种名称	粗蛋白(%)	粗脂肪(%)	直链淀粉(%)	胶稠度(mm)	碱消指数	VB_1(mg/kg)
冀谷20	11.1	3.57	16.43	142	2.3	5.79
冀优2号	11.2	4.13	15.72	118	2.3	6.24
谷丰2号	12.2	4.03	14.36	135	2.2	5.22
94076	11.6	4.38	17.21	167	2.2	6.13
豫谷6号	10.8	3.46	14.12	113	2.3	5.14

上述结果说明谷丰2号、冀优2号、冀谷20三个品种不但产量高,品质也较好,在生产上有较好的推广利用价值。另外,通过品质分析发现,尽管94076的产量偏低,但是该品种的多项品质指标表现突出,并且在实际品尝对比中,该品种的确表现米味醇香、粥的黏性好、适口性佳等优点,说明该品种在发展丘陵旱作区特色优质农产品方面可以发挥较大潜力和作用。

6.8 旱作果树种植高效用水技术及模式

6.8.1 优选优良品种

6.8.1.1 红富士(长富2号、6号等)

红富士树势强健,树体比国光高大,树姿开张似国光。树冠外围长势较强,内膛细弱枝较多。幼树比国光开张角度大,横向生长快,干周加粗快,顶端优势强,枝条较密,外围一年生发育枝红褐色,皮表层多生白色水锈,皮孔中等大小或较小,节间较长。多年生枝暗灰褐色,皮孔稠密,中大微凸。主干黄褐色,叶片中大,较薄,多为椭圆形,基部较圆。叶面光滑,叶背茸毛较多。叶脉突起,叶缘多中深复锯齿。花芽(顶花芽)圆锥形,中大,鳞片较松散,茸毛较多。叶芽三角形,中大,饱满,茸毛较多。每个花序多为5朵花簇生,花朵较大,淡粉红色,开花较整齐。结果较早,丰产。果实大,色艳,质细肉脆,汁多味甜,硬度较大,耐储藏。

6.8.1.2 新红星、首红、魁红、超红等元帅系短枝型品种

矮生型苹果品种具有树体小、短枝、紧凑,适于密植,优质、丰产,省工省事、便于管理等优点。树势中强,树体矮小,树冠紧凑,树姿直立,萌芽力强,成枝力较弱。适宜密植栽培。果实圆锥形,顶端五棱突出。全面浓红,果面光滑,果点明显。平均单果重

200 g,最大可达 400 g。果肉白色,肉质松脆,味甜多汁,浓郁芳香,品质上等,耐储性优于元帅。

6.8.1.3 金矮生

金矮生系金冠芽变短枝型品种,树冠大小与元帅系短枝型相等,果实大,风味优于金冠,结果早,坐果率高。一般栽后两年挂果,有的幼苗定植当年即可见果,是元帅系短枝型品种最理想的授粉品种。

6.8.1.4 嘎拉

嘎拉苹果原产新西兰,由新西兰果树育种家基德育成,是目前中早熟品种中最漂亮、最优质的品种之一。果实中等大,单果重 180 ~ 200 g,短圆锥形,果面金黄色。阳面具浅红晕,有红色断续宽条纹,果型端正美观。果顶有五棱,皮薄肉细,果肉浅黄色,汁多味甜。品质上乘,较耐储藏。树势中庸,枝条开张,结果早,坐果率高,采前落果轻,丰产性强,较耐储藏。

6.8.1.5 华冠

树冠近圆形,树姿半开张。成枝力和萌芽率中等,以短果枝和中果枝结果为主,连续结果能力强,有较强的腋花芽结果能力,坐果率高。果实单果重 180 g,果实近圆锥形,果面着 1/2 ~ 1/3 鲜红色,带有红色连续条纹,延期采收可全面着色。果面光洁无锈,果点稀疏、小,果皮厚而韧,果肉淡黄色,风味酸甜适中,有香味。可溶性固形物含量 15.4% 左右,果肉硬度 6.9 kg/cm^2,在郑州地区 9 月底至 10 月初成熟。

6.8.1.6 优系富士(红将军、2001 富士、烟富 1 – 6 号等)

优系富士既是我国目前苹果的主栽类型,也是品质最优良的晚熟品种。果实大,平均单果重 200 ~ 250 g,最大果重达 457 g,果实近圆形,色泽艳丽,果皮薄而光滑,果肉淡黄色,肉质致密,脆而多汁,有香气,酸甜适口,耐储运、储藏,无皱皮现象。树势健壮,萌芽率和成枝力均强,坐果率高,丰产性强,适应性较强,抗寒力较差。

6.8.1.7 乔纳金

乔纳金是美国纽约州农业试验站用金冠和红玉杂交育成。目前,已遍及我国主要苹果产区。果实圆锥形,单果重 220 ~ 250 g;底色绿黄或淡黄,阳面大部有鲜红霞和不明显的断续条纹;果面光滑有光泽,蜡质多,果点小,不明显;果肉乳黄色,肉质松脆,中粗,汁多,风味酸甜,稍有香气,含可溶性固形物 14% 左右,品质上。苗木栽后 3 ~ 4 年结果,7 ~ 8 年进入大量结果期,丰产。果实较耐储藏,储藏中果面分泌油蜡。适应性较强,在各地均表现早结果、早丰产的特性。乔纳金为 3 倍体品种,要注意配置 2 个 2 倍体品种为授粉品种。乔纳金及其芽变品种——新乔纳金、红乔纳金在我国表现也很好,发展较快,其生长结果习性与乔纳金相似,唯果实着色更红更艳丽。它们不仅是鲜食品种,也是制汁及加工的优良品种。

6.8.1.8 天星

日本从红富士枝变中发现的 4 倍体大个新品种,果实个头极大,单果重 450 ~ 500 g,有的超过 600 g。无袋栽培下,底色黄,紫红色条红,果肉较硬,质地较粗,果汁非常多,味甜,有蜜,口味良好,树势比富士较强,花、叶、果都比富士大,可作高档礼品果推广发展。

6.8.2 合理栽植密度

苹果栽植密度因品种、地势、作物配置模式等不同而不同，矮生品种、矮化栽培、丘陵山地、管理水平较高，栽种密度要大，否则栽植密度应小些。

6.8.3 果园管理

6.8.3.1 苹果栽植后管理

1）修剪定干

根据树种、品种的整形要求，保留主干加整形带高度，将以上多条部分剪去，这种修剪方法叫定干。

2）幼树防寒

冬季寒冷风大的地区，幼树越冬易抽条，秋栽后应立即埋土防寒，春季萌芽时及时去土。

3）春季灌水与保墒

有灌溉条件的地区，秋栽苗木在春季萌芽前灌水，而春栽苗木在栽后半月左右再灌一次有利成活，浇水后应立即覆土保墒。春季用地膜覆盖，可保墒增温，对幼树生长极为有利。

4）检查成活

春季展叶后，果树进行一次成活率检查，已死植株应立即补栽。

5）防止兽害

在苗木上涂加有农药的涂白剂或带恶臭味的保护剂，防止野兔啃食树皮。

6.8.3.2 苹果园土壤管理基本内容

1）土壤深翻

深翻在果树栽植前、后均可进行，深度以根系主要分布层为宜。深翻的方式根据地形、栽植密度等不同主要有三种：一是扩穴深翻（放树窝子）。适合山岭坡地的幼园。二是隔行深翻。隔一行翻一行，分两次完成，适于盛果期苹果园。三是全面深翻。除栽植穴外，其余土壤一次深翻完，适于幼龄果园。深翻时应结合施入基肥。

2）果园耕翻

苹果行间和株间每年秋季落叶前后都要耕翻，一般 20 cm 左右，树盘内深外浅，翻后整平。

3）压土、掺沙

对土层薄、沙性大的果园秋冬季进行全园压土；对黏性土果园适当掺沙，以改良土壤。压土、掺沙应结合增施有机肥，并进行深刨，使新旧土、沙土混匀。

4）栽前改良

在定植前，定植穴要挖的大一些，如 100 cm×100 cm×100 cm 或 80 cm×80 cm×80 cm，然后施足底肥再回填。

5）清耕

果园内不种植其他作物，生长季内及时进行锄草松土。清耕主要在成龄果园中采用，常结合喷施除草剂进行,达到免耕或少耕的目的。

6)生草

在苹果树行间种植豆科的三叶草,禾本科的黑麦草、早熟禾等。这一措施主要在有喷灌等水浇条件的果园中采用。生草期间,要定期进行刈割,割下草就地翻压、沤肥、用做覆盖物或当做饲料等。

7)覆草

将杂草、绿肥、作物秸秆等覆于树盘、行内或全园,厚度以年保持在 20 cm 左右为宜,每 4 ~5 年翻刨一次。

8)覆盖

在树盘、行内或全园(留出作业道)覆盖地膜(透明膜或有色膜),覆盖前应先中耕除草,整平地面。

6.8.3.3 苹果园施基肥的方法

基肥的施肥量大,通常是全年施肥量的 70% 左右。一般中熟品种在果实采收后,晚熟品种在果实采收前、秋梢停止生长后,根系秋季生长高峰到来之前(9 月)施入。幼树采用环状、半环状沟施入,成年树采用放射沟、条状沟施入。施肥深度 1 ~3 年生树为 30 cm,4 年生以后树为 40 cm。施肥范围为根系集中分布区,即树冠投影边缘 30 cm 左右,施肥时要分段开沟、施入,不要把根系暴露的时间过久,否则根系受旱、受寒、受冻易死亡。不要施得过深。施肥时按氮肥、磷肥分别占年施用量 40% 、80% 施入,每亩补施草木灰 220 kg,施肥后应及时灌水。

6.8.3.4 苹果园灌水

有灌溉条件的苹果园花前、花后应灌水,保证开花一致,防止落花落果,促进新梢生长。以后,当土壤含水量低于田间最大持水量的 60% ~80% 时,应及时灌溉。冬季土壤封冻前应浇一次透水,保证树体越冬并防冬旱。灌水可因地制宜采用地面灌溉、地下渗灌、喷灌和滴灌等方式。根据苹果生长发育需水规律,陇东旱塬区在降水保证率不足 90% 的平水年,苹果滴灌 4 次为宜,最佳灌水期为萌芽前、新梢旺长前、果实迅速膨大期和落叶期 4 个时期。全年灌溉定额为:幼龄树每公顷 456 m^3(萌芽前每公顷 96 m^3、新梢旺长前每公顷 144 m^3、落叶期每公顷 225 m^3),盛果期树每公顷 936 m^3(萌芽前每公顷 180 m^3、新梢旺长前每公顷 180 m^3、果实膨大期每公顷 216 m^3、落叶期每公顷 360 m^3)。在降水保证率 75% 的中等干旱年份,灌水定额增大 10% ~20% ,灌水次数为 4 ~5 次(果实膨大期 2 次);在降水保证率 50% 的特干旱年份,灌水定额增大 15% ~30% ,灌水次数为 5 ~6次(新梢旺长期、果实膨大期各 2 次)。

6.8.4 果树修剪

6.8.4.1 苹果幼树修剪

幼树树势旺,新梢生长量大,易出现生长失衡。修剪的主要任务是加速成形,轻剪缓势,促使早结果、早丰产。修剪中主要抓五点:第一是培养骨干枝。在栽植壮苗的基础上,定干后连年定点刻芽、促萌,力争在一两年内抽生足够数量的枝条,以迅速扩大树冠,并根据树形要求,选留骨干枝,轻剪长留。当冠径大小达到要求时,骨干枝延长枝缓放不截，以增加中短枝数量，减缓新梢生长势，加粗此枝生长量。骨干枝、竞争枝和辅养枝间的主从关系应有明显的体现。第二是充分利用辅养枝提早结果。辅养枝可疏可密，但不能影响骨干枝的生长，也可充分利用刻芽、环剥（割）、拉枝以及摘心、扭梢等措施缓势促花，提早结果。第三是拉枝开角，缓和树势，保证通风透光。随着树龄的增加，骨干枝数量增多，对骨干枝按树形要求开张角度，可保持中心干的优势，缓和骨干枝的长势，促使骨干枝前后发枝均匀，利于立体结果。通常春季对多年生枝拉枝开角，秋季则拉当年新梢。第四是对竞争枝或疏除或进行拉枝、拿枝等处理，缓势促花。第五是培养好枝组，为丰产做好准备。始果后，结果枝组着生的主要部位由辅养枝逐渐转移到骨干枝上，故在利用辅养枝结果的同时，要逐步通过放、缩、截、扭等措施培养一定数量的枝组，为丰产奠定基础。

6.8.4.2 苹果盛果期树修剪

进入盛果期的树新梢生长量减小，树势趋向缓和，产量上升达最高限度，生长结果相对平衡。如管理不当，易出现大小年结果现象。此期修剪应着重调整生长与结果的关系，实现优质、丰产、稳产，延长盛果期年限。修剪上要注意解决三个方面的问题：第一是优化树冠光照条件。首先要开张大枝角度，逐年去除冠内多余的大枝，疏除过密的辅养枝和枝组，使大枝不交叉、枝组不交接，做到枝枝见光、果果向阳。其次要外甩延长枝，不短截，以疏为主，疏甩结合，适当减少外围枝的数量。此期树冠枝条布局以上稀下密、外稀内密、大枝稀小枝密的“三稀三密”树冠较为理想。第二是培养更新结果枝组。苹果结果枝以2～3年结果能力最强，果实品质也最优，应注意培养和保留。4年以后结果能力开始下降，应注意及时更新。在枝组布局上，宜内大外小、下大上小，各自空间内有放有缩，不断更新。枝组带头枝的方向应顺应所属主枝侧枝的方向。第三是调整花枝比例。通过修剪使枝组间和枝组内保持一定比例的花枝（第一年结果）、成花预备枝（第二年结果）和发育枝（第三年结果），即“三套枝”。花量不足时见花就留，充足时去弱留壮，过量时只保留短果枝结果，使花芽与叶芽的比例控制在1:(2～4)，即强树花芽与叶芽比为1:2，中庸树为1:3，弱树为1:4。若冬剪把握性较小，可留有余地，待花前复剪时再行调整。

6.8.4.3 苹果衰老树修剪

当苹果树进入衰老期后，树体生长势逐渐衰弱，骨干枝开始焦梢，结果枝衰老枯死，成花虽多，但坐果率低，故更新复壮，维持树势是此期修剪的主要任务。修剪时应重视三点：第一是选好预备枝培养新头。选择骨干枝的新生萌枝做预备枝进行培养，代替原头。第二是充分利用背上两侧枝组结果。为集中营养，可逐渐疏除下垂枝和冠内衰老细弱的果枝，培养利用背上枝结果，更新复壮两侧结果枝组，以维持结果能力。第三是预防隔年结果。应注意疏除过多的花芽，防止出现大小年结果现象。

苹果树修剪因品种和季节不同也有其特殊的修剪方法。

6.8.5 病虫害防治

6.8.5.1 如何防治苹果腐烂病

苹果树腐烂病为害枝干，弱树易感病，防治时要加强四方面措施：第一，壮树抗病。加强土壤管理，秋施基肥，及时追肥，严格控制负载量，增强树势，提高树体营养水平，增强抗病力。第二,减少病源基数。早春发芽前喷施 40% 福美砷 100 倍液或波美 1 ~3 度石硫合剂。第三,刮治。早春及时对发病部位重刮皮,刮后涂福美砷 100 倍液或腐心清 2 ~5 倍液。第四,清园,彻底清除病枝病皮,集中及时移出果园,防止病菌滋生、传播、侵染。另外,利用大蒜、碱面麦糠泥、盐水及陈尿液刮除病疤后涂抹,也可防治。

6.8.5.2 如何防治苹果轮纹病

苹果轮纹病为害枝干、果实,弱树易感病措施。防治措施:一是要加强栽培管理,增强树势,提高抗病力。二是要及时刮除病疣。早春发芽前,细致刮除树干上的疙瘩疣,刮后用 40% 福美砷 100 倍液或波美 5 度石硫合剂涂抹消毒。三是要早喷和连续喷洒杀菌剂。在发芽前喷铲除剂的基础上,从坐果开始,每隔 10 ~15 d 喷施 50% 多菌灵 1 000 倍液或 80% 喷克 800 倍液,6 月以后每隔 15 ~20 d 喷施 200 倍石灰倍量式波尔多液。

6.8.5.3 如何防治苹果斑点落叶病

元帅系品种易感斑点落叶病。防治上除要加强栽培管理,强壮树势,提高树体抵抗力外,还必须注意消灭越冬病源。早春要彻底清扫园内落叶,集中烧毁或深埋。并在发芽前喷施 40% 的福美砷 100 倍液或波美 5 度石硫合剂;花后 10 d 起每隔 10 ~15 d 喷一遍 50% 扑海因 1 000 倍液或多氧霉素 1 000 倍液等。因高温多湿季节为发病高峰期,因此雨季来临前要喷 200 倍石灰倍量式波尔多液。

6.8.5.4 如何防治苹果炭疽病

红富士苹果易感炭疽病。防治时要在剪除病弱枝条、干枯果台和僵果等病源的基础上,萌芽前喷施 80% 五氯酚钠 150 倍液或 40% 福美砷 100 倍液,铲除病源;对发病中心植株,从 6 月份起,每隔 4 d 连续调查,局部发病时可摘净病果,单独喷药进行封闭,若已扩散,全面喷洒 50% 退菌特 600 倍液、80% 多菌灵 1 000 倍液或 80% 喷克 800 倍液进行防治。

6.8.5.5 如何防治苹果霉心病

元帅系品种易感苹果霉心病。防治措施:首先,清洁果园,减少病源。刮除树体粗皮,剪除病枝、僵果,生长期随时摘除病果,捡净落果,带到园外烧毁或深埋。其次,要及时进行药剂防治。重病品种和园区,发芽前喷洒波美 1 ~3 度石硫合剂,盛花期末开始每隔 10 d连续喷 2 ~3 次 50% 多菌灵 600 倍液,70% 甲基托布津 1 000 倍液或 50% 退菌特 800 倍液等。再次,改变储藏条件,控制病害发展。果实采收后立即放在低温(10 ℃以下)下暂存,然后转入 0 ℃左右的低温冷库中单独储藏。

6.8.5.6 如何防治苹果病毒病

苹果病毒病分为潜隐性病毒病和非潜隐性病毒病两大类。前者又称为苹果衰退病,由苹果褪绿叶斑病毒、苹果茎沟病毒和苹果茎痘病毒单独或复合侵染所致。后者包括苹果锈果病、苹果花叶病、苹果绿皱果病。防治方法:第一,栽植无病毒苗木。这是目前防治苹果病毒病的根本。第二,铲除园内病株并烧毁。第三,杜绝在病株上采集繁殖材料。第四,防止嫁接(如桥接)和修剪传染。第五,防治蚜虫及刺吸式口器害虫。第六,选用抗病毒或耐病毒的砧木和品种。第七,增强树势,提高耐病力。

6.8.5.7 如何防治苹果缺素病

苹果缺素病主要包括小叶病、黄叶病、缩果病、苦痘病等,主要是缺乏某些微量元素所致。

1）苹果小叶病

由缺锌引起，主要表现在新梢和幼叶上。防治方法：第一，土施硫酸锌。在改良土壤的基础上，结合秋施基肥每株施硫酸锌 0.51 kg，效期较长，效果显著。第二，喷施硫酸锌。发芽前喷浓度为 3% ~5%，花后喷浓度为 0.2%，加 0.3% 尿素。重园片年年喷，轻园片可隔年喷。

2）苹果黄叶病

由缺铁引起，主要表现在新梢嫩叶上。防治方法：第一，土施硫酸亚铁。在改良土壤的基础上，结合秋施基肥每株施硫酸亚铁 0.25 ~0.5 kg。第二，喷施硫酸亚铁。新梢加速生长期每隔 15 d 喷 1 次 0.2% ~0.3% 的硫酸亚铁，加 0.3% 尿素。第三，选用抗病砧木。在盐碱地或石灰质多的土壤建园，合理选择耐盐碱抗缺铁的砧木。第四，治理盐碱。采用覆草、覆膜、洗盐等措施防止泛碱。

3）苹果缩果病

由缺硼引起，主要表现在果实上。防治方法：第一，土施硼肥。结合秋施基肥每株施硼砂 0.05 ~0.20 kg。第二，喷施硼肥。开花前至谢花后喷 2 ~3 次 0.3% 的硼砂。

4）苹果苦痘病

由果实内缺钙或氮钙比例失调所致，通常在果实近成熟时开始发病，储藏期继续发展。防治方法：第一，改良土壤，控制氮肥，增施磷钾肥。第二，保持适宜的叶果比，并适时采收。第三，花后保持土壤湿润，促进根系对钙素吸收。第四，6 ~9 月间喷施 3 ~4 遍 0.5% ~1% 氯化钙液。第五，储藏前，用 8% 氯化钙或 1% ~6% 硝酸钙溶液浸渍果实。

6.8.5.8 如何防治苹果螨类害虫

1）山楂叶螨

山楂叶螨，又名山楂红蜘蛛。主要为害叶片。防治方法：第一，人工防治。害螨越冬前，在树干中下部绑草把或草绳，诱集成螨越冬，于冬季或翌春解下烧毁；在害螨早春出蛰前刮除老翘皮，消灭越冬螨。第二，药剂防治。早春抓好三个关键期：一是冬型雌成螨出蛰盛期（花蕾分裂至初花前），二是冬型雌成螨产卵盛期或第一代幼螨孵化期（盛花末期至花后 1 周）。三是第二代卵孵化盛期（花后 1 月左右即麦收前）。药剂有：波美 0.5 度石硫合剂，50% 硫悬浮剂 200 倍液，20% 螨死净胶悬剂 2 000 倍液，5% 尼索朗乳油 2 000 倍液，20% 扫螨净乳油剂 2 000 倍液，20% 三氯杀螨醇 1 000 倍液，73% 克螨特乳油剂 2 000 倍液。第三，生物防治。要注意保护自然天敌，可以释放人工饲养的捕食螨。

2）苹果叶螨

苹果叶螨，又名苹果全爪螨、苹果红蜘蛛。主要为害叶片。防治方法：第一，早春防治。越冬卵数量多的果园，发芽前喷 95% 机油乳剂 80 倍液，杀灭越冬卵。第二，生长期防治。抓住两个关键期即越冬卵孵化盛期和第二代若螨期，对症喷药防治。夏季要根据虫口密度大小决定是否喷药。

3）苹果二斑叶螨

苹果二斑叶螨又名二点叶螨、普通叶螨。主要为害叶片。防治方法：第一，人工防治。早春越冬螨出蛰前，刮除树干上的老翘皮，清除果园里的枯枝落叶和杂草，连同根颈处诱集越冬雌虫的覆草,集中烧毁或深埋,降低上树螨密度。第二,药剂防治。在越冬雌成螨出蛰盛期(4 月中旬),树上、树干、地面喷50%硫悬乳剂200 倍液或1 度石硫合剂,消灭已活动的越冬螨。夏季要在害螨从树冠内膛向外围扩散初期及时防治。

6.8.5.9 如何防治苹果蚜虫类害虫

苹果蚜虫类害虫主要有瘤蚜、黄蚜、绵蚜。

1)苹果瘤蚜

苹果瘤蚜,又名卷叶蚜虫。为害幼叶和嫩梢。防治方法:第一,人工防治。冬剪、花前复剪及生长期及时剪除被害枝梢,减少虫卵基数。第二,药物防治,重点抓好苹果萌芽至展叶期越冬卵孵化期的防治。药剂有:40%氧化乐果乳剂 1 000 倍液,50%对硫磷乳剂 1 000 倍液,5%扑虱蚜 2 000 倍液,40.7 乐斯本乳剂 1 000 倍液等。第三,除药治蚜。刮去一圈 3 ~5 cm 的老皮后,环涂 40%氧化乐果乳剂 2 ~5 倍液并包扎。第四,生物防治。利用瓢虫、草蛉、日光蜂、食蚜绳等捕食蚜虫。

2)苹果黄蚜

苹果黄蚜,又名苹果蚜虫。为害幼叶、嫩梢。防治上要注意苹果黄蚜次年越冬卵孵化比苹果瘤蚜稍晚,6 ~7 月繁殖最快,为害严重,故应根据其发生情况适当增加喷施次数。防治方法及使用药剂见苹果瘤蚜。

3)苹果绵蚜

苹果绵蚜,又名苹果绵虫,为国内外检疫对象之一。为害剪锯口、病疤周围、枝干裂皮缝、叶柄基部及根部。防治方法:第一,加强检疫。第二,早期防治。早春刮除老翘皮、病疤、剪锯口周围的越冬蚜虫集中烧毁,刮后涂刷40%氧化乐果乳剂2 倍液。对根部绵蚜虫先扒土露根,再喷洒40%氧化乐果 1 000 倍液。第三,生长期防治。若蚜扩散期为喷药适期,药剂有40%乐斯本乳剂2 000 倍液,50%久效磷乳剂2 000 倍液。第四,生物防治。天敌很多,日光蜂最好。

6.8.5.10 如何防治苹果食心虫类害虫

苹果食心虫类害虫主要指桃小食心虫、苹小食心虫。

1)桃小食心虫

桃小食心虫,又名桃蛀果蛾。为害果实。防治方法:第一,地面防治。苹果落花后半月左右,在树上挂性外激素诱捕器,自诱导到第一只雄蛾时开始地面喷药。药剂有 50%硫磷乳剂、40%乐斯本乳剂、25%对硫磷微胶囊剂。任选一种,每次每亩施药量均为 0.5 kg,兑水 150 kg 喷洒。第二,树上防治。喷药时期在成虫产卵期和幼虫孵化期。当测报卵果率达1%或诱捕器上出现成虫高峰期时开始喷药。药剂有 50%杀螟松乳剂 1 000 倍液,50%水胺硫磷乳剂 1 000 倍液等,30%桃小灵乳剂 2 000 倍液,25%灭幼脲 3 号胶悬剂 1 000 倍液等。第三,人工摘除。及时摘除虫果,捡拾落地虫果,处理堆果场。第四,果实套袋。

2)苹小食心虫

苹小食心虫,又名苹小。为害果实。防治方法:第一,人工防治。早春彻底刮除枝干老翘皮,消灭越冬幼虫。生长季及时摘除虫果并捡净落地虫果,集中处理。第二,药剂防治。参见桃小食心虫树上防治。

6.8.5.11 如何防治苹果卷叶蛾类害虫

苹果叶蛾类害虫主要有苹小卷叶蛾和顶梢卷叶蛾。

1)苹小卷叶蛾

苹小卷叶蛾,又名棉褐带卷蛾。主要为害嫩梢、幼叶、花蕾、果实。防治方法:第一,人工防治。早春彻底刮除枝干剪锯口处的老翘皮,消灭越冬幼虫。生长季经常用手捏死卷叶中的幼虫,减轻其为害。第二,药剂防治。越冬幼虫出蛰期(每平方米有虫2头时)和各代幼虫孵化期为树上喷药适期。药剂有:50%硫磷乳剂1 000倍液,80%敌敌畏乳剂1 500倍液。第三,生物防治。在第一、二代卵发生期释放松毛赤眼蜂(每亩2万头)。第四,物理防治。成虫羽化期用黑光灯和挂糖醋罐诱杀成虫。第五,果实套袋。

2)顶梢卷叶蛾

顶梢卷叶蛾,又名芽白小卷蛾。主要为害嫩梢、幼叶、花芽。防治方法:第一,人工防治。冬剪、复剪及夏剪中彻底剪除被害梢头,集中烧毁;5月上中旬人工捕杀卷叶内的幼虫。第二,药剂防治。虫害严重时,于越冬幼虫出蛰活动初期或各代幼虫为害初期,喷洒50%杀螟松乳剂1 000倍液。

6.9 旱地蔬菜高效用水技术

6.9.1 旱地蔬菜节水栽培法

旱地蔬菜采用畦面开设水肥沟,结合地膜覆盖,既可节约用水,又能保存肥效。

首先,按常规整好菜地,起成宽75 cm、高10 cm的畦(长度不限)。在畦面中间纵开一条上宽15 cm、下宽10 cm、深10 cm的小沟,小沟上面每隔50 cm横放一根小竹竿,每根长20 cm,并将其两端分别埋入小沟边的土中压紧(勿让小沟内侧的泥土松动)。

先施足基肥,取宽度适当的地膜覆盖整个畦面,将其拉紧(避免垂贴小沟),并压实四周,但要在畦面小沟的一端留出能开口的“活口”,以供灌水或施水肥种菜时每畦种两行(即在畦面两侧各种一行),株距以不同蔬菜的要求确定。可在畦面的地膜上,按要求先开好种植穴,然后将某秧(或种子)栽入穴内,并用泥将穴边空隙封实。

蔬菜生长期间,若需灌水或施肥时,可将畦面小沟一端的“活口”揭开,灌入水肥,灌毕将“活口”封实。

6.9.2 简易滴灌技术在旱地蔬菜生产上的应用

为改变传统的沟灌、瓢浇或塑料皮管人工浇灌等传统的灌溉方法,提高灌溉质量,我们引进了先进的滴灌技术,并分别在辣椒、大白菜、黄瓜、豇豆等多种蔬菜上进行了广泛应用。通过对比试验,滴灌与非滴灌相比有四大优点:一是节约水资源60%以上;二是节约劳力80%以上;三是提高地温,缩短成熟期15 d左右;四是降低土壤湿度,减少病虫害。提高单产3成左右,一年即可收回滴灌设施投资。

6.9.2.1 设置滴灌系统

滴灌系统由蓄水池、水泵、减压阀、过滤器、输水管、灌水器等几部分组成,输水管管径一般为 6 cm,灌水器选用经济实用的,例如由北京“绿源”仿以色列技术生产的内镶式滴灌管,管径为 15 mm,滴头间距为 0.3 m,设计滴头流量为 3 kg/h,该系统每亩造价约为 2 700 元。

6.9.2.2 制定滴灌方案

滴灌方案包括灌水周期、灌水量及灌水延长时间的制定。这些指标因土壤质地与结构、气候、栽培技术、作物品种、田间铺设管道多少的不同而不同。这些指标在田间实际操作时,是由插入土中的水分张力计控制,当水分张力计读数由 0 ~60 kPa 至 80 kPa 为一灌水周期,根据灌溉的理论公式和系统提供参数,可推算出灌水量和灌水延长时间。因此,我们根据在不同时期、不同蔬菜品种上田间试验实际操作结果,在 3、4、11 月 3 个月里,日平均气温较低,蒸发量小,灌水周期一般掌握在 10 d 左右;在 5、10 月两个月里,日平均气温有所升高,蒸发量加大,灌水周期掌握在 5 ~6 d;6、7、9 月这 3 个月灌水周期掌握在 3 ~4 d,8 月份日平均气温最高,日蒸发量较大,灌溉周期一般在 2 d。一次灌水延长时间为 1.5 ~2 h,灌水量为 18 ~20 mm。

6.9.2.3 滴灌技术的应用效果

(1)滴灌有利于改善土壤的物理性状,减少养分流失。收获后的滴灌处理耕层土壤养分残留高于非滴灌处理,而容重却低于非滴灌处理,收获后,滴灌与非滴灌相比,土壤有机质残留量增加 0.03 ~0.13 个百分点,土壤全氮残留量增加 0.001 ~0.012 个百分点,土壤碱解氮残留量增加 2 ~17 mg/kg,土壤有效磷残留量增加 10 ~15 mg/kg,土壤有效钾残留量增加 9 ~26 mg/kg,耕层土壤容重滴灌处理比非滴灌处理减少 0.03 ~0.064 g/cm^3。

(2)滴灌有利于蔬菜对养分的吸收。滴灌处理的辣椒、黄瓜、大白菜 N、P_2O_5、K_2O 亩吸收量远高于非滴灌处理。辣椒、黄瓜、大白菜全氮亩吸收量分别增加 2.54 kg、1.3 kg、2.23 kg;P_2O_5 亩吸收量分别增加 2.65 kg、0.49 kg、1.59 kg;K_2O 亩吸收量分别增加 3.27 kg、1.77 kg、2.46 kg。

(3)滴灌可减轻蔬菜病害。滴灌处理的辣椒、大白菜病害明显比非滴灌处理的轻,如辣椒植株病毒病发病率,滴灌为 5%,人工浇灌为 15%;大白菜病毒病发病率,滴灌为 20%,人工浇灌为 22%;大白菜软腐病发病率,滴灌为 11%,人工浇灌为 40%,病情指数滴灌为 8.1%,人工浇灌 33%。

(4)滴灌可节水、节能、省工。试验统计结果表明,若一年按春辣椒—伏黄瓜—秋大白菜三茬计,滴灌处理与非滴灌处理比,每年每亩可省工 150 工时,节电 268 kWh,若每个工时按 4 元计,每度电按 0.62 元计,可节资 766 元/亩。此外,滴灌可节水 20% 左右。

(5)滴灌可提高蔬菜产量,增加收入。滴灌处理蔬菜的产量,明显高于非滴灌处理,辣椒、豇豆、黄瓜、大白菜分别可增产 11.6%、24.4%、18.6%、14.5%,扣除成本(包括人工、耗电量以及滴灌设备折旧)分别净增产值 702 元/亩、616 元/亩、300 元/亩,若全年按辣椒—伏黄瓜—秋大白菜三茬计,全年累计可净产值约 1 300 元/亩。

总之,该系统设计简易、合理,造价低(2 700 元/亩),灌水均匀。在应用中显示出增产、增收,省工,节水、节能,改善植物根际土壤养分和水分环境,减少养分流失,提高肥料利用率,减轻蔬菜病害等优越性,在旱地蔬菜生产上具有广阔的推广应用前景。

6.10 旱地特种种植高效用水技术

6.10.1 旱地特种作物微喷地面覆盖除湿节水技术

在旱地特种作物栽培中,由于土壤水分、温度、空气、湿度间在管理体制上矛盾较为突出。水分不足,影响作物生长发育;水分多,不仅降低地温,还使湿度过高,造成花粉发育不良及花药开裂困难,影响授粉受精,易产生畸形果。因此,旱地特种作物采取微喷技术应同时采用地面覆盖技术,对保持土壤湿润、储热降湿都是极为有利的,对旱地特种作物高产优质节水栽培更具有重要意义。

6.10.1.1 主要栽培技术措施

(1)高畦。一般畦底宽67 cm,上宽40 cm,畦垄沟宽33 cm,每畦栽双行,株距20 cm。

(2)作物行间装置塑料软管微喷,畦面覆盖地膜。畦垄沟中可采取多种覆盖处理:①铺稻草;②铺树叶;③铺地膜。

6.10.1.2 地面覆盖的作用

(1)地面覆盖可以保持土壤湿润、节约灌溉用水。由于垄沟的覆盖减少了土壤水分的蒸发,保持了土壤湿润,因而减少浇水次数节约了灌溉用水。

(2)地面覆盖不仅保持了土壤湿润,而且降低了空气湿度。这是因为覆盖后减少了土壤水分向空间的蒸发。

(3)地面覆盖的旱地特种作物其花粉萌发率高,原因是在特种作物栽培过程中如果空气湿度高,易使花粉发育不良,畸形,生活力低。

6.10.2 旱薄地特种作物促根抗旱栽培技术

6.10.2.1 旱薄地特种作物节水栽培的技术途径是协调根—土关系,中心是促根抗旱

6月上旬到9月中旬虽是一年当中降雨较多的时期,但正值作物生长旺期,蒸腾大,是水分消耗高峰期,降水不能满足作物需水,形成土壤水分亏缺。此时特种作物一般正值现蕾—成熟期,需水较多,土壤干旱对产量有较大影响。鉴于这种状况,减轻或避免受旱将是栽培的主要目标。既然土壤水分是不可控因子,因此栽培途径只有通过调控植物生长,增强其本身抗逆能力,让它适应这种自然水分状况,协调作物和土壤的水分关系,以此达到高产的目的。由于根系是作物的主要吸水器官,协调根—土关系是增强特种作物抗旱能力的根本途径。栽培上如果采取一些措施(如早播种),促使特种作物(如黑豌豆)具有大量的、强大的和广泛分布的根系,增大其占有的土壤体积,相应也就增加了它可利用的水分资源量。这样既可增强抗逆能力,减轻干旱危害,又可做到"根深叶茂",为高产奠定基础。

6.10.2.2 "早、深、肥"高效节水栽培的三字作业法

1)适时早播

早播能充分利用早春墒情,保证种子萌发、出苗对水分的需求,实现苗全、苗壮,为以

后生长发育奠定了良好基础。

早播能促进根系发育。同一土层,早播(如黑豌豆)单株根长随生育天数呈三次多项式变化,而晚播呈二次多项式,早播前期有一缓慢增长期,以后逐渐加快,而晚播则一直较慢。两者根量均在开花时达到高峰,成熟时又有所下降。在同一时期两播期根长随土层深度的变化均服从方次为负值的幂函数,即随土层深度增加,根量迅速降低,特别是前二层最为显著,早播降低趋势缓于晚播。

早播还提供了生长发育适宜的温度条件,特种作物前期温度低利于春化,春化阶段长花原基发育好,开花早、多,开花时温度适宜,利于受精、灌浆、结实,早播还可延长营养生长阶段和生殖生长阶段,提高产量。

2)适当深播

特种作物(如黑豌豆)深播可以使种子落在湿土层中,利于种子吸水萌发,促进幼苗生长,确保苗齐苗壮。适当深播可使根系下移,增加根量,为后期抗旱创造了条件,由此提高产量。研究表明,豌豆适宜播深为 10 ~ 13 cm。

3)施磷促根

施用磷肥能促进作物根系生长和扩展,提高抗旱能力。使用磷肥显著提高了各土层各时期作物的单株根系长度。同一土层,作物单株根长随生育天数增长的速度也因使用磷肥而提高。同时施磷还增加各取样期单株根系干重。施用磷肥方式可条施于播种沟内或磷肥、羊粪和种子拌在一起,闷种,手抓点播在犁沟内。磷肥用量以每亩 25 ~ 40 kg 过磷酸钙为宜。

6.10.3　旱地矮化苹果高效用水栽培技术

6.10.3.1　从水着眼,从土着手,创造一个疏松、肥沃、保墒的土壤条件

河南省降雨多集中在 7、8、9 月 3 个月,春旱与生长时期的干旱现象经常出现,加之水土流失严重,土壤水分蒸发量也大。因此,只有创造一个疏松、肥沃、保水的土壤条件,才能充分接纳天然降水,充分高效利用天然降水,才能满足干旱期矮化苹果对水分的需要。在技术措施上我们主要采用改定植穴为定植沟,沟宽 80 ~ 100 cm,沟深 70 ~ 80 cm,沟底 20 cm 秸秆层,平均每株施入有机肥 25 kg,过磷酸钙 2 ~ 2.5 kg,有条件时可加入 1 ~ 1.5 kg 油渣,与土壤充分混合填入沟内。定植后,逐年沿沟畔向外扩放,并加入有机肥达到全园土壤疏通。

6.10.3.2　从旱着眼,从定植着手,狠抓三年,关键第一年,把好定植关

矮化苹果能不能尽快进入丰产期,关键在于前期能不能良好生长,一旦管理不善,形成小老树要恢复正常生长比较困难,这也是矮化苹果栽培失败的主要原因。为了良好生长,三年管理特别重要,而在这三年中,第一年是关键,定植关是关键的关键。在定植过程中,特别要抓好以下几个环节。

(1)因地制宜选择矮化砧号,试验证明 M_4、M_2、MM_{106}、M_7、M_{26} 各个砧穗组合均能在旱区正常生长。由于不同砧号生长势不一,造成砧号间树冠大小差距较大。产量高低也有明显差异。因此,因地制宜选用砧号是旱地矮化苹果栽培成功的关键。

(2)合理密植,旱区由于干旱的制约,矮化砧各个砧穗组织的树冠与在灌溉条件下相

比明显变小。因此，栽植密度应适当加密。如 M26 与早结果品种组合，株行距为 3.5 m × 2 m，每亩 95 株；M7、MM106 与品种组合，株行距应为 4 m × 2 m，每亩 83 株。

（3）适当缩短矮化中间砧长度；矮化中间砧长度影响嫁接品种树冠的大小，特别是偏矮型 M26 号，应由一般提倡的中间砧长 25 ~ 30 cm 缩短为 20 cm，以增强生长势。

（4）重视中间砧入深度。矮化中间砧深度也影响嫁接品种树冠的大小。这是旱区 M26 能否栽培成功的技术关键。偏矮型的 M26 砧号中间砧应全部入土，中间砧上段嫁接口应与地面平，其他砧号要求入土 1/2，以促进嫁接品种良好生长。

（5）定植后及时灌水，并及时覆盖地膜，定植时要求选用优质壮苗，定植后每株应灌水 25 ~ 50 kg，并及时覆盖地膜，保证天然降水及灌溉水被充分利用，这是旱区保证成活、保证良好生长的又一关键措施。

第 7 章 旱地作物生产潜力与适用技术体系

7.1 旱地作物生产潜力

7.1.1 概念和含义

关于作物生产潜力,国外众多的学者从问题的不同层次和角度出发,提出了许多不同的概念(Ccellho,Dale,1980;Clark,1963;Cooper,1975;Loomis,Williams,1963)。我国自竺可桢(1964)最早研究气候资源与粮食生产的关系以来,农业、气候等领域的众多研究工作者对作物生产潜力的含义、概念、测定及计算方法,提高作物生产力的障碍因素及开发措施等问题进行了广泛和深入的研究,确定了作物生产潜力的基本含义:在一定的气候、最优的栽培管理和无杂草病虫危害条件下,单位土地面积上作物的最优品种在其生长期内,可能获得的最高经济产量,通常用 kg/hm^2 或 t/hm^2 表示。作物的生产潜力基本上包括了 3 个层次:光能生产潜力、光温生产潜力、气候生产潜力(水分或降水生产潜力)。含义如下。

(1)光能生产潜力(光合生产潜力):农作物在品种最优、群体结构合理、理想环境(即整个生长期的温度、水分和肥料等都处于最适宜)条件下,光合器官以最大的速率充分摄取自然太阳光能,根据光合理论计算可能获得的产量。在目前的大田生产条件下,一般不可能达到作物的光能生产潜力。只有在农业生产的栽培管理措施充分优化,作物的生长环境得到全面完善的情况下才有可能实现。光能生产潜力是作物产量的上限。

(2)光温生产潜力:农作物在品种最优、群体结构合理、水分和肥料供应适宜的条件下,充分利用自然的光能和温度条件,可能收获的最高产量。光温生产潜力是大田生产可以实现的产量远期目标。

(3)气候生产潜力(水分或降水生产潜力):农作物在品种最优、群体结构合理、肥料供应适宜的条件下,采用最优的栽培管理技术,充分利用自然的气候资源——太阳辐射、温度、降水,可能收获的最高产量。气候生产潜力是大田生产可以实现的产量,接近当地的最高产量。

7.1.2 旱地作物生产潜力

光照资源充足而降水资源不足是河南省旱作农业区的特点之一。水资源不足、降水利用率和利用效率低是影响旱作区农作物增产稳产的主要因素。据有关研究资料,目前,我国旱作区粮食作物降水生产潜力的开发程度大多只有 30% ~40%,低的不足 10%,高的也只有 50%。而我国现在 46% 的粮食、61% 的棉花、72% 的大豆、46% 的油料都产自旱作农业区。

国外的生产实践证明，在年均降水量400 mm以上地区，对旱地作物只要采用适宜的耕作栽培措施，每1 mm降水就可以生产0.4～0.5 kg谷物，高的可达0.9 kg，按每毫米降水生产0.5 kg计算，则400 mm降水亩产应达到200 kg，而我国目前最好的情况也只能达到150 kg。

光温水生产潜力是指栽培条件最佳、作物所需的各种营养能够充分供给，仅仅是由于当地的气候条件即光、温、水的自然状况决定的生产潜力。在考虑由光、温、水限制的气候生产潜力，更能反映旱区小麦的实际生产水平。

经过专家测算：河南省旱区小麦光、温、水生产潜力在8 773.5～11 017.5 kg/hm^2，是目前河南省旱区小麦平均实产的2～3倍（见表7-1）。由此可见，河南省旱作区小麦产量水平还有很大的增产潜力。

表7-1 河南省旱作区小麦生育期间气候生产潜力及产量估算 （单位：kg/hm^2）

项目	地点	月份								全年生物量	产量
		10	11	12	1	2	3	4	5		
光合生产潜力	郑州	12 876	9 483	8 949	9 786	10 707	14 976	17 686.5	21 451.5	106 275	55 552.5
	洛阳	13 780.5	10 056	9 124.5	9 870	10 987.5	15 642	17 877	20 856	108 193.5	56 554.5
	汝州	14 160	9 597	9 325.5	9 234	9 574.5	14 013	16 728	20 571	103 203	53 947.5
	三门峡	13 827	10 548	10 363.5	10 827	11 104.5	14 739	16 936.5	22 071	110 416.5	57 717
	渑池	14 136	9 960	9 915	9 745	10 177.5	14 245.7	16 596	21 453	106 428	55 632
光温生产潜力	郑州	7 725	3 111	645	0.0	856.5	4 732.5	1 068.3	18 105	45 858	23 971.5
	洛阳	8 433	2 332.5	912	276	1 186.5	5 443.5	11 155.5	17 853	47 592	2 487 765
	汝州	8 496	3 225	933	222	919.5	4 483.5	9 903	16 950	45 132	23 592
	三门峡	8 019	3 079.5	414	0.0	93.3	4 834.5	10 093.5	18 097.5	46 221	23 769
	渑池	7 350	2 430	0.0	0.0	81	3 532.5	8 697	16 390.5	38 481	20 115
光温水生产潜力	郑州	4 320	1 198.5	115.5	0.0	235.5	1 575	4 579.5	6 358.5	18 382.5	9 609
	洛阳	4 839	960	141	40.5	301.5	1 693.5	3 904.5	6 375	18 255	9 543
	汝州	5 220	1 261.5	160.5	42	292.5	1 663.5	5 319	7 122	21 081	11 019
	三门峡	4 629	952.5	45	0.0	118.5	1 120.5	3 408	6 510	16 783.5	8 773.5
	渑池	5 745	969	0.0	0.0	21	1 345.0	3 712.5	7 132.5	18 925.5	9 894

注：全年生物量×0.46/0.88＝产量（kg/hm^2）。摘自河南省旱地小麦高产理论与技术。

7.2 旱作农业适用技术体系

旱作农业技术可以归纳为四句话：蓄水保墒是基础，培肥地力是保证，调整结构是关键，耐旱（作物）品种是重点。

农业发展一靠科技，二靠投入。旱作节水农业的关键和重点在农田节水保水，核心是技术。“蓄住天上水，保住土壤水（墒），节约地表水，保护地下水，开发再生水”是旱作农业的主攻方向。

多年来，在广大农业科研、技术推广部门的共同努力下，通过旱区农民群众的生产实践，探索总结出一套适用的旱作节水技术，分述如下。

7.2.1 农田集雨节水技术

农田集雨节水技术包括修建池、塘、坑、窖、库、堤等拦水蓄水设施等集水节水工程，以及平整土地、畅通排灌、耙耱保墒等耕地整理节水技术。在丘陵山区，把坡耕地修成梯田，在田坡边植树种草，形成植物篱，以拦蓄地面径流，涵养水源；在田间整理输水设施作业上，采用渠道防渗措施和引水沟由宽变窄、改大畦为小畦等，以便将过去的大水漫灌变为快浇节水灌溉，都是农田集水节水技术措施的应用。

7.2.1.1 坡耕地改造

坡耕地改造节水技术主要是指在丘陵山坡地带修建梯田拦蓄天然降水，增加土壤蓄水量，减少水土流失。河南省的豫西、豫北丘陵旱地，不仅水资源缺乏，而且水土流失严重，每逢雨季，暴雨形成大量的地面径流，顺坡而下，它所经过的农田，不仅水过田干，而且挟带走大量的表层肥土和肥料。据测定，坡度为10°～30°坡耕地，每年的流失水量为216 m^3/hm^2，冲走表土96.9 t。这些表土含有氮素51 kg、有机质765 kg，相当于流失厩肥8.25 t/hm^2。年复一年的水土流失，使表层土壤层次变薄、地力严重下降；在水土流失严重的坡耕地，有机质含量仅1.7～2.5 g/kg，有效磷含量12～15 mg/kg，许多农田变为难以耕种的石渣地。豫西的洛阳—三门峡一带旱坡地水土流失严重，其年平均水蚀模数在1 225 t/km^2以上，个别地方高达1 500～2 215 t/km^2。据豫西13个县(市)统计，水土流失面积总计14 434.2 km^2，占豫西13个县(市)总面积的62%，成为河南省地力最薄、产量最低的地区之一。通过修筑水平梯田、水平沟、隔坡梯田、鱼鳞坑等水土保持工程技术的研究与应用，有效地提高降水的拦蓄入渗，增加了土壤蓄水量，提高了降水的利用率。

1)梯田类型

梯田按断面形式可分为水平梯田、坡式梯田、隔坡梯田、反坡梯田、复式埂坎梯田和削坡复式梯田。按修筑田坎所用材料可分为石坎梯田、土坎梯田，土石山区多为石坎梯田，黄土区多为土坎梯田。

2)梯田类型的选择

主要按地形、坡度而定，另外还需考虑土壤质地、雨量大小、水源状况、距村庄的距离、机耕难易程度等因素。按地形、坡度而论，丘陵地区一般在7°～25°的坡地上可修水平梯田和隔坡梯田，7°以下的缓坡地可修坡式梯田，25°以上就不适宜再修梯田。土石山区修石坎梯田，黄土区应修土坎梯田。劳畜力充足的地方，宜一次整平，修水平梯田。地多人少的地方则适宜修坡式梯田，雨量小的干旱、半干旱地区宜修隔坡梯田和集流梯田。

3)梯田建设的设计

梯田断面的设计，包括确定梯田的田面宽度和田坎高度，一般情况是：坡地坡度越陡，田面宽度越小，相应的田坎高度越大，田坎宽度越缓。田面过窄，不便耕作，田坎蒸发面比例加大，不利增产；田面过宽，挖填量大，造成人力、物力、时间浪费，同时田坎过高不易稳定，田坎过缓，占地多。因此，梯田设计应以耕作方便、田坎稳定、少占耕地为原则。

4）梯田建设的基本指标

梯田建设集中连片面积应不小于3.33 hm^2，沟、池、路配套，田间道路宽2～3 m，比降不超过15%，田面沿等高线基本平行，宽度不小于10 m，土层厚度达到60 cm以上，田面纵向、横向水平，田边有宽1 m左右，大约10°的反坡。田边修拦水土埂，土埂顶宽0.3 m，内坡与外坡比为1∶1，田坎坡度50°～70°，田坎坚实（邓西平，1998）。

5）梯田的生土熟化技术

第一，梯田田面要平整，地埂夯实，使蓄水均匀，梯田修好后，要深翻一次，打破土块，并结合镇压耙耱，使土地沉实，上松下实，有利于抗旱抓苗；第二，新修梯田一定要注意土壤改良，第一年应选用能适应生土的豆类、马铃薯或绿肥、豆类牧草，进行生物改土，而后种植粮食作物。

6）植物护埂技术

为减轻暴雨对土埂的冲刷，在埂上种草覆盖，以鸢尾作为护埂植物，苗期生长快覆盖严密，羊不爱吃不蹬踏。长成后横向扩展少，与作物基本不争肥水。冬季干枯后叶片可作饲料。但对其移栽技术，包括种植密度和管理方法等尚需进一步研究。

7）水平梯田

水平梯田是梯田的高级形式，它是在坡耕地上沿等高线修成的田面水平、台阶式田块的梯田，具体按照"沿着等高线，绕着山头转，里砌外垫，外高里面陷，三个一尺半，集中连成片"的标准进行建设，保证一次性降水100 mm可全部拦蓄。"三个一尺半"即深耕一尺半（50 cm），埂高一尺半，埂宽一尺半。河南省宜阳、伊川、新安常采用此种方法，具体做法如下。

a. 选择地点

水平梯田应规划在25°以下的坡耕地上，并且要规划好道路，以利机械耕作和运输。

b. 确定埂线

先用简易定平仪测量坡度，然后按坡度确定梯田规模，按斜坡长确定田埂线。

c. 确定田面宽度和梯田高度

田面宽度要随坡度而定，坡度大时田面较窄，坡度小时田面较宽，一般情况下，小于5°的缓坡地，田面宽度30 m左右，超过60 m工程量太大；坡度15°～25°的陡坡地，田面宽度以5～10 m为宜，修埂填土同时进行，保持等高，一般埂高埂宽都在40～50 cm。

d. 修筑田面

总的原则是尽量保留表土，保证当年增产。

在浅山区利用当地石头资源，修建石砌梯田，效果也很好，汝阳县登山村摸索出"弯、厚、拱、长、平"的五字决。弯：梯田要沿着等高线，绕着山头转，大弯就势，小弯取直；厚：土壤就近取，不能近取远挑，活土三尺（1 m）不能不少；拱：斜堰易滑坡、直堰易塌陷，抹七再出三，垒成拱形堰，面积不减少，坚固又美观；长：顺着坡势走，沿着水路行，能长则长，耕作方便；平：地面要平整，地边要有埂，水土不流失，保好活土层。这样修筑的梯田，小雨不出地，大雨不毁田，使该村小麦亩产由治理前80 kg提高到300 kg。

8）坡式梯田

坡式梯田是在一般不超过10°的平缓坡地上，保留原坡面，按等高线修梯田。只修田埂，不平整地面，而是经过逐年冲淤与定向翻耕逐年加高田埂，使坡耕地逐渐变为梯田，这些坡耕地若一次修成水平梯田，一是用工太多，投资过大，二是水平梯田往往破坏耕层，当年增产效果不大，在人少地多的偏远山村先少修一些水平梯田，将大面积修成坡形埂田，通过连年耕作，使田面坡度减缓，最后演变成坡度较小的坡式梯田。具体方法如下。

a. 修地埂

5°以下的缓坡地，一般以道路为界，与等高地块与地块高差不超过 2 m，线基本平行修地埂，地面宽度 20～40 m，地面长度 100 m 以上，埂高 0.4～0.5 m，埂顶宽度 0.3 m，迎水坡比 1∶8～1∶1，背水坡比 1∶0.2～1∶0.3，5°以上的坡耕地，地埂线基本按等高线布设，田面宽度最少 8 m，埂线宽度半径不小于 10 m，地埂间距按水平梯田进行设计，要每年定向深耕两次，以利加速地面平整。

b. 修筑坡式梯田

地埂修好后，每 3 年加高一次，尽量在埂下取土，采用下切上垫进行施工，使坡度逐渐减缓。以后条件许可情况下每隔 2～3 个地埂修成一级水平梯田，据测定分析，耕地坡度减少 1°，土壤蓄水可提高 1%～2%。在黄土丘陵区，还有一种砚凹池状梯田，具体方法是里切外垫，修堰补壑，深翻改土，修建的梯田边缘比中心高 30 cm，呈“砚凹池”状，收到了很好的蓄水保墒效果。如孟津县砚凹池梯田 1 560 亩，在日降水量 100 mm 的情况下，水土不流失，小麦产量由治理前的 150 kg 提高到 416 kg。

无论哪种梯田，都要修筑相应的排水系统，以防暴雨冲垮田埂，造成新的水土流失，同时，要尽量保持表土和底土不混合，使地面上有较厚的熟土层。坡耕地改为梯田后，要通过推广秸秆还田、种植绿肥、增施有机肥等手段，培肥地力，才能充分发挥蓄水保墒作用的增产效果。据伊川县调查统计，每亩还田 200 kg 麦秸，土壤容重减少 0.04 g/cm^3，孔隙度增加 0.67%，有机质含量提高 0.1%，速效磷含量提高 2.8 mg/kg。小麦亩产提高 8%（见表 7-2）。

表 7-2 梯田秸秆还田培肥地力效果统计

处理	土壤容重（g/cm^3）	孔隙度（%）	含水量（%）	有机质（%）	有效磷（mg/kg）	速效钾（mg/kg）	小麦亩产（kg）
每亩 200 kg 麦秸	1.34	46.79	15.2	1.1	10.3	210	352.5
水	1.38	46.12	12.6	1.0	7.5	190	326.0
增减	-0.04	+0.67	+2.6	+0.1	+2.8	+20	+26.5

自 20 世纪 60 年代以来，河南省的洛阳、郑州等地区相继建成了一批坡改梯工程，这些工程使地表形态由坡地变成了平地，划小了地块，截短了坡长和径流线，限制了集流面积，减少了地面径流速度，可以有效地拦蓄降雨，实现水不出田、土不下坡，较好地解决了水土流失的问题。与治理前相比，地面径流减少 70%，洪水泥沙减少 90%，据测定，每亩多蓄水 12～15 m^3，保土 4～5 t，并且培肥了土壤，土壤总孔隙度增加 5%～10%，毛管孔隙度增加 14%～15%，0～100 cm 土壤含水量增加 50 mm。

根据调查，经过坡耕地改造后，单位土壤增加蓄水量300 m^3/hm^2 以上，相当于为农田浇了一次水，小麦平均增产30%左右。

孟津县王良乡桐乐村组织全村村民通过打堰填土，增加活土层，将全村207 hm^2 坡耕地全部治理一遍，实现了“小水不出地，大水不出沟”，增强了保水能力。几年来，小麦单产均稳定在3 000 kg/hm^2 以上。南召县是一个“七山一水一分田一分道路和庄园”的典型山区县，年降水量虽在900 mm以上，但多集中在7、8、9月三个月，7、8、9月降水量占全年降水量的57.4%，旱灾频繁，年均2.6次，有“十年九旱”之称。该县根据自身实际，围绕“土“字做文章，在“土”字上下工夫，按照“提高质量，保证速度，加强防护”的原则，对全县的岗坡丘陵区进行了坡耕地的改造，建成“沿着等高线，绕着坡势转，里切外垫倒流水，活土层达到二尺半(83 cm)，田埂高宽各1尺(34 cm)，人路水路穿中间”的高标准水平梯田2.07万 hm^2。改造后的梯田基本达到连续80 mm降水无径流、暴雨无冲毁农田的要求，最大限度地蓄积天然降水。在2000年春长达5个月没有降水的情况下，5月中旬测定5 ~ 20 cm耕层含水量均在10%以上，比没改造的坡耕地高6%以上。

7.2.1.2 修建小型水库

以小流域为单元，修建小型的蓄水水库，将旱地区域的降水拦蓄起来，一方面可以回补河川、谷地的地下水位，为川地的集约高效农业提供丰富的水分资源，另一方面为丘陵旱地集雨补灌、节水灌溉提供水分保证。同时，也可以将水资源的利用与水土保持、生态环境改善等紧密地结合在一起，促进当地农业生态环境的不断改善，为旱地农业区域的综合高效发展提供水分资源。如陕县东凡乡全乡耕地面积1 933.33 hm^2，仅有水浇地面积400 hm^2。旱坡地占总耕地面积的79.3%，易发生春旱、伏旱、秋旱，干旱发生面积90%以上。为战胜旱魔，东凡乡人民先后修建小型水库2座——库容87万 m^3 的金山水库和35万 m^3 的石疙瘩水库，3处塘坝蓄水10万 m^3，百米深井40眼(正常使用29眼)，挖小土井120眼，建流动泵站24处，在2001年严重干旱的情况下旱地浇水面积266.67 hm^2，地膜覆盖553.33 hm^2，抗旱保苗1 600 hm^2。加上小麦地膜覆盖技术的应用，2001年小麦在长达5个月的干旱中，平均单产3 225 kg/hm^2，与全县相比，平均增产225 kg/hm^2，其中地膜覆盖小麦平均单产4 625 kg/hm^2。

7.2.1.3 小流域治理

山区和丘陵地形复杂，一个小流域支沟、毛沟纵横，为了保持水土，战胜干旱，必须搞好流域治理为重点的水土保持工作。治理的原则，应按地貌类确定重点，先治上，后治下，先治坡，后治沟，沟道上下层层截流、节节拦蓄，做到小雨不出地、中雨无冲沟、大雨不成灾。治理时，必须统一规划，综合、集中、连续治理，坚持工程措施与生物措施相结合，因地制宜，合理调整农业结构，宜林则林，宜草则草，宜农则农，不断削弱洪峰，减轻土壤侵蚀。发挥蓄水拦水绿化荒山荒坡，改善生态环境的作用。具体是：远山和30°以上的陡坡，以刺槐为主，营造水保林，快封；对25° ~ 30°荒坡和坡耕地，分别开挖鱼鳞坑和反坡梯田，种植用材林和经济林。对25°以下的坡地，修造水平梯田，蓄土，发展种植业。沟道治理方面，对狭窄的毛沟用刺槐或封沟，对沟面宽畅的支沟或主沟修闸堰布防，封沟淤地，改地。经济林上山，沟底建良田。据嵩县水土保持试验站调查，刺槐封沟5年，树冠截留占发生径流量的11.84%，每亩刺槐持水可达136.9 t，林地的渗水性和蓄水性增强，侵蚀模数减少56.6%,拦泥沙效益明显(见表7-3)。

表7-3　刺槐封沟试验调查

项目	采样深度(cm)	容重(g/cm^3)	透水速度(mm/min)	孔隙度(%)	含水量(%)	径流模数(m^3/亩)	径流量(mm)	侵蚀深度(mm)
刺槐封沟	0~20	1.19	0.20	63	19.5	17.0	25.6	0.01
沟坡荒地 CK	0~20	1.30	0.18	58	14.6	39.2	58.9	0.08
削减率(%)		8.5				56.6	56.5	85.0

7.2.2　雨水集流技术

7.2.2.1　**概念及方式**

旱地农业区域的降水特征决定了其降水高效利用的难度,由于其降水分配的季节性不均和供需错位,只有通过人为的调节措施,进行雨水的收集、储存,才能供农作物生长关键季节使用,从而提高降水的利用率。

雨水集流技术就是利用自然和人工营造的集流面积把降水径流收集到特定的场所,如蓄水池、蓄水窑、蓄水井等。目前,我们多采用庭院、场院、屋顶、路面、坡地、塑料大棚棚面等进行降水的收集。据甘肃定西地区水土保持研究所的测定,不同集水材料的集水效率具有明显的不同,如塑料薄膜、混凝土、混合土、原土处理的集水面,集水效率分别平均为59%、58%、13%和9%;单位面积年集流量分别为0.259 m^3/m^2、0.256 m^3/m^2、0.055 m^3/m^2、0.038 m^3/m^2,均高于自然状态下的集流面。山西临汾地区水土保持研究所对村庄道路、砖瓦屋顶、水泥砂浆抹面、塑料薄膜覆盖面、灰土夯实的集流效率进行了试验测定,结果表明,其集流效率分别为15.50%、30.30%、83.03%、89.63%和32.34%。

(1)利用庭院、屋顶集雨,解决旱区人畜吃水问题,发展庭院经济。农村一般都有碾实的场院、庭院,建筑的房屋坡面均匀、防水性能好,这些是人为的自然集流、雨水收集面,为旱区的季节性降水收集提供了良好的条件。前些年,在豫西北严重缺水区,根据其多年降水量、降雨强度进行了庭院蓄水设施的修建,解决旱区农村人畜吃水的问题,同时利用富余水发展了庭院经济。

(2)利用坡地、道路集雨,发展微集水节水灌溉工程。河南省的旱地多为丘陵、岗地和山坡地,有天然的集雨面和集流坡,同时随着当地经济的发展,修筑了众多的硬化路面,如柏油路、水泥路等,再加上碾实、"硬化"的田间小道,这些都可以用来作为旱地蓄水井、窑的集雨面和集流面。

1989~2001年全省共修建人工防渗蓄水井、蓄水窑、蓄水池7万多座,总蓄水量达800万 m^3。一般的蓄水井、窑50~80 m^3,大的蓄水100~200 m^3;一般蓄水池蓄水3 000~5 000 m^3,大的蓄水量达到20 000 m^3。同时,配套以节水灌溉工程,促进了全省旱地农业的健康发展。如卫辉市太公泉乡道士坟村地处太行山区,地上无坑塘,地下无井泉,水源奇缺,石厚土薄,种在天,收在天,人畜吃水十分困难,生产用水更无法保证,风调雨顺的年份,粮食产量仅1 500 kg/hm^2 左右。1992年在省、市、县旱地办的大力支持下,该村积极配合，克服重重困难，大搞井窖与滴灌系统相结合的集水工程建设，按照科学选址、科学防渗防漏与现代化滴灌相配套的原则，利用天然坡面截蓄径流、挖窖蓄水，采取蓄水窖、地埋管、滴灌设备50套，使昔日用水贵如油的穷山村显示了勃勃生机。不仅解决了全村人畜的吃水问题，家家用上了自来水，而且也建成了旱涝保收田20.8 hm^2，实现了人均1亩(667 m^2)水浇田，作物产量明显提高；每户水窖周围都发展了自己的菜园，蔬菜品种多，实现了户户、季季有鲜菜。同时利用集水向高产高效农业发展，逐步发展了日光温室和畜牧养殖厂，发展了农产品的深加工，其中容量达7 000多 m^3 的"天下第一窖"就建在该村，成为远近闻名的"旱地水窖第一村"。兰州大学干旱农业生态国家重点实验室赵龄教授、河南农业大学杨好伟教授等专家一致认为，道士坟村发展的水窖微集水工程和节水灌溉为旱地农业的发展找到了新的突破口，为加快发展旱地农村经济找到了新的出路，为北方旱地农业发展作出了创造性的贡献。

7.2.2.2 微集节水灌溉技术

微集节水灌溉技术就是通过建造隧道式的蓄水窑体，将山间的微小山泉和雨季的地表径流有效地拦蓄起来，并利用山坡地的自然落差，在干旱时对作物进行自压喷灌，满足农作物关键时期对水分的需求，从而较大幅度地提高作物产量，减少灾害造成的损失。微集节水灌溉技术之所以在干旱情况下显现出良好的增产效果，其关键在于技术设计上体现一个"微"字，突出一个"节"字。其集水系统，不仅可以拦蓄雨季地表径流，而且可以汇集导引微小山泉，使平时根本无法用于灌溉的小水一点一滴地蓄集起来，做到"平时蓄旱时用，小水发挥大作用"。其蓄水系统采用类似西北窑洞式的窑体进行封闭蓄水，减少渗漏蒸发，并利用山高水高的特点，改传统的山谷洼地集水为层层建造蓄水工程，多级蓄水。每座蓄水工程蓄水150～300 m^3，可保证0.33～0.66 hm^2 农田关键时期灌溉用水，其灌溉系统一般采用机动式塑料软管进行自压喷灌，无需增压，不用机、不耗电，成本低、利用率高，既节水又节能。同时该工程还具有投资少、见效快、可大可小、施工便利的特点，符合现阶段农村联产责任制下，一家一户分散经营发展小型水利工程的需要，适合缺电少油的边远山区发展节水灌溉，另外，它对饮水困难地区解决人畜吃水也有一定的作用。

旱地微集节水灌溉技术的主要内容有：

(1)根据不同地势、地貌精确计算雨水径流量，科学设计、布局水窖的位置。

(2)科学配方，突破水窖防渗漏技术难题。

(3)充分利用地势和现代化灌溉设备，实行自流节水灌溉技术。

7.2.2.3 集雨场蓄水灌溉技术

该项技术主要由六部分构成：

(1)集雨场(以田间路面、坡面、场面为主)；

(2)下水沟；

(3)过滤池(滤掉泥沙和杂物)；

(4)蓄水窖(一般蓄水30～60 m^3)；

(5)提水泵；

(6)输水管(连接田间灌溉)。

集水场的作用是收集降雨，然后通过引水沟、沉沙池进入到蓄水窖中。凡是有一定面积的山坡、道路、庭院、场院或屋顶都可作为集水场,也可以人工修建集水场。

蓄水窖应修建在集水场附近,以使它在雨季能够集满水,要力求进水和用水方便。灌溉用水窖,应修在灌溉田附近,并尽量高出田块,以便于自流、倒吸虹和提水灌溉。虽然沟里水比较多,但蓄水窖不能修在沟里,要远离沟边 20 m 以上,也不要修在大树、隐穴等地质情况不好的地方。

沉沙池长 2 ~3 m,宽 1.5 ~2 m,深 1 m,高于进水口,距窖 2 ~3 m。沉沙池的大小、形状都不很严格,只要能达到沉沙的目的就行。

在集水场的下方修引水沟。在沉沙池与水窖之间的引水沟要用水泥修建。以减少泥沙进入水窖。对配套设施千万不能放松,一定要保证让雨水能顺利地进入蓄水窖内,达到收集雨水的目的。如遇较大的降雨,一般 1 ~2 次降水过程就可集满。

蓄水窖形状有点像埋在地下的小口水缸或暖水瓶,多用水泥砂浆修筑而成。蓄水窖的尺寸大体是:窖脖直径是 50 cm,高 60 cm。窖盖高 1.5 m,窖盖底直径 4 m。窖体深 4.5 m,窖底直径 3 m。水窖总容积 50 m^3 以上。

由于蓄水窖施工技术比较复杂,施工时最好请专业人员指导,以确保质量。

已经蓬勃兴起的以集雨工程为重点的高效节水补灌技术,是一项充分利用降水资源、发展旱区农业的有效途径。在发展过程中,要因地制宜,合理布局,加强技术指导,使集雨工程与节水补灌配套技术规范化、系列化,提高其经济效益。

7.2.3 耕作蓄水保水技术

7.2.3.1 深耕翻

深耕翻是用铧式犁进行耕作。其作用如下:一是加深耕层,疏松土壤,增加孔隙,增强雨水入渗速度和数量,避免产生地面径流;二是打破犁底层,熟化土壤,造成一个深厚的耕作层,以利作物根系生长发育。深耕翻与否取决于轮作方式和土壤墒情。深耕翻一般要求土壤含水量 15% ~22% 为宜,耕深大于 20 cm,在雨季到来之前进行。

7.2.3.2 深松

深松是用全方位深松机疏松土层而不翻转土层的土壤耕作技术。它能打破犁底层,增强雨水入渗速度和数量,而对土壤扰动小,散失土壤水分少,残茬留在表面,有利于保墒和防止风蚀。根据采用机型,其疏松深度在 15 ~40 cm。

土壤耕作层之下紧接有一层较为紧实的土层,称为“犁底层”,厚度 5 ~7 cm,最高可达 20 cm。由于长期耕作,犁底层经常受到犁的挤压和降水时黏粒随水沉积,形成紧实的层次。造成片状结构或大块状结构,孔隙度小,使土壤通气性差,透水性不良,根系下扎困难。而深松作业,能打破犁底层,加深土壤耕作层,增大土壤“水库”,改善土壤结构,进一步提高了土壤蓄水保水能力。

7.2.3.3 少耕、免耕法

少耕、免耕法是指不使用铧式犁耕翻和尽量减少耕作次数,发展到在一定年限内免除一切耕作。其实施的条件:一是地表必须有覆盖物,二是应用除草剂和杀虫剂,三是有适合的作业机械。

少耕法是只在播种行上进行带状耕作,国内有多种方法如耙茬播种、旋耕播种、深松耙茬播种、耙茬垄播等。

免耕法是用专门的免耕播种机一次完成破茬、开沟、播种、施肥、撒药、覆土、镇压等作业，播后除控制杂草外，直到收获都不再进行任何田间作业。

少(免)耕由于不翻动土层、减少耕次、有覆盖，因此具有减少水分损失，增加有机质积累，培肥地力，改良土壤结构，防止风蚀、水蚀，杂草逐年减少等作用。由于少(免)耕法从生物、化学和土壤物理特性等方面为作物创造良好的土壤环境，所以既能达到稳产高产目的，又能达到良性循环保持生态的目的。

少(免)耕法不能在排水不良的黏性土壤地区使用，同时要注意合理轮作。

7.2.4 地面覆盖节水技术

7.2.4.1 秸秆覆盖

秸秆覆盖是用作物秸秆、干草、残茬、树叶等有机物质覆盖在土壤表面，以减少土壤水分蒸发，减少降水流失量，还可以调节地温、培肥地力，改善土壤物理性状。据测算：半干旱区的蒸发量占降雨量的56% ~65%，相当于作物总耗水量的1/4 ~1/2。秸秆覆盖的抑蒸保墒效应可波及土体1 m深处，每公顷减少耗水量900 m^3，节约灌溉用水2 100 m^3。

机械化秸秆覆盖是用联合收割机将秸秆切碎后抛撒在机后，或用秸秆粉碎机进地粉碎秸秆后就地铺放覆盖。一般覆盖量要加以控制，如麦草为每公顷4 500 ~6 000 kg，玉米秸为每公顷6 000 ~7 500 kg。

7.2.4.2 塑膜覆盖

塑膜覆盖是用铺膜机将塑料薄膜(又称地膜)覆盖在整好的畦面或沟垄台上，可以先播种后铺膜，也可先铺膜后播种。地膜覆盖后土壤水分与大气交换受到地膜的阻隔，有效地抑制土壤水分蒸发，使水分横向迁移，促进膜下水气小循环，增加了耕层土壤储水量，加大作物利用深层水分，改善作物水分条件；由于覆膜后地表温度升高，使地表水热条件改善，也可改善矿质养分的吸收利用条件，有利土壤理化性状向良性发展。

地膜覆盖可使抑蒸力达80%以上，有利于保墒、提水储墒，改善供肥性状，增强光合作用，增加作物生长积温等。因此，增产效果明显。

以覆盖农业为重点的保护性耕作技术体系的应用，带来了旱区农业的一场革命。在发展地膜覆盖的同时，要注意生物覆盖的推广应用，并与保护性耕作措施相结合，形成规范化、系列化的技术体系。

7.2.5 节水灌溉技术

节水灌溉是科学灌溉。发展节水灌溉是推动传统农业向现代农业转变的战略性措施，是田间用水的一场革命。目前生产上应用的主要有沟灌、沟中覆膜灌、低压管灌、滴灌、渗灌、喷灌、微喷等。其中沟中覆膜输水和管道输水等，可节水20% ~30%，喷灌可节水50%，微灌可节水60% ~70%，滴灌和渗灌可节水80%以上，并且有利于提高农产品产量、质量和经济效益；有利于节约土地、节省能源、节约肥料、节省劳力、节本增效；有利于发展农业机械化。在大田生产应用中，各地根据不同作物生长发育需要，配套不同灌溉时期、不同灌溉次数、不同灌水量的调控技术。

大田粮食作物可推广渠道防渗和低压管道输水技术，一般可提高水资源利用率30% ~50%，降低能耗50%，增产粮食20% ~30%；在果树、蔬菜等经济作物，特别是在日光温室条件下，可应用微灌技术。微灌技术可以同时施肥，既减少用工又提高肥效，促进作物增产增收。微灌技术比地面灌溉一般可节水60%左右，增产40% ~50%等。

7.2.6 生物、化学制剂保水技术

近年来，我国已研制开发了多种生物和化学、有机与无机的抗旱保水剂、水分蒸腾抑制剂等，在旱作节水农业上逐步推广应用。农用保水剂根据配方不同，使用方式和作用效果也不一样。主要用于苗木移栽和扦插之前的浸根或作物拌种、播前底施，以增强作物根部的吸水保水能力，提高出苗成活率和抗旱能力；也可以用于作物及果树苗木生长期环根部追施；也有的可以喷洒在土面或作物叶面。主要作用是通过调节土壤蓄水保水能力、调控作物生理机制，增加作物抗旱机能，实现抗旱节水和保产增效的目的。

7.2.7 节水种植技术

节水保植技术在北方旱区应用较为普遍。如玉米点水穴播（坐水点种）、小麦的膜侧沟播以及近几年推广的旱地小麦机械沟播等技术。“坐水”是在每穴种子坑中注入一定量的水，以满足种子发芽出幼苗的需水要求。坐水种最大的特点是随播种随灌水，一次注水入种穴后围绕种子形成一个湿润土团，在其上再覆盖一层干松浮土。这样湿土团能较长时间保持水分。

坐水种本是我国一种古老的灌溉方法，目前已改造成机械化作业，研制出条播条灌机、穴播穴灌覆膜机等多种机型，一次可完成开沟、注水、下种、施肥、覆土、覆膜、压实、喷除草剂等多项工序。

坐水种节水效果非常明显，比滴灌还省水，保证出苗率达95%以上。所以，对于播种时遇有旱情，土壤含水量很低而不能出苗时，采用坐水种是行之有效的技术。

小麦的膜侧沟播：首先要起垄，垄面覆盖薄膜，为了保墒，可在播前20 d覆膜，在两垄之间的垄沟底部与伸向垄沟的膜边际播种两行小麦，这样膜面成为集雨场，雨水沿膜面流入小麦根部，可将无效雨变为有效雨，小雨变中雨，中雨变大雨。水分渗入受膜保护的垄内，不易蒸发掉，小麦根系由于受到膜内高温高湿的驱使，根系全部扎入垄内土壤中，一般可增产30% ~50%，高的成倍增产。有的采用“当年秋覆膜，来年春播种”，“保住当年墒，留待来年用”，是北方旱区预防春旱的有效措施。

7.2.8 旱地小麦机械沟播技术

7.2.8.1 沟播的概念

所谓沟播，是与传统的平播相对而言的，是用机械将地表干土刮推起垄，进而在湿土层开沟下种，具有拨干种湿、探墒播种的特点。这是一项传统经验与现代科技相结合的抗旱、增产措施。

7.2.8.2 沟播技术的增产机理

由于垄沟的形成，既可制约地表气流运动，减少土壤水分的气态损失，又可将降水聚

集在沟底苗行,更好地利用了自然降水。同时,还可提高地表吸热量、增温、防冻等,促进种子萌发和幼苗发育。

7.2.8.3 沟播技术要点

(1)适用范围:主要适用于干旱、盐碱、瘠薄地。对于单产 5 250 kg/hm^2 以下的低产旱地增产较为明显。

(2)播量:根据不同情况而定,一般晒旱地、旱平地 90 ~ 100 kg/hm^2;丘陵旱薄地 145 ~ 150 kg/hm^2;晚茬麦田要适当加大播量,但不宜超过 180 kg。

(3)播深:种子播深以 3 ~ 5 cm 为宜,如施种肥应在种子侧深 3 ~ 5 cm 处。

(4)播期:在适播期内适当早播,掌握有墒不等时、时到不等墒。

(5)沟向:开沟方向应背风向阳,最好是东西向,以避西北风。在坡地上播种沟应与地面坡降垂直,以便蓄水保土。

机械沟播是当前旱地播种的一种先进有效的方法。它是由机动拖拉机牵引小麦沟播机,一次完成开沟、施肥、播种、覆土、镇压五道工序的方法。沟播可提高土壤水分 2% 左右,这是因为沟内易于聚集雨雪,减少雨雪流失,干土埂起到挡风提湿作用。在播期底墒不足的情况下,由于沟播拨开表层干土,种子落在湿土层,种床墒情好,出苗可提高 10% 以上。据调查,冬前沟播比平播单株分蘖多 0.1 ~ 0.6 个,次生根多 1.2 ~ 1.4 条,亩穗数增加 0.5 万 ~ 4.7 万穗,穗粒数多 2.1 ~ 6.2 粒,增产 12% ~ 14.5%。

7.2.9 水肥一体化调控节水技术

主要是“以水调肥”和“以肥促水”的水肥耦合技术。该技术从单一浇水转向浇营养液,肥随水走。把水变成了庄稼的“复合水溶剂”,既减少了田间作业次数,节约了农业生产成本,又提高了肥水的利用效益。可分别提高肥和水的利用效率 10% 以上。

水肥一体化技术是将灌溉与施肥融为一体的农业新技术。水肥一体化是借助压力系统(或地形自然落差),将可溶性固体或液体肥料,按土壤养分含量和作物种类的需肥规律与特点,配兑成的肥液与灌溉水一起,通过可控管道系统供水、供肥,使水、肥相溶后,通过管道和滴头形成滴灌,均匀、定时、定量浸润作物根系发育生长区域,使主要根系土壤始终保持疏松和适宜的含水量,同时根据不同作物的需肥特点,营造良好的土壤环境和养分含量状况;蔬菜不同生长期需水,需肥规律情况进行不同生育期的需求设计,把水分、养分定时定量,按比例直接提供给作物。

水肥一体化技术的优点是灌溉施肥的肥效快,养分利用率提高。可以避免肥料施在较干的表土层易引起的挥发损失、溶解慢,最终肥效发挥慢的问题;尤其避免了铵态和尿素态氮肥施在地表挥发损失的问题,既节约氮肥又有利于环境保护。所以,水肥一体化技术使肥料的利用率大幅度提高。

据华南农业大学张承林教授研究,灌溉施肥体系比常规施肥节省肥料 50% ~ 70%;同时,大大降低了设施蔬菜和果园中因过量施肥而造成的水体污染问题。由于水肥一体化技术通过人为定量调控,满足作物在关键生育期“吃饱喝足”的需要,杜绝了任何缺素症状,因而在生产上可达到作物的产量和品质均良好的目标。

水肥一体化是一项综合技术,涉及农田灌溉、作物栽培和土壤耕作等多方面,是一项先进的节本增效的实用技术，在有补灌条件的旱作农区，只要前期的投资解决，又有技术力量支持，推广应用起来将成为助农增收的一项有效措施。

7.2.10 膜下滴灌节水模式

膜下滴灌节水模式是新疆石河子市农垦局把地膜覆盖栽培技术与滴灌技术结合创造的“大田膜下滴灌节水模式”。它是由多项新技术复加融合而成。它使滴灌水一滴一滴地均匀、定时、定量浸润作物根系发育区域，使作物主要根系区的土壤始终保持疏松和最佳含水状态，加之地膜覆盖，大大减少了地表和作物棵间蒸发，水的利用是传统灌溉方式的1/8，是喷灌的1/2，是一般滴灌方式的70%。还使肥料利用率从30% ~40%提高到50% ~60%。目前，该技术已与设备集成配套，延伸为一项综合性创新体系，把提高产品的质量、性能与提高产品的应用价值结合起来，把滴灌技术与科学施肥、管理等栽培技术结合起来，实现了播种、覆膜、铺设滴灌带机械化作业一次完成。

7.2.11 种植业结构调整及耐旱品种应用

旱作农业区种植业结构调整主要是指立足旱区特点，变对抗性种植为适应性种植。一是扩大耐旱作物品种面积，压缩高耗水肥作物品种；二是适当扩大红薯、大豆、谷子、烟叶、油料、辣椒等高效作物面积；三是将粮经二元结构向粮、经、饲三元结构转变。

旱作农业区种植业结构调整要以市场为导向，促进种植业结构优化高效；要从改变生态环境着眼，正确处理山、水、田、草、林综合治理和旱作农业发展的关系；要做到以林护农，以牧促农，粮、林、牧有机结合，实现农业的可持续发展。

在土地资源多的地区，应发展粮草轮作制度。这样既可以用养结合，培肥地力，提高粮食作物产量，又可以粮草结合、农牧结合，促进畜牧业的发展。

近年来，由于干旱缺水严重，育种家把品种的抗旱性能作为作物品质育种的重要攻关目标之一，目前北方推广的主要品种的抗旱性能都较过去有了很大的提高。玉米、小麦、豆类、薯类、杂粮、棉麻、油料、糖料、果树等都有一批高抗旱品种。旱作栽培技术也日趋丰富，成龙配套，自成体系。

以抗旱品种为重点的综合配套栽培技术，既实现了对光、热、水资源优化配置的合理利用，又收到了增产、改质和增收的效果。在推广种植抗旱品种的基础上，还要注重推广培肥地力、增施有机肥、耕作保墒和补充灌溉等实用技术，并进行单项技术组装集成，形成作物抗旱优质丰产的栽培技术体系。

7.3 旱作农业技术推广

7.3.1 技术类型选用的依据

旱作技术类型选用的科学依据是：依自然气候条件和土壤类型区域确定耕作制度与作物类型，依作物类型和当地经济条件有针对性地向农民推荐适用技术。

7.3.2 技术推广的原则

农业技术推广部门在向农民推荐可使用技术之前,必须首先要熟悉当地情况,了解农民的需求和生产中的问题。推荐农民使用的技术,要在当地经过小区试验和较大面积示范,证明是目前在当地可行、有效的最佳技术,确实可以解决农业生产和农民需要解决的问题,成效突出,然后才可以在当地大面积推广。

7.3.3 技术推广的方式方法

以推广的技术内容和对象具体选定。一般应包括以下几个方面:

一是要制定技术方案。明确推广的技术内容、模式、规范或标准,并细化成可操作的实施技术方案。

二是制定推广工作方案。方案中包括任务目标、工作要求、组织管理、实施步骤、分年度计划、费用效益、评估办法、验收标准等。

三是划定推广区域范围。选定具有代表性的核心地区作为执行项目的示范地点。

四是选择科技示范户。在示范地点选择有文化、有能力、有技术基础、在农民群众中有威信并具备承担示范条件的农户作为示范户,由农技推广部门与其签订《试验示范合作协议》,在示范户承包的土地上建立示范样板基地。

五是培训指导。分别组织农业技术人员、基层农业管理人员、科技示范户和农民参加的技术培训班,并组织农技人员分别到田间进行巡回技术指导。

六是宣传推广。组织周边农技人员和农民参观示范基地,交流各地各自情况,印发技术资料,并利用报刊、电视、广播等媒介宣传技术,介绍经验。

7.4 保护性耕作技术

7.4.1 保护性耕作的内涵

保护性耕作技术是对农田实行免耕、少耕,尽可能减少土壤耕作,并用作物秸秆、残茬覆盖地表,减少土壤风蚀、水蚀,提高土壤肥力和抗旱能力,改善作物生长条件,降低农业生产成本,增产增收,保护生态环境,促进农业可持续发展的一项先进旱作农业耕作综合技术。

保护性耕作主要包括四项技术内容:

一是将作物秸秆、残茬覆盖地表,覆盖率达到30%以上,在培肥地力的同时,用秸秆盖土、根茬固土,保护土壤,减少风蚀、水蚀和水分无效蒸发,提高天然降雨利用率。

二是采用少耕、免耕播种,在有秸秆残茬覆盖的地表实现开沟、播种、施肥、覆土镇压复式作业,简化工序,减少机械进地次数,降低成本。

三是杂草及病虫害防治技术,保护性耕作条件下杂草和病虫害相对容易生长,必须随时观察,发现问题及时处理。一般一年喷两次除草剂,机械或人工锄草一次即可,病虫害主要靠农药拌种,有病虫害出现时喷杀虫剂。

四是机械深松，深松即疏松深层土壤，基本上不破坏土壤结构和地面植被，可提高天然降雨入渗率，增加土壤含水量。

它的技术要点可以用四句话来概括：秸秆（根茬）覆盖，免（少）耕播种，以松代翻，化学除草。

保护性耕作能有效增进农业综合生产能力、节本增收，提高经济、社会、生态效益。

保护性耕作起源于20世纪30年代的美国，目前美国、加拿大和澳大利亚等国已全面采用了以机械化为支撑的保护性耕作技术。近年来，中央财政设立专项资金，加大保护性耕作技术研究。

7.4.2 保护性耕作技术要点

7.4.2.1 秸秆覆盖技术

（1）玉米秸秆粉碎还田覆盖。还田可采用联合收获机自带粉碎装置或秸秆粉碎还田机作业两种方式。秸秆粉碎还田作业一遍，以达到免耕播种作业要求为准。

（2）玉米整秆还田覆盖。人工收获玉米后对秸秆不做处理，直接进行免耕播种。

（3）小麦留高茬秸秆覆盖。用联合收割机收获小麦时，割茬高度控制在15 cm以上，播种时用免耕播种机进行播种。

7.4.2.2 免耕、少耕播种技术

1）免耕播种

用免耕播种机一次完成破茬开沟、施肥、播种、覆土和镇压作业；

2）少耕播种

用带状旋耕机一次完成带状浅旋、施肥、播种、覆土和镇压作业。

3）作业要求

a. 玉米免耕播种作业

（1）播种量：一般亩播种量1.5～3 kg。

（2）播种深度：播种深度一般控制在4～6 cm。

（3）施肥深度：一般为8～10 cm（种肥分施），即在种子侧下方4 cm左右。

b. 小麦免耕播种作业

（1）播种量：一般亩播种量6～12 kg。

（2）播种深度：播种深度一般在2～4 cm。

（3）施肥深度：一般为5～7 cm（种肥分施），即在种子侧下方3 cm左右。

（4）选择优良品种，并对种子进行精选处理，要求种子的净度不低于98%，纯度不低于97%，发芽率达95%以上。播前应适时对所用种子进行药剂拌种或浸种处理。

7.4.2.3 杂草病虫害防治技术

防治病虫草害是保护性耕作技术的重要内容之一。为使覆盖田块农作物生长过程中免受病虫草害的影响，保证农作物正常生长，目前主要用化学药品防治病虫草害的发生，也可以结合浅松和耙地等作业进行机械除草。

1）病虫草害防治的要求

为了能充分发挥化学药品的有效作用并尽量防止可能产生的危害，必须使用高效、低

毒、低残留化学药品，使用先进可靠的施药机具，根据植保专家疫情监测确定的时机，采用安全合理的施药方法。

2）化学除草剂的选择和使用

除草剂的剂型主要有乳剂、颗粒剂和微粒剂，施用化学除草剂的时间可在播种前或播后出苗前，也可在出苗后作物生长的初期和后期。除草剂在播前或出苗前施入土壤中，早期控制杂草。播前施用除草剂通常是将除草剂混入土中。播后出苗前施除草剂，一般是和播种作业结合进行，施除草剂的装置位于播种机之后，将除草剂施于土壤表面。作物出苗后在它的生长过程中，可将除草剂喷洒在杂草上，苗期的杂草也可以结合间苗，人工拔除。

3）病虫害的防治

主要是以化学药品为主，多种手段综合防治病虫害。一是对作业田块病虫情况做好预测；二是对种子要进行包衣或拌药处理；三是根据苗期作物生长情况进行药物喷洒；四是保护病虫害天敌，创造适宜作物生长的环境。

4）施药的技术要求

（1）根据以往地块杂草病虫的情况，合理配方，适时打药。

（2）药剂搅拌均匀，漏喷重喷率≤5%。

（3）作业前注意天气变化，注意风向。

（4）及时检查，防止喷头、管道堵漏。

（5）植保机具的选用：结合农村实际以小型为主，可选用喷雾、喷粉机具和超低量喷雾机具。

7.4.2.4 深松技术

深松的主要作用是疏松土壤，打破犁底层，增强降水入渗速度和数量，创造利于作物生长的水、气、肥、热小环境。作业后耕层土壤不乱，动土量小，减少了由于翻耕后裸露的土壤水分蒸发损失。深松方式可选用间隙深松或全方位深松。

1）间隙深松，虚实并存

选用单柱式深松机，根据不同作物、不同土壤条件进行相应的深松作业。主要技术要求如下：

（1）适耕条件：土壤含水量在15%～25%。

（2）作业要求：宽行作物（玉米）深松间隔40～80 cm，与当地玉米种植行距相同。

（3）深松深度：23～30 cm；深松时间：播前或苗期进行，苗期作业应尽早进行，玉米不应晚于五叶期。

密植作物（小麦）也可以间隙深松，但为了保证密植作物株深均匀，应在松后进行耙地等表土作业，或采用带翼深松机进行下层间隙深松，表层全面深松，密植作物（小麦）深松间隔40～60 cm，深松深度23～30 cm。

（4）深松时间：播前进行。

（5）配套措施：条件适宜地区作业中应加施底肥，天气过于干旱时，可进行造墒。

（6）作业周期：根据土壤条件和机具进地强度，一般3～5年深松一次。

（7）机具要求：一般机具为凿形铲式振动深松。密植作物可采用带翼形铲的深松机。

2）全面深松

选用倒V形全方位深松机根据不同的作物、不同土壤条件进行相应的深松作业。主要技术要求如下：

（1）适耕条件：土壤含水量在15%～22%。

（2）作业要求：深松深度35～50 cm；深松时间在播前秸秆处理后作业；作业中松深一致，并不得有重复或漏松现象。

（3）配套措施：天气过于干旱时，可进行造墒。

（4）作业周期：根据土壤条件和机具进行强度，一般3～5年深松一次。

第 8 章　旱作农业发展现状及目标

8.1　国外旱作节水农业发展状况

干旱缺水是一个世界性的问题。在全球水资源日趋紧张的形势下，世界各国都在积极探索发展旱作节水型农业。以色列、美国、澳大利亚等地区旱作节水农业的发展水平较高，其发展模式可供我们借鉴。

8.1.1　以色列模式

以色列是世界上严重缺水和沙漠化非常严重的国家，其干旱、半干旱地区面积占国土总面积的 75% 以上，沙漠面积达 45%。经过长期艰苦的不懈努力，以色列沙漠化问题得以有效控制，生态环境不断改善，旱作节水农业生产取得了令世界瞩目的巨大成就。

8.1.1.1　大规模建设沙漠绿洲

以色列国土的 2/3 都是沙漠，人均水资源仅 270 m^3，只是世界人均的 3%，我国人均的 1/8。面对恶劣的气候、土壤、水源等自然条件，以色列采取了把农业搬回家的做法，大规模建设现代化的温室（或塑料大棚）环境控制“农田”，主要用于种植蔬菜、花卉、瓜果和水产养殖。由于这些温室是在沙漠这个特定环境中产生的，因此称为沙漠温室，也叫沙漠绿洲。目前沙漠温室已占全国农业用地的 35% 左右。以色列还研制出了世界领先的可以进行光照控制、气候控制、病虫害控制和能够自然腐蚀的特殊塑料薄膜。

8.1.1.2　大力推行节水灌溉

世界节水灌溉技术发展最有代表性的国家应首推以色列。以色列发明的滴灌技术，可以使水分在土壤中均匀扩散，减少蒸发和渗漏，提高水肥利用率。如今滴灌技术已发展到第 6 代，供无土栽培使用的低流量滴灌喷头，每小时供水仅 200 mL。以色列每公顷农田用水量从 1960 年的 8 700 m^3 减少到现在的 5 250 m^3，水肥利用率达 90%，并有效防止了土壤盐碱板结化。微灌方法的采用，带来了施肥技术的巨变——水肥灌溉兴起。微灌系统都装有电子传感器和测定水、肥需求量的计算机，能自动调节灌溉时间、次数、间隔、灌溉量和施肥量等。依靠滴灌系统进行施肥，直接接触植物的根部，可以避免浪费。目前，以色列使用灌溉、施肥技术相结合的地区已达灌溉区的 80%。主要应用于种植蔬菜、水果、花卉等经济价值高、出口创汇能力强的园林作物，每亩收益可达 1 万 ~5 万美元。

8.1.1.3　积极开发利用再生水

把工业与城市生活产生的污水，集中进行净化处理后二次用于农业生产灌溉。对海水淡化后的生活使用水也同样如此。如位于特拉维夫附近的沙夫丹污水处理净化厂，最初是由 MEKOROT 国家水公司于 1987 年投资建设的，主要用于处理特拉维夫市排放出的工业和生活污水，现已逐步发展成为全国最大的污水处理净化中心。现在，以色列每年要把 2.3 亿 m^3 的净化水用于农业生产，占农业用水总量 12 亿 m^3 的 19%，2010 年，农业生产用水的 1/3 能够使用上污水净化水。这不仅节约了水资源，同时也在很大程度上避免了各种废水的大量排入对有限的土地资源与环境所造成的污染和侵蚀，因而大大有利于土地和生态环境的保护。全国水资源仅 16 亿 m^3，用水量却为 20 亿 m^3，1/5 来自污水处理和地下盐碱水，污水利用率达 90%。

8.1.1.4 重视农业技术推广服务体系建设

以色列建立了一套由政府部门科研机构和社区（基布茨、莫沙夫）及社会科研机构相结合的科研开发体系。每个科研机构都定期将研究成果推广用于农业生产，使这些科研成果很快就转化为现实生产力。以色列每个农业科研人员都是某一方面的专家，他们与农业生产、经营者签订有偿服务合同，提供技术指导、咨询和培训。以色列在农业发展中十分注重高科技的应用和人才的培养，农业生产自动化程度很高，电脑广泛应用于协调每日复杂的耕作。农民中大学以上文化程度占 47%，其他至少是高中文化程度。此外，以色列政府还协助农业组织建立了一套信息灵敏的销售渠道，农民种植的蔬菜、水果、花卉，从田间收获 5 ~6 h 后就可以装船运往海外市场。

8.1.2 美国模式

美国是世界上农业最发达的国家之一，农业资源丰富，人均耕地接近 0.8 hm^2。全国年平均降水量却只有 760 mm，西北部地区年降水量仅仅在 250 ~ 500 mm，没有灌溉的耕地面积占 70%。根据人少地多、资源环境压力小的特点，美国成功地在旱作农业区推广了保护性耕作技术。

美国中西部大平原基本上属于半干旱农业区，近 70 年来，形成了由多耕到少耕、免耕，由表层松土覆盖到残茬秸秆覆盖，由机械耕作除草到化学除草，逐步提高保土、保肥、保水效果和农业产量的技术模式，耕作次数由 1930 年的 7 ~ 10 次减少到 1 次或免耕。休闲地土壤蓄水由 102 mm 增加到 183 mm，蓄水量从占休闲期降水量的 19% 提高到 40%。小麦产量由 1.07 t/hm^2 提高到 2.69 t/hm^2。解决了大平原的土壤风蚀、土壤培肥与增产问题。到目前为止，美国已有 60% 的耕地实行了保护性耕作。

8.1.3 澳大利亚模式

澳大利亚南部半干旱地区的主要传统作物是小麦，1870 年以前小麦平均产量为 860 kg/hm^2，1890 年下降为 490 kg/hm^2。以后采取小麦 + 休闲耕作制，并开始使用磷肥，产量得以回升。但土壤有机质的过度消耗，土壤结构破坏，侵蚀严重，到了 20 世纪 40 年代中期，采取了豆科牧草与农作物的轮作制试验，到 1960 年大力推广，上述两项措施挽救了澳大利亚的农业。既遏制住了旱地退化、沙化的态势，又确保了土壤基础地力的可持续改进，其经验可归结为：将土壤肥力的维持作为旱作农业的核心问题来解决。

澳大利亚是世界上降水量最少的国家之一，年均降水量 470 mm，且时空分布不均，有近 40% 的地区年降水量不足 250 mm，干旱面积占国土面积的 81%，经常受到干旱的威胁。澳洲著名的水利专家 John Williams 曾说："澳大利亚是个干旱陆地，干旱决不会在澳大利亚根除。我们将永远在干旱和洪水降雨间生存，我们所能做的事情就是反复思考我们使用自己的土地和水的方式。”澳大利亚在实行配额有偿用水、推广节水科技成果、发展旱作节水农业等诸多方面也取得了显著成效。

8.1.3.1 实行配额有偿用水

澳大利亚对水资源管理实行政府管制、农场主按配额有偿使用的方式。具体做法为：农场主向当地水管理机构供水站申请，供水站根据用水需求和配额向州政府水资源管理机构购买，然后通过水资源机构管理的渠道将水出售给各农场，用水价格由运行成本确定。当地水资源管理机构为了有效地管理和控制水资源，并为广大农场主提供优质服务，他们将所收取的水费大部分用于供水渠和输水管道的改造，通过采用灌溉自动控制系统，实行因水、因作物精确灌溉，以减少渠系水的损失，降低用水成本，提高水的利用率和经济效益。

8.1.3.2 积极推广节水成果

除了制定实施有效节水措施外，政府也在积极推广先进节水科技成果。政府资助的科学研究机构培育出了一种新的优质小麦，该品种在发生干旱的情况下可以增产10%；澳大利亚联邦科学和工业研究组织（CS IRO）开发出了一种被称为“部分根区保持干燥”的新型灌溉技术，用于葡萄藤和其他作物，可节约一半的水。

8.1.3.3 大力扶持节水农业

联邦政府对发展旱作及节水农业给予一定的扶持。例如：对土地整治计划进行10%左右的补贴，在政府资金的引导下，农场主集中联片，对辖区的土地进行改良，推行轮作制，种水稻一年一季，两年轮作，改种小麦、大麦或牧草等，节约用水，改善土壤结构；对采取沟灌、滴灌、渗灌等技术措施的进行补贴，减少对水的浪费；对推广测量土壤水分技术，购买土壤水分检测仪，做到适时灌水的进行补贴；对采用循环用水办法，使渗漏的水通过排水渠流入集水池，再循环利用的进行补贴。

8.1.3.4 不断开发节水工程

联邦政府投资100亿澳元把现行的开放式灌溉渠改造成管道灌溉方式，以避免蒸发，充分节约和利用水资源。住房建设和水电部门一直积极倡导回收家庭洗衣机排放的水，用以洁厕，以取代清洁水源。政府部门认为，二次利用洗衣机用水有巨大的节水潜力。

8.2 华北区域旱作农业发展方向

《全国旱作节水农业发展建设规划（2008～2015年）》提出了我国不同旱作区节水农业发展方向。这里重点介绍一下华北区域基本情况与发展方向。

8.2.1 区域基本情况与发展方向

本区包括晋、冀、鲁、豫、京、津、苏、皖等省（市）的全部或部分，耕地总面积5.07亿亩，其中水浇地2.58亿亩，旱作耕地2.49亿亩。

8.2.1.1 区域农业生产和自然条件特征

年均降水量400～800 mm，亩均水资源仅有400 m^3 左右，降水年变率高，季节分布不均。西部和北部为山丘地，其余大部分属于黄河、淮河、海河下游冲积平原，平均海拔50~1 200 m。土壤类型多样，大部分土壤比较肥沃，耕性良好，是我国冬小麦、棉花、夏玉米、花生等农作物的主要产区，也是木本板栗、山楂及苹果、梨、桃等温带水果的重要种植区域。

8.2.1.2 区域发展方向

围绕冬小麦、玉米、棉花生产，完善农田配套工程，重点推广农田综合节水技术、覆盖技术、保护性耕作技术等节水增效技术；围绕蔬菜、瓜果等生产，配置滴灌等现代节水设备，重点推广水肥一体化技术。在大幅度提高农业水资源的利用率和生产效率的同时，加大农业结构调整力度，减少高耗水农作物种植面积。

8.2.2 分区布局与发展模式

在本区选择平原类型区、山地丘陵类型区2个类型区作为发展旱作节水农业的重点区域，共涉及旱作农业县746个，耕地面积4.4亿亩，其中旱作耕地为1.9亿亩，占42.3%。

8.2.2.1 平原类型区

主要是黄淮海平原地区560个县，耕地面积3.4亿亩，旱作耕地面积1.2亿亩，占35.3%。年均降水量550~800 mm。本区主要作物为玉米、冬小麦、棉花和蔬菜等，一年二熟或二年三熟。农业生产水平较高，但水资源短缺，地下水位下降问题严重，春旱和冬春连旱发生频率高。

本区发展模式：以冬小麦、玉米为重点，完善农田配套工程，大力普及节水种植模式，推广应用深松、增施有机肥和秸秆还田技术，增强土壤蓄水能力，降低水分消耗，提高土壤肥力；在经济作物、蔬菜、果木种植方面，配套和完善节水补灌设备，推广水肥一体化技术，促进现代节水型农业体系的建立。

8.2.2.2 山地丘陵类型区

主要包括太行山东西两侧、燕山南麓、山东半岛及豫北、豫西等地区的186个县，耕地面积9 782万亩，旱作耕地面积6 610万亩，占67.6%。年均降水量450~600 mm。山地多，水资源紧缺、水土流失严重。主要作物为小麦、玉米、花生、豆类及板栗、山楂等，粮食作物可以二年三熟。

本区发展模式：建设集雨水窖池，提高梯田集雨设备配套水平，发展集雨农业。推广蓄水沟垄种植、秸秆覆盖及有机培肥技术，提高降水的保蓄率和耕地综合生产能力。在确保粮食基本自给的基础上，大力发展经济作物及果木，引进现代节水技术，提高农产品品质。

8.3 郑州市旱作农业发展现状与思路

8.3.1 基本情况

郑州地处豫西山区向黄淮平原过渡地带，地势西高东低，境内山区、丘陵、平原各占

1/3。年均降水量 650 mm 左右(599 ~701 mm),且降水时空变化大,季节分配不均,常有干旱发生,属于半湿润偏旱区,西部黄土岗地和低山丘陵无灌水条件,农业生产主要靠天然降水。据统计,郑州市无灌溉条件和灌溉条件不足的耕地 250 多万亩,全市旱地面积占耕地面积的 56.73%。

根据国家干旱应急预案的编制要求和郑州市的具体情况,将郑州干旱二级区划分为 3 个,即郑州市区、灌溉农业区和雨养农业区。

8.3.2 发展现状

多年来,郑州市旱作节水农业工作注重发挥各级政府的推力、科研与技术推广的合力、广大农民群众的动力,取得了显著的成效。主要是针对当地区域特点和发展需求,围绕提高降水利用率和利用效率,实施五措并举,推行"一优、二调、三改、四结合"的旱作农业综合配套技术,积极发展旱作节水农业。重点在调整农业和种植业结构、发展耐旱作物及新品种、探索节水高效栽培模式,以及示范推广配方施肥、改土培肥、以肥调水、水肥一体化、抗旱保水剂、保护性耕作技术等方面做了大量示范和普及工作。为提高旱作区农业综合生产能力,促进农业增效和农民增收发挥了很大作用。

8.3.2.1 总结推广了一套旱作农业技术及模式

一是在技术途径上,实施五措并举,推行"一优、二调、三改、四结合"的综合配套技术。五措并举即实施生物、工程、农艺、农机、化学等综合技术措施,蓄住天上水,保住土中墒,用好土表水,提高降水利用率和利用效率,实现社会、经济、生态三大效益共同提高。"一优、二调、三改、四结合":"一优"即推广耐旱作物及优良品种;"二调"即调整优化旱作区种植业结构和产业结构;"三改"即改土培肥,使"三跑田"(跑水、跑肥、跑土)变为"三保田";"四结合"即工程技术与生物技术相结合、蓄水保墒技术与节水补灌技术相结合、农机技术与农艺技术相结合、传统抗旱技术与现代抗旱技术相结合的旱作节水综合技术模式。

二是在推广模式上,总结推广了"科技热心户布点示范,(农民)专业合作社连片扩展,(农业)龙头企业助推产业化经营,一村一品规模化生产"的技术推广模式。也可以称之为"雁阵"模式或"星火燎原"模式。

三是在调整布局上,变对抗性种植为适应性种植。例如:总结推广了"三上两下一扩大"(耐旱的红薯、谷子、烟叶上坡,喜水的玉米、棉花下川,扩大特色小杂粮种植)和"四宜四则"(宜粮则粮,宜林则林,宜果则果,宜牧则牧)等。

四是在农艺措施上,总结推广了地膜、柴草、秸秆覆盖、高留茬、免耕法等。

五是在节水节能上,主要总结推广了微集水工程、滴灌、喷灌和各种抗旱剂的应用技术等。

六是在栽培模式上,主要示范推广了多元化、立体化栽培模式。如:花生红薯套种模式、红薯绿豆套种模式、金银花与花生(大豆、绿豆)套种模式、核桃与金银花套种模式、苹果和花生套种模式,以及林下种养综合模式等。

七是在作物技术上,总结推广了多项节水高效栽培技术。①总结推广了 小麦"四水一旱"栽培技术(以土蓄水,以肥调水,以种节水,以管保水,适期早播);②示范推广了机械沟播技术,机械沟播技术是当前旱地播种的一种先进有效方法;③总结推广了彩色迷你型红薯密植栽培技术及双季栽培技术;④示范推广了谷子简易化栽培技术。

8.3.2.2 在实践中摸索和总结出一些综合治理模式

工程模式:①在山区改造模式是“山顶水平沟,山腰鱼鳞坑,山根反坡梯田,山底水平梯田”;②在坡耕地改造模式是“沿着等高线,绕着山头转,里切外垫倒流水,保证三个一尺半(埂高、埂宽、深翻改土)”。

生物模式:在丘陵山地改造模式是“刺槐封顶,二花(金银花、黄花)护坡,果树(核桃、苹果、油桐等)缠腰,粮棉坐底”和“龙须草缠腰,黄花菜镶边,红薯、花生坐中间”等。

8.3.3 主要县(市)区旱作农业发展现状

8.3.3.1 荥阳市

荥阳市地处黄河中下游的分界处,是豫西丘陵向豫东平原的过渡地带。地势南北部高、中东部低,形如簸箕,山区、丘陵、平原、黄河滩兼有。全区平均海拔 461 m,最高海拔 854.5 m,最低海拔 107.1 m。海拔在 250 m 以上的山区面积占 14.5%,海拔 150 ~ 250 m 的丘陵区面积占 48.3%,海拔在 150 m 以下的平原区面积占 26.9%,黄河水面及滩地面积占 10.3%。在全省综合农业区划中,荥阳市被划为豫西黄土丘陵农林牧区。现有耕地 63 万亩,其中旱涝保收田 34 万亩,丘陵旱地 29 万亩,旱区面积占耕地面积的 46%。年均降水量 600.6 mm。基本上是十年九旱,严重干旱年份减产 50% 以上,个别年份减产 80% 以上。就小麦而言,旱涝保收田产量水平一般在 400 ~ 600 kg,旱肥地 200 ~ 400 kg,旱薄地 100 ~ 200 kg。荥阳市旱作区主要分布于贾峪、崔庙、北邙、刘河、高山、庙子等乡镇以及城关乡和乔楼镇的部分区域。

荥阳市政府及农业主管部门十分重视旱作区农业结构调整和产业化经营,实施了重点扶持政策。几年来,先后在旱区扶持建设了邙岭中药材生产基地、崔庙冬桃生产基地、乔楼脱毒红薯生产基地等;谷子、红薯等多个特色农产品生产加工专业村集群已逐渐成型;绵延起伏的邙岭旱作区,已成为经济林果、绿化苗木、药材、奶牛等特色种养产业带,其中百果庄园、刘沟石榴、迷你型红薯、树莓等特色种植基地规模显现、别具一格。

8.3.3.2 登封市

登封市地处豫西丘陵山区,全市总耕地面积 55 万亩,其中旱地面积 45 万亩,占总耕地的 70% 以上,属于典型的旱作农业类型区。长期以来,经过全市广大旱作区农民和农业技术推广人员的积极努力,逐步探索出了适合当地气候特点和土壤类型的旱作种植模式,初步建成了一批具有明显地域特色的主导产业和优势农产品规模化生产基地。如旱地根芥、大葱、辣椒及红薯等规模化生产加工基地。培育出了“茶亭沟”红薯、“小苍娃”和“峻极”牌芥丝、粉条、小杂粮等知名农产品品牌,为促进农业产业化经营和农民增收探索出了一条成功道路。

8.3.3.3 新密市

新密市地势西北高、东南低,自西向东缓慢倾斜延伸。地形地貌复杂,山、岭、岗、沟、滩、平地兼而有之。据有关气象资料,新密市年均日照时数为 2 241.3 h,日照率 52%,年均气温为 14.3 ℃。平均无霜期为 222 d。年降水量为 637.2 mm,年蒸发量为 2 139 mm,

为降水量的 3 倍,故有“十年九旱”之说。

全市共有土地 63.6 万亩,其中水浇地 8 万余亩,其余全部为旱地。地下水位在150 ~ 800 m 以上,很难开发利用。近几年,新密市积极推进旱作区种植业结构调整,大力发展特色种植业和节水高效种植模式,如尖山乡的特色小杂粮生产基地、密银花生产基地及间作套种模式等,取得了显著的示范效应。

8.3.3.4 新郑市

新郑市地处豫西山区向豫东平原过渡地带,浅山、丘陵、岗洼、平原兼有。土壤为褐土、潮土、风沙土,分别占全市总面积的 74.4%、18.31%、6.94%,可利用水资源总量每年为 1.959 亿 m^3,人均占有量 317 m^3,不及河南省平均水平的 7/10。耕地每亩平均水资源占有量为 305 m^3,仅为河南省平均水平的 3/4,是典型的旱作区。旱作农业区主要分布在京广铁路线以西,涉及观音寺镇、城关乡、辛店镇、新村镇、郭店镇、龙湖镇,以及东部八千乡、龙王乡易发生干旱的沙岗区。

近年来,新郑市按照“灌溉节水农业与旱作农业两手抓,水地、旱地一齐上”的思路,采取农艺、生物、工程相结合的综合措施,积极发展旱作节水农业,推广了一批以蓄水、保水、节水为主要内容的旱作农业综合技术,取得了非常明显的增产增收效果。主要有:推广测土配方施肥为主的培肥地力技术;推广少耕免耕、秸秆覆盖等为主的保护性耕作技术;推广地膜覆盖和塑料拱棚栽培技术;引进、示范、推广耐旱节水作物品种,调整作物布局,发展旱作高效农业;推广节水灌溉技术等。

8.3.3.5 中牟县

全县现有耕地面积 92 万亩。农作物产量低而不稳的耕地面积 46.5 万亩,其中依靠自然降水的旱作农田 8.6 万亩,年均降水量 616 mm。

多年来,中牟县以旱作基本农田建设为手段,以培肥地力为重心,以增收增效为目的,围绕提高自然降水利用率和土地产出率,实施生物、工程、农艺、农机、化学等五措并举,推行“一优、二调、三改、四结合”的旱作农业综合配套技术,重点在旱作区扩大推广了花生、红薯、小麦、西瓜、蔬菜等高效作物及新品种,示范推广了增施有机肥、地面覆盖、冬耕蓄水、少耕免耕、秸秆还田、间混套种、抗旱保水剂等增效节水技术,积极发展旱作节水农业,取得了显著成效。

8.3.3.6 二七区

二七区农业区域地处浅山丘陵,沟壑纵横,地形地貌复杂,土壤瘠薄;地下水位深(大于 150 m),地表水资源少而匮乏。辖区拥有 2 个乡(镇)40 个行政村(社区),农业人口 9 万人,耕地 2.5 万亩。

近年来,二七区利用独特的地理区位优势和自然条件,以调整优化农业产业结构为突破口,以提高农业效益和增加农民收入为目的,以“优质、无公害”为特色,大力发展休闲观光农业。一是以侯寨乡樱桃沟、红花寺等村为中心,建立了以樱桃、葡萄种植为主的高效旱作农业示范区;二是以侯寨乡刘庄村为中心,建立了以香椿种植为主的高效旱作农业示范区;三是建成了一批以生产展示、科普教育、休闲体验、观赏采摘、娱乐餐饮为一体的综合性旱作农业示范园区,并以园区为依托,辐射带动全区旱作节水农业健康快速发展。

8.3.4 旱作农业发展思路

8.3.4.1 基本思路

(1)以发展现代农业、繁荣农村经济为目的,以提高农业社会、经济、生态效益为重心,加强旱作区农业基础设施建设,完善政策、技术支撑和服务体系,推进旱作节水农业全面发展。

(2)以增强旱作区农业综合生产能力为首要任务,以提高降水利用率、利用效率为着力点,针对不同区域的水土资源特征和优势主导产品,确定旱作节水农业区域布局和发展重点。

(3)以提高旱作区农业生产效率和效益为核心,以科技创新和技术集成应用为支撑,综合运用农艺、生物、工程、农机、化学等措施,因地制宜推广旱作节水高效农业技术和配套措施,集中开展旱作技术模式的集成示范。

(4)以调整农业种植业结构为核心,以推广耐旱抗逆作物新品种为前提,充分发挥政府引导和财政扶持作用,大力发展多元化、立体化、规模化的旱作节水农业和特色农产品生产基地,重点建设一批高标准旱作农业综合示范区。

(5)以农民专业合作社、科技示范户和种田大户为纽带,以培训宣传为抓手,树立典型,辐射带动,全面普及推广旱作节水新技术、新品种,实现旱作节水和高产高效双重目标,促进农业稳定发展和农民持续增收。

8.3.4.2 目标任务

1)推进旱作农业结构调整

旱作区农业结构调整要注重水分资源的高效利用。也就是说,旱作区农业结构调整以水分资源为基础,以水定地,以水定业,促进旱作区农业经济的高效、可持续发展。以旱作农业区的水分资源量来确定种植业结构、养殖业结构、加工业结构及第三产业的结构等。尤其是种植业结构,要突出水分低耗性作物品种,减少水分高耗性作物面积,从而提高水分的利用率和利用效率。

2)改善农田抗旱节水的基础条件

根据旱作区水土流失和风蚀严重、低产田比重大、农田土壤易旱的现状,重点完善农田抗旱基础设施,配置集雨池窖、补灌设备、机耕道和防护林等田间配套工程;采取改良土壤、建梯护坡、生物培肥、覆盖保墒和生物篱等措施,提高土壤肥力和蓄水抗旱能力,建设稳产高效旱作农田。

3)提高农业资源利用效率

大力推广抗旱品种与节水保墒技术相结合、高新技术与常规技术相结合的防旱抗旱综合配套措施和技术模式,发展多元化、立体化、规模化的旱作节水农业,最大限度地提高农业资源利用效率。

4)改善旱作区农业生产手段

重点做好土壤改良、地力培肥等保护性耕作及节水补灌、抗旱播种、集雨保墒等方面的机械设施推广应用,切实改善旱作区农业生产手段,促进高效旱作节水技术的快速普及应用,不断挖掘降水、耕地、良种、肥料等核心要素的生产潜能。

5)构建抗旱节水技术支撑体系

针对当前旱作节水农业发展的技术难点和需求,建立合作协作机制,协调科研院校及生产、推广、管理等部门的力量,构建旱作节水农业技术创新与服务平台,开展旱作节水农业技术的原始创新、集成创新和引进消化吸收再创新,大力推进旱作节水农业技术进步,建立健全旱作节水农业发展的技术支撑体系。同时,还要逐步建立和完善县域旱作节水综合协调机制,加强组织领导,推动全市旱作节水农业技术向更高水平发展。

6)稳步推进节水型旱作制度

根据区域降水时空分布特点,围绕高效利用水土资源,因地制宜地选用农作物抗旱新品种,调整种植结构,推行节水型高效耕作栽培模式,逐步形成适合旱作区特点的新型节水种植制度。在此基础上,进一步发展节水型特色种养加结合的产业经济,深化旱作区农业结构调整,繁荣农村经济。

第9章　旱作区小杂粮栽培及产业指导

9.1　小杂粮概述

小杂粮是小宗粮豆作物的俗称，泛指生育期短、种植面积少、种植地区和种植方法特殊、有特种用途的多种粮豆。

中原地区乃至黄淮海区域具有数千年小杂粮栽培历史，主要栽培作物包括荞麦（甜荞）、糜子、薏苡、谷子、高粱、燕麦（莜麦）、绿豆、小豆、豇豆、普通菜豆（芸豆）、黑豆（大豆）、蚕豆、豌豆等。

小杂粮在旱作区农作物布局中占有重要的地位，具有不可替代的作用。

9.1.1　小杂粮在旱作区农业生产中的地位和作用

9.1.1.1　小杂粮是旱作区种植业结构调整中不可或缺的特色作物

小杂粮生育期短，适应范围广，耐旱耐瘠，一是适宜在丘陵山区旱薄地和高海拔冷凉山地种植；二是能与大宗作物和林果等实行间作套种，充分利用作物生产的空间和时间，有利于增加农作物生产的安全性、增加产量和收入；三是灾年不可替代的救灾作物；四是一些小杂粮作物，如小杂豆类是耕作制度不可缺少的好茬口。因此，小杂粮是种植业资源配置和结构调整中不可缺少的特色作物。

随着市场经济的发展和人们健康意识的提高，对具有较高营养保健作用的特色小杂粮需求日益迫切，小杂粮生产效益大幅度提高，推动了小杂粮种植面积的不断扩大和品种的更新，促进旱作区种植业结构调整向特色高效方向发展。

9.1.1.2　小杂粮是发展粮食生产、增加粮食总产的重要支撑

农业生产，尤其是粮食生产离不开土壤、水源、气候等自然条件。人口增长、土地减少、环境恶化是当今社会人类生存面临的三大难题。我国水资源匮乏，城市发展、工业生产和居民生活等与农业生产的用水矛盾日益尖锐，旱作区更甚。因而，粮食安全问题始终是国民经济中的重中之重。据统计资料，我国现有旱作区耕地面积约占全国总耕地面积的55%，河南省旱作区耕地面积约占全省总耕地的63.9%，郑州市旱作区耕地面积约占全市总耕地面积的56.7%。又据有关研究资料，目前，我国旱作区粮食作物降水生产潜力的开发程度大多只有30%～40%，低的不足10%，高的也只有50%。而我国现在46%的粮食、61%的棉花、72%的大豆、46%的油料都产自旱作农业区。另据山西省资料，1990～1996年，小杂粮种植面积占14.72%～17.95%，而产量仅为6.35%～8.84%，小杂粮的单位面积产量相当于其他作物平均产量的41.77%～49.25%。

因此，改善旱作区农业生产条件，充分利用天然降水资源，改良并推广耐旱节水的小杂粮优良品种和与之配套的旱作节水增产增效技术，大力发展优质高效的特色小杂粮生

产,进一步挖掘旱作区特色小杂粮生产潜力,是发展粮食生产、增加粮食总产、保障国家粮食安全和提高农民收入的重要支撑。

9.1.1.3 小杂粮是现代人们生活中重要的营养保健食物源

小杂粮营养丰富,保健效果好,是食物构成中的重要品种。它既是传统的充饥食物源,更是现代人们的营养保健食物源。特色小杂粮食品,如小米、绿豆、荞麦、黑豆等,因其特有的营养保健作用,愈来愈受到广大消费者的重视和青睐,市场价格也不断上升。现在很多城市居民,尤其是富裕家庭,小杂粮健身食品经常是餐桌上的主餐。

国际农业营养和卫生组织认为,小杂粮是尚未被充分认识和利用的具有特殊利用价值的经济作物,“荞麦在21世纪将成为一种主要的作物”。国家食物和营养咨询委员会提出,城乡居民人均每日的主要营养素供给水平要达到:热量10 533.6 kJ和10 993.4 kJ,蛋白质74 g和71 g,脂肪81 g和68 g。中国中长期食物发展战略研究表明,在供给国人200 kg的粮食中,豆类应占2%,而荞麦、莜麦、糜子、糌粑等小杂粮应占20%,粗粮占35%。因此,小杂粮在人们生活中占有的地位愈来愈重要,小杂粮食品的市场发展前景愈来愈广阔。

9.1.1.4 小杂粮是发展绿色食品的优势资源

人食五谷杂粮。食物是人体健康和疾病的物质根源。现代社会,要求人们更加注意膳食平衡,以保持均衡营养和身体健康。而吃“杂食”是实现上述目的的必要途径。吃“杂食”就是要求食物多样化、生态化、营养化,要尽量摄取自然态的食物,粗细合理搭配,靠自然食物调节自身,保持健康。

小杂粮生产地多远离城市和工业污染的丘陵山区,生产过程的生态环境未受污染。因此,作为传统食物源的小杂粮生产基地又是现代新型保健食品、更是天然食物源的生产基地。

旱作区小杂粮生产具有独特的优势:一是种类多,生长期短;二是多种植于无污染源的自然生态区,尤其是高海拔山区,无工业污染;三是在生产中基本不施用农药、化肥等,其产品是自然态,易于达到绿色食品标准,产品符合现代人的消费观念和需求。因此,小杂粮是人类“回归大自然”中颇受青睐的天然食品源,是发展绿色食品的优势原料资源。

9.1.1.5 小杂粮是食品工业的重要原料来源

小杂粮不仅营养价值很高,而且还含有特殊营养素。如:荞麦、莜麦蛋白质含量高,富含多种氨基酸且配比合理,其亚油酸、黄酮苷、酚类及特有的Mg、Fe、Zn、Se、Ca等营养素有降血脂、降血糖、软化血管和防治地方病等调治效果,被誉为“美容、健身、防病”的保健食品原料;绿豆、小豆、豌豆、蚕豆、芸豆、黑豆等食用豆类,蛋白质含量不仅比禾谷类粮种高1~2倍,而且氨基酸齐全,“化学得分值高”,又由于含有核酸、胡萝卜素、膳食纤维和维生素B、C、E等,是食品工业的重要原料来源;大麦、高粱等又是酿酒的重要原料。

9.1.1.6 小杂粮是养殖业不可缺少的优质饲料源

养殖业是食品工业的重要原料支柱,也是人们生活中主要的肉、蛋、奶等食物来源。发展饲料工业是发展养殖业,增加动物性食物的前提。饲料工业的重点是蛋白饲料的开发利用。小杂粮中的大麦营养价值较全面,饲用价值高于其他谷类作物。食用豆类的籽粒、秕碎粒、荚壳、茎叶蛋白质含量较高,粗脂肪丰富,茎叶柔软,易消化,饲料单位高,且比其他饲料作物耐瘠、耐阴和耐旱，而且适应性广，生长期短，种植方式灵活，能在较短的时间内获得较多的青体和干草。因此。小杂粮是养殖业不可缺少的优质饲料源，是推进发展畜牧业，增加肉、奶、蛋供应的主要途径。

9.1.1.7　小杂粮是旱作区农民脱贫致富的经济源

据统计资料，我国80% ~90%的贫困人口都生活在旱作区。而旱作区，特别是老、少、山、边区又是小杂粮主要种植区。前些年，由于受种植业的政策导向以及消费观念等因素影响，小杂粮生产一直没有受到应有的重视，发展停滞不前，也是造成发达地区和贫困地区的经济差距原因之一。因此，发展小杂粮生产，是发展贫困地区经济的重要途径，是旱作区农民脱贫致富的经济源。加强小杂粮的科学研究，发展小杂粮生产，促进小杂粮产业形成，培育旱作区（老、少、山、边区）新的经济增长点，有利于老、少、山、边区农民增收致富、解困脱贫，同时也有利于民族团结，有利于推动我国经济快速健康发展。

除此之外，小杂粮还是我国传统的出口产品。发展小杂粮生产，也是增加农业出口创汇的主要途径。

9.1.2　小杂粮分布与生产

9.1.2.1　小杂粮分布

小杂粮种类很多，栽培面积较大的有荞麦、糜子、谷子、高粱、燕麦、青稞、绿豆、豌豆、蚕豆、豇豆、普通菜豆和小扁豆等，在世界6大洲30余个国家（见表9-1）都有种植。由于中国地处温带和亚热带地域，又是作物起源中心之一，不但种类多，而且占有份额大。在20多种小杂粮作物中，我国荞麦、糜子的面积和产量都占世界第二位，蚕豆占生产量的一半以上，绿豆、小豆占生产量的1/3，我国还是燕麦、豇豆、小扁豆的主产国，故我国有“小杂粮王国”之称。

表9-1　世界小杂粮生产情况

作物	生产国	中国地位
荞麦	俄罗斯、中国、乌克兰、加拿大、波兰、日本	为第二位，苦荞为中国独产
燕麦	俄罗斯、美国、加拿大、澳大利亚、波兰、中国	主产国
糜子	俄罗斯、中国、乌克兰、印度、伊朗、朝鲜	第二位
绿豆	中国、印度、泰国、巴基斯坦、缅甸、印度尼西亚	占30%以上
小豆	中国、日本、朝鲜、韩国、泰国、印度	占30%以上
豌豆	法国、澳大利亚、印度、中国	占9%
蚕豆	中国、埃及、埃塞俄比亚、摩洛哥、意大利、巴西	占50%
豇豆	非洲各国、印度、巴西、中国	主产国
普通菜豆	印度、巴西、墨西哥、中国	占5%
小扁豆	中国、印度、土耳其、孟加拉国、叙利亚、加拿大、尼泊尔、巴基斯坦、墨西哥	主产国

小杂粮在我国分布很广，各地均有种植（见表9-2），但主产区相对比较集中。从地理

分布特点看，主要分布在我国高原区，即黄土高原、内蒙古高原、云贵高原和青藏高原；从生态环境分布特点看，主要分布在我国生态条件较差的地区，即干旱半干旱地区、高寒地区；从经济发展区域分布特点看，主要分布在我国经济欠发达的地区、少数民族地区、边疆地区、贫困地区和革命老区；从行政区域看，主要分布在内蒙古、河北、山西、陕西、甘肃、宁夏、云南、四川、贵州、重庆、西藏、黑龙江、吉林等省区。

表 9-2　中国小杂粮常年栽培面积、产量及主产省区

作物	栽培面积（万 hm^2）	产量（kg/hm^2）	主产区
甜荞	70	750～1 500	蒙、陕、甘、宁、晋
苦荞	30	1 500～3 000	滇、川、黔
燕麦	60	750～1 000	蒙、冀、晋、甘
糜子	80	750～1 000	陕、甘、宁、蒙、晋、黑、吉
谷子	140	2 250～3 750	冀、晋、蒙、黑、吉、辽、陕、甘、鲁、豫
高粱	100	4 500～6 000	黑、吉、辽、蒙、冀、晋
青稞	40	3 750～5 000	藏、青、川、滇、甘
薏苡	5	2 250～3 750	黔、贵、滇
籽粒苋	2	1 500～3 000	全国各地均有种植
绿豆	70	750～1 500	吉、蒙、冀、陕、晋、豫、鲁
小豆	30	750～1 500	黑、吉、冀、蒙、陕、晋
豌豆	100	750～1 500	川、鄂、苏、浙、甘、陕、宁、青、冀、晋、蒙
蚕豆	110	1 500～3 750	滇、川、鄂、苏、浙、青、甘、蒙、冀
豇豆	5	750～1 500	晋、蒙、陕、辽、豫、冀
普通菜豆	50	1 500～3 750	黑、蒙、新、滇、川、黔、陕、晋、甘
多花菜豆	3	1 000～1 200	滇、川、黔
黑豆	40	750～1 500	陕、甘、宁、晋、蒙
小扁豆	5	450～750	陕、甘、宁、晋、蒙、滇
鹰嘴豆	1	1 000～1 500	新、甘、宁
草豌豆	2	450～750	陕、甘、宁
饭豆	5	450～750	渝、川、黔、桂、贵、陕、甘、晋、鄂

9.1.2.2　小杂粮生产

据统计，我国小杂粮种植面积为 905.9 万 hm^2，占全国粮食作物种植面积（10 378.7 万 hm^2）的 8.73%。其中荞麦、糜子、燕麦、青稞等面积为 350.76 万 hm^2，占全国粮食作物种植面积的 3.81%；谷子、高粱面积为 238.05 万 hm^2，占 2.3%；绿豆、豌豆、蚕豆、小豆等面积为 317.05 万 hm^2，占 2.62%。我国小杂粮总产约 1 971.53 万 t，占全国粮食总产量（47 626.04 万 t）的 4.14%。其中荞麦、糜子、燕麦、青稞等产量为 765.7 万 t，占 1.61%；谷子、高粱产量为 719.9 万 t，占 1.51%；绿豆、豌豆、蚕豆、小豆等为 485.9 万 t，占 1.02%。

全国豆类作物种植为 1 167.1 万 hm^2，其中杂豆种植面积为 317.05 万 hm^2，占 27.17%；全国豆类总产量为 2 001.09 万 t，其中杂豆 485.92 万 t，占 24.28%；杂豆在我国豆类生产中占有相当重要的地位。我国小杂粮生产条件普遍较差，加之多数小杂粮育种栽培技术研究工作开展少，且生产水平落后，单产普遍较低，许多地方每公顷产量只有 300～600 kg，在栽培管理水平较好的地区，每公顷产量可达 1 500～3 000 kg，甚至更高。

9.1.3 中原地区发展小杂粮的优势

9.1.3.1 地域优势

在中原地区发展小杂粮种植，具有很好的地域优势。首先是适宜的土壤和气候条件，有利于发展小杂粮生产。

河南省旱地区域主要分布在半湿润偏旱区，是半湿润地带与半干旱地带的过渡区，按照气候、地貌、土壤特性等因子的变化指标，河南省旱地区域大致分布在北纬 33°40′以北（平顶山、鲁山一线向北）、京广铁路（大约东径 113°50′）以西的太行山东南山前丘陵以及伏牛山余脉的熊耳山、崤山山脉的岗地丘陵区。旱地区域年均降水量 600～700 mm。据统计，全省旱作区耕地面积约 6 600 万亩，占总耕地的 63.9%，其中京广线以西的丘陵、旱地面积约 3 810 万亩，占总耕地面积的 36.7%。

河南地处亚热带向暖温带过渡地区，气候兼有南北之长，气候温和，四季分明，日照充足，无霜期为 190～230 d，日照时数 1 740～2 310 h，光照温热条件适宜于多种动植物生长繁殖。无论是一望无际的黄淮海平原，还是高低不平的丘陵山区，绝大多数土地上都有深厚的土层和营养元素含量丰富的土壤。

郑州地处豫西山区向黄淮平原过渡地带，属于黄淮平原与黄土高原交接地带，地势西高东低，境内山区、丘陵、平原各占 1/3，西部五县属于豫西丘陵旱作区。据资料，全市旱地面积约 251 万亩，占耕地面积的 56.7%，其中最多的县（市）巩义和登封，旱地面积分别占到当地耕地面积的 79.1% 和 78.7%。

郑州地区气候属北温带季风型气候，春旱多风、夏炎多雨、秋凉晴爽、冬寒干燥，全年平均气温为 14.2～14.6 ℃，无霜期 206～234 d，常年降水量为 599.6～707 mm，日照时数为 2 400 h。

古老的黄河孕育了中华民族，处于黄河流域的郑州乃至广大中原地区，是农业文明的重要发源地，农业生态环境适宜，农业种类多样，小杂粮栽培具有悠久的历史，种植经验也比较丰富。

另外，河南又处于九州之中，交通便利，商贸发达，市场繁荣，也是发展小杂粮生产加工、开发销售市场的有利条件。

9.1.3.2 品质优势

小杂粮的营养素含量要比大宗粮豆高。表 9-3 为大宗粮豆与小杂粮营养素含量的比较。

表 9-3　大宗粮豆与小杂粮营养素含量的比较

粮种		蛋白质（%）	脂肪（%）	碳水化合物（%）	热量（kJ/100 g）	膳食纤维（%）
大宗粮豆	小麦	11.2	1.5	71.5	1 471.36	2.1
	水稻	7.7	0.6	76.8	1 433.74	0.6
	玉米	8.7	3.8	66.6	1 400.3	6.4
	大豆	32.8	18.3	30.5	1 747.24	7
平均值		15.1	6.05	61.35	1 513.16	4.03
小杂粮	燕麦	15	6.7	61.6	1 534.06	5.3
	甜荞	9.3	2.3	66.5	1 354.32	6.5
	苦荞	9.7	2.7	60.2	1 270.72	5.8
	糜子	1.36	2.7	67.6	1 458.82	3.5
	绿豆	21.6	0.8	55.6	1 320.88	6.4
	小豆	20.2	0.6	55.7	1 291.62	7.7
	豌豆	23	1	54.3	1 329.24	6
	蚕豆	24.6	1.1	49	1 270.72	10.9
	芸豆	21.4	1.3	54.2	1 312.52	8.3
	扁豆	25.3	0.4	55.4	1 362.68	6.5
	豇豆	18.9	0.4	58.9	1 316.7	6.9
平均值		18.42	1.82	58.09	1 322.36	6.71

资料来源：《食物成分表》，中国预防医学科学院营养与食品卫生研究所编著，1991。

从表 9-3 可以看出，与大宗粮豆相比较，小杂粮的蛋白质高 3.31%，脂肪低 4.2%，碳水化合物低 3.26%，热量低 165.51 kJ，膳食纤维高 2.68%。这完全符合高蛋白、低脂肪、高纤维的保健食物源的要求。何况小杂粮还含有大宗粮豆不具有的特殊营养素，有如黄酮苷、亚油酸、2,4－顺式肉桂酸、酚类及矿质营养 Mg、Fe、Zn、Ca、Se 等。

9.1.3.3　产业优势

郑州地区乃至中原地带，农产品加工业发展迅速。如三全、思念食品等农业龙头企业，产品多样，品质优良，营销全国，享誉国内外。对作为重要加工产品和主要原料产品的小杂粮，每年有相当大的需求量。因此，种植小杂粮符合农业产业的发展方向。

9.1.4　小杂粮生产发展的对策

9.1.4.1　加强政策引导，加大扶持力度，发挥政府部门的政策推动力

政策引导、政府扶持，是发展小杂粮生产的驱动力。各级政府及职能部门在实施种植业结构调整中，要积极组织农业科技部门对农村种植制度进行深入研究，利用农业资源区划成果，因地制宜发展小杂粮生产，把小杂粮生产作为旱作区发展经济、脱贫致富的重要

途径，强化政府引导、政策扶持作用。面对前所未有的国际化和市场化大背景，突破"数量农业"老观念，树立"品牌农业"新思想，突破地区粮食自求平衡的老观念，树立"市场农业、比较优势"新思想；立足于大市场、大流通，着眼于国内竞争国际化、市场需求多样化、产品供应优质化，加快推进小杂粮生产市场化、科技化、标准化、产业化和国际化。坚持以市场为导向，以科技为依托，以加工创汇企业为龙头的基本思路，实施示范引路，规模种植，系列开发，农工贸一体化，产加销一条龙的发展模式。同时，加强科技宣传力度，提高产区农民商品生产意识，并在技术、资金以及产前、产中、产后的服务等环节给予帮助和支持。

9.1.4.2 依靠科技进步，增强小杂粮产业发展的科技支持力

小杂粮营养丰富，具有保健功能，是重要的营养、保健食品源，市场前景非常广阔。但是，由于小杂粮产业开发还未能引起人们足够的重视，河南省在小杂粮研究、开发及品种引进、技术推广等方面力量薄弱，投入不足，严重影响了小杂粮产业的健康发展。因此，农业科研部门要加强小杂粮的科研工作，以科技为先导，以品种作支撑，带动整个小杂粮产业的发展。要根据小杂粮的地域资源优势，积极开展新品种选育和栽培技术研究。在品种选育上，以筛选和引进品种为主，对名优农家品种及时进行提纯复壮，加速良种繁育；积极引进国外品种资源，尤其对国际市场走俏的品种要积极组织力量进行多点试验示范，以扩大种植面积。在栽培技术研究方面，开展不同类型区域和不同品种的关键栽培技术，试验示范适合当地小杂粮与主产作物的间作套种技术，缓解小杂粮与大宗作物争地争水的矛盾。

近几年，河南省农业科研部门选育成功的豫谷系列谷子新品种、郑绿系列绿豆新品种，以及大豆新品种等，无论从抗逆性、丰产性及品质等方面都具有很大的推广应用价值，为河南省小杂粮生产作出了贡献。

9.1.4.3 建设规模化生产基地，发展名牌产品，提高小杂粮生产的市场竞争力

小杂粮是我国传统的、有竞争力的出口农产品，其中外省的一些产品如荞麦、绿豆、小豆、豌豆、蚕豆等产品在国际市场已有一定影响，特别是在日本、东南亚市场占有相当大的份额，也创造了很多名牌产品。如陕西榆林绿豆、河北张家口绿豆、吉林白城绿豆、云南大白芸豆、甘肃黑芸豆、内蒙古后山荞麦、天津红小豆、黑龙江宝清红小豆等。

虽然河南省包括郑州市的一些企业在小杂粮生产加工方面也创出了自己的品牌，但是规模和知名度还很有限，在出口创汇方面差距更大。因此，要加强小杂粮名牌产品的保护、创新和管理，明确名牌产品的生产地域、条件、质量标准，大力推行名牌战略，积极发展出口创汇，切实增强"品牌兴农"的意识，以名牌促发展，以发展促增收。

小杂粮经营上规模、创品牌，必须有生产基地作支撑。因此，建立优质小杂粮生产基地，实行规模化生产、产业化经营，是实现规模效益的前提。

政府部门要加大对优质小杂粮生产和出口创汇基地的扶持力度，鼓励农民和企业走产业化开发之路。在基地选择方面，要以传统产区为基础，尊重市场发展规律，尊重农民种植意愿，以科技示范户、种植大户、专业合作社为纽带，以农业加工企业为龙头，以科技为依托，按照适当集中、规模发展的原则，实行集中连片种植，形成规模生产；要统一基地建设和生产标准，确保基地建设高起点、高标准、高效益，实行标准化、无公害生产，逐步发

展绿色和有机生产;要强化技术服务体系和综合管理措施,积极开发名、优、珍、稀产品,提高产品质量,在主产区逐步形成一乡一业、一村一品的新格局,不断满足国内外贸易的需求。

9.2 甜荞

9.2.1 甜荞概述

甜荞(Fagopyrum esculentum moench)属蓼科(Polygonaceae)荞麦属(Fagopyrum Gaerth),古作荍,又名乔麦、乌麦、花麦、三角麦、荞子,英文名 Common buckwheat,为非禾本科谷物。在我国古代原始农业中,甜荞有极重要的地位。历代史书、著名古农书、古医书、诗词、地方志以及农家俚语等,无不有关于荞麦形态、特性、栽培和利用方面的记述。自古以来,我国人民以荞麦子实磨面制成饽饽、煎饼、汤饼(河漏)等作为食品,茹食嫩叶;以秆辟虫;干叶、皮壳、碎粒、麸以及茎秆作饲料;茎秆垫圈、沤肥;皮壳、茎秆的灰分提取碳酸钾等工业原料,花和叶提取芦丁作医药原料;此外,甜荞还是我国重要的蜜源作物和救灾作物。

甜荞生育期短,是很好的救灾填闲作物。20 世纪 70 年代之前,河南省曾将甜荞作为救灾填闲作物种植,发挥了很好的生产救灾作用。

20 世纪 50 年代以后,随着耕作制度的改革和农业新技术的推广,各种粮食作物在实行精耕细作后,产量都有了突破性的提高,甜荞的产量虽也有所提高,但远不及其他粮食作物增产幅度大,加上其他原因,甜荞种植面积逐年下降。

甜荞在我国粮食作物中虽属小宗作物,但它却具有其他作物所不具备的优点和成分。它全身是宝,经济价值高,幼叶嫩叶、成熟秸秆、茎叶花果、米面皮壳无一废物。从食用到防病治病,从自然资源利用到养地增产,从农业到畜牧业,从食品加工到轻工业生产,从国内市场到外贸出口,都有一定作用。在现代农业中,荞麦作为特用作物,在发展中西部地方特色农业和帮助贫困地区农民脱贫致富中有着特殊的作用,在我国区域经济发展中占有重要地位。

9.2.2 甜荞的形态特征

9.2.2.1 **甜荞的根**

甜荞的根属直根系,包括定根和不定根。定根包括主根和侧根两种。主根由种子的胚根发育而来,主根是最早形成的根,因此又叫初生根。从主根发生的支根及支根上再产生的二级、三级支根,称为侧根,又叫次生根。甜荞的主根较粗长,向下生长,侧根较细,成水平分布状态。

甜荞主根以上的茎、枝部位上还可产生不定根。不定根的发生时期晚于主根,也是一种次生根。

一般主根上可产生 50 ~ 100 条侧根。侧根不断分化,又产生小的侧根,构成了较大的次生根系,扩大了根的吸收面积。一般侧根在主根近地面处较密集,侧根数量较多,在土壤中分布范围较广。侧根在甜荞生长发育过程中可不断产生，新生侧根呈白色，稍后成为褐色。侧根吸收水分和养分的能力很强，对甜荞的生命活动所起作用极为重要。

9.2.2.2 甜荞的茎

甜荞茎直立，高 60 ~ 100 cm，最高可达 150 cm 左右。茎为圆形，稍有棱角，多带红色。节处膨大，略弯曲。节间长度和粗细取决于茎节间的位置，一般茎中部节间最长，上、下部节间长度逐渐缩短，主茎节叶腋处长出的分枝为一级分枝，在一级分枝叶腋处长出的分枝叫二级分枝，在良好的栽培条件下，还可以在二级分枝上长出三级分枝。

甜荞茎可分为基部、中部和顶部三部分。茎的基部即下胚轴部分，常形成不定根。不定根的长度取决于播种的深度与植株的密度。在种子覆土较深或幼苗较密的情况下，茎的长度就增加。茎的中部为子叶节到始现果枝的分枝区，其长度取决于植株分枝的强度，分枝越强，分枝区长度就越长。茎的顶部即从果枝始现至茎顶部分，只形成果枝，是甜荞的结实区。

9.2.2.3 甜荞的叶

甜荞的叶有子叶（胚叶）、真叶和花序上的苞片。子叶出土，对生于子叶节上，呈肾圆形，具掌状网脉。子叶出土后，进行光合作用，由黄色逐渐变成绿色，有些品种的子叶表皮细胞中含有花青素，微带紫红色。真叶是甜荞进行光合作用制造有机物的主要器官，为完全叶，由叶片、叶柄和托叶三部分组成。叶片为三角形或卵状三角形，顶端渐尖，基部为心脏形或箭形，全缘，较光滑，为浅绿至深绿色。叶脉处常常带花青素而呈紫红色。

9.2.2.4 甜荞的花

甜荞花序是一种混合花序，也就是说，既有聚伞花序类（有限花序）的特征，也有总状花序类（无限花序）的特征。其花属于单被花，一般为两性，由花被、雄蕊和雌蕊组成。甜荞花较大，直径 6 ~ 8 mm。花被 5 裂，呈啮合状，彼此分离。花被为长椭圆形，长为 3 mm，宽为 2 mm，基部呈绿色，中上部为白色、粉色或红色。

甜荞的花粉粒较多，每个花药内的花粉粒为 120 ~ 150 粒。

9.2.2.5 甜荞的果实

甜荞果实为三棱卵圆形瘦果，五裂宿萼，果皮革质，表面光滑，无腹沟，果皮内含有 1 粒种子，种子由种皮、胚和胚乳组成。

甜荞种子有灰、棕、褐、黑等多种颜色，棱翅有大有小，其千粒重变化很大，在 15 ~ 37 g。

9.2.3 甜荞分布与生产

9.2.3.1 甜荞的分布

甜荞属小宗作物，但分布较广，在欧洲和亚洲一些国家，特别是在食物构成中蛋白质匮缺的发展中国家和以素食为主的亚洲国家是重要的粮食作物。甜荞主产国是俄罗斯、中国、乌克兰、波兰、法国、加拿大和美国等。

我国甜荞主要分布在内蒙古、陕西、山西、甘肃、宁夏、云南等省区。

9.2.3.2 甜荞的生产

甜荞在我国分布极其广泛，东南西北都有种植，但主产区比较集中，其中面积较大的是以武川、固阳、达茂旗为主的内蒙古后山白花甜荞产区，以奈曼旗、敖汉族、库伦旗、翁牛特旗为主的内蒙古东部白花甜荞产区，以陕西定边、靖边、吴旗，宁夏盐池，甘肃华池、环县为主的陕甘宁红花甜荞产区。我国出口的甜荞主要来自这三大产区。除此之外，云南曲靖也是我国甜荞产区之一。

我国甜荞种植区多为地广人稀、土地瘠薄、气候冷凉、水源缺乏、交通不便之地。在地理位置上，多数又处于我国边远地区和少数民族聚居的经济不发达地区。

20 世纪 80 年代以来，随着科学技术的发展和保健营养食品领域的开拓，荞麦以其独特的营养成分，被认为是世界性的新兴作物；随着国内人民生活的改善和人们的健康需要，国内外市场对荞麦食品的需求将迅速增加，荞麦的商品价值将逐渐提高。发展荞麦生产，扩大外贸出口，对改善荞麦主产区的经济，改变人民膳食结构，提高人民生活水平，具有十分重要的意义。

中原地区属北方夏荞麦区。北方夏荞麦区是冬小麦主产区，甜荞是小麦后茬，一般 6～7 月播种，种植面积占全国面积的 10%～15%。本区盛行二年三熟，水浇地及黄河以南可一年两熟，高原山地间有一年一熟。甜荞多为窄行条播或撒播。

由于各种因素影响，多年来，在中原地区基本上见不到荞麦种植。

随着市场经济的发展和消费观念的变化，以及作物育种及栽培技术的提高，引导旱作区农民示范种植荞麦作物，让久违的荞麦花重现中原大地的山山岭岭，应该是一项带动农民增收致富的好项目。

9.2.4 甜荞的主要栽培品种

我国荞麦育种工作尽管起步比其他作物晚、技术力量薄弱，但取得了显著成绩。近 20 年来通过引种、混合选择、株系集团选择、物理及化学诱变等方法，选育推广了一批甜荞新品种，一般比当地农家种增产 10%～20%，在生产上起到了增产作用。

（1）平荞 2 号。甘肃省平凉地区农业科学研究所选育，生育期 85 d，株高 75～85 cm，白花，粒灰褐色，千粒重 30 g 左右。

（2）茶色黎麻道。内蒙古农业科学院选育，生育期 75 d 左右，株高 75～80 cm，白花，粒褐色，千粒重 30 g 左右。

（3）榆荞 1 号。陕西省榆林市农业学校选育，生育期 90 d 左右，株高 90 cm，粉红花，粒灰褐色，千粒重 50 g 左右。

（4）榆荞 2 号。陕西省榆林市农业科学研究所选育，生育期 85 d 左右，株高 80～90 cm，粉红花，粒棕灰色，千粒重 32 g 左右。

（5）晋荞 1 号。山西省农业科学院小杂粮室选育，生育期 80 d 左右，株高 70～80 cm，白花，粒褐色，千粒重 29 g 左右。

（6）吉荞 10 号。吉林农业大学选育，生育期 80 d 左右，株高 75～80 cm，白花，粒深褐色，千粒重 28 g 左右。

对以上品种，我们农业技术推广部门要有计划地选择引进，进行种植对比试验，从中选出适宜当地种植的甜荞新品种，安排示范推广。

9.2.5 甜荞栽培技术

9.2.5.1 土地整理

土地整理主要包括深耕、耙耱、镇压等措施。

1)深耕

甜荞是旱地作物,深耕是甜荞丰产的一条重要经验和措施。深耕能熟化土壤,加厚熟土层,提高土壤肥力,既利于蓄水保墒和防止土壤水分蒸发,又利于甜荞发芽、出苗,生长发育,同时可减轻病、虫、杂草对荞麦的危害。"深耕一寸,胜过上粪"。深耕能破除犁底层,改善土壤物理结构,使耕作层的土壤容重降低,孔隙度增加,同时改善土壤中的水、肥、气、热状况,提高土壤肥力,使甜荞根系活动范围扩大,吸收土壤中更多的水分和养分。

2)耙、耱

耙与耱是两种不同的整地工具和整地方法,习惯合称耙、耱。耙、耱都有破碎坷垃、疏松表土、平隙保墒的作用,也有镇压的效果。黏土地耕翻后要耙,沙壤土耕后要耱。

3)镇压

镇压即机、畜拉石磙磙压土地,是北方旱地耕作中的又一项重要整地技术,它可以减少土壤大孔隙,增加毛管孔隙,促进毛管水分上升。同时还可在地面形成一层干土覆盖层,防止土壤水分的蒸发,达到蓄水保墒,保证播种质量的目的。镇压分为封冻镇压、顶凌镇压和播种前后镇压。封冻镇压和顶凌镇压分别在封冻之后和解冻之前进行,播种前后镇压在播种前后进行。镇压宜在沙壤土上进行。

9.2.5.2 施肥技术

甜荞是一种需肥较多的作物,每生产 100 kg 籽实,消耗氮 3.3 kg,磷 1.5 kg,钾 4.3 kg。与其他作物相比较,高于禾谷类作物,低于油料作物(见表 9-4)。所以,甜荞高产,必须增施肥料。

表 9-4 不同作物形成籽实吸收的养分数量 (单位:kg/100 kg)

元素	豌豆	春小麦	糜子	甜荞	胡麻	油菜
氮	3.00	3.00	2.10	3.30	7.50	5.80
磷	0.86	1.50	1.00	1.50	2.50	2.50
钾	2.86	2.50	1.80	4.30	5.40	4.30

1)基肥

基肥是甜荞播种之前,结合耕作整地施入土壤深层的基础肥料。充足的优质基肥,是甜荞高产的基础。基肥的作用有三:一是结合耕作创造深厚、肥沃的土壤熟土层;二是促进根系发育,扩大根系吸收范围;三是多数基肥为"全肥"(养分全面)、"稳劲"(持续时间长)的有机肥,利于甜荞稳健生长。基肥一般以有机肥为主,也可配合施用无机肥。

2)种肥

种肥是在甜荞播种时将肥料施于种子周围的一项措施,包括播前的肥滚籽、播种时溜肥及种子包衣等。种肥能弥补基肥的不足,以满足甜荞生育初期对养分的需要,并能促进根系发育。

3）追肥

追肥就是在甜荞生长发育过程中，为弥补基肥和种肥的不足、增补养分的一项措施。追肥一般宜用尿素等速效氮肥，用量不宜过多，每公顷以 75 kg 左右为宜，旱地甜荞若要追肥，要选择在阴雨天气进行。

9.2.5.3　**播种技术**

1）播期

北方春夏甜荞播种期不宜太早，太早植株茎叶生长旺盛，结实率低，宜选择在 5 月下旬至 6 月中下旬，盛花期最好在 8 月至 9 月上旬为宜。夏甜荞应适当晚播，一般在 6 月下旬至 7 月上中旬为宜。

2）种子处理

播种前的种子处理是甜荞栽培中的重要技术措施，对于提高甜荞种子质量，全苗、壮苗，奠定丰产基础有很大作用。甜荞种子处理主要有晒种、选种、浸种和药剂拌种几种方法。

晒种：可改善种皮的透气性和透水性，促进种子后熟，提高酶的活力，增强种子的生活力和发芽力，提高种子的发芽势和发芽率。

选种：可剔除空粒、秕粒、破粒、草籽和杂质，提高甜荞种子的发芽率和发芽势。

浸种：也有提高种子发芽力的作用，用 35 ℃温水浸 15 min 效果良好。

药剂拌种：是防治蝼蛄、地老虎、蛴螬等地下害虫和荞麦病害极其有效的措施。药剂拌种宜在晒种和选种之后进行。

3）播种方法

播种方法与甜荞获得苗全、苗壮、苗匀关系很大。我国甜荞种植区域广阔，产地的生境、土质、种植制度和耕作栽培水平差异很大，播种方法也各不相同，归纳起来主要有条播、点播和撒播。撒播因撒籽不均、出苗不整齐、通风透光不良、田间管理不便而产量不高。点播太费工。条播是我国甜荞主产区普遍采用的一种播种方法，播种质量较高，有利于合理密植和群体与个体的协调发育，而使甜荞产量提高。

4）播种深度

甜荞子叶出土，因此播种不宜太深。播种深难以出苗，但播种浅又易风干。因而，播种深度直接影响出苗率与整齐度，是全苗的关键措施。掌握播种深度，一要看土壤水分，土壤水分充足宜稍浅，土壤水分欠缺要稍深；二要看播种季节，春荞宜深些，夏荞可稍浅；三要看土质，沙质土和旱地可适当深一些，但不超过 6 cm，黏土则要求稍浅些；四要看播种地区，在干旱多风地区，因种子裸露很难发芽，要重视播后覆土，并要视墒情适当镇压。在含水量充足、土质黏重、遇雨后易板结的地区，为了防止播后遇雨，幼芽难以顶土，可在翻耕地之后，先撒籽，后撒土、杂肥盖籽，不覆土或少覆土；五要看品种类型，因不同品种的顶土能力各异。

5）播种量及密度

荞麦播种量是根据土壤肥力、品种、种子发芽率、播种方式和群体密度确定的，一般每 0.5 kg 甜荞种子可出苗 1 万株左右。在一般情况下，甜荞适宜播种量为 37.5～45.0

kg/hm^2。

春播一般每公顷留苗以 75 万株为宜，最多不宜超过 112.5 万株。夏播一般以 75 万～90 万株/hm^2 为宜。

9.2.5.4 田间管理

1)保全苗

全苗是甜荞生产的基础，也是甜荞苗期管理的关键。保证甜荞全苗、壮苗，除播种前做好整地保墒、防治地下害虫的工作外，出苗前后的不良气候，也容易发生缺苗现象。因此，要积极采取破除板结、补苗等保苗措施，保证出苗。

2)中耕锄草

在甜荞第一片真叶出现后进行中耕。中耕有疏松土壤、增加土壤通透性、蓄水保墒、提高地温、促进幼苗生长的作用，也有除草增肥之效。

中耕除草次数和时间根据地区、土壤、苗情及杂草多少而定。春荞 2～3 次，夏、秋荞 1～2 次。

中耕锄草的同时应进行疏苗和间苗，去掉弱苗、多余苗，减少幼苗防止拥挤，提高甜荞植株的整齐度和结实率。

3)辅助授粉

甜荞是异花授粉作物，虫媒花，又为两型花，一般结实率较低，在 6%～10%，因而限制了产量的提高。提高甜荞结实率较好的方法是进行辅助授粉。

(1)蜜蜂辅助授粉。蜜蜂等昆虫能提高甜荞授粉结实率。据内蒙古农业科学院对蜜蜂等昆虫传粉与荞麦产量关系的研究表明，在相同条件下昆虫传粉能使单株粒数增加 37.84%～81.98%，产量增加 83.3%～205.6%。

蜜蜂辅助授粉应在甜荞盛花期进行，即在甜荞开花前 2～3 d，每公顷放置蜜蜂 7～8 箱。蜂箱应靠近甜荞地。

(2)人工辅助授粉。在没有放蜂的地方，在甜荞盛花期，每隔 2～3 d，于上午 9～11 时，用一块 200～300 m 长、0.5 m 宽的布，两头各系一条绳子，由两人各执一端，沿甜荞顶部轻轻拉过，摇动植株，使植株相互接触、相互授粉。

4)虫害防治

(1)荞麦钩刺蛾。荞麦钩刺蛾又叫荞麦卷叶虫，是荞麦的主要害虫，属鳞翅目，钩蛾科，是危害荞麦叶、花和果实的专食性害虫，转移危害寄主是牛耳大黄。防治方法主要为深翻灭蛹、灯光诱杀、人工捕杀、药剂防治。

(2)其他害虫。除荞麦钩刺蛾外，甜荞害虫还有黏虫、草地螟(黄绿条螟、网锥额野螟)等，主要危害荞麦的叶、花和果实，大发生时，可造成重大损失。防治方法主要为网捕成虫、灼光诱杀、除草灭卵、药剂防治。

5)收获与储藏

荞麦开花期较长，籽粒成熟极不一致，一般全株 2/3 籽粒成熟即籽粒变为褐色、灰色，呈现本品种固有颜色时为适宜收获期。收获太早或太晚，均会影响籽粒产量。

荞麦具有完整的皮壳，在储存中能缓和湿度和温度对荞麦的影响，并对虫、霉有一定的抵抗能力。一般仓储水分含量在 13% 左右，但外贸出口一般要求水分含量 15%。

9.2.6 甜荞综合利用

9.2.6.1 营养价值

甜荞籽粒营养丰富,并含有一些其他粮食作物不含或少含的营养物质。据分析,甜荞籽粒含蛋白质5.6% ~15.5%,脂肪1.1% ~2.8%,淀粉63% ~71.2%,纤维素10.0% ~16.1%。另外,甜荞中还含有大量的维生素和矿物质元素以及生物类黄酮(见表9-5)。日本学者研究报道,荞麦的营养效价指标为80 ~92(小麦为70,大米为50)。

表9-5 甜荞与小麦、大米、玉米营养成分比较

项目	甜荞	小麦	大米	玉米
粗蛋白(%)	6.5	9.9	7.8	8.5
粗脂肪(%)	1.73	1.8	1.3	4.3
淀粉(%)	65.9	74.6	76.6	72.2
粗纤维(%)	1.01	0.6	0.4	1.3
VB_1(mg/100 g)	0.08	0.46	0.11	0.31
VB_2(mg/100 g)	0.12	0.06	0.02	0.1
VP(%)	0.21	—	—	—
VPP(mg/100 g)	2.7	2.5	1.4	2
叶绿素(mg/100 g)	1.304	—	—	—
钾(%)	0.29	0.195	1.72	0.27
钠(%)	0.032	0.002	0.002	0.002
钙(%)	0.038	0.038	0.009	0.022
镁(%)	0.14	0.051	0.063	0.06
铁(%)	0.014	0.004	0.024	0.002
铜(mg/kg)	4	4	2.2	—
锰(mg/kg)	10.3	—	—	—
锌(mg/kg)	17	22.8	17.2	—

1)蛋白质

甜荞面粉的蛋白质含量除低于燕麦面粉(莜面)和糜子米面粉(黄米面)外,明显高于大米、小米、高粱、玉米面粉及糌粑,其蛋白质的组成也不同于一般粮食作物,近似豆类的蛋白质组成,既含有水溶性的清蛋白,又含有盐溶性的球蛋白,这两种蛋白质的含量占其蛋白质总量的50%以上。荞麦蛋白质中含有18种氨基酸,且8种人体必需的氨基酸齐全,比例合适,符合或超过联合国粮农组织和世界卫生组织(WHO)对食物蛋白质中必需氨基酸含量的规定,其性能与鸡蛋接近而优于小麦、稻米及玉米(见表9-6)。荞麦蛋白质最显著的特点是富含其他谷物中含量较少的限制性氨基酸——赖氨酸,其赖氨酸组成模式符合 WHO 推荐的标准。因此,甜荞面粉的氨基酸含量高、种类多,营养价值高,很容易被人体吸收和利用。

表 9-6　甜荞和大宗粮食 8 种必需氨基酸含量比较

项目	甜荞	小麦	大米
苏氨酸(%)	0.274	0.306	0.387
缬氨酸(%)	0.381	0.422	0.55
蛋氨酸(%)	0.15	0.141	0.193
亮氨酸(%)	0.475	0.711	0.904
赖氨酸(%)	0.421	0.244	0.379
色氨酸(%)	0.109	0.114	0.163
异亮氨酸(%)	0.274	0.358	0.335
苯丙氨酸(%)	0.386	0.453	0.469

2)脂肪

荞麦脂肪含量仅次于燕麦面粉和玉米面粉,高于大米、小麦、糜子米面粉和糌粑。甜荞脂肪在常温下呈固形物,黄绿色,无味,含 9 种脂肪酸,其中油酸和亚油酸占总量的 71% ~76%,其次是棕榈酸(14% ~16%)和亚麻酸(3.3% ~4.4%)等。多价不饱和脂肪酸能促进人体中类固醇和胆酸的排泄,从而降低血清胆固醇的含量,达到保健的目的。

3)淀粉

淀粉粒呈多角形单粒体且很小,单粒淀粉直径比普通淀粉粒小 5 ~14 倍。淀粉中直链淀粉含量高于 25%,煮成的米饭较干、疏松、黏性差。

4)矿物质

甜荞籽粒中还含有丰富的钙、磷、镁和微量元素铁、铜、锌、硼、碘、镍、钴、硒等,其中镁、钾、铜、铁等元素的含量为大米和小麦面粉的 2 ~3 倍。

5)其他

甜荞还含有柠檬酸、草酸和苹果酸。籽粒中的维生素 - 硫胺素(维生素 B1)、核黄素(维生素 B2)、尼克酸(维生素 PP)、叶酸的含量也高于其他主要粮食。另外,甜荞还含有其他谷物所不含的叶绿素、生物类黄酮,不仅有利于食物的消化和营养物质的吸收,也有利于人们的身体健康。

9.2.6.2　食用价值

甜荞食味好,有良好的适口性,且易被人体消化吸收,在我国东北、华北、西北、西南以及日本、朝鲜、俄罗斯、乌克兰等国家和地区都是很受欢迎的食物,许多国家已把甜荞列为高级营养食品。荞米是甜荞的籽粒在碾米中去皮壳(即果皮和种皮),再用一定孔径的筛子过筛后得到的。甜荞籽粒的出米率因品种、栽培条件和碾米技术而异,一般为 70% ~80%。荞米的营养价值很高,其含有同牛奶、鸡蛋相似的成分,尤其含有丰富的赖氨酸、色氨酸和精氨酸等。荞米常用来做荞米粥和荞麦片。甜荞面粉可精制美馔拨面,宴请贵宾,也制面条、烙饼、面包、糕点、荞酥、凉粉等民间食品。甜荞凉粉有消暑防病之效，甜荞饺子风味别具一格。由于荞面的蛋白质中含有较多的双氨基蛋白，作荞面疙瘩汤，营养丰富，食味鲜美。甜荞还可酿酒，酒色清澈，营养丰富，酒精度低，饮之清香可口，久饮有益身心健康。荞叶中的营养也十分丰富，约含蛋白质 7.4%，脂肪 1.6%，还有 1% ~5% 的生物类黄酮，且具奇特食味，中国、日本、朝鲜常用荞麦幼嫩茎叶做凉拌菜及其他风味食品。

9.2.6.3 **保健功能**

（1）我国古书中有很多关于荞麦治病防病的记载。《备急千金要方》记有“荞麦味酸微寒无毒，食之难消，动大热风。其叶生食，动刺风令人身痒”。《图经本草》有“实肠胃、益气力”的记述。《群芳谱·谷谱》有荞麦“性甘寒，无毒。降气宽中，能炼肠胃……气盛有湿热者宜之”。“秸：烧灰淋汁。熬干取碱。蜜调涂烂瘫疽。蚀恶肉、去面志最良。淋汁洗六畜疮及驴马躁蹄”。《台海使槎录》记有“婴儿有疾，每用面少许，滚汤冲服立瘥”。《齐民四术》有“头风畏冷者，以面汤和粉为饼，更令罨出汗，虽数十年者，皆疾。又腹中时时微痛。日夜泻泄四五次者，久之极伤人。专以荞麦作食，饱食二三日即愈，神效。其秸作荐，可辟臭虫蜈蚣，烧烟熏之亦效。其壳和黑豆皮菊花装枕，明目”记述。《植物名实图考》（19 世纪中期）记荞麦“性能消积，俗呼净肠草”。

（2）现代医学临床实践表明，荞麦面食有杀肠道病菌、消积化滞、凉血、除湿解毒、治肾炎、蚀体内恶肉之功效；荞麦粥营养价值高，能治烧心和便秘，是老人和儿童的保健食品；荞麦青体可治疗坏血病，植株鲜汁可治眼角膜炎；使用荞麦软膏能治丘疹、湿疹等皮肤病；以多年生野荞根为主要原料的“金荞麦片”（其有效成分为双聚原矢车菊甙元），具有较强的免疫功能和抗菌作用，有祛痰、解热、抗炎和提高机体免疫功能。

近代医学研究表明，芦丁有防治毛细血管脆弱性出血引起的脑出血，以及肺出血、胸膜炎、腹膜炎、出血性肾炎、皮下出血和鼻、喉、齿龈出血。芦丁是荞麦特有的成分，它不但存在于荞麦种子中，而且存在于种壳、叶、花、茎等其他器官中。多酚类化合物是荞麦中最重要的营养保健因子，它具有软化血管和降低血脂及胆固醇的功能，对高血压和心血管疾病有较好的预防和治疗作用，并能控制和治疗糖尿病；另外还有健胃、免疫、消炎、除湿热、祛风痛、清热解毒、防癌变等功效。荞麦中还含有丰富的膳食纤维，它是一种天然有机高分子化合物，不能被人体消化吸收，但它也是人体不可缺少的碳水化合物。膳食纤维具有持水、持油、强吸水膨胀及强吸附能力等特征，它还能够帮助胃肠蠕动，从而有助于消化。甜荞含有多种有益人体的无机元素，不但可提高人体内必需元素的含量，还可起到保肝肾功能、造血功能及增强免疫功能，达到强体健脑美容、提高智力、保持心血管正常、降低胆固醇的效果。荞麦还含有其他粮食稀缺的硒，有利于防癌。甜荞还含有较多的胱氨酸和半胱氨酸，有较高的放射性保护特性。

9.2.6.4 **开发利用**

荞麦因其营养丰富，它的加工产品也多种多样，有挂面、方便面、蛋糕、豆酱、酸奶等现代食品。

1）*荞麦挂面*

在面筋质含量大于 30% 的小麦粉中加入不少于 30% 的荞麦粉，在传统挂面加工工艺的基础上，调整各工艺参数，使小麦粉内的蛋白质充分形成面筋质网络，可加工制成荞麦挂面。

2)荞麦方便面

更改普通方便面的配方,在其中加入8% ~16%的荞麦粉及少量的纯碱,采用合适的工艺,生产制成荞麦方便面,其产品营养丰富、口感爽佳,疗补兼备。

3)荞麦蛋糕

利用荞麦丰富的营养及食疗作用,寻找一种对蛋糕成型影响最小的配方,并采用新型甜味剂——甜菊糖替换蔗糖,可生产出适于糖尿病人食用的低糖保健荞麦蛋糕,既能被病人接受,又能起到保健作用。

4)荞麦豆酱

酱类食品一直深受人们的喜爱,利用荞麦加工荞麦豆酱,不仅能保留豆酱的传统风味和营养,而且还增加了荞麦的保健营养及药物疗效。

5)荞麦早餐食品

以荞麦粒、荞麦片或荞麦粉单独或加入其他谷类,经过蒸煮糊化和压片干燥得到半成品,再加入微量元素、果蔬汁、鲜牛奶及白糖等辅料进行配料,进一步加工后就得到荞麦早餐食品。

6)荞麦酸奶

用荞麦辅以牛奶、蔗糖,经过乳酸菌发酵制成荞麦酸奶。经过发酵制成的荞麦酸奶具有荞麦特殊的香味,又因其营养丰富、风味独特、口感细腻而更易被消费者接受。

7)荞麦黄酮类产品

荞麦中的VP又称生物类黄酮,属植物次级代谢产物,具有抗氧化、扩张血管、降低血压、降血脂和抗动脉粥样硬化等方面的药理作用。含有VP的总黄酮可开发用于防治心血管疾病、高脂血症和治疗溃疡、皮肤病的药物,如芦丁片、芸香苷等。

另外,还可以加工成荞麦蒸饺、朝鲜冷面、荞麦凉粉、荞麦保健饼干、荞麦通心粉、荞麦柿叶茶及荞麦油茶等诸多食品。

9.3 糜　子

9.3.1 糜子概述

糜子(Panicum miliaceum L.)属禾本科黍属(Panicum miliaceum),又称黍、稷、粿和穈,英文名proso或broom-corn millet,为第二类禾谷类作物。追溯历史,在我国古代农业中,糜子有其重要的地位,历代史书、著名古农书、古医书、诗词、地方志、农家俚语都有关于糜子的记载。

我国糜子栽培历史悠久,分布地域辽阔。从北纬19°15′的海南琼海到北纬48°的新疆哈巴河、阿勒泰以及49°18′的内蒙古海拉尔,南北跨30个纬度;由东经76°的新疆阿图什、喀什到东经143°的黑龙江同江、虎林,东西跨67个经度;垂直分布由海拔200 m的山东日照到海拔3 000 m的西藏扎达、普兰,落差2 800 m;全国各省(市、区)几乎都有糜子种植。

糜子在我国不同地区有着不同的称谓,甚至同一地区的称谓也不尽相同。糜子的称谓数千年来基本稳定不变,但地域性很强。其中,糜是我国糜子的主要作物称谓,在我国糜子生产中占主要地位;黍的称谓区域主要在华北某些地区和山东、河南,但河北中南部、山东、河南现已不是糜子主产区;稷的称谓区域主要在山东、河南和河北南部,在历史上曾广泛使用,但现在这些地区糜子已很少种植。

糜子耐旱,是干旱、半干旱地区的主要栽培作物。在我国无霜期短、降水集中、年降水量少的西北和华北地区的广大旱作农业区,一般都是糜子生产区。这些地区糜子的丰歉,不仅影响人民群众生活,也直接影响畜牧业的发展。

糜子生育期短、生长迅速,是理想的复种作物。在一些小麦产区,麦收后因无霜期较短、热量不足,不能复种玉米等大宗作物,一般复种生育期短、产量较高的糜子。复种糜子收获后不影响冬小麦的播种。

糜子是救灾备荒作物。在遭受旱、涝、雹灾害之后,利用其他作物不能够利用的水热资源,补种、抢种糜子,可取得较好收成。1962 年是我国自然灾害最严重的一年,这一年由于干旱,全国糜子种植面积最大,其中内蒙古达 68.8 万 hm^2,陕西达 29.1 万 hm^2。

糜子籽粒脱壳后称为黄米或糜米,其中糯性黄米又称软黄米或黄米。加工黄米脱下的皮壳称为糜糠,茎秆、叶穗称为糜草,自古以来糜子不仅是我国北方人民的主要食物,也是北方家畜、家禽的主要饲草和饲料。

糜子在我国粮食生产中虽属小宗作物,但在内蒙古、陕西、甘肃、宁夏、山西等省区具有明显的地区优势和生产优势。特别在北方干旱、半干旱地区,从农业到畜牧业,从食用到加工出口,从自然资源利用到发展地方经济,糜子占有非常重要的地位。

9.3.2 糜子形态特征

9.3.2.1 **糜子的根**

糜子的根属须根系,由种子根(胚根)和次生根(节根)组成。种子根是糜子种子胚中的幼根,在种子萌动发芽时,突破种皮后生长而形成的。由于种子根是最早形成的根,因此又称初生根,种子根只有一条。节根着生在茎节间分生组织基部。生长在地下茎节上的称为地下节根或次生根;生长在地上茎节上的称为地上节根或支持根、气生根。

糜子根系入土较其他作物浅,入土深度 80 ~ 100 cm,扩展范围 100 ~ 150 cm。主要根群分布在 20 ~ 50 cm 土层内,其中以 0 ~ 20 cm 土层内的根系最多。据测定,糜子在 0 ~ 10 cm 中的根系重量占全根重量的 79.6%。

9.3.2.2 **糜子的茎**

糜子的茎分为主茎、分蘖茎和分枝茎。糜子的茎是由胚轴发育而成的,有一个主茎和 1 ~ 3 个分蘖茎。分蘖茎由分蘖节上的腋芽发育而成。一些早熟品种,还能在地上茎节上产生分枝茎。

糜子分蘖茎和分枝茎的多少与品种类型、土壤水分、肥力及种植密度有关。一般植株可产生 1 ~ 5 个分蘖,在干旱稀植的条件下,最多可达 20 个以上,但一般只有 1 ~ 3 个分蘖可以发育成穗。枝是在主茎圆锥花序出现后才形成的,一般早熟品种分枝较多,晚熟品种分枝较少。同一植株上的分枝成熟很不一致,籽粒不饱满,结实率低,因此在生产上要适当控制分蘖和分枝,防止无籽穗和秕粒。

糜子为直立茎,茎高因品种、土壤、水分、气候和栽培条件不同而有很大差异。矮秆类型株高只有 30 ~40 cm,高秆类型株高可达 200 cm 以上。茎粗 5 ~7 mm,茎壁厚 1.5 mm 或更厚。

糜子的茎秆是由若干节与节间组成,每个节上生长一片叶子,茎节数与叶片数相应变化在 7 ~16 节(片)范围内。地下有 3 ~5 个茎节,节间非常密集,为分蘖节,地上有 5 ~11 个茎节。节间数目的多少与品种特性、土壤肥力和播种早晚有关。

9.3.2.3 **糜子的叶**

糜子为单子叶植物,其叶由叶片、叶鞘、叶舌、叶枕等部分组成。叶互生,无叶耳。

叶片是叶的主要部分。除第一片真叶顶端稍钝呈椭圆形外,其余叶片均呈条状披针形。由于中脉比支脉短,以致叶片边缘呈波浪形,但也有边缘是平直的。叶片的上下表皮及叶鞘表面都有浓密的绒毛。叶鞘在叶片的下方,包围着茎的四周,两缘重合部分为膜状,边缘着生浓密的绒毛。叶舌是叶鞘与叶片接合处内侧的绒毛部分,能防止雨水、昆虫和病原孢子落入叶鞘内,起保护茎秆的作用。叶枕是叶鞘与叶片相接处外侧稍突起的部分。叶片和叶鞘的颜色分绿色和紫色。

糜子的每一茎节都着生一片叶子,全株出生的叶片数为 7 ~16 片,与茎节数一致。发生在不同节位上的叶片大小、形状不同。初生叶叶片较小,长、宽为 10 cm ×1.2 cm,这部分叶片将随着幼苗和根系生长,在早期枯黄脱落。后生叶较宽大,长、宽一般为 20 cm ×1.5 cm,寿命较长,一直可维持到糜子成熟。此外,发生在不同节位上的叶片也因中脉长短程度不同而有差别。

9.3.2.4 **糜子的花**

糜子的花序为圆锥花序,一般称穗子,由主轴和分枝组成。主轴直立或弯向一侧,长 15 ~50 cm,成熟后下垂。分枝呈螺旋形排列或基部轮生,分枝上部形成小穗,小穗上结种子,一般每穗结种子 1 000 ~3 000 粒。分枝呈棱角形状,上部着生小枝和小穗。分枝一般最多有 5 级,Ⅰ级分枝 10 ~40 个。分枝多少与生长发育条件有关。分枝有长的,也有短的,有的光滑或稍有绒毛并有弹性。分枝与主轴的位置是相对稳定的。根据糜子花序分枝长度、紧密度、分枝角度和分枝基部的叶关节状结构的有无,我国将糜子穗型分为散穗型、侧穗型、密穗型三种类型。

糜子花序颜色分绿色和紫色两类。紫花序类型的茎叶也常常带有紫色。

糜子的小穗为卵状椭圆形,长 4 ~5 mm,颖壳无毛。小穗由护颖、颖和数朵小花组成。护颖有两片,护颖内一般有 2 朵小花,其中一朵小花发育不完全,另一朵为完全小花。完全小花由 2 个浆片、3 个雄蕊和 1 个雌蕊组成。

9.3.2.5 **糜子的果实**

糜子果实由受精后的子房发育而成。由于果皮和种皮连在一起不易分开,故生产上通称种子或籽粒,植物学上称颖果。

糜子粒形有球形、长圆形、卵圆形 3 种。粒长 2.5 ~3.2 mm,宽 2.0 ~2.6 mm,厚 1.4 ~2.0 mm,千粒重 3 ~10 g。粒色有黄、红、白、褐、灰等,米色有深黄、浅黄等色。

9.3.3 糜子分布生产与区划

9.3.3.1 糜子的分布

糜子喜温、耐旱、耐瘠、早熟，主要分布在亚洲、欧洲，美洲、大洋洲也有少量栽培。

糜子籽粒较小，在联合国粮农组织的《生产年鉴》中将此类小粒制米作物，称为“小禾类”作物或称为粟类作物。全世界糜子栽培面积550万~600万 hm^2，栽培面积最大的是俄罗斯和中国，印度、伊朗、蒙古、朝鲜、日本、法国、罗马尼亚、美国和澳大利亚也有栽培。

我国糜子主产区主要集中在长城沿线地区，即河北张家口、承德地区，宁夏银南、固原地区，甘肃庆阳、平凉、定西地区，山西大同、朔州、忻州市，陕西榆林、延安市，内蒙古赤峰、通辽、鄂尔多斯市及黑龙江嫩江地区，吉林白城地区。这些地区地域广阔，土壤瘠薄，干旱少雨，年降水量300~500 mm，无霜期短，糜子是这些地区主要粮食作物之一。

9.3.3.2 糜子的生产

我国20世纪50年代糜子栽培面积约200万 hm^2，自70年代开始呈下降趋势。随着农业技术的推广，全国多数地区糜子生产水平有了明显的提高。据有关资料统计，内蒙古在20世纪50年代糜子的平均产量为615 kg/hm^2，80年代平均产量为1 005 kg/hm^2，单产比50年代提高了63.4%，到90年代初平均产量为1 095 kg/hm^2，比80年代提高了9%。全国不少地区糜子产量超过1 500 kg/hm^2，有的甚至超过2 500 kg/hm^2。糜子生产潜力很大，在内蒙古准格尔旗、陕西府谷、山西河曲和保德等地，糜子产量可达4 500~6 000 kg/hm^2。

糜子有粳、糯之分。我国包头、东胜、榆林、延安一线（东经110°）以东地区，主要栽培糯性糜子，越向东延粳性糜子种植的数量越少，在辽宁、吉林和黑龙江，几乎不种粳性糜子；该线以西地区，主要栽培粳性糜子，越向西延伸糯性糜子种植的数量越少，在青海、新疆，几乎不种糯性糜子。

9.3.3.3 糜子的区划

中原地区属华北夏糜子区。本区位于长城以南、淮河以北、太行山及豫西山地以东，包括北京市、天津市、河北省、河南省大部、山东、安徽和江苏的部分地区。糜子以夏播复种为主，在旱作区春播也有一定比例。条播平作，耕作精细，有的实行间苗。以糯性品种为主，侧穗型品种居多，中小粒，以黄、白粒色为主。

9.3.4 主要推广品种

（1）年丰6号。黑龙江嫩江地区农业科学研究所育成。绿花序、侧穗、黄粒、糯性，千粒重6.1 g，生育期108 d，在山西大同为93 d，抗倒伏，落粒轻，籽粒含粗蛋白15%。

（2）龙黍22。黑龙江省农业科学院作物育种研究所育成。绿花序、散穗、褐粒、糯性，千粒重6.3 g，生育期109 d，支链淀粉含量100%，赖氨酸含量0.32%。质优、抗旱、抗倒伏、抗落粒，适口性好。

（3）晋黍3号。山西省农业科学院高寒作物研究所育成。绿花序、散穗、黄粒、糯性，千粒重7.8 g，生育期110 d。适口性好。

（4）内黍3号。内蒙古鄂尔多斯市农业科学研究所育成。紫花序、侧穗、褐粒，千粒重8.4 g,生育期101 d,耐盐碱,抗倒伏,适应性好。

(5)陇糜4号。甘肃省农业科学院粮食作物研究所育成。绿花序、侧穗、黄粒、粳性,千粒重7.7 g,生育期119 d。籽粒含粗蛋白13.1%,抗旱、抗倒。

(6)宁糜9号。宁夏固原地区农业科学研究所育成。绿花序、侧穗、黄粒、粳性,千粒重8.0g,生育期100 d,籽粒含粗蛋白12.02%。耐旱性强,适口性好。

(7)内糜5号。内蒙古鄂尔多斯市农业科学研究所育成。绿花序、侧穗、黄粒、粳性,千粒重9.5 g,生育期107 d,需活动积温2 150 ℃,耐盐碱,抗倒伏,耐旱性较强,较抗落粒,适于制作炒米。

(8)榆糜2号。陕西省榆林市农业科学研究所育成。绿花序、侧穗、红粒、粳性,皮壳率18%左右,千粒重8.5~9.0 g,生育期85~95 d,籽粒含粗蛋白13.5%。抗旱性强,耐水肥,产量高。

(9)榆黍1号。陕西省榆林市农业科学研究所育成。株高100 cm,穗长27 cm,主茎节7个左右。单穗粒重4 g,千粒重8.3 g。红粒,糯性。生育期80~85 d。籽粒含粗蛋白13.6%。粗脂肪4.7%,淀粉59.2%,直链淀粉含量为0。

9.3.5 糜子栽培技术

9.3.5.1 土地整理

1)深耕

糜子主要分布在我国北方干旱、半干旱地区,做好秋雨春用、蓄水保墒是糜子获得全苗的关键措施。在秋作物收获之后,应及时进行深耕,深耕时期越早,接纳雨水就越多,土壤含水量也就相应增加。早深耕土壤熟化时间长,有利于土壤理化性质的改良。

2)耙、耱

我国北方春季多风,气候干燥,土壤水分蒸发快,耕后如不及时进行耙、耱,会造成严重跑墒,故耙、耱在我国北方春糜子区春耕整地中尤为重要。

3)镇压

镇压是北方春糜子区春耕整地中的又一项重要保墒措施。镇压可以减少土壤大孔隙,增加毛细管孔隙,促进毛细管水分上升,与耱地结合还可在地面形成干土覆盖层,防止土壤水分的蒸发,达到蓄水保墒的目的。播种前如遇天气干旱,土壤表层干土层较厚,或土壤过松,地面坷垃较多,影响正常播种时,也可进行镇压,消除坷垃,压实土壤,增加播种层土壤含水量,以利于播种和出苗。但镇压必须在土壤水分适宜时进行,当土壤水分过多或土壤过黏时,不能进行镇压,否则会造成土壤板结。

9.3.5.2 施肥技术

糜子虽有耐瘠的特点,但要获得高产,必须充分满足其对养分的要求。糜子每生产100 kg籽实需从土壤中吸收氮1.8~2.1 kg、磷0.8~1.0 kg、钾1.2~1.8 kg,正确掌握糜子一生所需要的养分种类和数量,并及时地供给所需养分,才能保证糜子高产。

此外,糜子吸收氮、磷、钾的比例与土壤质地、栽培条件、气候特点等因素有关。对于干旱瘠薄地、高寒山地,增施肥料,特别是增施氮、磷肥是糜子丰产的基础。

糜子施肥应以基肥为主,基肥应以有机肥为主。用有机肥作基肥,不仅为糜子生长发育提供所需的各种养分，同时还能改善土壤结构，促进土壤熟化，提高肥力。结合深耕施用有机肥，还能促进根系发育，扩大根系吸收范围。有机肥营养元素全面，释放缓慢，肥效长，利于糜子生长。

有机肥的施用方法要因地制宜。农谚说“施肥一大片，不如一条线（沟施）”。有机肥充足时可以全面铺撒耕翻入土，也可大部分撒施，小部分集中施；如肥料不足，可集中沟施或穴施。

9.3.5.3 播种技术

1）种子处理

为了提高种子质量，在播种前应做好种子精选和处理工作。糜子种子精选，首先，在收获时进行田间穗选，挑选那些具有本品种特点、生长整齐、成熟一致的大穗保藏好作为下年种子。对精选过的种子，特别是由外地调换的良种，播前要做好发芽试验，一般要求发芽率达到90%以上，如低于90%，要酌情增加播种量。种子处理主要有晒种、浸种和拌种三种：①晒种可改善种皮的透气性和透水性，促进种子后熟，增强种子生活力和发芽力。晒种还能借助阳光中的紫外线杀死一部分附着在种子表面的病菌，减轻某些病害的发生。②浸种能使糜子种子提早吸水，促进种子内部营养物质的分解转化，加速种子的萌芽出苗，还能有效防治病虫害。③药剂拌种是防治地下害虫和糜子黑穗病的有效措施。播前用药、水、种 1∶20∶200 比例的农抗“769”或用种子重量 0.3% 的“拌种双”拌（闷）种，对糜子黑穗病的防治效果均在 99% 以上。

2）适时播种

糜子的播种期地域性很强，且品种特性和各地气候密切相关。糜子是一种生育期较短、分蘖（或分枝）成穗率高但成熟很不一致的作物。播种过早，气温低、日照长，使营养体繁茂、分蘖增加，早熟而遭受鸟害，播种过晚则气温高、日照短，植株变矮，分蘖少、分枝成穗少、穗小粒少、产量不高。因此，在生产中糜子适时播种应考虑：①地温稳定在 12 ℃ 以上。②孕穗至抽穗期应与当地雨、热季节相吻合。③按品种特性掌握播种期。生育期长的晚熟品种一般适宜于春播，迟播会在生育后期遇到低温或早霜，不能正常成熟或降低产量和品质；生育期短的早、中熟品种可适当晚播或夏播。

3）播种方法

由于我国各地的地形、土质、耕作制度及气候特点不同，播种方法也有很大的差别。我国糜子播种主要分为条播、撒播和垄播三种。

（1）春糜子产区大部分采用条播。条播主要是用畜力牵引的耧或犁播，耧播行距宽窄各地不一，大致可分为双腿耧和三腿耧两种，行距 33 ~ 40 cm 或 25 ~ 27 cm。其优点是开沟不翻土、深浅一致、落籽均匀、出苗整齐、跑墒少。特别在春旱严重，墒情较差时，易于全苗。另外耧播比较省工、方便，在各种地形上都可进行。

（2）我国夏糜子区多为撒播。因抢时播种，为了省时省工，多采用撒播方式。

（3）东北地区糜子播种一般为垄播，也叫垄上骄种。垄播工具是杯耙。垄上播种分 2 行和 3 行播，其中以垄上 2 行播种为好，播幅宽度 15 ~ 16 cm，小行距离 5 cm。垄上分行播种可使下籽均匀，行簇等距。垄上分行，有利于糜子壮根壮苗，糜子增产效果良好。

4)播种量与密度

由于糜子产区多分布在干旱、半干旱地区，糜子获得全苗较难，所以播种量普遍偏多，往往超过留苗数的5~6倍，使糜子出苗密集；加之有些地区无间苗习惯，容易造成苗荒减产。因此，在做好整地保墒和保证播种质量的同时，应适当控制播种量。

糜子播种量主要是根据土壤肥力、品种、种子发芽率、播前整地质量、播种方式及地下害虫为害程度等来确定的。如种子发芽率高、种子质量、土壤墒情、整地质量好及地下害虫少时，播种量可以少些，可以控制在12 kg/hm^2 左右。如果土壤黏重、春旱严重，播量应不少于18.5 kg/hm^2。

春播一般留苗60万~90万株/hm^2 为宜。无间苗习惯的中等肥力地，留苗密度以120万~150万株/hm^2 为宜，山旱瘠薄地则以90万~120万株/hm^2 为宜。

5)播种深度

播种深度对糜子幼苗生长影响很大。糜子籽粒胚乳中储藏的营养物质很少，如播种太深，出苗晚，在出苗过程中易消耗大量的营养物质，使幼苗生长弱。有时甚至苗出不了土，造成缺苗断垄。所以糜子以浅播为好，一般情况下播深以4~6 cm为宜。

9.3.5.4 田间管理

1)查苗补种，中耕除草

糜子播种到出苗，由于春旱和地下害虫为害等原因，易发生缺苗断垄现象，因此要及时进行查苗补种。幼苗长到一叶一心时及时进行镇压蹲苗，促进根系下扎，4~5片叶时进行间苗、定苗。

糜子幼芽顶土能力弱，如在出苗前遇雨造成地表板结，应及时采用耙、耱等措施疏松表土，保证出苗整齐。糜子生育期间一般中耕2~3次，结合中耕进行除草和培土。

2)病虫害防治

(1)糜子主要病害：主要是黑穗病，一般选用50%多菌灵可湿性粉剂或50%苯来特(苯菌灵)，或70%甲基托布津可湿粉剂，用种子量的0.5%拌种，可有效防止病害发生。

(2)糜子主要虫害：主要是蝼蛄、蛴螬，一般采用药剂拌种、毒饵诱杀和药剂处理土壤等方法防治：①用50%辛硫磷乳油或40%甲基异硫磷乳油，按种子重量的0.1%~0.2%比例拌种，先加水2~3 kg，稀释后喷于种子上，堆闷2~4 h后播种。②糜子出苗后，如遭蝼蛄为害，可用麦麸、秕谷、玉米渣、油渣等做饵料，先将饵料炒黄并带有香味后，加4%甲基异硫磷乳油或50%对硫磷乳油50~100 g，再加适量的水制成毒饵，在傍晚、雨后或者浇水后撒施，每公顷30 kg左右。③整地前每公顷用2%甲基异硫磷粉剂或10%辛硫磷粉粒剂30~45 kg，混合适量细土或粪肥20~30 kg，均匀撒施地面，随即浅耕或耙、耱，使药剂均匀分散于10 cm土层里。

9.3.5.5 收获与储藏

糜子成熟期很不一致，穗上部先成熟，中下部后成熟，主穗与分蘖穗的成熟时间相差较大，加之落粒性较强，收获过晚易受损失。适时收获不仅可防止过度成熟引起的“折腰”，也可减少落粒的损失，获得丰产丰收。一般以在穗基部籽粒用指甲可以划破时收获为宜。糜子脱粒宜趁湿进行，过分干燥，外颖壳难以脱尽。糜子脱粒之后及时晾晒，当落粒含水量在13%时即可入库储存。库房要干燥通风，防止潮湿霉变。

9.3.6 糜子综合利用

9.3.6.1 营养成分

1)蛋白质

糜子中蛋白质含量相当高,特别是糯性品种,其含量一般在12.23%左右,最高可达17.9%。从蛋白质组分来分析,糜子蛋白质主要是清蛋白,平均占蛋白质总量的14.73%,其次为谷蛋白和球蛋白,分别占蛋白质总量的12.39%和5.65%,醇溶蛋白含量最低,仅占2.56%,另外,还有64.67%的剩余蛋白。与小麦籽粒蛋白质相比较,二者差异较大,小麦籽粒蛋白中醇溶蛋白含量高,占蛋白质总量的71.2%,黏性强,不易消化。糜子蛋白主要是水溶性清蛋白、盐溶性球蛋白及白蛋白,这类蛋白质黏性差,近似于豆类蛋白。因此,糜子蛋白质优于小麦、大米及玉米。

糜子籽粒中人体必需的8种氨基酸的含量均高于小麦、大米和玉米,尤其是蛋氨酸含量,每100 g小麦、大米、玉米分别为140 mg、147 mg和149 mg,而糜子为299 mg,是小麦、大米和玉米的2倍多。

2)淀粉、脂肪与维生素

糜子籽粒淀粉含量在70%左右,其中糯性品种为67.6%,粳性品种为72.5%。不同地区、不同品种及不同栽培条件下的淀粉含量差异较大,最大变幅可达15.7%。同一品种在不同地区、同一地区的不同品种间的淀粉含量差异也很大。糜子粳性品种淀粉中直链淀粉的比例比糯性品种高,糯性品种中直链淀粉含量很低,仅为淀粉总量的0.3%,优质的糯性品种不含直链淀粉,而粳性糜子品种中直链淀粉含量为淀粉总量的4.5%~12.7%,平均为7.5%。

糜米中脂肪含量比较高,平均为3.6%,高于小麦粉和大米的含量。

糜子籽粒中含有多种维生素,其中每100 g中含维生素E3.5 mg、B10.45 mg、B20.18 mg,均高于大米。

3)无机盐与微量元素

糜子籽粒中常量元素钙、镁、磷及微量元素铁、锌、铜的含量均高于小麦、大米和玉米。每100 g籽粒中镁的含量为116 mg,钙的含量为30 mg,铁的含量为5.7 mg。因此,糜子经过加工,可制成老人、儿童和患者的营养食品,或者在其他食品中添加糜子面粉,可提高营养价值。

4)食用纤维

糜子籽粒中食用纤维的含量在4%左右,高于小麦和大米。纤维素是膳食中不可缺少的成分。一方面纤维素吸水浸胀后,使粪便的体积增加,可促进肠道蠕动,有利于粪便排出,减少细菌及其毒素对肠壁的刺激,可降低肠内憩室及肿瘤的发病率。另一方面,纤维素还能与饱和脂肪结合,防止血浆胆固醇的形成,从而减少了胆固醇沉在血管内壁的数量,有利于防止冠心病的发生。

9.3.6.2 保健功能

糜子不仅具有很高的营养价值,也有一定的药用价值,是我国传统的中草药之一。《内经》、《本草纲目》等书中都有记述:“糜子性味:甘、平、微寒、无毒”。据《名医别录》记载:稷米“入脾、胃经”,功能“和中益气、凉血解暑”,主治气虚乏力、中暑、头晕、口渴等症,煮熟和研末食。黍米“入脾、胃、大肠、肺经”,功能“补中益气、健脾益肺、除热愈疮”,主治脾胃虚弱、肺虚咳嗽、呕逆烦渴、泄泻、胃痛、小儿鹅口疮、烫伤等症,煮粥或淘取泔汁服用。糜子籽粒中食用纤维含量在4%左右,高于小麦和大米。

糜子中还含多种对人体有益的微量元素,经常食用能调节人的中枢神经及新陈代谢机能,其营养价值和保健作用是一般面食难以相比的。常用食疗与验方有:

(1)气滞食积方。肉食成积,胸满面赤不能食,饮黄米泔水。

(2)胃寒、泄泻方。脾胃虚寒、泄泻及肺结核低热、盗汗,黄米煮粥,常食。

(3)妊娠流黄水方。黄米、黄芪各30 g,水煎,分3次服;黄米煮粥,常食。

(4)食苦瓠毒。煮汁饮之即止。

(5)治人、六畜,天行时气豌豆疮方。浓煮的黍穰汁洗之。

(6)中老年人阳气不足,气血两亏,体虚消瘦,腰膝酸软,畏寒等症。羊肉250 g,河西米[稷(糜)米]400 g,葱、盐适量。先将羊肉洗净,切块,熬汤,下河西米、葱、盐同煮。任意食。以秋冬服食为宜。

(7)黄酒核桃泥汤。神经衰弱、头痛、失眠、健忘久喘、腰痛、习惯性便秘等症:核桃仁5个,白糖50 g,黄酒(糜子为原料)50 mL。前2味放入瓷碗中捣成泥状,入锅中,加黄酒,小火煎煮10 min,每日服2次。

(8)党参黄米茶。党参15 ~30 g,炒米30 g。2味入锅内,加水4碗煎至1碗半,代茶饮,隔日服1次。适用于脾阳虚食少、倦怠、形寒肢冷,大便溏泄,或完谷不化,肠鸣腰痛,妇女白带清稀,舌淡苔白,脉虚弱沉迟者。

9.3.6.3 **开发利用**

糜子籽粒经脱壳后成为黄米或糜米,其中糯性黄米又称软黄米或大黄米。自古以来,糜子不仅是我国北方人民的主要食物,也是北方畜禽的主要饲料;糜米中碳水化合物的含量非常高,经过水解能产生大量还原糖,可制作糖浆、麦芽糖;糜子籽粒外层皮壳有黑、红、白、黄、灰等多种颜色,在加工利用方面,可提取各种色素,是食品工业中天然的色素添加剂;糜子还是酿酒的好原料,用糜子酿酒,出酒多且酒味醇香;糜子还可制作饮料,我国中草药中用的黄酒就是用糜子做成的,它含有多种氨基酸和维生素,营养和药用价值很高。

9.4 薏苡

9.4.1 概况

薏苡[Coix Lacryma - jobi(L). Var, frumen - taca Makino],又名薏米仁、药玉米、六谷子、川谷、菩提子、草珠子等,古籍上还称解蠡、芑实、赣米、回回米、西番蜀秫,英文名iobs tears,是禾本科薏苡属中的一个栽培变种。

薏苡是我国古老作物之一,栽培历史十分悠久。据报道,在我国6 000年前的河姆渡遗址就发现它的存在,距今3 000多年的周代《诗经·周南》中就有劳动人民采摘薏苡的记述。东汉(公元41年)光武帝派马援(伏波将军)南征交趾(今越南),士兵患瘴气病,就靠食用当地和广西的薏米而愈。东汉的《神农本草经》记载:“薏苡仁、甘、微寒……,久服轻身益气。”

薏苡起源于亚洲东南部的热带、亚热带地区,包括中国的华南、西南和马来西亚、越南、泰国、印尼等地。我国20世纪80年代以来,在云南、西藏、海南、广西、广东、贵州、四川、湖北、陕西、江西等省(市、区)搜集薏苡种质300余份,特别在广西、贵州、海南等省(区),薏苡种质类型特别丰富,野生类型到处可见。在广西南宁市安吉乡和邕宁县呈圩等处,还发现大量只开花不结实(有果无实的)的水生薏苡,靠水下根茎无性繁殖存在于水塘河湾中,这种具有染色体原始基数($n=5$)的二倍体($2n=10$)类型的存在和发现,确证我国是薏苡的起源中心之一。此外,我国薏苡由南向北迁移扩散,遍及全国各省(除甘肃、青海、宁夏省(区)未见报道外),达到高度分化,成为世界薏苡的最大的多样性中心。

9.4.2 薏苡形态特征

9.4.2.1 根

薏苡根为须根系,初生根4条,茎基各节均能萌发次生根,形成多层、兜状的强大根系,直径可达20~30 cm。在中等水肥和培土条件下,主茎第5~6节还能生成支持根,防倒抗风。水生薏苡常年长在塘边河湾,其根茎在水中延伸,每节都可生根,形成长达数米的扁担状横走根系。

9.4.2.2 茎

茎秆直立,株高100~200 cm,最高达250 cm左右。茎秆圆形,基部节充实。茎秆多数光滑,茎色有绿、黄绿、红、紫等色。主茎有茎节16~17节。基部茎节的腋芽均能产生分蘖,植株一般有分蘖3~5个,最多可达10~13个,基部分蘖成穗率很高。第6叶以后多为无效分蘖。主茎与分蘖的上部叶腋中可产生分枝,主茎分枝有5~12个,基部的分枝能产生花序,开花结果。

9.4.2.3 叶

单叶互生,线状披针形,先端渐尖,基部宽心形,叶鞘抱茎,主茎有叶片16片左右,叶片扁平宽大,中部叶长25~40 cm、宽2~44.5 cm,叶两面光滑,边缘粗糙。叶脉平行,中脉白色,粗厚明显,叶舌短,长约1 mm。叶龄是重要的生育指标,一般主茎第4叶时开始分蘖,第6~8叶时为分蘖盛期。第9~10叶时穗部开始分化,生育中心转向生殖生长。春播薏苡第10叶以前,每出一叶平均为5~5.6 d,第10叶以后平均只有3 d左右。

9.4.2.4 花

薏苡的花序为总状花序,从植株上部叶鞘内抽出,腋生,常具较长的总梗。花单性,雌雄同株异花,雄小穗复瓦状排列于花序上部穗梗上,雌小穗位于花序基部即雄小穗下方,并被包于壳制总苞(为变形的叶鞘)内。成熟时成为卵圆或球形果实。雄小穗长约9 mm,宽约5 mm,雄蕊3枚生于一节,一般仅1枚发育,雌蕊具长花柱,柱头羽状二裂,伸出总苞外,白色、黄色或红色。

9.4.2.5 果实

薏苡的果实为颖果,外包的果壳为雌小穗基部鞘叶变态而来。果壳有两种:一种厚壳坚硬,似珐琅质,外表光滑无脉纹,内含米仁(颖果)不饱满,出米率仅30%左右,野生类型多属此种；另一种是薄壳易破碎，多数壳表有脉纹，内含米仁饱满，出米率为60% ~70%，栽培类型多属此种。果壳内的种仁（即米仁）多数为宽卵形或长椭圆形，长4 ~8 mm，宽3 ~6 mm，一端钝圆，另一端微凹，种仁背面圆凸，腹面有一条宽而深的纵沟，名为腹沟，种仁表面乳白色，腹沟内常留有残存的浅棕色种皮痕迹。种仁断面白色，粉性（有粳糯之分），味微甜。野生类型百粒重为10 ~30 g，栽培类型的薏米百粒重为6 ~15 g。薏米果壳的颜色有浅黄、淡褐、深褐和紫黑等色，野生果壳为灰蓝、白、花褐、深褐、浅褐、浅蓝、黑等色。

9.4.3 薏苡分布、生产与区划

9.4.3.1 分布

1958年宋湛庆在《我国的古老作物——薏苡》中论道：薏苡在距今2 500 ~3 000年前已有种植，当时主要种植于西域及周边的区域，即现在河南、陕西一带，以后逐渐发展到其他地区。据《明清通志》及《植物名实图考》等记载，距今五六百年前，苏、皖、赣、闽、鄂、鲁、京、冀、豫、吉、辽、蒙、川、陕、粤、桂、滇等均有种植。在近20年的考察征集和文献查阅中发现，西藏、海南、贵州、山西、黑龙江、浙江、台湾、新疆等省（区）也有分布，即除青海、甘肃、宁夏三省（区）未见报道外，全国各省均有分布。垂直分布范围是海拔30 ~2 500 m，主要分布在海拔300 ~1 000 m的丘陵山区。目前主产区在北纬33°以南的广大地区。

9.4.3.2 生产

薏苡是粮药兼用、保健为主的作物，长期以来都是农民少量种植，自产自销，生产规模随市场的销势而起伏变化。由于产、供、销体制不健全，育种、栽培、加工等关键技术均缺乏试验研究，生产未得到稳定的发展。我国主要产区在贵州黔南三个自治州、广西百色地区、云南的文山地区及福建、海南、湖南、四川等省。河北、山东、辽宁、吉林、山西等省一般种植有100 hm^2 的面积，湖北、江苏、浙江、安徽、江西、内蒙古、西藏南部也有少量种植。南方以食用为主，北方以加工工艺品为主，全国播种面积约5万 hm^2。由于薏苡多数种植在山区的坡旱地，产量较低，平均产量为2 250 ~3 750 kg/hm^2，在精耕细作、水肥条件较好的农田，产量可达6 000 kg/hm^2。

9.4.3.3 区划

中国农业科学院作物品种资源研究所1992 ~1994年在北京、广西南宁及贵州贵阳、重庆万县等地进行异地鉴定观察，确证我国的薏米是短日性作物，抽穗、成熟等生育特性与地理纬度密切相关。华南低纬度地区品种在北京春播大多数不能抽穗；长江中下游地域的品种在北京一般都能成熟，但比华北高纬度地域的品种晚熟10 ~20 d。华北及长江中下游的品种在南宁种植，则生育期比原产地缩短30 ~70 d，同时粒重普遍下降，低纬度（如海南）品种在南宁种植，百粒重增加2 ~4 g。相同纬度地区的品种则与海拔高度相关，高海拔的品种在低海拔地区种植，则粒重下降。相反低海拔的品种引到高海拔地区种植，由于成熟期昼夜温差大，气候凉爽，生育期延长，因此籽粒饱满，粒重增加。据此，从生态学和引种调种实用需要出发，我国薏苡可分为南方、长江中下游和北方三大生态区。

1）南方薏苡晚熟区

本区包括海南、广东、广西、福建、台湾、云贵高原、湖南、四川以南以及西藏南部，即北纬28°以南，全年的平均气温≥10 ℃的积温5 000 ℃以上，年日照时数2 000 h以下。

2）长江中下游薏苡中熟区

本区包括江苏、浙江、安徽、江西、四川、湖北、陕西南部、湖南北部等地，即北纬28°～30°，全年日平均气温≥10 ℃的积温在4 500 ℃左右，年日照时数为2 000～2 400 h。

3）北方薏苡早熟区

本区包括北京、河北、河南、山东、山西、辽宁、吉林、黑龙江、内蒙古、新疆等省（市、区），即北纬33°以北，全年日平均气温≥10%的积温4 400 ℃以下，年日照时数为2 400 h以上。

9.4.4 薏苡品种资源与品种

9.4.4.1 品种资源

薏苡属有10个种或7个种（含 $2n=10$ 或40的野生种）。我国薏苡通常分为薏米（薄壳栽培类）和川谷（厚壳野生类）两类。中国科学院植物研究所和江苏省植物研究所合著的《中国植物志》将薏苡分为5个种2个变种，以果壳珐琅质和甲壳质归为两大类。我国薏苡遗传资源十分丰富，从简明实用、易于鉴别出发，将历年考察、征集的薏苡种质进行鉴定分类，可将薏苡分为三大类，即原始类、野生类和栽培类，下分7个种群。

1）原始类

水生薏苡，多年生，总苞骨质，无性繁殖为主，野生于水塘、河湾中，染色体组型为 $2n=10$，主产于广西、云南等省（区）。

2）野生类

总苞（果壳）骨质、光滑、无脉纹。米质粳性，出仁率30%左右。$2n=20$，下分4个种群。

（1）小果薏苡：果圆球形，直径3～5 mm，壳色浅蓝或浅白；产于海南、广西、贵州等省区。

（2）长果薏苡：果近圆柱形，长7～15 mm，宽2～3 mm，壳色黄褐色，主产云南。

（3）卵果薏苡：果卵圆形或宽卵形，直径6～8 mm，长7～10 mm，壳色深褐、淡褐或黑色，产于全国各地。

（4）扁果薏苡（又名菩提子）：果扁圆形（蒜头状），直径10～15 mm，粒长7～9 mm，壳色浅褐、灰蓝或有斑纹，产于全国各省（区）。

3）栽培类

总苞（果壳）壳质，易破，有脉纹，米质糯性，出仁率60%～70%。$2n=20$，下分2个种群。

（1）卵果薏米：果卵圆或宽卵形，宽4～7 mm，长7～9 mm，顶端有喙，壳色浅褐、紫褐和淡黄色，全国有栽培，主产贵州、广西、福建、云南、辽宁、山东等省（区）。

（2）球果薏米或台湾薏米：果近球形，宽8～10 mm，长9～10 mm，壳色麦秆色或白色，有的具蓝黑色条纹。产于台湾、广东，贵州也有栽培。

薏苡的品种资源收集工作起步较晚，是在20世纪80年代末，在我国海南、贵州、广西、四川等西南省区考察中，才开展收集工作的。到20世纪末共收集编入目录的有17个省（市、区）的种质281份。其中野生的薏苡（川谷）163份，栽培的薏米118份。收集最多的是广西，栽培品种45份，野生种质77份，共122份，最少的如吉林、辽宁、广东、江西、云南等省只有1～5份，另外福建、河南、陕西、河北、山东、疆新等15个省(市、区)还是空白，尚无品种编入目录。从编入目录的野生和栽培种质分析，除分布广、果形多、果色杂、生态类群丰富外，在熟性、株高、叶色和粒重等性状上，也呈现多样性。此外，柱头颜色有红、白、紫等色，花药也有黄、紫、浅红等色，壳色有黑、白、黄、褐、紫、蓝、灰、花及其他中间色，呈现了丰富多彩的多样性。因而品种名称除前述书籍上所列名称外，还有草珍球、五谷、陆谷、树枝子、串珠子、娄谷、变婆子、矮珠米等众多名称，也反映了品种的多样性。

9.4.4.2 品种选育

薏苡常作为药用植物栽培，生产上也未形成规模，因此农业科研单位很少列题进行研究，育种工作多限于优中选优、提纯复壮和"一穗传"的系统选育阶段，杂交育种仅有少数单位做了些试配工作。20年90年代末广西农业科学院品种资源研究所和中国农业科学院品种资源研究所开展了薏苡地方品种筛选工作，山西农业大学进行了薏苡和川谷的远缘杂交试验研究。

薏苡是异花授粉作物，繁种时品种间要相距400～500 m，以免串花混杂。在小区多个品种比较试验中，各个品种开花前应套袋隔离制种；单株选优时也需套袋留种，单收单打，避免混杂。

9.4.4.3 推广品种

华北地区薏苡栽培品种：

(1)临沂薏苡：山东临沂地方品种。生育期151 d，株高180 cm，单株分枝4个，粒褐色，卵形，百粒重11.7 g。

(2)平定五谷：山西平定地方品种。生育期150 d，株高170 cm，单株分枝4个，粒浅褐色，卵形，百粒重10.3 g。

(3)引韩一号：韩国地方品种。生育期152 d，株高210 cm，单株分枝6个，粒褐色，卵形，百粒重11.9 g。

(4)安国五谷：河北安国地方品种。生育期151 d，株高197 cm，单株分枝6个，粒浅褐色，卵形，百粒重10.9 g。

(5)江宁五谷：江苏江宁地方品种。生育期158 d，株高230 cm，单株分枝3个，粒深褐色，卵形，百粒重10.9 g。

(6)吉林小黑壳：吉林地方品种。生育期137 d，株高195 cm，单株分枝5个，粒褐色，卵形，百粒重12.3 g。

(7)台安农种1：辽宁凌海地方品种。生育期180 d，株高136 cm，单株分枝7个，粒褐色，卵形，百粒重10.6 g。

(8)义县农种：辽宁义县地方品种。生育期128 d，株高140 cm，单株分枝5个，粒褐色，卵形，百粒重8.4 g。

9.4.5 薏苡栽培技术

9.4.5.1 整地施肥

薏苡是植株高大的C_4作物，耐盐碱、耐涝，各类土壤均可种植。薏苡苗期需要湿润的条件,因此播前要浇好底墒水或趁雨抢墒耕翻,以利根系发育。耕深 20 ~ 25 cm,耕后应耙、耱 2 ~ 3 遍,使土壤上松下实。薏苡的施肥以基肥为主,一般施用土杂肥 30 ~ 45 t/hm^2,并施 1 500 ~ 2 250 kg/hm^2 鸡、鸭粪或 1 500 kg/hm^2 饼肥,再施 150 ~ 225 kg/hm^2 过磷酸钙作种肥,并根据地块的肥瘦可适当增减。有灌溉条件的土地,应每隔一定距离开一条深 20 ~ 30 cm 的墒沟,以利灌溉和排水。

9.4.5.2 播种

1)播种期

薏苡和玉米、高粱相近,同属于喜温作物,但区域不同,播种期也不同。华北地区的播期在 4 月上旬至 4 月下旬,东北地区的播期在 4 月下旬至 5 月中旬,山东在 4 月上旬播种,江苏、安徽、浙江在 4 月下旬播种,贵州在 3 月下旬至 4 月中旬播种。无霜期长的地区播期可延迟到 5 ~ 6 月,甚至可以与小麦等作物套种。

2)播种方式

薏苡多作为旱地作物,播种方式多样,有条播、穴播和撒播 3 种方式,也有的采用育苗或营养钵育苗移栽办法。其中条播、穴播比撒播的高产,移栽的比直播的高产,营养钵育苗移栽比普通育苗移栽高产。播种方式应根据当地生产条件选择,因地制宜。

3)种子处理

薏苡种壳坚硬,吸水困难,播种前一般用温水浸种 24 ~ 48 h,待种子吸水达本身重量的 60% ~ 80% 时,捞出播种或先催芽后播种。催芽的方法是将吸足水的种子装入编织袋,加盖塑料薄膜,待种子萌发露白时播种。为了防治病虫害,可结合浸种进行药剂拌种。

4)播种量与密度

薏苡一般每公顷播量为 30 ~ 45 kg,留苗 3 万株左右。由于各地生态条件和土地肥力不同,留苗密度也不尽相同。

9.4.5.3 田间管理

1)中耕除草培土

薏苡出苗后要进行间苗、定苗和中耕除草,拔节后,在封垄前结合中耕进行培土,防止倒伏。一般中耕两次,第一次宜浅,第二次宜深,并结合中耕除草清除分枝以下的老叶和无效分蘖,以利于通风透光,促进养分集中,并可防止倒伏。

2)辅助授粉

薏苡是雌雄同株异花授粉作物,同一花序中雌雄小花不能同步成熟,因此需异株或异位花序的花粉授粉结实。一般靠风媒授粉,如在盛花期每隔 3 d 用绳索等工具振动植株(上午 9 ~ 11 时),使花粉飞扬,有助于提高结实率。

3)主要病虫害防治

(1)黑穗病:病原为真菌中的一种担子菌。感病种子肿大成球形,破后散出黑粉。防治方法:一是播前进行种子处理,以粉锈宁拌种效果最佳;二是用 60 ℃温水浸泡种子 10 ~ 20 min,再放在 3% ~ 5% 石灰水浸 2 ~ 3 d 即可;也可用 1∶10∶100 波尔多液浸种 24 ~ 72 h。

(2)叶枯病:病原为真菌中的半知菌,病叶呈黄褐色小斑,发病初期可喷 1∶10∶100 波尔多液或 65% 可湿性代森锌 500 倍液叶面喷施。

(3)玉米螟:属鳞翅目螟蛾科,在苗期和抽穗期危害以 8 ~ 9 月最为严重。防治方法:

在成虫产卵(5月和8月)以前用黑光灯诱杀;心叶期用50%西维因粉0.5 kg,加细土15 kg,配成毒土或用90%敌百虫1 000倍液灌心叶。

(4)黏虫:又名夜盗虫,咬食叶片。防治方法:一是用1份白酒、2份水、3份糖、4份醋配成糖醋毒液诱杀成虫;二是喷90%敌百虫800~1 000倍液或50%杀螟松1 500倍毒液杀成虫。

4)肥水管理

有条件的地方结合灌水,追施速效肥料,促进粒重,防止早衰。

9.4.5.4 收获与储藏

薏苡分枝性很强,先后分枝的籽粒成熟难以一致。一般可在田间下部叶片叶尖变黄,80%籽粒变成黑色或原种壳变色时收获。收割时采用全株或分段收获方法。全株收割是用镰刀齐地割下,然后捆成小捆立于田间或平置于土垄上,晾晒3~4 d后用人工在稻桶甩打脱粒。分段收获是先割下有果粒的地上部,捆后运回场院,晾晒3 d后用拖拉机或压辊碾压脱粒。

脱粒后种子要经2~3个晴天晒干,干燥后的种子含水量在12%左右方可入库储存。仓库应选干燥、通风、凉爽的场所,防潮防虫。薏苡种子易生虫、有条件的地方最好进行熏蒸。

干燥后的薏苡颖果,外有坚硬的总苞,其内还有红褐色种皮,需用砂辊立式碾米机(稻谷碾米机也可)脱去果壳和种皮,一般需加工2~3遍后再用风车或簸箕扬净,才能得到白如珍珠的薏仁米。一般栽培品种出仁率60%~70%,而野生种川谷则出仁率为30%~40%。

9.4.6 薏苡综合利用

9.4.6.1 营养成分

薏苡的营养十分丰富,据测定,薏米仁的蛋白质、脂肪、维生素B_1及主要微量元素(磷、钙、铁、铜、锌)均比大米高,如蛋白质含量为19.8%,是大米9.6%的2.0倍;薏苡脂肪含量为6.90%,是大米1.20%的5.80倍;5种微量元素含量平均比大米高1.5倍;8种人体必需的氨基酸是大米的2.3倍。1994年中国农业科学院品种资源研究所在北京对薏苡进行了测定分析,28份供测试的薏苡种质粗蛋白质平均含量为17.8%,脂肪平均含量为6.9%,其中野生种5份,粗蛋白质平均含量达21.2%,脂肪含量为6.5%,各种必需氨基酸含量比栽培品种增加41.8%。薏苡油酸、亚油酸含量分别为脂肪酸的52.1%和33.72%,均比小麦、大米略高。此外,产自山区栽培的品种如山东的"临沂薏苡"、贵州的"紫云川谷"(栽培品种)及江苏的"江宁五谷"等粗蛋白质含量分别为19.5%、17.9%和18.9%,有较大的利用价值。野生型的粗蛋白质含量平均在20%以上,但因出仁率仅30%左右,脱壳较难,利用价值较低。另外,还富含多种维生素(尤其是B族维生素)和人体所需的氨基酸及矿物质等,营养非常丰富。许多研究者对薏苡种仁的营养成分进行了分析测定。研究表明,薏苡含有多种营养成分,其营养价值堪称为禾本科之王。

1)蛋白质

食物蛋白质的营养价值取决于氨基酸的组成。薏苡种仁中的蛋白质含量很高,平均为 19.80%，分析其氨基酸组成结果见表 9-7，含有人体必需氨基酸为 6.27%，氨基酸总量为 19.72%，居大米、小麦、玉米、小米之首。

表 9-7　薏苡种仁氨基酸组成

必需氨基酸	含量(%)	非必需氨基酸	含量(%)
亮氨酸	2.35	谷氨酸	6.34
缬氨酸	0.99	丙氨酸	1.81
苯丙氨酸	0.71	天冬氨酸	1.28
甲硫氨酸	0.70	丝氨酸	0.95
苏氨酸	0.62	脯氨酸	0.77
异亮氨酸	0.54	精氨酸	0.71
赖氨酸	0.36	酪氨酸	0.67
必需氨基酸(总量)	6.27	甘氨酸	0.58
组氨酸	0.34(小孩必需)		

2)*脂肪*

薏苡种仁中含有脂肪，含量为 3.92% ~6.93%。其脂肪酸组成如表 9-8 所示，油酸含量最高，为 54.40%；其次是亚油酸 32.90%。人体对油酸的消化吸收率较高，油酸含量高，有利于人体对脂肪的消化吸收。

表 9-8　薏苡种仁脂肪酸组成

脂肪酸	棕榈酸	十六烯酸	硬脂酸	油酸	亚油酸	亚麻酸
含量(%)	9.88	0.2	1.55	54.4	32.9	0.53

3)*矿物元素*

薏苡中含有丰富的矿物元素，包括人体必需的微量元素(如 Fe、Zn、Mn 等)，含量如表 9-9 所示。在现代生活中，随着科学技术的进步，人民生活水平的提高，人们不是仅仅只满足温饱问题，而是更加注重身体健康，注意膳食平衡，微量元素对人体健康的作用愈来愈受到人们的关注。薏苡种仁中含有人体必需的微量元素，因此可以作为一个良好的食疗产品。薏苡中的功能活性成分除上述化合物外，其中具有营养保健功能的成分还包括三萜化合物、VB、VE 等。因此，薏苡是上乘的保健食品及原料。

表 9-9　薏苡种仁中矿物元素的含量

元素	K	Ca	Mg	P	Fe	Zn	Mn
含量(mg/kg)	4 511.7	442.2	322.4	6 560	80.5	64.3	23.5

9.4.6.2 **保健功能**

薏苡是历史悠久的粮药兼用作物,中医理论认为,薏米性寒,入脾、肺、肾经,具有健脾、补肺、清热、渗湿的功能。《本草纲目》谓薏米“健脾益胃、补肺清热、祛风渗湿、养颜驻容、轻身延年”。早在东汉三国时期(1 960 多年前)的《神农本草经》中就有“薏苡仁,甘、微寒……久服轻身益气”的记载。由于薏苡营养丰富和药效明显,我国西汉时期就有“禹母修已吞薏苡而生禹”的传说,《周书·王会篇》:“桴苡者,其实如李,食工宜子”(桴苡即现今的薏苡),都说怀孕妇女食用薏苡有利于胎儿的健康发育。《本草纲目》中也提到“其米白色如糯米,可作饭及磨面食,亦可同米酿酒”,《齐民要术》中也肯定“米益人心脾,尤宜老病孕产合糯米为粥、味至美”,所以我国名产“八宝粥”里薏米成了重要原米。

现代医学文献指出,薏米仁含有薏苡素、薏苡酯和三萜化合物,维生素 B1、E 和 β-谷甾醇等有效成分。如薏苡素有解热镇痛和降低血压的作用,薏苡仁油低浓度时对呼吸、心脏、横纹肌和平滑肌有兴奋作用,高浓度时则有抑制作用,可显著扩大肺血管、改善肺脏的血液循环;β-谷甾醇有抗血胆固醇、止咳、抗炎作用,并和薏苡素及锌、钙、铁、镁、铜等有直接和间接的防癌与抗癌作用。现今中医常用薏苡主治水肿、脚气、小便不利、湿痹拘挛、脾虚泄泻、肺痈及胃癌、直肠癌等病症;还用于肠炎、肝炎、阑尾炎、皮炎、湿疹、高血压等病的辅助治疗,药用范围十分广泛;薏苡的根含脂肪油、脂肪酸、蛋白质、薏苡内酯及豆固醇等,清热利湿、健脾杀虫。叶含生物碱,有暖胃益血气功效。

9.4.6.3 **开发利用**

薏米是很好的药食两用功能性食品原料,正日益成为人们理想的健康营养食品。薏米营养价值高,又有药用价值。因此,在保健品开发方面受到了广泛的利用。20 世纪 70 年代以来,国内各省开发了许多保健食品如薏米乳精、薏米粉、糕点、饼干、饮料、保健酒等。广西农业科学院还用薏米和黑米为主料,配制中药酿制而成保健药酒,酒紫红色、醇香,氨基酸含量超过黑糯米酒 3~4 倍,是延年益寿、保健滋补的极品。目前,薏苡的开发利用主要表现在以下几个方面。

1)作为中药

常见的验方有:

(1)治风湿痹气,肢体痿痹,腰酸疼。薏仁 500 g,真桑寄生、当归身、川续断、苍术(米泔水浸炒)各 250 g,分作 16 剂,水煎服。

(2)治风湿性关节炎。薏苡根 50~100 g,水煎服,每日 2 次,或煎代茶频服。

(3)治水肿。薏苡仁、赤水豆、冬瓜皮各 50 g,黄芪、茯苓皮各 25 g,水煎服。

(4)治脾胃虚弱、泄泻、消化不良。薏苡根 50~100 g,同猪肚一个炖服。

(5)治消渴饮水。薏芒仁煮粥饮并食之。

(6)治小儿肺炎、发热咳喘。薏苡根 15~25 g,煎汤调蜜,日服 3 次。

(7)治尿血。鲜薏苡根 200 g,水煎服。

(8)治阑尾炎。薏苡 50 g,仁败酱 25 g,制附子 10 g,水煎服。

(9)驱蛔虫。薏苡根 100~150 g,水煎服。

(10)治扁平疣。薏仁米 50 g,与大米混合煮饭或粥吃,每日 1 次,连续服用,痊愈为止。

(11)治肺脓疡。薏苡根煎液服。

(12)暖胃益气血。暑月采叶煎饮。

(13)治白带过多。薏苡根 50 g,红枣 20 g,水煎服。

(14)治绒毛膜上皮癌。薏苡仁、鱼腥草、赤小豆各 50 g,败酱草 25 g,黄芪、茜草、冬瓜仁当归、党参、阿胶珠、甘草各 15 g,水煎服。

(15)治黄疸,小便小利。薏米仁根 25 ~ 100 g,洗净杵烂滤汁,冲温黄酒半杯,日服 2 次。或取根 100 g,洗净杵烂绞汁,冲温黄酒半杯,日服 2 次。或取根 100 g,茵陈 50 g,冰糖少许,酌加水煎服,日服 2 次。

2)作为粮食食用

薏米可以制成营养丰富的薏米大麦粉、薏米饼干、薏米类膨化食品及薏米类咖啡饮料、薏米醋等。另外,薏米大麦粉可用来加工面条、面包、蛋糕、点心、饺子皮、烧麦皮等面制食品。

3)功能食品的开发

如薏米乳精、保健酒等。

9.5 谷　子

9.5.1 谷子概述

谷子(学名 Setaria italica Beauv.),古称粟,起源于我国黄河流域,是禾本科狗尾草属的一个栽培种,英文名 foxtail millet, 有 7 300 多年的栽培史。

谷子主要分布在中国,总产约占世界的 80%;印度是第二大谷子生产国,总产占世界的 10% 左右;澳大利亚、美国、加拿大、法国、朝鲜、日本、匈牙利等国也有少量种植。我国谷子主要分布在北方干旱、半干旱地区,其中 2/3 分布在干旱最严重的华北地区。

谷子不仅起源于我国,而且在中华民族整个发展历史中起到了民族哺育作物的作用。谷子为我国民间所说的"五谷"之首,在新石器时代就是最大的栽培作物,在距今 7 500 年的河北武安磁山遗址的窖穴中还发现大量储藏的炭化粟。在新石器时代及以后,谷子的遗迹已扩展到东北、新疆、甘肃、云南和台湾。这表明我国古人在从采集和狩猎向农耕过渡阶段,很多地区已以粟为主。在我国 2 000 多年的封建社会各时期,谷子都是最主要的作物和战备饲草的来源作物,新中国也是靠"小米加步枪,打败日本和老蒋"建立起来的,直至新中国成立前夕,河北、山东、河南、陕西、山西等省的谷子播种面积仍处于农作物播种面积的首要地位。

目前,全国谷子年种植面积约 140 万 hm^2,年总产 280 万 t 左右。种植面积较大的省(区)依次是河北、山西、内蒙古、陕西、辽宁、河南、山东、黑龙江、甘肃和吉林,上述 10 个省(区)谷子面积占全国谷子总面积的 97%,其中 60% 分布在华北干旱最严重的河北、山西、内蒙古三省(区)。

目前,在谷子育种和品种管理中采用的是 3 大区划分法,即东北春谷区、北部高原春谷区、华北夏谷区。在资源研究中一般采用 4 大区划分法,即东北平原区、华北平原区、内蒙古高原区和黄土高原区。20 世纪 90 年代,王殿赢等根据我国谷子生产形势的变化,特别是春谷面积大量减少、分布相对分散、品种通用性差,夏谷面积大量增加、分布相对集中、品种通用性强的特点,通过组织全国谷子生态联合试验,将中国谷子主产区划分为 5 大区 11 个亚区。

黄淮海夏谷亚区:包括北京、天津以南,太行山、伏牛山以东,大别山以北,渤海和黄海以西的广大华北平原,是我国夏谷主产区。品种对短日照不敏感至中等,对长日照不敏感。品种多为中早熟类型,少数晚熟,一般生育期 80 ~ 90 d。植株较矮,穗较长,粒小。

9.5.2 谷子发展前景

在历史上谷子被认为是低产作物,因为其单产同玉米、高粱、水稻等作物相比,产量也确实相对较低。但新中国成立 60 年多年来,我国已采用多种手段育成谷子品种 300 多个,使我国的谷子平均单产由新中国成立初期的不足 50 kg/亩,提高到现在的 166 kg/亩左右,小面积单产突破 600 kg/亩。尤其是 20 世纪 80 年代以来,谷子倒伏的问题基本解决,产量水平有了显著提高,如冀谷 14 创造了夏谷 616.8 kg/亩的产量纪录;2007 年春谷杂交种张杂谷 8 号更创造了 860 kg/亩的新纪录。这些典型都说明谷子已不再是低产作物。

谷子去皮后为小米。小米属传统的营养保健农产品,近年来,市场需求逐步扩大,市场价格远远高于玉米,是玉米的 2 ~ 3 倍。再加上谷子生产投入又比玉米少,同等生产条件下,经济效益一般是玉米的 2 ~ 3 倍,甚至更高。对于旱薄地来说,种植玉米需要靠当年的降雨量来保证产量,风险较大;而谷子丰雨年份丰收,缺雨年份因谷子的适应性强也能保证较好的收入。

谷子耐旱、耐瘠薄,适应性广,稳产性强,化肥、农药用量少,是典型的环境友好型作物。在适宜温度下,谷子吸收本身重量 26% 的水分即可发芽,而同为禾本科作物高粱需要 40%、玉米 48%、小麦 45%。谷子不仅抗旱,而且水分利用效率高。每生产 1 g 干物质,谷子需水 257 g,玉米需水 369 g、小麦需水 510 g,而水稻更高。我国是缺水大国,人均水资源仅为世界平均水平的 25%,而且多年来以过分消耗水资源带动经济发展付出了沉重代价,导致了水资源缺乏形势日益加剧。在水资源日益匮乏、旱灾频发的情况下,耐旱高产、用途广泛的谷子栽培面积将会逐渐扩大。

谷子是粮饲兼用作物,具有很高的营养保健价值。小米是孕妇、儿童和病人的良好营养食物,已为全世界所公认。因此,发展谷子生产符合未来食物结构调整的要求。随着人们健康意识的增强,对优质小米及其深加工食品的需求与时俱增,已成为谷子种植面积逐步扩大的推动力。

谷子作为饲草,其粗蛋白含量远高于其他禾本科牧草,接近于豆科牧草(苜蓿),但产量显著优于豆科牧草,因此牧草谷子应用开发前景也十分广阔。

另外,谷子(小米)也是重要的出口创汇农产品,主要销往日本、韩国、印度尼西亚等 35 个国家和地区。其中日本是我国小米的最大出口国家,年出口量 6 200 ~ 8 700 t,占日本小米进口总量的 60%。

综上所述,在旱作区发展谷子作物种植,有很大的市场潜力。

9.5.3 谷子栽培要点

谷子耐旱耐瘠,适宜在丘陵山地种植。郑州地区地处平原与丘陵过渡地区,自然环境、生产条件及其消费市场十分适宜发展谷子种植。谷子栽培重点掌握以下几方面技术。

9.5.3.1 选用优良品种

适应生产上应用的谷子品种比较多,但在不同生态区域都有不同的主导品种。目前适合黄淮海夏谷区种植的主要谷子品种有冀谷19、冀谷20、冀谷21、冀谷22、冀谷24、冀谷25、冀谷26、冀谷31、济谷11、济谷12、济谷13、豫谷9号、豫谷11号、豫谷12号、豫谷13号等。这些品种中,品质最好的是冀谷19,冀谷19为全国一级优质米,褐红色籽粒,鸟害较轻,产量也较高,冀谷19是目前黄淮海地区推广面积最大的谷子品种,缺点是中感白发病和红叶病;冀谷24为抗阿特拉津除草剂品种,可在播种后出苗前喷施阿特拉津防治杂草,品质中上等,光温反应不敏感,即使在吉林省公主岭市仍可正常成熟。

近几年,郑州市重点引进和示范推广的新品种有冀谷19、冀谷20、冀谷26、冀谷31、豫谷11、豫谷15、张杂谷8号等。

9.5.3.2 选择种植地块

1)选择无污染的土壤

谷子适应性广,对土壤要求不严,一般选择地势平坦、保水保肥、排水良好、肥力中等的地块为宜。无公害栽培一定要选择无环境污染的地块,严格按照无公害生产规程操作,生产基地要进行无公害认证。

2)注意轮作倒茬

谷子忌连作。我国古代就有"谷田必须岁易"的经验。连作有三大害处:一是病害严重,特别是谷子白发病,重茬的发病率是倒茬的3~5倍。二是杂草严重,谷地伴生的谷莠草多,易造成草荒。"一年谷,三年莠"。三是谷子根系发达,吸肥力强,连作会大量消耗土壤中同一营养元素,造成"歇地",致使土壤养分失调。

因此,谷子栽培必须进行合理轮作倒茬,一般两年轮作一次,以调节土壤养分,及时恢复地力,减少病虫草害。谷子较为适宜的前茬依次是豆茬、薯类、玉米茬等。

3)做好土地整理

谷子种子细小,幼苗顶土能力差,播种前土地要深翻细整,反复耙耱,使土块细碎,地面平整。春播地要于上年深翻整地保墒,冬春季镇压保墒。翌春播种前浅耕耙耱后播种。夏季复种时,于前作收获后,及时深翻耙耱整地,趁墒抢种。

春季整地要结合"三墒整地"(耙耱保墒、浅犁塌墒、镇压提墒),做好保墒工作,才能保证谷子发芽出苗所需的水分。

耙耱保墒是指早春进行"顶凌耙耱",雨后合墒时也要进行及时耙耱。作用是切断土壤表层毛细管,耙碎坷垃弥合地表裂缝,减少水分蒸发。

浅犁塌墒是指播种前结合施肥进行浅耕。这次浅耕以早为好,耕后及时进行耙耱保墒,打碎坷垃,达到塌墒,以防掉根死苗,提高地温。

镇压提墒即播前春旱,土壤疏松,水分以气态方式散失时所采取的保墒措施,以减少大孔隙,创造一定的紧密度。

4)增施基肥

增施基肥是谷子高产的重要基础。为使植株生长健壮,亩穗数、穗粒重、千粒重都有所提高而获得高产。应结合整地,增施基肥。以农家肥为主,一般每亩施农家肥 3 000 kg,或施用生物有机肥 50 kg。施肥方法是种前撒施,施肥后深耕。将磷肥与农家肥混合沤制作底肥效果最好。

9.5.3.3 **播种关键技术**

1)播前种子处理

播种前 2 ~ 3 d,选择晴天中午将谷种均匀摊在地上晒种,播种前一天对种子进行“三洗一闷一拌”处理。即先用清水去秕籽,再用 10% 盐水漂去不饱满的籽粒,然后用清水洗盐;将清选好的种子用种子量 0.1% 的内吸磷类农药如辛硫磷拌种防治地下害虫,同时用种子量 0.2% ~0.3% 的瑞毒霉或金满利或多菌灵等拌种防治白发病和黑穗病;拌种后堆闷 6 ~ 12 h 即可播种。

2)足墒播种

灵活掌握播期,足墒播种,在力争早播前提下,适宜播期内抢墒不等时,在土壤干旱误时晚播情况下抢时不等墒。春谷 5 月上、中旬播种,夏谷 6 月上、中旬播种,最晚可延至 7 月初。夏季复种,要于前茬作物收获后及时抢种。

3)施用种肥

种肥在谷子生产中已作为一项重要的增产措施而广泛使用。氮肥作种肥,一般可增产 10% 左右,但用量不宜过多。以硫酸铵作种肥时,用量以 2.5 kg/亩为宜,尿素 0.8 ~ 1 kg/亩为宜。此外,农家肥和磷肥作种肥也有增产效果。

4)合理密植

播种量应根据种子质量、墒情、播期、播种方式等来定,以一次保全苗、幼苗分布均匀为原则。每亩用种量 0.8 ~1 kg,早播减量,晚播增量;肥地增量,薄地减量。

如何确定播种方式和留苗密度?

谷子的播种方式因各地耕作制度、栽培水平、土质、地形的差异,形式多样,同一地区之内,也可几种播种方法并用。谷子的播种方法有耧播、沟播、犁播、垄作、机播等多种。确定播种方法要考虑三个因素:一是生产条件,二是生态、气象条件,三是品种的要求。耧播的优点是省工省籽保墒、易保苗,一般在正常春播时采用;沟播和犁播的优点是将谷子种在沟里,通过中耕培土,逐步将沟变成垄,有利于根系发育,防止倒伏,缺点是开沟容易造成大量跑墒;垄作一般在东北地区多用,优点是通风透光好,能提高地温,利于排涝及田间管理,缺点是留苗数偏少,土地利用率低;机播的优点是播深一致,出苗整齐,苗匀苗壮,少工省力,效率高。各地可因地制宜选择播种方法,干旱严重地区可采取条沟播种法、壕沟播种法、探墒播种法等抗旱播种法进行播种。

谷子留苗密度因生态环境、品种特性、种植习惯、播种方法有差异。一般春谷留苗 2 万 ~3 万株/亩,夏谷留苗 4 万 ~5 万株/亩,可按照地块肥力调整,肥力差应适当降低密度。麦茬谷适宜行间距 40 cm 左右,春播谷适当加大行距。

5)播后镇压

播种深度以3～5 cm为宜,播后镇压,使种子紧贴土壤,以利种子吸水发芽。在干旱少雨情况下也可采用地膜覆盖栽培技术。

6)防治地下害虫

每亩用辛硫磷50%乳油100 mL加水500 mL,加过筛的细砂20 kg拌匀,条施在播种沟内(与种子隔开)防治地下害虫;或者用炒(煮半熟)的谷子,1 kg谷子拌0.2 kg辛硫磷,配20 kg细砂土,田间撒施,防治蝼蛄。也可用黑光灯诱杀。

9.5.3.4 主要生育期管理

1)苗期管理

苗期管理的主攻方向是适当控制地上部分生长,促进根系发育,培育壮苗。要在施足底肥、精选良种、趁墒播种的基础上,通过蹲苗、早间苗、早中耕等措施,促进根系发育,达到壮苗目的。

2)穗期管理

穗期管理的主攻方向是协调营养生长和生殖生长的关系,达到株壮穗大。要在合理密植的基础上,结合降雨或补灌,追施速效氮肥,同时深中耕,清垄以减少水肥无谓消耗,达到苗脚清爽、株型匀称、秆粗穗大。

3)粒期管理

谷子抽穗后,发育中心是开化受精,建成籽粒。这一阶段管理的主攻方向是防早衰,延长叶片寿命,提高成粒率,增加粒重。可以通过叶面喷肥,巧施粒肥,提高光合能力,减少秕谷,达到增产目的。

9.5.3.5 预防谷子倒伏

1)选择抗倒伏品种

抗倒伏品种一般植株不过于高大,基部茎节间较短且粗壮,叶片分布由下至上呈塔形或纺锤形且生长紧凑,穗茎节较短,穗成熟时下垂角度较小。

2)苗期蹲苗

在苗期通过各种措施促进根系的发育,控制地上部生长,为谷子后期的生长发育奠定基础。夏谷蹲苗在出苗后一个月内,谷子长出12片叶前进行。

一是砘青苗,在幼苗长出3～5叶时用石砘镇压青苗。如表土水分过多不宜砘压。压青砘能有效控制地上部分生长,使谷苗茎基部变粗,促进谷子早扎根、快扎根,提高幼苗抗旱、抗倒和吸收肥水的能力。二是要适当控制地表水分,采取深中耕(拔节期深锄7～10 cm,挖断浮根促新根扎深根)、推迟肥水管理、拔节期喷施微肥等措施促进根系发育和控制地上部生长。苗期只要不出现严重的干旱,尽量不补灌,以利于形成壮苗。

3)早间苗

3～5叶期进行间苗较为适宜。

早间苗,防荒苗,对培育壮苗十分重要。群众经验是:“谷间寸,顶上粪”。早间苗可以改善幼苗的生态条件,特别是改善光照条件,使幼苗根系发育健壮,根量增加,幼苗壮而不旺,叶色浓绿,晚间苗易使谷苗瘦弱细长,叶片狭长,叶色发黄。间苗时间最好在三叶一心期,其增产效果最好,但由于谷苗太小,操作较困难,一般在5叶前操作较好,5叶以后,次生根已较发达,间苗时容易拔断谷苗,易形成残株。试验结果表明,早间苗一般可增产10% ~30%。

间苗难、劳动量大是谷子生产上存在的突出问题,直接影响到谷子的大面积种植。目前解决谷子间苗难的问题有两项新技术:一是化控间苗技术,通过化学处理的方法,达到间苗的目的,方法是将种子的一部分利用化学药剂处理,然后与正常种子混匀播种,出苗后,处理过的幼苗自动死亡,从而达到共同出苗和间苗的目的。山西省农业科学院谷子研究所已研究成功化控间苗剂,并获得了山西省科技进步二等奖。二是利用抗除草剂品种,播种时抗除草剂品种与不抗品种混合播种,出苗后通过喷除草剂达到除草和间苗的双重目的。河北省农林科学院谷子研究所已培育出抗除草剂品种,并在华北夏谷区推广应用,该项技术已申报了国家专利。

4)加强中耕培土

一般在谷子拔节孕穗期进行。拔节期深锄,促进新根的深扎,一般 7 ~10 cm 为宜,孕穗期浅中耕,免伤根,结合培土促生不定根,矮秆品种和纹枯病多发的地区不必培土。

5)合理追肥

追肥增产作用最大的时期是抽穗前 15 ~20 d 的孕穗阶段,以纯氮 5 kg/亩为宜。氮肥较多时,分别在拔节始期追施"坐胎肥",孕穗期追施"攻粒肥"。在谷子生育后期,叶面喷施磷肥和微量元素肥料,可以促进开花结实和籽粒灌浆饱满。

6)及时防治钻心虫

一般在苗期及时拔除田间枯心苗,并在苗高 16 ~19 cm 时喷施 500 倍液的敌百虫或用 2.5% 溴氰菊酯乳油与乐果乳油混配 800 ~1 000 倍液喷雾。

9.5.3.6 简化栽培技术

传统的谷子栽培方法,为保证全苗,一直采用大播种量,再人工间苗。此外,普通谷子品种不抗除草剂,谷田除草靠人工作业。因此,谷子苗期高强度管理劳动制约了谷子生产。

近几年,有关科研人员研究成功了谷子简化栽培技术,实现了化学除草、化学间苗,使谷子种植简单化,大大减轻了谷子栽培管理强度,对我国谷子规模化、专业化生产以及北方旱作农业的发展具有重要意义。但是,此项技术对品种的选择性较强,不是所有品种都能进行简易化栽培。

目前适合黄淮海地区夏播的简化栽培谷子品种有冀谷 25(懒谷 1 号)、冀谷 29 和冀谷 31(懒谷 3 号)。均是河北省农林科学院谷子研究所培育的。冀谷 25(懒谷 1 号)、冀谷 29,分别于 2006 年和 2008 年通过全国谷子品种鉴定委员会鉴定,冀谷 31(懒谷 3 号)是最近育成审定的优质新品种,在 2008 年的国家谷子品种区域试验中产量居 15 个参试品种的第二位。几个品种的特点如下:①生育期和适应区域:以上品种均可在河北中南部、山东、河南、陕西南部夏播种植,产量也区别不大,但在其他春播区域适应范围略有不同,冀谷 25(懒谷 1 号)熟期最早、光温反应最不敏感、适应性最广,可在河北张家口坝下、承德坝下、冀西太行山、冀东燕山地区、辽宁朝阳以南、山西晋中市、陕西延安春播种植。冀谷 29、冀谷 31(懒谷 3 号)生育期较冀谷 25 长 3 ~5 d、光温反应比较敏感,不能在辽宁朝阳、陕西延安春播种植。此外,冀谷 29 秸秆较高,抗旱性较好,在干旱瘠薄地区比冀谷

25 和冀谷 31 适应性更好些。冀谷 31(懒谷 3 号)抗倒伏能力优于冀谷 25(懒谷 1 号)和冀谷 29。②品质:冀谷 31 品质最好,达到全国一级优质米标准,冀谷 29 品质也较好,冀谷 25(懒谷 1 号)品质中等。三个品种小米均为黄色,但谷粒颜色不同,冀谷 25(懒谷 1 号)和冀谷 29 均为黄色,冀谷 31(懒谷 3 号)为褐红色。

冀谷 25(懒谷 1 号)是河北省农林科学院谷子研究所育成的国内外第一个可以实现简化栽培的谷子新品种。该品种是应用高新技术将从国外引进的"抗除草剂基因"进行谷子育种,育成的新品种既抗除草剂又抗间苗剂;利用该品种与不抗间苗剂的同型秭妹系按比例配比,通过喷施专用除草剂、间苗剂达到除草和间苗的效果,实现化学间苗、化学除草,并可有效控制和预防恶性杂草"谷莠子",解决了几千年来谷子一直依靠人工间苗、人工除草的技术难题,使谷子生产实现一次技术革命。

冀谷 25(懒谷 1 号)特征特性:幼苗绿色,生育期 87 d,株高 109.3 cm,属中秆型品种。纺锤形穗,松紧适中;穗长 16.7 cm,单穗重 12.3 g,穗粒重 10.4 g,千粒重 2.78 g;出谷率 84.6%,出米率 76.9%;黄谷,米色浅黄,适口性好。在中国作物学会粟类作物专业委员会举办的"全国第六届优质食用粟品质鉴评会"上评为一级优质米。该品种抗倒性、抗旱性、耐涝性均为 1 级,抗锈性 2 级,对谷瘟病、纹枯病抗性较强,均为 1 级,抗红叶病、线虫病、白发病。

冀谷 31(冀谷 19×1302-9,又名 k492,懒谷 3 号)是一个高产、优质、适宜简化栽培管理的谷子新品种,其化学除草、化学间苗的简化栽培管理模式省工省时,能让种植户从繁重的田间劳动中解放出来。冀谷 31(懒谷 3 号)的亲本之一是冀谷 19,为全国一级优质米。在冀谷 19 的基础上,冀谷 31 的品质和抗性又有了改进,除在品质上有所提高外,在产量、抗旱、抗病、抗倒伏、耐瘠薄等方面表现也很突出,一般水肥条件下,亩产量能达到 400~450 kg。

冀谷 31(懒谷 3 号)幼苗绿色,夏播生育期 88 d,株高 120 cm;纺锤形穗,穗偏紧,平均穗长 20 cm 以上;出谷率 79.7%,出米率 73.1%,褐谷黄米;抗倒、抗旱、抗涝性均为 1 级。其特有的褐色籽粒和较长刺毛,能减轻鸟害。

栽培上有以下几方面的技术要求:

1)精量播种

在黄淮海地区平原春白地或在麦茬播种地块亩播种量 0.9~1.5 kg;麦收后播种的地块,播种量以 1~1.2 kg 为佳;山区丘陵旱薄春播地块播种量以 0.8~0.9 kg 为佳。

播种方式采用小型播种机播种,播种量容易控制,播种均匀程度也较高。不具备机播条件的可以采用耧播。

2)喷施除草间苗剂

该项技术配套的药剂有两种,即谷友(原谷草灵)和壮谷灵(不能用于杂交谷)。

谷友为苗前除草剂,谷子播种后(3 d 之内),出苗前均匀喷施于地表。喷施晚了对谷子易造成危害。由于谷友是可湿性粉剂,所以使用时最好是二次稀释,即先将药剂用少量水稀释调匀成糊状,然后再加水进行喷施。谷友每亩最佳剂量是 100 g/亩,最高 120 g/亩,每亩兑水 50 kg,封闭除草效果能达到 80% 以上。

"壮谷灵"是间苗剂,同时也是除草剂,对单子叶杂草(尖叶杂草)具有非常好的除草效果，但对双子叶杂草（阔叶杂草）无效，最佳使用时期为杂草 2～3 叶期、谷苗 4～5 叶期喷施，剂量为 80～100 mL/亩，兑水 30～40 kg/亩。若谷子播种量过大或杂草出土较早，可以分两次使用“壮谷灵”，第一次在谷苗 2～3 叶期使用，剂量为 50 mL/亩；第二次在谷苗 6～8 叶期使用，剂量为 70～80 mL/亩。值得注意的是，如果因墒情等原因导致出苗不均匀时，苗少的部分则不喷“壮谷灵”。注意要在晴朗无风、12 h 内无雨的条件下喷施，确保不使药剂飘散到其他谷田或其他作物。“壮谷灵”兼有除草作用，垄内和垄背都要均匀喷施，不漏喷。喷药后 7 d 左右，不抗除草剂的谷苗逐渐萎蔫死亡，若喷药后遇到阴雨天较多，谷苗萎蔫死亡时间稍长。10 d 左右查看谷苗，若个别地方谷苗仍然较多，可以再人工间掉少量的谷苗。

3）中耕培土

谷子封垄前需要深中耕培土，具有三方面的作用。一是可以防治新生的少量杂草；二是可以结合追肥中耕培土，追肥后耕地培土可以防止肥料流失；三是培土后可以刺激次生根生长，防止倒伏，并有增产作用。

9.5.3.7 谷子的“六喜六怕”

谷子的生育特点可以概括为“六喜六怕”。一是喜轮作怕重茬，谷子重茬地病害严重，杂草严重，谷莠子多；二是播种时喜墒怕干，谷子虽然是耐旱节水作物，但是，如果墒情不足，容易造成缺苗断垄；三是出苗后喜疏怕稠，如果不及时间苗，或留苗过于密集，会影响后期生长，造成秆弱穗小、易倒伏并减产；四是拔节前喜蹲怕发，拔节前肥水过于充足，或田间郁蔽，通风透光条件差，造成拔节期生长过快，容易发生倒伏；五是拔节孕穗期喜水怕旱，拔节孕穗期干旱，容易形成“卡脖旱”，抽穗不畅或抽不出穗，或形成畸形穗；六是开花灌浆期喜晒怕涝，谷子开花灌浆期需要充足的阳光，日照充足，小花开的快，且花粉量充足，小花授粉效果好，并且有利于叶片进行光合作用，制造大量的光合产物，形成较高的产量。

概括起来就是“苗期宜旱、中期要水、后期怕涝”。

9.5.3.8 获得高产的关键环节

旱地谷子生产获得高产，要掌握好三个关键环节。

一是选用优良新品种。谷子优良新品种一般都有“胎里富”的特点，选择应用优良新品种是增产的前提条件。

二是充分利用以提高有限降水资源利用率为主的耕作栽培技术。

旱地谷子生产的主要限制因素是水分，在有限降水条件下，只有提高雨水的利用，才能获得较高产量。提高水分利用的耕作措施包括了传统的旱地耕作蓄水保墒技术，即可以通过深耕蓄墒、中耕保墒、适时早播抢墒、及时镇压提墒等措施，蓄住自然降水，减少水分损失，提高水资源利用率，以保证谷子生长发育对水分的需求。

提高水分利用的栽培技术主要有应用地膜覆盖栽培技术，目前普遍应用的谷子膜侧栽培技术不仅具有明显的集雨作用，在谷子生长发育早期还具有明显的增温和抑蒸保墒作用。

三是要加强田间管理。比如要适时间苗定苗，适时防治病虫害，充分利用降雨追施肥料，防止雀害等。

9.5.3.9 防治病虫害

1）防治谷子锈病

a. 病害识别

谷子锈病常在叶片、叶鞘上发生。叶片受害，叶片表面及背面散生有长圆形红褐色隆起斑点，斑点周围表皮翻起，散出黄褐色粉末（病菌）。后期叶背及叶鞘上生有圆形或长圆形灰黑色斑点（病菌冬孢子堆），冬孢子堆破裂散出黑粉末。

b. 防治方法

（1）选用抗病品种。

（2）合理密植，增施磷、钾肥，切勿过多施用氮肥。

（3）药剂防治。可用25%三唑酮可湿性粉剂或12.5%三唑醇可湿性粉剂喷洒。

2）防治谷子白发病

a. 病害识别

谷子白发病病菌在土壤中、肥料中以及附着在种子表面上越冬。谷子播种后，卵孢子随种子发芽而萌动，从芽鞘侵入，蔓延到生长点，并随生长点组织的分化和发展，到达叶片和花序，从而引起不同的症状。谷苗3~4叶起，病叶肥厚，叶正面黄白色条纹，田间湿度大时，叶背面密布灰白色霉层（病菌），叫“灰背”。轻病株继续生长，心叶不能展开，直立于顶端，黄白色，叫“白尖”。白尖枯死变为深褐色，不抽穗，直立田间，叫“枪杆”。以后，病叶棕色，心叶厚壁组织被破坏，散出大量黄褐色粉末（病菌卵孢子），残留的维管束白色，卷曲成乱发状，叫“白发”。病株不抽穗，如抽穗，病穗短缩，肥肿，小花的内外颖伸长成角状或叶片状，全穗膨松，不结实，叫“看谷老”或“刺猬头”。“灰背”、“白尖”、“白发”、“看谷老”是病株不同生育阶段表现的不同症状，都是谷子白发病的俗名。

b. 防治方法

（1）实行2~3年轮作。

（2）拔除病株。苗期拔除“灰背”，成株期拔除“白尖”。拔下的病株携带出田间烧毁，切勿作饲料，也不要用来沤肥。连续拔除病株，才能降低土壤含菌量。

（3）选用抗病品种并进行种子处理。用35%瑞毒霉拌种剂0.2~0.3 kg，拌种100 kg。拌种时，先用1%的水拌湿种子，再加药拌匀。也可用40%萎锈灵粉剂0.7 kg，拌种100 kg，或用10%石灰水浸种12 h，或用清水冲洗2~3次，都有一定防治效果。

（4）适期播种，播种不宜太深，以利谷苗出土，减少发病。

3）防治谷子粒黑穗病

a. 病害识别

谷子感染粒黑穗病会使谷粒变成黑粉。谷子粒黑穗病是真菌引起的病害。谷子粒黑穗病在抽穗前不表现明显症状。病穗抽穗较晚，病穗短小，常直立不下垂。病穗灰绿色，一般全穗受害，也有部分籽粒受害，病籽稍大，外有灰白色薄膜包被，坚硬，内充满黑褐色粉末即病菌的厚垣孢子。病菌沾附在粒子表面越冬。病菌厚垣孢子存活力很强，在室内干燥条件下存活10年以上。第二年，种子发芽，病菌孢子萌动，由芽鞘侵入，达到生长点，随植株发育扩大蔓延，进入穗部，破坏花器，变成黑粉。田间持水量大、温度低时发病重。

b. 防治方法

(1)建立无病留种田，使用无病种子。

(2)进行种子处理。可用50%可美双可湿性粉，或50%多菌灵可湿性粉，按种子重量的0.3%拌种。也可用苯噻清按种子重量的0.05%～0.2%拌种。用40%拌种双可湿性粉以0.1%～0.3%剂量拌种，粉锈宁以0.3%剂量拌种效果也很好。

(3)实行2～3年轮作。

4)防治谷子纹枯病

a. 病害识别

由于种植密度加大等原因，谷子纹枯病和小麦、玉米等纹枯病一样，近年来有加重的趋势。谷子纹枯病自拔节期开始发病，先在叶鞘上产生暗绿色、形状不规则的病斑，之后病斑迅速扩大，形成长椭圆形云纹状的大块斑，病斑中央呈苍白色，边缘呈灰褐色或深褐色，病斑连片可使叶鞘及叶片干枯。病菌侵染茎秆，可使灌浆期的病株倒折。环境潮湿时，在叶鞘表面，特别是在叶鞘与茎秆的间隙生长大量菌丝，并生成大量黑褐色菌核。

b. 防治方法

(1)种子处理。播种前可用2.5%适乐时悬浮剂按种子量的0.1%拌种。

(2)药物防治。病株率达到5%时，采用12.5%禾果利可湿性粉剂400～500倍液，或用15%的粉锈宁可湿性粉剂600倍液，每亩用药液30 kg。在谷子茎基部喷雾防治一次，7～10 d后酌情补防一次。

(3)实行2～3年轮作。

5)防治谷瘟病

a. 病害识别

谷瘟病在谷穗上的表现为“死码子”。其实从苗期到成株期都可能发生谷瘟病，发生在叶片上叫叶瘟；发生在穗上的叫穗瘟。叶瘟一般从7月上旬开始发生，叶片上先出现椭圆形、暗褐色水浸状的小斑点，后逐渐扩大成纺锤形，灰褐色，中央灰白色病斑，病斑和健康部分的界限明显。天气潮湿时病斑表面生有灰色霉状物。有的病斑可汇合成不规则的长梭形斑，致使叶片局部或全叶枯死。穗期一般在主穗抽出后就开始发病，最后完全环绕穗轴及茎节处变褐枯死，阻碍小穗灌浆造成早枯变白。当谷子刚进入乳熟期，便在绿色谷穗上出现数量不等的枯白小穗，俗称“死码子”。发病严重时，常引起全穗或半穗枯死。病穗呈青灰色或灰白色，干枯、稀松、直立或下垂，通常不结籽或籽粒变成瘪糠。连阴雨、多雾露、日照不足时易发生谷瘟病。

b. 防治方法

在田间初见叶瘟病斑时，用40%克瘟散乳油500～800倍液或6%春雷霉素可湿性粉剂80万单位(mg/kg)喷雾，每亩用药液40 kg。如果病情发展较快抽穗前可再喷一次。

6)防治谷子线虫病

a. 病害识别

谷子线虫病主要为害穗部，开花前一般不表现症状，所以到灌浆中后期才被发现。感病植株的花不能开花，即使开花也不能结实，颖多张开，其中包藏表面光滑有光泽、尖形的秕粒,病穗瘦小直立不下垂,发病晚的或发病轻的植株症状多不明显。不同品种症状明显不一样,红秆或紫秆品种的病穗向阳面的护颖变红色或紫色,尤以灌浆至乳熟期最明显,以后褪成黄褐色。而青秆品种没有这种症状,直到成熟时护颖仍为苍绿色。

b. 防治方法

(1)种子处理。播种前可用种子重量0.1% ~0.2%的1.8%阿维菌素乳油拌种。

(2)药物防治。可用0.5%阿维菌素颗粒剂沟施,发病轻的地块每亩用药3 ~5 kg,严重的地块每亩用药5 ~7 kg。

(3)实行2 ~3 年轮作。

近年来谷子的病虫害以前面所述的几种病害相对发生较重,而虫害较轻,这同年度间的气候条件变化等因素关系很大。谷子的虫害主要蝼蛄、金针虫、钻心虫(粟灰螟、玉米螟)、粟茎跳甲、黏虫、粟芒蝇等几种。不同年份间这些虫害的发生程度不同,不同虫害的防治措施的具体细节也不同,但比较普遍的防治措施是:①结合秋耕、春耕,清除杂草,以减少初侵染源;②合理轮作倒茬;③适期播种;④合理施肥,加强管理;⑤适时适量喷洒农药。

9.5.3.10 收获和储藏

谷子的收获和储藏是保证谷子丰收和质量的重要内容,应注意以下几个方面:

(1)适时收获。适时收获是保证谷子丰产丰收的重要环节,一般谷子以蜡熟末期或完熟初期收获最好。

(2)及时摊晒。收获后,要及时摊晒谷穗,防止发芽和霉变。

(3)适时脱粒。谷子的脱粒可采用畜力或车辆碾场,也可采用机械脱粒。碾场时谷穗平铺的厚度以13 ~17 cm为宜,注意清理干净场地,防止杂质、砂粒等混入谷子中影响质量。

(4)安全储藏。谷子外被有坚硬的外壳,有防虫和防霉作用。但是,谷子往往含杂质和瘪粒较多,粮堆内孔隙小,当水分含量高时,粮堆内的湿、热气不易散开,而且导致发热霉变。因此,谷子收获后,及时晒干,降低水分(12.5%以下),同时清除杂质和瘪粒,入仓后,要注意通风防湿,进行低氧密闭保管,如遇返潮,要及时作晾晒处理。谷子上面还可压盖异种粮(绿豆、赤豆),防止蛾类害虫。露天囤储藏,气温较高时向阳面和上部有发热现象,所以在入夏之前,应加以苫盖,防止阳光直晒。

9.5.4 谷子的营养保健作用

小米的粗蛋白质平均含量为11.42%,高于稻米、小麦粉和玉米。小米中的人体必需氨基酸含量较为合理,除赖氨酸较低外,小米中人体必需氨基酸指数分别比稻米、小麦粉、玉米高41%、65%和51.5%;小米的粗脂肪含量平均为4.28%,高于稻米、小麦粉,与玉米近似,其中,不饱和脂肪酸占脂肪酸总量的85%,对于防止动脉硬化有益;小米碳水化合物含量72.8%,低于稻米、小麦粉和玉米,是糖尿病患者的理想食物;小米的维生素A、B_1含量分别为0.19 mg/100 g和0.63 mg/100 g,均超过稻米、小麦粉和玉米。较高的维生素含量对于提高人体抵抗力有益,并可防止皮肤病的发生;小米中的矿物质含量如铁、锌、铜、镁均大大超过稻米、小麦粉和玉米,钙含量大大超过稻米和玉米,低于小麦粉,此外还含有较多的硒，平均为 71 μg/kg，较高的上述矿物质含量具有补血、壮体、防治克山病和大骨节病等作用；小米的食用粗纤维含量是稻米的 5 倍，可促进人体消化。

《本草纲目》记载，小米“治反胃热痢，煮粥食，益丹田，补虚损，开肠胃”。而中医亦讲小米“和胃温中”，认为小米味甘咸，有清热解渴、健胃除湿、和胃安眠等功效，内热者及脾胃虚弱者更适合食用它。吃小米能开胃又能养胃，具有健胃消食、防止反胃和呕吐的功效。小米熬粥营养价值丰富，有“代参汤”之美称。我国北方许多妇女在生育后，都有用小米加红糖来调养身体的传统。

9.5.5 谷子的主要加工产品

谷子籽粒产量的 85% 左右用做人类食粮，且主要以原粮形式消费，10% 左右用做饲料，5% 用于食品加工等。除可熬粥外，小米磨成粉，可制糕点、煎饼、锅巴等，美味可口。目前以小米为主料研制成功的产品有小米酥卷、小米糖酥煎饼、小米营养粉、米豆冰淇淋、小米方便粥、小米锅巴等。小米最常见的食用方法是熬粥，除单独煮熬外，亦可添加大枣、红豆、红薯、莲子、百合等，熬成风味各异的营养粥。

9.5.6 谷子优质产品质量标准

我国拥有四大贡米，分别是河北的“桃花米”、山西的“沁州黄”、山东的“金米”和“龙山米”。四大贡米以煮粥口味醇香而闻名，但由于产量低、抗性差等原因已很少种植。近年来，我国谷子育种工作者育成了一批产量较高的优质品种，有的已成功地进行了市场开发，如晋谷 21 号、冀特 2 号（金谷米）、龙谷 25 号等，并涌现出“汾州香”、“谷龙小米”等优质小米名牌。

目前，粟类消费主要是原粮直接消费，因此食味品质是首要的，其次是商品品质。随着商品经济的发展，商品品质越来越受到重视；由于人们对蛋白质、脂肪的需求已主要通过副食品来满足，因此人们不再强调谷子的蛋白质、脂肪的含量，而是在食味品质和商品品质好的前提下，兼顾蛋白质和脂肪含量的提高。

谷子的食味品质目前没有国家标准，均参照执行河北省地方标准（DB/1300 822 13 ~ 90《优质食用粟品质及其检测方法》），通过蒸煮品尝结合化验指标来衡量，与蒸煮品质有关的主要化验指标如下：

（1）直链淀粉含量。直链淀粉含量与食味品质有关，是衡量食味品质的主要指标。一般情况下，糯性品种直链淀粉含量越低，黏度越高，食味品质越好；对于粳性品种，直链淀粉含量以中等偏低最佳，含量较低的米饭黏性大、柔软、有光泽、适口性好，但蓬松性差，含量较高的米饭蓬松，但色泽暗、适口性差，且有回生现象；含量中等偏低的既蓬松又柔软可口，是最佳类型。优质粳性品种直链淀粉含量一般为 14% ~17%。

（2）胶稠度。与食味品质有关的另一重要指标是胶稠度，一般用米胶长度表示，米胶长的米饭柔软、适口性好，短的较硬、适口性差。优质粳性品种米胶长度一般大于 115 mm。

（3）糊化温度。糊化温度虽与适口性无关，但与蒸煮品质有关，糊化温度是指淀粉在热水中开始作不可逆膨胀所需的温度范围，糊化温度高的品种蒸煮所需时间长，耗能多，反之则蒸煮时间短，耗能少，人们一般喜欢糊化温度低的类型。优质粳性品种糊化温度一般为 20 ~ 30 ℃。

9.6 绿　豆

9.6.1 绿豆概述

绿豆 Vigna radiata L. [Wilclzek],又名菉豆、植豆、文豆,英文名 mung bean. greengram,属豆科(Leguminosae)菜豆族(Phaseoleae)豇豆属(Vigna)植物中的一个栽培种。

绿豆在中国已有 2 000 多年的栽培历史,早在《吕氏春秋》、《齐民要术》等古农书上就有关于绿豆栽培技术的记载。主产区集中在黄河、淮河流域及华北平原。

绿豆原产于亚洲东南部,中国也在起源中心之内。德·孔多尔(De Candolle,1986)最早在《栽培作物起源》一书中认为,绿豆起源于印度及尼罗河流域。瓦维洛夫(H. I/I. BaBuAoB,1935)在《育种的理论基础》中认为,绿豆起源于"印度起源中心"及"中亚中心"。德国学者布特施耐德(E. Bretschneider,1898)认为,绿豆起源于广州。最近几年,我国汪发瓒等在云南、广西、河南、山东、湖北、辽宁、北京等地也采集到不同类型的野生绿豆标本。

绿豆是喜温作物,在温带、亚热带、热带高海拔地区被广泛种植,其中印度、中国、泰国、菲律宾等国家栽培最多。世界上绿豆种植面积最大的国家是印度,出口量最大的国家是泰国,种质资源保存最多、育种工作最有成效的单位是亚洲蔬菜研究与发展中心(AVRDC)。

绿豆的药理及药用价值在《本草纲目》、《随息居饮食谱》、《中药大辞典》、《食物营养与人体健康》等古今医药、营养学书籍中都有详细介绍。绿豆营养丰富,医食同源,且加工技术简便,是人们理想的营养保健食品。绿豆芽营养丰富,美味可口,并有一定的抗癌和医疗作用。

绿豆适应性广,抗逆性强,耐旱、耐瘠、耐荫蔽,生育期短,播种适期长,并有固氮养地能力,是禾谷类作物、棉花、薯类间作套种的适宜作物和良好前茬,在农业种植结构调整和高产、优质、高效农业发展中具有其他作物不可替代的重要作用。

9.6.2 绿豆分布、生产与区划

9.6.2.1 **分布与生产**

绿豆为喜温作物,在温带、亚热带、热带地区被广泛种植,以亚洲的印度、中国、泰国、缅甸、印度尼西亚、巴基斯坦、菲律宾、斯里兰卡、孟加拉国、尼泊尔等国家栽培最多。近年来在美国、巴西、澳大利亚及其他一些非洲、欧洲、美洲国家,绿豆种植面积也在不断扩大。

绿豆在我国全国各地都有种植,产区主要集中在黄河、淮河流域及华北平原,以河南、山东、山西、河北、安徽、四川、陕西、湖北、吉林、辽宁等省种植较多。20 世纪 50 年代初,我国绿豆栽培面积达到 170 万 hm^2,总产和出口量曾居世界首位。50 年代末栽培面积开始减少,以后只有零星种植。1979 年以后,种植面积逐年恢复。春播区的绿豆产量低,但产品的品质好,夏播区的绿豆产量高,但品质较差。

9.6.2.2　区划

根据自然条件和耕作制度,中国绿豆大致可分为四个栽培生态区。

1)北方春绿豆区

本区包括黑龙江、吉林、辽宁、内蒙古的东南部、河北张家口与承德、山西大同与朔州、陕西榆林与延安和甘肃庆阳等地。本区春季干旱,日照率较高,无霜期较短,雨量集中在7、8月。通常在4月下旬到5月上旬播种,8月下旬至9月上、中旬收获。

2)北方夏绿豆区

本区包括我国冬小麦主产区及淮河以北地区。此区年降水量600~800 mm,雨量多集中在7、8、9月,日照充足,无霜期180 d以上,年平均温度在12 ℃左右。绿豆通常在6月上、中旬麦收后播种,9月上、中旬收获。

3)南方夏绿豆区

本区包括长江中下游广大地区。本区气温较高,无霜期长,雨量较多,日照率较低。绿豆多在5月末至6月初油菜、麦类等作物收获后播种,8月中、下旬收获。

4)南方夏秋绿豆区

本区包括北纬24°以南的岭南亚热带地区及台湾、海南两省。本区高温多雨,年平均温度在20~25 ℃,年降水量1 500~2 000 mm,无霜期在300 d以上。绿豆在春、夏、秋三季均可播种,为一年三熟制绿豆产区。

9.6.3　无公害栽培要点

绿豆既是调节饮食的佳品,又是食品工业和酿酒工业的原料之一,同时也是重要的药材,被誉为粮中的绿色珍珠。随着我国加入WTO和人民生活水平的提高,以及人们环境意识、保健意识的增强,生产无公害优质绿豆显得尤为重要。

9.6.3.1　产地环境

生态环境良好,远离工业“三废”及农业城镇生活、医疗废弃物污染及公路主干道,以及没有与土壤、水源有关地方病的农业生产区域,符合国家NY/T 391《绿色食品产地环境质量条件》的标准规定。无霜期在120 d以上,年活动积温在2 300 ℃以上,年降水量在440 mm以上。土壤耕层深厚,保肥及排水良好,pH值7左右,忌重茬迎茬及豆科作物轮作,不宜以大白菜地为前茬。

9.6.3.2　品种选用

选用高产、优质、早熟、抗病、抗虫品种。在目前尚无全抗病虫品种的情况下,应选用中绿1号、豫绿2号、豫绿3号、VC3902A、冀绿2号、明绿2号和安阳珍稀黑绿豆1号、郑绿8号、郑绿9号等为宜。种子质量要求达到粒型均匀、粒色一致、光泽碧绿,纯度不低于98%,净度不低于97%,发芽率不低于90%,含水量不高于13%。

9.6.3.3　整地施肥

整地要做到上虚下实,地面平整。施用的肥料品种应符合国家NY/T 394《生产绿色食品的肥料使用准则》有关标准规定,达到无公害要求,有机肥和无机肥应配合使用。春播绿豆:在年前进行冬耕风化,耕深15~25 cm,并结合耕地亩施优质农家肥1 750 kg左右。播种前浅耕细耙,做到疏松适度,地面平整,满足绿豆发芽和生长发育的需要。麦茬夏绿豆:小麦收获后及时用旋耕机旋耕 1 遍清理根茬,或横耙 2 ~ 3 遍后播种。

9.6.3.4 **适期播种**

播前剔除种子中的杂豆、虫蛀、霉变绿豆,再用清水漂选去瘪绿豆和劣质杂豆 留饱满、光泽度好、发芽率发芽势高的籽粒播种,用种 1 ~ 1.5 kg/亩,选好的绿豆在晴天上午晒种,临播时用 60 ℃的温水浸种后捞出控干,播前再选用合适的根瘤菌拌种,1 kg 种子用 100 g 根瘤菌,加水搅拌成糊状,再与种子拌匀,晾干后待播。春播在 4 月下旬至 5 月上中旬,夏播在 5 月 25 日至 6 月中旬,最迟到 7 月上旬。亩播量 1 ~ 1.5 kg,播种方法主要是条播,要防止覆土过深、下籽太稠或漏播,要求播种均匀不断条,行距 40 ~ 50 cm,株距 15 ~ 20 cm。

9.6.3.5 **田间管理**

间苗定苗:第一片复叶展开后间苗,第二片复叶展开后定苗。留苗密度应根据土壤肥力而定,高水肥地块亩留苗 0.7 万 ~ 0.8 万株,中水肥地 0.8 万 ~ 0.9 万株,水肥差的旱薄地亩留苗 1 万 ~ 1.2 万株。

中耕培土:定苗前后,结合除草灭茬中耕 1 ~ 2 次,促使根瘤的形成和根系下扎,分枝期进行第三次中耕并进行培土、护根防倒。

浇水与排涝:绿豆耐旱不耐涝,对水分反应敏感,应注意防涝排涝。绿豆现蕾期是需水临界期,花荚期是需水高峰期,在这两个时期如遇干旱应及时浇跑马水或喷灌。

去杂保纯:为确保绿豆的品质和产量,应尽可能在开花之前,把杂株除净,一定要做好绿豆品种的去杂、去劣、保纯工作。

9.6.3.6 **防病治虫**

绿豆生育期的主要病害应以农业防治、生物防治为主,药物防治为辅。农业防治:选用抗病品种和无病种子,与禾本科植物轮作倒茬,做到不重茬、不迎茬、深翻土地、清除病株。生物防治:注意保护瓢虫、食蚜蝇及草蛉等蚜虫天敌,并采用黄色板诱蚜,防治蚜虫为害。还可选用生物农药进行防治,当绿豆现蕾时,每亩每次用 2% 的雷力阿维菌素 5 000 倍液 +20% 辛功夫 5 000 倍液混合液 50 kg 进行喷雾,10 d/次,连喷两次。药剂防治施用的农药必须符合国家 NY/T 393《生产绿色食品的农药使用准则》和农药安全标准,且在整个生育期内严防农药残留量超标。

农药喷洒器具要采用符合国家标准要求的器械,保证生物农药施用效果和安全。

9.6.3.7 **收获脱粒**

植株上豆荚有 60% ~ 70% 成熟时,开始收摘,每 6 ~ 8 d 收摘 1 次。大面积生产地块,人工采摘有困难时,应选用熟期一致、豆荚上举、成熟不炸的绿豆品种,如中绿 1 号、VC3902A、豫绿 3 号等,待 70% ~ 80% 豆荚成熟后在上午 11 点前收获。运输设备必须安全、卫生、无污染。收获后的绿豆在无毒无害干净的场地及时晾晒,严禁在柏油路面和其他有污染的地方进行晾晒、脱粒,以防污染和保持良好的商品色泽,防止雨淋浸湿发芽。

9.6.3.8 **清选分级**

脱粒后进行机械或人工清选和分级。产品质量符合无公害食品标准,粒型均匀,色泽一致,水分≤13.5%,不完善粒总量≤5%,杂色和异色粒总量≤1%,纯度≥98%,净度≥97%,百粒重≥6.5 g,蛋白质含量≥25%,淀粉含量≥54% 为一级;粒型均匀,色泽一致,不完善粒总量≤5%,杂色和异色粒总量≤2%,净度≥95%,百粒重≥6.2 g,蛋白质含量≥23%,淀粉含量≥52%为二级;外观正常,其他条件达不到上述标准,百粒重≥6 g,蛋白质含量≥21%,含量≥50%为三级;低于三级者为等外绿豆。

9.6.3.9 熏蒸储藏

清选分级后,可取磷化铝(3.3 g/片)按储存空间1~2片/m^3的比例,在密封的仓库或熏蒸室内熏蒸,可杀死成虫、豆粒中的幼虫和卵,还不影响食用和种子发芽。储藏场所应清洁卫生,不得与有毒、有害物品混放。

9.6.3.10 加工包装

产品送到国家指定的农产品质量检测单位检测,取得无公害农产品标志认证。按照标准规格,用无毒、无害、无污染的包装袋进行包装。

9.6.4 间套与地膜覆盖

9.6.4.1 绿豆与玉米间套种

在华北春玉米种植区采用1.3~1.4 m宽带,绿豆、玉米按2∶2种植。4月中旬先播种两行绿豆,小行距40~50 cm,株距13 cm,密度11.3万株/hm^2。一般5月上旬播种玉米,小行距40~50 cm,株距25 cm,密度6.0万株/hm^2。

9.6.4.2 绿豆与棉花间套种

棉花采用宽窄行种植,宽行80~100 cm,窄行50 cm。4月20日前后,棉花播种时在宽行中间种一行绿豆,行距10~15 cm,密度7.5万株/hm^2。

9.6.4.3 绿豆与甘薯间套种

在甘薯宽行距(50 cm)种植的地块,隔两沟套种一行绿豆,采取3∶1的种植组合;对宽行距(57 cm以上)种植甘薯的地块,隔一沟套种一行绿豆,采取2∶1的种植组合。绿豆的播种期根据当地甘薯栽秧时间而定,以甘薯封垄前绿豆能成熟为佳。绿豆条播,株距10~15 cm,单株留苗;点播穴距30~50 cm,每穴2~3株。

9.6.4.4 地膜覆盖

北方春绿豆区通过地膜覆盖技术来提高绿豆产量。绿豆地膜覆盖栽培主要是选用宽70~75 cm地膜,耕作带80~100 cm。先覆膜后打孔播种,每垄种两行,垄上行距40 cm,株距30~35 cm。

9.6.5 绿豆综合利用

9.6.5.1 营养成分

绿豆籽粒含蛋白质24.5%左右,人体所必需氨基酸0.20%~2.4%,淀粉约52.5%,脂肪1%以下,纤维素5%。其中蛋白质是小麦面粉的2.3倍,小米的2.7倍,大米的3.2倍,另外,绿豆还含有丰富的维生素、矿物质等营养素。其中维生素B_1是鸡肉的17.5倍;维生素B_2是禾谷类的2~4倍;钙是禾谷类的4倍、鸡肉的7倍;铁是鸡肉的4倍;磷是禾谷类及猪肉、鸡肉、鱼、鸡蛋的2倍。

绿豆芽中含有丰富的蛋白质、矿物质及多种维生素。每100 g豆芽干物质中含有蛋白质27~35 g,人体所必需的氨基酸0.3~2.1 g;钾981.7~1 228.1 mg,磷450 mg,铁

5.5 ~ 6.4 mg，锌 5.9 mg，锰 1.28 mg，硒 0.04 mg；维生素 C18 ~ 23 mg。

9.6.5.2 保健功能

绿豆含有生物碱、香豆素、植物甾醇等生理活性物质，对人类和动物的生理代谢活动具有重要的促进作用。绿豆皮中含有 0.05% 左右的单宁物质，能凝固微生物原生质，故有抗菌、保护创面和局部止血作用。另外，单宁具有收敛性，能与重金属结合生成沉淀，进而起到解毒作用。

中医学认为绿豆种子、种皮、花、叶、豆芽等均可入药。其种子性味甘寒，内服具有清热解毒、消暑利尿、抗炎消肿、保肝明目、止泄痢、润皮肤、降血压、降胆固醇、防止动脉粥样硬化等功效；外用可治疗创伤、烧伤、疮疖、痈疽等症。绿豆芽性味甘平，利三焦、解酒毒。

现代医学认为绿豆及其芽菜中含有丰富的维生素 B_{17} 等抗癌物质及一些具有特殊医疗保健作用的营养成分，常吃绿豆芽能有效防止直肠癌和其他一些癌症。

绿豆的防病治病作用在《本草纲目》、《随息居饮食谱》等古今医学书籍和许多杂志上都有记载。在民间历来就有用绿豆治病的习惯，如用绿豆汤防止中暑；用开水冲服绿豆粉，解煤气中毒；用绿豆加红糖煎汤催乳；把绿豆皮炒黄加冰片研末，治烫伤；用绿豆马齿苋汤治痢疾、肠炎；用猪苦胆汁加绿豆粉，治高血压；绿豆还经常用于肝炎、胃炎、尿毒症及酒精、药物和重金属中毒病人的临床治疗。绿豆对农药中毒、腮腺炎、烧伤、麻疹和肠炎等症疗效尤为明显。绿豆皮能清风热、去目翳、化斑疹。绿豆荚可治赤痢经年不愈。绿豆叶能治霍乱。绿豆皮作枕头解热明目、治痰喘等。

9.6.5.3 风味食品

绿豆含高蛋白、中淀粉、低脂肪，并含有多种维生素和矿质元素，且医食同源，口感好，是人类理想的营养保健食品。长期以来，人们一直把它作为防暑、健身佳品，在环保、航空、航海、高温及有毒作业场所被广泛应用。在炎热的盛夏，绿豆汤是家庭必备的清凉饮料。绿豆除作为主食直接食用外，还可制作多种副食、糕点，食用范围十分广泛。

1）绿豆粥

先将绿豆、大米洗净，一同放入锅内，加入适量冷水，煮至豆烂、米开、汤稠为佳。如煮小米绿豆粥，应在开锅后下米。此粥不仅营养丰富，氨基酸搭配合理，且具有清热解毒、消暑止渴、降血脂等功效，可防治动脉硬化、冠心病、中暑、疮毒疖肿、食物中毒等。

2）绿豆汤

将绿豆洗净，放入锅内，加入适量冷水煮汤，代茶饮。可消渴清暑，利水消肿，清热解毒，能防治中暑、水痘、腮腺炎、痢疾等。

3）绿豆粉皮

取含水量 45% ~ 50% 的湿淀粉，加入 2.5 倍的冷水，用木棒搅拌至黏性、弹力均匀一致。将旋盘放入开水锅中，用粉勺取调好的粉糊少许，倒入旋盘内，并用手拨动旋转，使粉糊均匀地摊开，糊化成型。待中心没有白点时，置于清水中，冷却后再用制淀粉时的酸浆浸泡 3 ~ 5 min。将水粉皮摊在竹帘上晾晒，待水分降至 16% ~ 17% 时，包装收藏。

4）绿豆凉粉

将湿淀粉放在钵内，用大量清水搅拌，待淀粉沉淀后把水倒掉。用上述方法重复 6 次左右，使粉中酸味彻底消除。把湿淀粉用清水稀释后，加盐搅匀，缓慢倒入装有 1.75 kg

沸水的锅内,边倒边搅拌,使淀粉充分受热膨胀糊化成淀粉糊,煮沸后将锅离火,加入味精,冷却成粉坯。食用时刨制成形,配上调料即可。

5)绿豆饮料

选用优质绿豆,除去霉粒及杂物,洗净后投入装有干豆量5~6倍沸水的提取罐内。在2个大气压条件下蒸煮,至豆粒膨胀而不破皮时,将豆汁抽出,经绒布过滤。在豆汁中加入适量的α-淀粉酶和中性蛋白酶,处理2 h后过滤,静止沉清。绿豆原汁制成后,可根据需要配制成不同种类的产品。

6)绿豆酸奶

绿豆加鲜牛奶,经过乳酸菌发酵可制成绿豆酸奶或乳化饮料,不仅可以改善绿豆饮料的风味,还能提高蛋白质生物价,延长绿豆饮料的保存时间。选用籽粒饱满,无虫蛀、霉变、杂物的绿豆,进行脱皮处理。将脱皮后的绿豆洗净,在室温下浸泡4~5 h。将有色素的浸泡水倒掉,加入相当于干豆重5~6倍的水,调整pH值至8~9,细磨,过60目筛。用自分式磨浆机磨浆,过200目筛将豆渣和豆浆分开。将分离后的绿豆浆通入高温蒸气,温度达到120 ℃后,喷入真空脱臭罐中进行真空脱臭。绿豆浆脱臭后,加入40%~50%的鲜牛奶,充分混合后再加入混合液总量6%~8%的白砂糖,使其充分溶解。混合浆在90 ℃条件下灭菌30 min,冷却到37~40 ℃后,加入3%的发酵剂,在42 ℃温度条件下培养2~3 h终止发酵。再放入4~5 ℃的冷库内放置24 h,即可食用。

7)绿豆酸化全乳

将挑选后的绿豆洗净,加干豆重12倍的水和0.5%的明矾,用旺火烧开后改小火,煮至豆皮刚刚开裂。按25 0mL绿豆汤加1.5 g柠檬酸的比例,将溶液的pH值调至3.5。再按75 mL鲜牛奶加50 g蔗糖、15 g葡萄糖、2 g果胶、0.2 g食盐、200 mL水的比例配置奶液。在50 ℃条件下将二者混合,搅拌25 min。在70 ℃温度,20~30 MPa压力下均质后,用80%温度杀菌,骤冷到15 ℃时装罐。

9.6.5.4 加工产品

绿豆用途广泛,加工产品也比较多。目前市场上常见的产品主要有绿豆粉、绿豆沙、绿豆糕、绿豆粉皮、绿豆芽、绿豆汁等。绿豆还可以加工成绿豆饮料,如绿豆枣茶、绿豆爽等,也用于酿酒原料。

9.6.5.5 产品出口

绿豆是我国传统的出口商品。1982年我国绿豆出口仅有806 t,到1995年出口量达23.6万t,出口比例从1982年占全国杂豆总量的1.1%,发展到1995年占全国杂豆出口总量的17.2%,最高年份达到43.7%。据有关资料显示,1996~2001年,出口绿豆7.64万~28.9万t,平均年出口13.07万t。我国绿豆出口价格在565~680美元/t。出口绿豆主要销往全世界60多个国家,其中进口量大的是日本、菲律宾、韩国、越南、英国等国家和地区。在我国出口的绿豆主要来自东北、华北、华中等地区,其中以河北张家口鹦哥绿、陕西榆林绿豆、吉林白城绿豆等最为有名,供不应求。

我国生产的绿豆粉丝,特别是龙口粉丝,誉满全球,畅销50多个国家和地区,绿豆粉皮、绿豆酒、绿豆糕点等食品驰名中外,在国际市场备受青睐。

我国出口的绿豆主要以地名为商标,根据外商的要求组织货源,没有严格的质量标准。从外观上分为明绿豆、毛绿豆和统绿豆3种,以大粒、色艳,适合生豆芽的明绿豆最为畅销。按照出口绿豆的质量大致可分为三级。

一级:粒型均匀,色泽一致,杂质和异色粒≤1%,纯质率不低于97%;

二级:粒型均匀,色泽比较一致,杂质和异色粒≤2%,纯质率不低于95%;

三级:外观正常,其他条件达不到上述标准,但能达到合同要求。

2000年农业部制定的我国商品绿豆质量指标为:水分≤13.5%,不完善粒总量≤5%,杂质总量≤1%。其中蛋白质≥25%,淀粉≥54%为一级;蛋白质≥23%,淀粉≥52%为二级;蛋白质≥21%,淀粉≥50%为三级,低于三级者为等外绿豆。

国家科技攻关项目规定的我国绿豆优异种质标准为:百粒重≥6.5 g,蛋白质≥26%,淀粉≥55%为一级;百粒重≥6.2 g,蛋白质≥25%,淀粉≥54%为二级;百粒重≥6.0 g,蛋白质≥24%,淀粉≥53%为三级。

9.7 黑　豆

9.7.1 黑豆概述

黑豆是大豆[Glycine max(L.)Merrill]的一种,因种子颜色而得名,英文名 black soybean,别名料豆,为一年生草本植物。黑豆起源于我国,种植历史悠久,《神农本草经》中就有关于种植黑豆的记载。

黑豆籽粒中含有43%的蛋白质和18%的脂肪,有很大的经济价值。黑豆因其用途广泛、多样,在国民经济中有重要的意义,它既是一种粮食作物,又是一种油料作物,还可以作为牲畜饲料以及食品和工业原料。与其他大豆类相比较,黑豆有一个突出的特点就是其具有较高的药用价值。另外,由于黑豆根瘤菌具有固定空气中游离氮素的能力,在作物的轮作制度当中也占有重要的地位。

黑豆的营价值很高,它含有较多人体所必需的氨基酸。据分析,每1 kg黑豆籽粒中含赖氨酸21.9 g、蛋氨酸4.6 g、色氨酸4.3 g,而每0.5 kg玉米仅含赖氨酸2.9 g、蛋氨酸1.9 g、色氨酸0.8 g。故黑豆的蛋白质可以认为是一种完全蛋白质,可与动物蛋白相媲美。黑豆是重要的食品工业原料。黑豆可加工成黑豆粉、浓缩蛋白,并可以用其制作面包、糕点、烘焙食物的乳化剂、发泡剂,改善食品品质并增加风味,对调节人们的膳食结构起到一定的作用。

黑豆饼是牲畜和家禽的理想饲料。黑豆蛋白质消化率高,一般比玉米、高粱、燕麦的消化率高26%~28%,易被牲畜吸收利用。以黑豆或黑豆饼作饲料,特别适宜猪、家禽等不能大量食用纤维素的单胃动物。另外,黑豆饼还是高效肥料,特别是在改善某些特用作物,如烟草、瓜菜、花卉等品质方面有明显的效果。

黑豆亦可以直接作蔬菜用。黑豆生芽后,维生素 B_1、维生素 B_2、维生素C和胡萝卜素都有很大的增加。黑豆芽也是偏远山区重要的蔬菜来源。

另外,黑豆还是一种药材。在我国古代医学中,黑豆和黑豆衣具有养血平肝、除热止汗、补肾补阴之功能。近代医学研究表明,黑豆的碳水化合物主要是乳糖、蔗糖与纤维素,淀粉含量极小,是糖尿病患者的理想食品。

黑豆与其他大豆相比较,所作的研究较少,特别是在品种改良方面,几乎没有新品种在生产上应用。

黑豆根系发达,一般吸收面积可达 10 m^2。黑豆根的主要功能有三:一是把植株牢固地固定在土壤中,二是从土壤中吸收水分和矿物质,三是根瘤与黑豆植株之间共生固氮。因此,黑豆具有抗旱、耐瘠、耐盐碱,对不良环境抵抗能力强,适应性广的特点,一般的土壤条件均可栽培。

9.7.2 黑豆分布、生产与区划

9.7.2.1 分布

黑豆又叫小黑豆,作为大豆的一个种类在我国种植的地区较为广泛,但主产区集中在黄土高原区和干旱、半干旱地区。黑豆生产面积无单独统计资料,据调查、推测,种植面积约 40 万 hm^2,但总的趋势是发展的,特别是在丘陵山地发展较快,在陕北、晋中、宁夏和甘肃陇东面积较大。目前种植的黑豆类型主要包括双青豆、黑皮麦红豆,而且都是肾形小粒黑豆。

9.7.2.2 生产

在大田中,黑豆常与高粱、谷子、小扁豆或果树进行间作套种,有的利用田间地头或作填闲补种作物种植。一般自产自留种,新品种很少。

9.7.2.3 区划

1)黄土高原春黑豆区

本区是我国黑豆主产区。本区地处黄土高原,包括山西省中北部、陕西北部、河北东部、甘肃陇东地区及内蒙古中西部和宁夏,小粒黑豆是主要种植的类型。

本区海拔较高,日照时间较长,降雨量少,全年降水量只有 300 ~ 400 mm,属于半干旱地区,土壤瘠薄。一般在 3 月下旬至 4 月中旬播种,9 月中下旬收获。小粒黑豆多数为无限结荚习性。蔓生或半蔓生,抗旱耐瘠。代表品种有裢枷条、三股条、鞭杆豆、小黑豆、小粒黑、金积黑豆等。主要推广品种有晋豆 3 号、晋豆 514 及其他地方良种。

2)黄淮海平原夏黑豆区

本区地处黄河中下游,包括山东、河南、河北南部、陕西省关中地区和甘肃省东南部、江苏北部、安徽北部。本区无霜期较长,光照较短,降雨量较少,年降水量多为 500 ~ 600 mm,一年两熟,一般 6 月下旬冬麦收后播种,10 月上旬收获,主要为中、早熟品种,短日照中等,感温性中等,以无限结荚习性为主,多为蔓生或半蔓生,中小粒,抗旱耐瘠。代表品种有小黑豆、大黑豆、糙黑豆及其他地方良种。

3)其他区

除西藏外,其他地区包括东北三省、东南沿海等,也有黑豆种植。代表品种有秋黑豆、柳江黑豆、尚志黑豆等。

9.7.3 黑豆资源与品种

9.7.3.1 品种资源

黑豆是我国栽培大豆的主要组成部分,具有耐旱、耐瘠、适应性广等特点,各地均有栽培,尤以自然条件和生产条件较差的黄土高原为黑豆资源的主要分布区。在我国保存的17 000余份大豆品种资源中,黑豆品种资源为2 486份,占大豆资源的14.6%。黑豆资源中有42.9%的品种为直立型,其他为半直立型或蔓生型。直立型主要分布在长江流域及其以南地区,蔓生型主要分布在黄河流域和淮河流域,其中黄河流域有410份,占27.5%;黑豆品种资源中无限结荚习性品种较多,占56%,从北往南,无限结荚习性逐渐减少,有限结荚习性逐渐增多。黑豆多紫花棕毛,长江中下流及西南地区的黑豆为白花。黑豆籽粒大小变化很大,百粒重最大的达37.4 g,最小的只有1.8 g,以小粒黑豆居多,占54.1%。从地理分布看,以黄河流域的小粒黑豆最多,陕北、晋北是小粒黑豆的主产区。黑豆的粒形以椭圆形较多,其次是扁椭圆形和长椭圆形,肾形品种较少,约占13.7%。黑豆中96.4%为黄子叶,3.6%为青子叶。

9.7.3.2 品种选育

黑豆长期处于搭配从属的地位,当做“料豆”饲用,品种改良和品种推广长期未得到应有的重视。长期以来,我国对于黑豆品种的选育主要是开展农家品种筛选及系统选育工作,也有少量的杂交育种工作。山西省农业科学院和山西农业大学在黑豆育种方面处在全国的前列,通过杂交育种的方法育成了一些优良的黑豆品种。另外,其他省(市、区)如北京、河南、陕西、内蒙古、辽宁等大多在品种资源整理、鉴定的基础上,对筛选出来的优良品种进行比较试验,经综合评价,以选出丰产、优质、适应性广、抗逆性强的品种,供大田生产应用。

9.7.3.3 推广品种

随着我国人民生活水平的日益提高,人们对特色食品的需要逐渐增加,黑豆也因其营养价值高、保健功能强而受到人们的喜爱。现介绍几种丰产性较高,品质优良,且有一定种植面积的黑豆品种。

1)晋豆3号

山西省农业科学院从繁峙小黑豆中系统选育而成。植株矮小,50~60 cm,叶小,白花、棕毛,无限结荚习性。中早熟,生育日数130 d左右,一般产量4 500~6 000 kg/hm^2。耐旱、耐阴、耐瘠,病毒病较轻。籽粒小、有光泽,脂肪含量20.0%,蛋白质含量41.5%。

2)蚂蚁脐

北京市大兴县地方品种。植株高大,株高90~110 cm,株型收敛,叶圆形,绿色。白花、棕毛,无限结荚习性。中晚熟品种,生育日数135~140 d,产量较高,一般产量3 000~3 750 kg/hm^2。籽粒整齐,有光泽,脂肪含量18.0%。蛋白质含量38.0%。

3)黑梅豆

内蒙古自治区地方品种。植株高大,一般株高100~120 cm,茎粗中等,分枝2~4个,株型半开张,叶大,卵圆形、绿色,紫花、棕毛,无限结荚习性。晚熟品种,生育日数140 d左右,耐肥,抗旱,适应性较强。产量较高,1 500~3 000 kg/hm^2,籽粒黑色,子叶黄色,椭圆形,百粒重21～22 g。脂肪含量18.0%,蛋白质含量38.8%。

4)大粒黑豆

内蒙古自治区的地方品种。株高中等,一般为60～70 cm,茎粗中等,分枝多,一般5～7个,株型半张开。叶椭圆形、绿色,白花、棕毛。无限结荚习性。晚熟品种,生育日数140 d左右,苗期耐寒力强、耐肥、耐涝、耐盐碱,适应性强,产量较高,为优良的饲料作物。籽粒黑色,子叶黄色,椭圆形,百粒重16 g,脂肪含量18.5%,蛋白质含量38.1%。

5)青瓤黑

辽宁省西北部彰武县地方品种。株高中等,一般为70～80 cm。分枝4～5个,株型半开张,叶卵圆形,白花、棕毛。无限结荚习性,晚熟品种,生育日数140 d左右,耐旱、耐瘠性强,耐碱性较强,不耐肥。产量中等,为2 250～2 700 kg/hm^2。籽粒黑色,子叶绿色,粒椭圆形,品质较好,脂肪含量18.6%,蛋白质含量41.0%

6)小黑豆

陕西府谷地方品种,生育期120 d左右。株高60～70 cm,无限结荚习性,荚褐色,种皮黑色,粒肾形,子叶黄色,百粒重15.0 g。

7)双青豆

陕西延川地方品种,生育期135 d左右,株高70 cm,无限结荚习性,荚褐色,种皮绿色,子叶绿色,肾形,百粒重16.5 g。

8)裢枷条

陕西绥德地方品种,生育期130 d左右,株高70～90 cm,无限结荚习性,荚褐色,种皮黑色,子叶黄色,粒肾形,百粒重11～12 g。

9.7.4 黑豆栽培技术

9.7.4.1 整地

黑豆不宜连作,一般应与糜子、谷子、高粱等禾谷类作物轮作倒茬。前茬作物收获后,及时进行秋深耕。小粒黑豆是旱地作物,主要种植在没有灌溉条件、土壤瘠薄的坡地上。深耕细耙、深施基肥,对保证黑豆生育后期,特别是结荚鼓粒期的养分供应将起很大作用,深耕还可以改善土壤的物理性质,增加疏松程度,使土壤蓄水、蓄肥,形成黑豆生长的良好土壤环境。一般深耕15～20 cm,使土壤结构疏松,经暴晒后,杀灭病虫害及杂草。在播种前再浅耕,施入基肥3万～4.5万kg/hm^2,耙后播种。夏播区在前茬作物收获后,立即进行耙地灭茬、深耕、翻地。在翻地和耙地的同时要施一定量的基肥。基肥以农家肥为主,配合施用磷钾肥。增施磷钾肥可促进根瘤菌形成,使根系生长良好,幼苗健壮,有利于开花结荚。

9.7.4.2 播种

1)选用良种

为提高产量,要因地制宜选用良种播种,水肥地宜选用耐肥、主茎发达、秆强不倒、大粒、有限结荚习性的品种;贫瘠旱地、薄地选用耐瘠、分枝多、生育繁茂、中小粒、无限结荚习性品种。间作套种地要选用耐阴性强、秆强不倒、根系发达、节间短、结荚密的品种。

2）适期播种

适时播种是黑豆丰产的重要栽培技术措施。黑豆播种期应根据各地气候条件和黑豆品种的特性而定。生育期长的品种宜春播、早播或间作套种，生育期短的品种可以夏播或倒茬播种。

春播一般在4月中下旬，5月初出苗，即土壤表层以下5～10 cm温度达到12～14 ℃时即可进行播种。夏播则播期愈早，产量愈高。故应在前茬小麦收获后，尽早播种或进行直播，也可以与前茬作物进行间作套种，延长生育日数，提高产量。

播种前要进行选种，选择色泽、大小一致，籽粒饱满，无机械损伤，无病虫害残粒，并具有本品种特征的种子。

3）播种方式

黑豆的播种方式有条播、点播和撒播。一般行距40～50 cm，株距20～30 cm，具体播种密度因品种及栽培技术条件而异。瘠薄地、旱地早熟品种宜密；肥地、晚熟品种宜稀，早播宜稀，晚播宜密。

9.7.4.3 田间管理

1）查苗、补种及时间苗、定苗

黑豆在播种后5～7 d即开始出苗，出苗期间须经常检查苗情、及时补种。一般在2～4叶时进行间苗、定苗工作，避免过密。结合间苗、定苗及时拔除杂苗与病苗、弱苗，保证田间合理的密度，使植株间通风透光，防止病虫害，以利培育壮苗。

2）中耕除草

黑豆的行株距较大，生长初期田间容易发生草荒，雨后地表容易板结，对植株生长不利。因此，田间应勤中耕，松土保墒，清除杂草，提高地温。一般从出苗开始至开花，需中耕除草2～4次，采取先浅后深再浅的原则，有利于蹲苗，使植株生长健壮。如果与其他作物间作，要随主要作物进行中耕除草。

9.7.4.4 收获与储藏

适时收获对保证黑豆产量和品质非常重要。收获一般应在黄熟末期，当呈现品种固有色泽，荚中籽粒与荚壁脱离，用手摇动植株有响声时进行。黑豆籽粒储藏前必须充分晾晒，使含水量达到12%左右再入库储藏，储藏室的温度也应以保持在2～10 ℃。

9.7.5 黑豆的综合利用

9.7.5.1 营养成分

黑豆籽粒中含有大量的蛋白质、脂肪及其他对人体有益的营养元素。据测定，黑豆各营养成分中，蛋白质38.6%、脂肪13.4%、膳食纤维14.1%、碳水化合物16.2%、灰分4.2%；其中，100 g黑豆中含硫胺素0.13 mg、核黄素0.33 mg、尼克酸2.1 mg、维生素E 21 mg。另外，在100 g黑豆中所含的微量元素中，含钾146 mg、钠1.6 mg、钙191 mg、镁238 mg、铁8.9 mg、锰3.26 mg、铜1.13 mg、锌3.86 mg、磷386 mg、硒15.66 mg。除此之外，还含有较多的胡萝卜素及维生素B_2、维生素B_{12}等B族维生素。

9.7.5.2 保健功能

在我国，人们对黑豆的保健功能有很好的认识，许多地方还把青子叶黑豆称为药黑豆。在古代医学中,黑豆具有养血平肝、解毒清热、滋养止汗、补肾补阴、活血化淤之功能。《神农本草经》中写道:“大豆黄卷,味甘平。主湿痹、筋摩祛痛,生大豆涂漏。煮汁饮杀鬼毒、止痛。”孟诜《食疗本草》谓“黑大豆主中风脚弱,产后诸疾。若和甘草煮汤饮之,去一切热毒气;煮食之,主心痛、筋挛、膝痛、胀满”。李时珍《本草纲目》中记有:“黑豆入肾功多,故能消胀、下气、制风热,活血解毒。”

9.7.5.3 食用与加工

1)食用

黑豆一般用来煎汤,以利人们的身心保健。比如可用黑豆为主要原料,制作黄芪黑豆汤、黑豆炖鳗鱼、黑豆狗肉汤、黑豆消肿散、黑豆鲤鱼汤、肾黑豆杜仲汤等汤药、补药。另外,黑豆生芽后可直接作为蔬菜食用。

2)加工

黑豆的加工主要是经细磨而制成黑豆粉,以及把黑豆籽粒经提炼加工成为黑豆油,也可制作豆腐、酱油等食品。

参 考 文 献

[1] 武继承,王志和,徐建新,等.河南省旱作节水农业建设的技术途径[M].郑州:黄河水利出版社,2006.

[2] 武继承,郑惠玲,史福刚,等.不同水分条件下保水剂对小麦产量和水分利用的影响[J].华北农学报,2007, 23(5):41-43.

[3] 武继承,王志和,何方,等.不同技术措施对降水利用和土壤养分的影响[J].华北农学报,2005(6):73-76.

[4] 武继承,杨稚娟,何方,等.试论河南省旱地节水农业发展的有效途径[J].河南农业科学,2006(1):5-8.

[5] 武继承,史福刚,薛毅芳,等.试论雨水集蓄与节水农业[J].河南农业科学,2004(5):44-47

[6] 武继承.农艺节水技术研究与应用[M].郑州:黄河水利出版社,2008.

[7] 武继承,等.保水剂的发展现状及其在节水农业中的地位[J].云南农业大学学报,2006,21(5A):47-50.

[8] 武继承,等.旱地农业高效发展的模式探讨[M]//梅旭荣等.节水高效农业理论与技术.北京:中国农业科技出版社,2004:141-145.

[9] 武继承,等.旱作农区降水高效利用技术研究与应用[M]//梅旭荣等.节水高效农业理论与技术.北京:中国农业科技出版社,2004:146-152.

[10] 武继承.营养型抗旱保水剂研究及增产效应研究[J].中国农村科技,2007(7):59.

[11] 武继承,杨永辉,郑惠玲,等.不同水分条件对小麦-玉米两熟制作物生长和水分利用的影响[J].华北农学报,2010,25(1):126-130.

[12] 武继承,朱洪勋,杨占平.不同水肥条件下旱地小麦水肥利用率研究[J].华北农学报,2003,18(4):95-98.

[13] 武继承,张长明,王志勇,等.河南省降水资源高效利用技术研究与应用[J].干旱地区农业研究,2003,21(3):152-155.

[14] 杨永辉,武继承,史福刚,等.冬小麦生育期不同保水措施土壤水分变化研究[J].腐殖酸,2008(5).

[15] 杨永辉,武继承,吴普特,等.秸秆覆盖与保水剂对土壤结构、蒸发及入渗过程的作用机制[J].中国水土保持科学,2009,7(5):70-75.

[16] 杨永辉,武继承,何方,等.保水剂用量对冬小麦光合特性及水分利用的影响[J].干旱地区农业研究,2009,27(4):1131-1135.

[17] 杨永辉,武继承,赵世伟,等.PAM 的土壤保水性能研究[J].西北农林科技大学学报:自然科学版,2007,35(12):120-125.

[18] 史福刚,武继承,杨占平,等.农业生产中保水剂经济有效用量及其影响因子分析[J].河南农业科学,2009(2):57-59.

[19] 史福刚,武继承,杨永辉,等.旱作农业区不同田间集雨措施应用效果研究[J].河南农业科学,2008(9):61-64.

[20] 任岩岩,武继承.保水剂对土壤性质及土壤微生物的影响研究进展[J].河南农业科学,2009(4):13-15.

[21] 尚莉,武继承,管秀娟,等,河南主栽小麦品种叶绿素含量的变化特征[J].河南农业科学,2009(2):25-27.

[22] 孔祥旋,杨占平,武继承,等. 限量灌溉对冬小麦产量和水分利用的影响[J]. 华北农学报,2005(5):64 - 66.
[23] 郑惠玲,武继承,褚小军,等. 不同保水剂玉米增产效应研究[J]. 云南农业大学学报,2006,21(5A):51 - 52,65.
[24] 郑惠玲,姬变英,武继承,等. 氮肥分期施用对夏玉米生长发育和产量的影响[J]. 河南农业科学,2007(10):67 - 69.
[25] 管秀娟,武继承,等. 保水剂在农业上的应用及发展趋势[J]. 河南农业科学院,2007(7):13 - 17.
[26] 程俊,武继承,尚莉,等. 限量灌溉对冬小麦农艺性状与水分利用效率的影响[J]. 河南农业科学,2008(7):57 - 60,76.
[27] 梅旭荣. 节水农业在中国[M]. 北京:中国农业科学技术出版社,2006.
[28] 胡廷积. 小麦生态与生态技术[M]. 郑州:河南科学技术出版社,1986.
[29] 石岩,林琪,位东斌,等. 土壤水分胁迫对冬小麦耗水规律及产量的影响[J]. 华北农学报,1997,12(2):76 - 81.
[30] 武玉叶,李德全. 土壤水分胁迫对冬小麦渗透调节及叶绿体超微结构的影响[J]. 华北农学报,2001,16(2):87 - 93.
[31] 刘孟雨,陈陪元. 水分胁迫条件下气孔与非气孔因素对小麦光合的限制[J]. 植物生理学通讯,1990(42):4 - 27.
[32] 许为钢,胡琳,周春菊,等. 陕西关中地区小麦光合作用及其演变[J]. 西北农业学报,1999,8(2):11 - 15.
[33] 周桂莲,杨慧霞. 小麦抗旱性鉴定的生理生化指标及其分析评价[J]. 干旱地区农业研究,1996,14(2):65 - 71.
[34] 周桂莲. 小麦抗旱性鉴定的形态指标及其分析评价[J]. 陕西农业科学,1996(4):33 - 34.
[35] 史吉平,董永华. 水分胁迫对小麦光合作用的影响[J]. 国外农学——麦类作物,1995(5):49 - 51.
[36] 董树连,王为国,李春茂,等. 旱地高产小麦光合速率与产量变化的研究[J]. 莱阳农学院学报,2000,17(3):194 - 195.
[37] 余叔文,汤章城. 植物生理与分子生物学[M]. 北京:科学出版社,1998.
[38] 冯佰利,王长发,苗方,等. 干旱条件下冷型小麦叶片主体交换特性研究[J]. 麦类作物学报,2001,21(4):48 - 51.
[39] 康定明. 不同补充灌溉量对小麦生长的影响[J]. 石河子农学院学报,1996,14(2):19 - 22.
[40] 居辉,兰霞,李建民,等. 不同补充灌溉制度下冬小麦产量效应与耗水特性研究[J]. 中国农业大学学报,2000,5(5):23 - 29.
[41] 高辉远,邹琦. 大豆光合作用日变化过程中气孔限制和非气孔限制的研究[J]. 西北植物学报,1993,13(2):96 - 102.
[42] 殷毓芳,张存良,姚凤霞,等. 冬小麦不同品种光合速率与气孔导度等性状之间的关系的研究[J]. 作物学报,1995,21(5):561 - 567.
[43] 孟庆伟,李德全,赵世杰,等. 土壤缓慢脱水对冬小麦渗透调节、光合作用和膜脂过氧化的影响[J]. 山东农业大学学报,1994,25(1):9 - 14.
[44] 孟庆伟,赵世杰,许长成,等. 田间小麦叶片光合作用的光抑制和光呼吸的防御作用[J]. 作物学报,1996,22(4):470 - 475.
[45] 郑有飞,万长建,颜景义,等. 小麦水分利用及其最优化问题[J]. 中国农业气象,1997,18(4):13 - 17.
[46] 郑有飞,颜景义,张卫国. 小麦气孔阻力对气象条件的响应[J]. 中国农业气象,1995,16(3):9 - 13.

[47] 曹仪植,宋占午.植物生理学[M].兰州:兰州大学出版社,1998.
[48] 张继澍.植物生理学[M].西安:兴果图书出版公司,1999.
[49] 张旭.水稻生态育种[M].北京:农业出版社,1991.
[50] 雷振生,林作揖,等.黄淮麦区高产小麦品种的产量结构及其生理基础的研究[J].华北农学报,1996,11 (1):70-75.
[51] 彭永欣,等.小麦产量生理调节机理及应用技术研究[J].国外农学——麦类作物,1995,15 (2):36-38.
[52] 许大全,丁勇.田间小麦叶片光合效率日变化与光合午睡的关系[J].植物生理学报,1992,18(3):274-284.
[53] 张正斌.作物抗旱节水的生理遗传育种基础[M].北京:科学出版社,2003.
[54] 张正斌,山仑. 作物水分利用效率和蒸发蒸腾估算模型的研究进展[J]. 干旱地区农业研究,1997,15(1):73-78.
[55] 张正斌,王德轩.小麦抗旱生态育种[M].西安:陕西人民教育出版社,1992.
[56] 阎隆飞,李明启.基础生物化学[M].北京:农业出版社,1985.
[57] 牛立元,茹振钢,赵花周,等.小麦叶片叶绿素含量系统变化规律研究[J].麦类作物,1999,19(2):36-38.
[58] 林植芳,李双顺,林桂珠,等.水稻叶片衰老与超氧物歧化酶活性及脂质过氧化作用的关系[J].植物学报,1984,26(6):605-615.
[59] 山仑,陈国良.黄土高原旱地农业的理论与实践[M].北京:科学出版社,1983.
[60] 山仑,徐萌.节水农业及其生理生态基础[J].应用生态学报,1991,2(1):70-76.
[61] 山仑,陈陪元.旱地农业生理生态基础[M]. 北京:科学出版社,1998.
[62] 黄占斌,山仑.水分利用效率及其生理生态机理研究[J].生态农业研究,1998,12(6):19-24.
[63] 黄占斌,万惠娥,邓西平,等.保水剂在改良土壤和作物抗旱节水中的效应[J].土壤侵蚀与水土保持学报,1999,12(4):52-55.
[64] 朱元骏,黄占斌,辛小桂,等.分根区施保水剂对玉米气孔导度和单叶 WUE 的影响[J].西北植物学报,2004, 24(4): 627-631.
[65] 张岁岐,山仑. 有限供水对春小麦产量及水分利用效率的影响[J]. 华北农学报,1990(5)增刊:69-75.
[66] 孙彦,杨青川,张英华.不同草坪草种及品种苗期抗旱性比较[J].草地学报,2001,9(1):16-20.
[67] 柴守玺.与小麦抗旱性有关的几个水分指标[J].甘肃农业科学,1990(6):12-13.
[68] 张荣芝,刘桂茹,卢建祥,等.小麦抗逆育种几个抗旱性状及主要农艺性状的遗传研究[J].河北农业大学学报,1996,19(4):6-11.
[69] 刘桂茹,张荣芝,卢建祥,等.冬小麦抗旱性鉴定指标的研究[J].华北农学报,1996,11(4):84-88.
[70] 刘桂茹,张荣芝,卢建样,等.小麦耐旱品种籽粒灌浆特性的研究[J].河北农业大学学报,1994,17(4):43-47.
[71] 龚明.作物抗旱性鉴定方法与指标及其综合评价[J].云南农业大学学报,1989(4):73-81.
[72] 兰巨生.作物抗旱指数的概念和统计方法[J].华北农学报,1990,5(2):20-25.
[73] 兰巨生.农作物综合抗旱性的评价[J].中国农学通报,1994(5):34-35.
[74] 陈立松,刘星辉.作物抗旱鉴定指标的种类及其综合评价[J].福建农业大学学报,1997,26(1):48-55.
[75] 倪郁,李唯.作物抗旱机制及其指标的研究进展与现状[J].甘肃农业大学学报,2001,36(1):14-22.

[76] 许育彬.作物水分利用效率研究进展[J].陕西农业科学,1998(4):13 - 15.
[77] 周殿玺.小麦节水高产栽培技术[J].节水农业,1995(3):27 - 29.
[78] 李秧秧.灌浆期持续干旱对不同产量潜势小麦品种灌浆特性的影响[J].西北农业学报,1997,6(4):47-50.
[79] 兰林旺.中国北方旱地作物节水增产理论与技术[M].北京:中国农业科技出版社,1996.
[80] 华北平原作物水分胁迫与干旱研究课题组.作物水分胁迫与干旱研究[M].郑州:河南科学技术出版社,1991.
[81] 程宪国,汪德水,张美荣,等.不同土壤水分条件对冬小麦生长及养分吸收的影响[J].中国农业科学,1996,29(4):67 - 74.
[82] 国家小麦工程技术研究中心.胡廷积文选[M].北京:中国科技出版社,2000.
[83] 马忠明.有限补充灌溉条件下作物—水分关系的研究[J].干旱地区农业研究,1998,16(2):75 - 78.
[84] 王娟玲,陈爱萍,李红玲,等.冬小麦品种抗旱特性特征研究[J].山西农业科学,1996,24(3):10 - 13.
[85] 王娟玲.小麦抗旱性与形态特征的关系[J].山西农业科学,1991,12:12 - 14.
[86] 王万里,林芝萍,章秀英,等.灌浆 - 成熟期间土壤干旱对小麦籽粒充实和物质运转的影响[J].植物生理学报,1982,8(1):67 - 79.
[87] 左宝玉,段续川.冬小麦不同层次叶片中叶绿体超微结构及其功能的研究[J].植物学报,1978,20(3):223 - 228.
[88] 凌启鸿.小麦各叶片对产量形成的作用[J].作物学报,1965,4(3):219 - 233.
[89] 姬生栋,夏民,王育水,等.不同产量小麦灌浆后期旗叶石蜡切片的扫描电镜观察[J].麦类作物学报,2000,20 (3):92 - 94.
[90] 李扬汉.小麦叶的禾本科作物的形态与解剖[M].上海:上海科学技术出版社,1979:240 - 254.
[91] 王敏,张从宇.小麦旗叶性状与产量因素的相关与回归分析[J].种子,2004(3):17 - 18.
[92] 苗果园.小麦抗旱形态指标的初步观察[J].山西农业科学,1981,8(2):2 - 5.
[93] 胡荣海.农作物资源的抗旱筛选技术及其应用[J].农牧情报研究,1989(1):36 - 41.
[94] 胡荣海.小麦品种(系)抗逆性评价、筛选及应用[J].植物学通报,1991,8(1):9.
[95] 陈生斗.中国小麦育种与产业化进展[M].北京:中国农业出版社,2002:119 - 136.
[96] 黎裕.作物抗旱鉴定方法指标[J].干旱区农业研究,1993,11(1):97 - 99.
[97] 何中虎,张爱民.中国小麦育种研究进展[M].北京:中国科学技术出版社,2002:317 - 322.
[98] 景蕊莲,吕小平.小麦抗旱种质的遗传多样性[J].西北植物学报,2003,23(3):410 - 416.
[99] 景蕊莲,胡荣海,朱志华,等.冬小麦不同基因型幼苗形态性状遗传力和抗旱性的研究[J].西北植物学报,1997,17(2):152 - 157.
[100] 代久江,王永涛.农业减灾指南[M].北京:中国农业出版社,1994.
[101] 吴景社.世界水土资源的潜力与粮食人口问题[J].世界农业,1994(2):6 - 8.
[102] 康绍忠.西北地区农业节水与水资源持续利用[M].北京:中国农业出版社,1999:1 - 20.
[103] 康绍忠,张建华,梁宗锁,等.控制性交替灌溉——一种新的农田节水调控思路[J].干旱地区农业研究,1997, 15(1):1 - 5.
[104] 董雪娜,李世明,林银平,等.西北水资源特点及合理利用[J].西北水资源与工程,2001,112(1):8 - 11.
[105] 章光新,邓伟,王志春.中国 21 世纪水资源与农业可持续发展[J].农业现代化研究,2000,21(6):321 - 324.

[106] 朱成立,彭世彰,孙景生. 冬小麦节水高效优化灌溉制度模型应用研究[J]. 灌溉排水学报,2003,22(5):77-80.
[107] 许振柱,于振文,李辉,等. 限量灌水对冬小麦光合性能和水分利用的影响[J]. 华北农学报,1997,12(2):65-70.
[108] 许振柱,于振文. 高产低定额灌溉对冬小麦旗叶衰老的影响[J]. 作物学报,1995,21(4):503-508.
[109] 刘静,李凤霞. 灌溉对春小麦蒸腾速率的影响及其生理原因[J]. 麦类作物学报,2003,23(1):58-62.
[110] 刘静,李凤霞,王连喜,等. 灌溉对春小麦蒸腾速率的影响及其生理原因[J]. 麦类作物学报,2003,23(1):58-62.
[111] 姚邦松,董成森. 作物非充分灌溉研究进展[J]. 湖南农业科学,2003(4):42-44.
[112] 胡笑涛,梁宗锁,康绍忠. 模拟调亏灌溉对玉米根系生长及水分利用效率的影响[J]. 灌溉排水,1998,17(2):11-15.
[113] 蒋明义,郭绍川. 水分亏缺诱导的氧化胁迫和植物的抗氧化作用[J]. 植物生理学通讯,1996,32(2),14:41-50.
[114] 蒋明义,郭绍川. 氧化胁迫下稻苗体内积累的脯氨酸的抗氧化作用[J]. 植物生理学报,1997,23(4):347-352.
[115] 卢从明,张其德,匡廷云. 水分胁迫对光合作用影响的研究进展[J]. 植物学通报,1994,11(增刊):9-13.
[116] 王忝,郑国生,邹奇. 干旱与正常供水条件下小麦光合午休及其机理的研究[J]. 华北农学报,1997,12(4):48-51.
[117] 薛松,王沛洪. 水分胁迫对冬小麦 CO_2 同化作用的影响[J]. 植物生理学报,1992,18(2):1-7.
[118] 上官周平,周维. 条件对冬小麦叶片水分利用效率的影响[J]. 植物营养与肥料学报,1998,4(3):231-236.
[119] 邹琦. 作物在水分逆境下的光合作用[J]. 作物杂志,1994 (5):1-4.
[120] 邹琦,王玮,杨兴洪,等. 冬小麦抗旱性鉴定的新方法——低水势下胚芽鞘长度法[J]. 中国农学通报,2000 ,16(3):23-27.
[121] 张瑞美,彭世彰,徐俊增,等. 作物水分亏缺诊断研究进展[J]. 干旱地区农业研究,2006,24(2):5-10.
[122] 彭致功,杨培岭,段爱旺,等. 日光温室条件下番茄植株蒸腾规律研究[J]. 干旱地区农业研究,2004,22(1):62-65.
[123] 张永平,王志敏,吴永成,等. 不同供水条件下小麦不同绿色器官的气孔特性研究[J]. 作物学报,2006,32(1):70-75.
[124] 李德全,邹琦,程炳嵩. 冬小麦的渗透调节能力与产量及抗旱性[J]. 植物学通报,1996,13(增刊):46-50.
[125] 杨瑞丽. 植物抗旱机制研究进展[J]. 内蒙古科技与经济,2003(4):107-108.
[126] 王玮,李春香,李德全,等. 土壤水分缓慢脱水对开花期小麦根系及叶片渗透调节及渗透调节物质的影响[J]. 植物学通报,2001,18(2):221-225.
[127] 钮福祥,华希新,郭小丁,等. 甘薯品种抗旱性生理指标及其综合评价初探[J]. 作物学报,1996,22(4):392-398.
[128] 李彩霞,马三力. 小麦的需水规律[J]. 农业与技术,2005,25(4):68-69.
[129] 王俊儒,李生秀,李凯丽. 冬小麦不同生育时期水分亏缺胁迫对叶片保护酶系统的影响[J]. 西北

植物学报,2001,21(1):47－52.
[130] 王俊儒,李生秀.不同生育期水分亏缺对冬小麦产量及构成因素的影响[J].西北植物学报,2000,20(2):193－200.
[131] 段爱旺,崔文军,沈银萱,等.土壤水分胁迫对玉米光合、蒸腾及水分利用效率的影响[J].华北农学报,1996,11:139－143.
[132] 夏国军,闫耀礼,程水明.旱地冬小麦水分亏缺补偿效应研究[J].干旱地区农业研究,2001,19(1):79－82.
[133] 吴凯,陈建耀,谢贤群.冬小麦水分耗散特性与农业节水[J].地理学报,1997,52(5):455－460.
[134] 陈培元,李英.限量灌溉对冬小麦抗旱增产和水分利用的影响[J].干旱地区农业研究,1992,10(1):49－53.
[135] 孙宏勇,刘昌明,张永强,等.不同时期干旱对冬小麦产量效应和耗水特性研究[J].灌溉排水学报,2003,22(2):13－16.
[136] 彭世彰,朱成立.作物节水灌溉需水规律研究[J].节水灌溉,2003(2):5－8.
[137] 张立军.小麦幼苗干旱逆境蛋白与抗旱性关系的研究[J].沈阳农业大学学报,1998,29(2):106－109.
[138] 拉斯卡托夫.植物生理学(附微生物学原理)[M].张良诚,万药湘译.北京:科学出版社,1960:49－52.
[139] 刘文兆.作物生产、水分消耗与水分利用效率间的动态联系[J].自然资源学报,1998,13(1):23－27.
[140] 刘友良.植物水分逆境生理[M].北京:农业出版社,1992.
[141] 王慧.环境因子对冬小麦水分利用效率的影响[J].生态学报,1996,16(6):584－590.
[142] 蔡大鑫,沈能展,崔振才.调亏灌溉对作物生理生态特征影响的研究进展[J].东北农业大学学报,2004,35(2):129－134.
[143] 邓西平.渭北地区冬小麦的有限灌溉与水分利用研究[J].水土保持研究,1999,6(1):41－46.
[144] 王维,蔡一霞,蔡昆争,等.土壤水分亏缺对水稻茎秆贮藏碳水化合物向籽粒运转的调节[J].植物生态学报,2005,29(5):819－828.
[145] 王朝辉,李生秀.不同生育期缺水和补充灌水对冬小麦氮磷钾吸收及分配影响[J].植物营养与肥料学报,2002,8(3):265－270.
[146] 陈玉民.华北地区冬小麦需水量评价研究[J].水利学报,1987 (11):10－20.
[147] 王栓庄.河北省半干旱区不同类型区冬小麦的节水灌溉制度[J].干旱地区农业研究,1991,9(2):85－93.
[148] 王树安.作物栽培学各论(北方本) [M].北京:中国农业出版社,1995.
[149] 冷石林,韩仕峰.中国北方旱地作物节水增产理论与技术[M].北京:中国农业科技出版社, 1996.
[150] 荆家海.植物生理学[M].西安:陕西科学技术出版社,1994.
[151] 杜宝华,刘明孝,洪佳华.冬小麦群体光照条件及其光合特征[J].中国农业气象,1990,11(3):27－30.
[152] 邹琦.作物抗旱生理生态研究[M].济南:山东科学技术出版社,1994.
[153] 杜金友,陈晓阳,胡东南,等.干旱胁迫条件下几种胡枝子渗透物质变化的研究[J].华北农学报,2004,19(S1):40－44.
[154] 张宪政,陈凤玉,王荣富.植物生理学实验技术[M].沈阳:辽宁科学技术出版社,1994.
[155] 王晨阳.土壤水分胁迫对小麦形态及生理影响的研究[J].河南农业大学学报,1992,26(1):89－98.

[156] 单长卷,徐新娟,韩占江.土壤干旱对洛麦 9133 幼苗根系生理特性的影响[J].西北农业学报,2006,15(4):129-132.
[157] 李建民,王璞,等.灌溉制度对冬小麦耗水及产量的影响[J].生态农业研究,1999,7(2):23-26.
[158] 孙道杰,王辉,闵东红,等.小麦品种抗旱性筛选方法探讨[J].安徽农业科学,2003,31(4):517-519.
[159] 王玮,邹琦.渗透调节对不同抗旱性小麦品种胚芽鞘生长的影响[J].植物生理学通讯,1997,33(3):168-171.
[160] 梁银丽,杨翠玲.不同抗旱型小麦根系形态与生理特性对渗透胁迫的反应[J].西北农业学报,1995,4(4):31-36.
[161] 王环,胡荣海,昌小平.水分胁迫条件下小麦地上部和地下部的反应及其抗旱性研究[J].西北植物学报,1996,16(2):107-115.
[162] 柴丽娜,路苹,王金淑.干旱胁迫冬小麦幼苗根冠比的动态变化与品种抗旱性关系的研究[J].北京农学院学报,1996,11(2):19-23.
[163] 谷俊涛,刘桂茹,栗雨勤,等.不同抗旱类型小麦品种开花期光合速率与抗旱性的比较研究[J].河北农业大学学报,2001,24(3):1-4.
[164] 李建奇.覆膜对春玉米土壤温度、水分的影响机理研究[J].耕作与栽培,2006(5):47-50.
[165] 邱才飞,彭春瑞,周国华,等.不同覆盖物应用在花生上的抗旱效果研究[J].江西农业学报,2004,16(3):18-21.
[166] 刘子凡,梁计南,谭中文,等.土壤保水剂对甘蔗抗旱性的影响[J].甘蔗,2004,11(2):11-15.
[167] 李永胜,杜建军,刘士哲,等.保水剂对番茄生长及水分利用效率的影响[J].生态环境,2006,15(1):140-144.
[168] 张爱良,苗果园,等.不同土壤水分对冬小麦旗叶生理特性的影响[J].山西农业大学学报,1998,18(3):200-202.
[169] 韩巧霞,郭天财,王化岑,等.土壤质地对冬小麦旗叶可溶性蛋白含量及籽粒干物质积累动态的影响[J].河南农业科学,2006,12:20-23.
[170] 王爱国,邵从本,罗广华.丙二醛作为植物过氧化指标的探讨[J].植物生理学通讯,1986(2):55-57.
[171] 郭玉春,林文雄,等.源库关系与后期生理生化特性[J].福建农林大学学报,2002(4):418-422.
[172] 高凤文,罗盛国,姜佰文.保水剂对土壤蒸发及玉米幼苗抗旱性的影响[J].东北农业大学学报,2005,36(1):11-14.
[173] 李艳,郑亚军.渗水地膜覆盖对花生叶绿素含量和细胞膜透性的影响[J].河北农业科学,2006,10(3):46-49.
[174] 王宁,曹敏建,于海秋,等.秸秆还田对玉米生长发育及产量的影响[J].杂粮作物,2006,26(2):82-84.
[175] Yadav S P, Setsl A P. 缺水条件下四种不同株高的春小麦籽实产量分析[J].国外农学,1982(5):5-8.
[176] Cutforth H W 等著.杨健译.残茬高度对加拿大干旱区春小麦生长的微气候和产量的效应[J].麦类作物,1998,18(3):52-55.
[177] Fisher R A, Maurer R. Drought resistance in spring wheat cultivars. I. Grain yield response [J]. Aust. J. Agric. Res,1978(27):897-912.
[178] Fisher R A . The effect of water stress at various of development on yield processes in wheat[J]. In Plant Responses to Climate Factors, 1973:223-241.

[179] Fischer R A,Rees D,Sayre K D,et al. Wheat yield progress associated with higher stomatal conductanc and photosynthetic rate and cooler canopies[J]. Crop Science,1998,38(6):1467 – 1475.

[180] Schonfeld M A,Johnson R C,Carver B F,et al. Water relations in winter wheat as drought resistance indicators[J]. Crop Science,1988,28(3):526 – 531.

[181] Schonfeld M A,Johnson R C,Carer B F,et al. Water relations in winter wheat as drought resistance indicators[J]. Crop Science,1988,28(3):526 – 531.

[182] Reddy V C,Bhakar C V S,Baghavendba A S. Photosynthesis of wheat cultivars in relation to photosynthesis unit and stomatal conductance[J]. Photosynthetica,1985(19):397 – 401.

[183] Misra R K, Chaudhary T N. Effect of a limited water input on root growth,water use and grain yield of wheat[J]. Field Crops Research,1985(10):125 – 134.

[184] Farquhar G D,Sharkey T D. Stomatal conductance and Photosynthesis[J]. Ann. Rev. Plant Physiol, 1982,33:317 – 345.

[185] Barber J S. Factors in fluencing the grain yield and quality in irrigated wheat[J]. Agric. sci. Camb, 1987,109(1):19 – 26.

[186] Eisher R A. The effect of water stress at various stages of development on yield processes in wheat[J]. In Plant Responses to Climate Factors,1973:223 – 241.

[187] Hergert G W. Cropping systems for soil and water conservation in the great plains[R]// Proceedings of international conference on dry land farming,Bushland,texas,USA. 1988.

[188] Singh N T,Rachpal singh P S,Mahajan A C. Influence of supplemental in – igation and per – sowing siol water storage on wheat[J]. Agronomy Journal. 1979:71.

[189] Singh T A. Nature. 1972,285:188 – 190.

[190] Singh B N,Hazarikai J K,Srivastava S P. Effect of irrigation based on physiological stages on growth, yield and water use effciency of wheat[J]. Indian J. Agric. sci,1984,54: 1052 – 1055.

[191] Ober E S. Influence of water deficit on maize endosperm development. Enzyme activities and RNA transcriptions of starch and min synthesis,abscisic acid,and cell division[J]. Plant Physiology,1991,97: 154 – 164.

[192] Virgona J M, Barlow E W P. Drought stress induces changes in the non – structural carbohydrate composition of wheat stems[J]. Australian Journal of Plant Physiology, 1991,18:239 – 247.

[193] Motzo R,Giunta F. Awnedness affects grain yield and kernel weight in near – isogenic lines of durum wheat[J]. Aust J Agric Res,2002,53:1285 – 1293.

[194] Fereres E, et al. WUE in sustainable agricultural system[J]. lnternational Crop Science U. S. A,1993, 95:83 – 89.

[195] Long S P. Plant Cell Envion[M]. 1963(6):345 ~ 363.

[196] Angus J F. Van – Herwearden A F. Increasing water use efficiency in dryland wheat[J]. Agron,2001, 93(2):290 – 298.

[197] Turner N C. Plant water relations and irrigation management[J]. Agricultural Water Management, 1990,17:59 – 75.

[198] Tumer N C. Drought Resistance and Adaptation to Winter Deficits in Crop Plants [J]. Stress Physiology in Crop Plants,1979:343 – 372.

[199] Chaliners D J,Bvanden Ende. Productivity of peach trees factors affecting dry – weight distribution during tree growth [J]. Ann Bot,1975(39):423 – 432.

[200] Chaliners D J,Burge P H,Mitchell P D. The mechanism of regulation of 'Bartlett' pear fruit and vegeta-

tive growth by irrigation withholding and regulated deficit irrigation[J]. Journal of the American Society for Horticultural Science. 1986,11(6):944 - 947.

[201] Chalmers D J, Mitchell P D, Jerie P H. The physiology of growth control of perchan pear tree susing reduced irrigation[J]. Acta Horticulture. 1984(146):143 - 148.

[202] Blackman P G, Davies W J. Root to shoot communication in maize plants of the effects of soildrying[J]. Jexp Bot, 1985(36):39 - 48.

[203] Anne - Maree, Boland, et al. The effect of regulated deficit irrigation on tree water use and growthof peach[J]. Journal of Horticultura Science, 1993, 68(2):261 - 264.

[204] Wandlaw I F. The effect of water stress on translocation to photosynthesis and growth[J] Aust Biot Sci, 1967, 20:25 - 39.

[205] Loonnie J G. Physiological changes in portulacaria of ra(L.) Jacg during summer drought and rewatering [J]. Plant Physiol, 1987, 85:481 - 483.

[206] Morgan J M. Osmoregulation and water stress in higher plants[J]. Ann. Rev. Plant Physiol, 1984, 35: 299 - 319.

[207] Morgan J A. Plant Physiol. 1986, 80: 52 - 58.

[206] Morgan J A, Lecain D R. Leaf gas exchange and related leaf traits among 15 winter wheat genotypes [J]. Crop Sci, 1991, 31:443 - 448.

[208] YosephlLevy. Field determination of free proline accumulation and water - srtess in lemon trees[J]. Hortscience, 1980, 15(3):302 - 303.

[209] Aspinell D, PalegL G. The Physiology and Biochemistry of Drought Resistant in Plants. Academic Press. Sydney, 1980, 205 - 241.

[210] Steartetal. The role of praline accumulation in halophytes plants[J]. Planta, 1974, 120:279 - 289.

[211] Leigh R A. Planta 1981, 153:34 - 41.

[212] Teare peet. Crop ~ water Relation [M]. A Wiley interscience Publication. John Wiley&Sons. 1983.

[213] Beny. Plant Physiol, 1984, 61:231 - 235.

[214] Hanson A D, et al. Crop Science, 1977, 17:720 - 726.

[215] Smirnoff N. The role of active oxygen in the response of plants to water deficit and desiccation[J]. New Phytol, 1993, 125(1):27 - 58.

[216] Elster E F. Oxygen activation and oxygen toxicity[J]. Ann Plant Physiol, 1982, 33: 73 - 96.

[217] Venkataramana S. M embrane thermostability and nitrate reductase activity in relation to water stress tolerance of young sugar - cane plants[J]. New Phytol, 1987, 107: 335 - 342.

[218] Senaratna J, et al. Simulation of dyhydration injury to membranes from soybean axes by free radicals [J]. Plant Physiol, 1984, 77: 472 - 474.

[219] Dhindsa R S, et al. Drought tolerance in twomosser: correlated with enzymatic defence against liquid peroxidation[J]. Exp Bot, 1981, 32: 79 - 91.

[220] Tomar V S, Toole J C. A field study on leaf water potential, transpiration and plant resistance to water flow in rice[J]. Crop Science, 1982(22): 5 - 9.

[221] Fred J Molz, Betty Klepper. On the mechanism of water - stress - induced stem deformation [J]. Agron. Journal, 1973, 65: 304 - 306.

[222] SoHB. An analysis of the relationship between stem diameter and leaf water potentials [J]. Agron. Journal, 1979, 71: 675 - 679.

[223] Lilley J M, Ludlow M M. Expression of osmotic adjustment and dehydration tolerance in diverse rice

lines[J]. Field Crops Res, 1996,48: 185 - 197.
[224] Kramer P J. Water Relations of Plants[M]. New York:Academic Press ,1983:405 - 409.
[225] Widtsoe J A,Daniel R,Leçain,et al . Gas exchange,carbon isotope discrimination,and productivity in winter wheat[J]. Crop Science,1993,33:178 - 186.
[226] Idso S B,et al. Normalizing the stress degree day for environmental variability[J]. Agricultural Meteorology, 1981,24:45 - 55.
[227] Dickinson R E. Modelling evapotranspiration for three dimensional global climate models[J]. Climate Processes and Climate Sensitivity. Geophys Monogr,1984,29:58 - 72.
[228] Jackson R D, et al. Canopy temperature as a crop water stress indicator[J]. Water Resource Research, 1981,17:1133 - 1138.
[229] Handly L L,lbvo E,Raven J A,et al . Chromosome controls potential of water use efficiency in barley [J]. J Exp Bot,1994,45(280) :1661 - 1663.
[230] Martin B, Thorstenson Y R. Stable carbon isotope compose tion, water use efficiency, and biomass productivity of Ly - copersicon esculentum, Lycopersicon pennellii, and the F1hybrid[J]. Plant Physiol, 1988,88:213 - 217.
[231] Kried D R, Hutmacher R B. Photosynthetic rate control in sorghum:Stom atal and non - stom atal factors[J]. Crop Sci, 1986, 26:112 - 117.
[232] Johnson R C, M ornhinwed D W,Ferris D M,et al. Leaf photosynthesis and conductance of selected Triticum species at different water potential[J]. Plant Physiol, 1987, 83:1014 - 1017.
[233] Johnson M S. The effects of gel forming polyacrylamides on moisture storage in sandy soils[J]. Sci Food Agric,1984, 35:1196 - 1200.
[234] Kebede H, Martin B J, Nienhuis J, et al. Leaf anatomy of two Lycopersicon species with contrasting gas exchange properties[J]. Crop Sci, 1994, 34:108 - 113.
[235] Richards R A, Townley Smith T E. Variation in leaf area development and its effect on water use, yield and harvest index of drought wheat[J]. Aust J Agr Res, 1987,38:983 - 992.
[236] H. Wayne Polley Implications of Atmospheric and Climatic Change for Crop Yield and Water Use Efficiency[J]. Crop Sci, 2002,42:131 - 140.
[237] Xu H I ,et al. Japanese Journal of Crop Science. 1990, 59(1): 153 - 157.
[238] Passioura J B. Roots and drought resistance [J]. Agric Water Management, 1983(7):265 - 280.
[239] Begg J E, Turne L. Crop ooter Deficit [M]. Advances of Agriculture Science, 1976, 28:161 - 217.
[240] Joly R J, Hahn D T. Net CO_2 assimilation of cacao seedlings during periods of plant water deficit [J]. Photosynthesis Res, 1989, 21:151 - 159.
[241] Leveite J. Remponse of plans to environmental stress [M]. Academic Press, 1980.
[242] Carpenter J F,Crowe L M,Arakawa T. parison of solute - induced protein stabibilization in aqueous solition and in the frozen and dried states[J]. Journal of Dairy Science,1990(73): 3627 - 3636.
[243] Bianehi G,Gamba A,Murelli C,et al. Novel carbohydrate metabolism in the resurrection plant—Craterostigma plantagineum[J]. Plant Journal,1991(1):355 - 359.
[244] Pnueli L,Hallak-Herr E,et a1. Molecular and biochemical mechanisms associated with dorlnancy and drought tolerance in the desert legume Retama raetam[J]. Plant J,2002,31(3):319 - 330.
[245] Bray E A. Molecular responses to water deficit [J]. Plant Physiol, 1993(103):1035 - 1040.
[246] Stewart. The role of proline accuzlation in halophytes [J]. Plants, 1974(120):279 - 289.
[247] Van Oosterom E J, Acevedo E. Adaptation of barley (Hordeum vulgare L.) to Mediterranean environ-

ments[J]. Euphytica,1992,62:1 - 14.
[248] Hurd E A. Phenotype and drought tolerance in wheat [J]. Agric Meteor, 1974, 14:39 - 45.
[249] Lu, Ngming Zhang Jianhua. Effects of water stress on photosynthesis, fluorescence andphoto inhibition in wheat plants[J]. Aust J Plant Physiol,1998,25(2):883 - 892.
[250] Costigan P A, Locascio S J. Fertilizer additives within or around the gel for fluid - drilled cabbage and lettuce [J]. Hort Science, 1982, 17(5):746 - 748.
[251] Woodhouse J, Johnson M S. Effect of super absorbent polymers on survival and growth of crop seedling [J]. Agricultural Water Management, 1991, 20:63 - 70.
[252] Mashingsidze A B, Chivinge O A , Zishiri C. The effects of clear and black mulch on soil temperature, weed seed viability and seedling emergence, growth and yield of tomatoes[J]. Applied Sci, in southern Africa,1996(2):6 - 14.
[253] Ravi V, Lourduraj A C. Comparative performance of plastic mulching on soil moisture content, soil temperature and yield of rainfed cotton[J]. Madras Agric j, 1996,83:709 - 711.
[254] Quezada M, Maria R, Munguia L. plastic mulching and availability of soil nutrients in cucumber crop [J]. TERRA(Mexico),1995(13):136 - 147.
[255] Mohapatra B K, Lenka D. Effects of plastic mulching on yield and water use efficiency in maize[J]. Annais of Agric, Res,1998(19):210 - 211.
[256] Fengmin Li, An - Hong Guo. Effects of clear plastic mulch on yield of spring wheat[J]. Field Crops Res,1999,63:79 - 86.
[257] Zaogo C G L, Wendt C W. Interactions of water, mulch and nitrogen on sorghum in Niger[J]. Plant Soil,1997,197:119 - 126.
[258] http://tieba. baidu. com/f? kz = 585530422
[259] http://www. dzhagri. gov. cn/detail. asp? id = 13032
[260] http://wkw. dalian - info. com/news/2010/06 - 24/10401682489. html
[261] http://www. zgny. com. cn/ifm/tech/2005 - 05 - 09/26334. shtml
[262] http://www. xhkjfw. com/showshiyong. asp? id = 328
[263] http://xzn. 2000y. net/mb/2/ReadNews. asp? NewsID = 47911
[264] http://www. hebnky. com/nckj/zhongzhijishu/showinfor. asp? infor_title [264]
[265] http://www. 360doc. com/content/10/0703/10/877827_36603366. shtml
[266] http://nc. mofcom. gov. cn/news/7232151. html